地震专业救援队伍能力分级测评
——搜救技术培训教材

贾群林　步　兵　主　编
王念法　何红卫　胡　杰　副主编

地震出版社

图书在版编目（CIP）数据

地震专业救援队伍能力分级测评 / 贾群林，步兵主编．
-- 北京：地震出版社，2019.9 （2023.10重印）
搜救技术培训教材

ISBN 978-7-5028-5009-8

Ⅰ．①地…　Ⅱ．①贾…　③步…　Ⅲ．①地震灾害 — 救
援 — 技术培训 — 教材　Ⅳ．① P315.9

中国版本图书馆 CIP 数据核字（2019）第 168981 号

地震版　XM5640 / P (5714)

地震专业救援队伍能力分级测评 —— 搜救技术培训教材

贾群林　步　兵　主编

王念法　何红卫　胡　杰　副主编

责任编辑：刘　丽

责任校对：孔景宽

出版发行：**地 震 出 版 社**
　　　　　北京市海淀区民族大学南路 9 号　　　邮编：100081
　　　　　发行部：68423031　68467993　　　传真：88421706
　　　　　门市部：68467991　　　　　　　　传真：68467991
　　　　　总编室：68462709　68423029　　　传真：68455221
　　　　　http://seismologicalpress.com
经销：全国各地新华书店
印刷：河北盛世彩捷印刷有限公司

版（印）次：2019 年 9 月第一版　2023 年 10 月第三次印刷
开本：889×1194　1/16
字数：690 千字
印张：24
书号：ISBN 978-7-5028-5009-8
定价：118.00 元

编　委　会

前　言

2018年是我国深化应急管理体制改革并取得实质进展的一年。随着中华人民共和国应急管理部的组建，整合了国家应急救援力量，实现"单灾种"的条块管理，向多灾种的综合管理、综合减灾、综合救灾的转变。

与此同时，公安消防部队、武警森林部队近20万官兵改制，全部退出现役。要实现从义务兵向专业救援队员的转变，从崇尚军人的光荣感向崇尚职业的荣誉感转变。这是形势任务的要求，也是我国救援力量由专业化向职业化转变的必由之路。

为进一步做好综合救援队伍专业技能的培训工作，对标国际水平，并从我国自然灾害和事故灾难救援的特性出发，国家地震紧急救援基地结合10多年的教学与实战经验，对照联合国《INSARAG》指南技术考评要求，以及组织中国国际救援队参与联合国重型救援队测评及复测的经验与做法，编写了《地震专业救援队伍能力分级测评——搜救技术培训教材》，希望能对各级各类救援队伍的专业技能培训提供一些指导和帮助。

由于水平有限，各章节中难免有疏漏与不足之处，在此敬请同行们批评指正。

编写组
2018年5月18日

目 录

第一章　搜索技术 ……………………………………………………………（1）

　一、搜索技术 …………………………………………………………（1）

　　（一）搜索技术概述 …………………………………………………（1）

　　（二）搜索方法 ………………………………………………………（2）

　　（三）标识系统 ………………………………………………………（12）

　　（四）搜索表格与图件 ………………………………………………（13）

　　（五）注意事项与不足 ………………………………………………（17）

　二、仪器搜索训练指导法 ……………………………………………（17）

　　（一）声波／振动生命探测仪训练指导法 …………………………（17）

　　（二）光学生命探测仪训练指导法 …………………………………（19）

　　（三）电磁波生命探测仪训练指导法 ………………………………（20）

　三、搜索技术训练考核评估标准 ……………………………………（22）

　　（一）人工一字形搜索考核评分标准 ………………………………（22）

　　（二）人工环形搜索考核评分标准 …………………………………（23）

　　（三）人工弧形搜索考核评分标准 …………………………………（24）

　　（四）人工网格式搜索考核评分标准 ………………………………（25）

　　（五）声波／振动生命探测仪搜索考核评分标准 …………………（26）

　　（六）光学生命探测仪搜索考核评分标准 …………………………（27）

　　（七）电磁波生命探测仪搜索考核评分标准 ………………………（28）

　　（八）热成像探测仪搜索考核评分标准 ……………………………（29）

　　（九）人工、搜救犬联合搜索考核评分标准 ………………………（30）

　　（十）人工、仪器联合搜索考核评分标准 …………………………（31）

　　（十一）搜索犬、仪器联合搜索考核评分标准 ……………………（32）

　　（十二）人工、犬、仪器联合搜索考核评分标准 …………………（33）

第二章　破拆技术 ……………………………………………………………（34）

　一、"破拆技术"定义 ………………………………………………（34）

　　（一）快速破拆技术（Dirty breaching） …………………………（34）

　　（二）安全破拆技术（Clean breaching） …………………………（34）

　二、破拆技术手段 ·· (35)

　　（一）凿破 ·· (35)

　　（二）切割 ·· (35)

　　（三）剪切 ·· (36)

　三、破拆对象 ·· (37)

　　（一）木材 ·· (37)

　　（二）金属 ·· (37)

　　（三）砖墙 ·· (37)

　　（四）混凝土 ·· (38)

　四、破拆装备 ·· (38)

　　（一）凿破装备 ·· (38)

　　（二）切割装备 ·· (39)

　　（三）剪切装备 ·· (40)

　五、破拆策略 ·· (40)

　六、快速破拆技术 ·· (41)

　　（一）快速破拆划分 ·· (41)

　　（二）快速破拆基本步骤 ·· (41)

　　（三）技术考核指标 ·· (43)

　七、安全破拆技术 ·· (43)

　　（一）安全破拆基本步骤 ·· (43)

　　（二）安全破拆技术考核指标 ···································· (46)

第三章　顶升技术 ·· (47)

　一、气动顶升技术 ·· (48)

　　（一）示意图（图3-1） ·· (48)

　　（二）适用环境 ·· (49)

　　（三）技术步骤 ·· (49)

　　（四）气垫顶升应用技术 ·· (51)

　　（五）气球顶升应用技术 ·· (54)

　　（六）方形气垫和球形气垫接触面与起重能力对比（表3-6） ········ (56)

　　（七）起重能力对比（表3-7） ·································· (57)

　二、液压顶升技术 ·· (57)

　　（一）示意图（图3-21） ······································· (58)

　　（二）适用环境 ·· (58)

　　（三）技术步骤 ·· (58)

（四）液压千斤顶顶升应用技术 ……………………………………（59）

第四章　木支撑技术 ……………………………………………………（63）

　一、支撑理论基础 ………………………………………………………（63）

　　（一）支撑的基本用途 …………………………………………………（63）

　　（二）支撑应用环境 ……………………………………………………（63）

　　（三）垂直支撑 …………………………………………………………（65）

　　（四）水平支撑 …………………………………………………………（65）

　　（五）门窗支撑 …………………………………………………………（65）

　　（六）斜支撑 ……………………………………………………………（66）

　二、垂直支撑（单 T 支撑） ……………………………………………（66）

　　（一）简介 ………………………………………………………………（66）

　　（二）推荐使用器材及装备 ……………………………………………（67）

　　（三）材料列表 …………………………………………………………（69）

　　（四）人员分工 …………………………………………………………（69）

　　（五）单 T 支撑构建技术要点及要求 …………………………………（69）

　　（六）注意点 ……………………………………………………………（72）

　　（七）考核指标 …………………………………………………………（72）

　三、垂直支撑（三维立体支撑） ………………………………………（73）

　　（一）简介 ………………………………………………………………（73）

　　（二）三维立体支撑构建技术要点及要求 ……………………………（73）

　　（三）考核指标 …………………………………………………………（74）

　四、水平支撑 ……………………………………………………………（74）

　　（一）简介 ………………………………………………………………（74）

　　（二）水平支撑构建技术要点及要求 …………………………………（74）

　五、门窗支撑 ……………………………………………………………（75）

　　（一）简介 ………………………………………………………………（75）

　　（二）材料列表 …………………………………………………………（76）

　　（三）水平支撑构建技术要点及要求 …………………………………（76）

　　（四）考核指标 …………………………………………………………（76）

第五章　障碍物移除技术 ………………………………………………（77）

　一、就便器材的使用与注意事项 ………………………………………（77）

　　（一）杠杆 ………………………………………………………………（77）

　　（二）叠木 ………………………………………………………………（78）

　　（三）利用叠木提升并稳定一个重物的程序 …………………………（79）

（四）滚动重物 ···（79）

二、救援装备的应用与安全 ···（79）

　　（一）牵拉器移除 ···（79）

　　（二）重型液压扩张钳 ···（81）

　　（三）装载机移除 ···（82）

　　（四）起重机移除 ···（82）

三、障碍物移除的程序及安全 ···（85）

　　（一）综合评估 ···（85）

　　（二）路线设计 ···（85）

　　（三）安全防护 ···（85）

　　（四）作业实施 ···（86）

　　（五）二次评估 ···（86）

　　（六）撤收报告 ···（86）

第六章　建筑结构与现场结构评估 ···································（87）

一、建筑结构基础 ···（87）

　　（一）建筑工程的基本组成 ·····································（87）

　　（二）基础分类及构造 ···（88）

二、房屋建筑工程主体结构 ···（90）

　　墙体 ···（90）

三、常见的建筑结构形式 ···（90）

　　（一）砖混结构 ···（90）

　　（二）排架结构 ···（91）

　　（三）框架结构 ···（93）

　　（四）钢筋混凝土剪力墙结构 ·································（94）

　　（五）框架—剪力墙结构 ·······································（94）

四、地震对房屋建筑的破坏 ···（95）

　　（一）地震作用下房屋的破坏机理 ···························（95）

　　（二）房屋震害分析 ···（97）

五、工作场地安全评估 ···（100）

　　安全评估 ···（101）

六、建（构）筑物倒塌类型 ···（103）

　　（一）层叠倒塌 ···（103）

　　（二）有支撑的倾斜倒塌 ·······································（104）

　　（三）无支撑的倾斜倒塌 ·······································（104）

（四）"V"形倒塌 ……………………………………………………………………（104）

（五）"A"形倒塌 ……………………………………………………………………（104）

七、环境安全评估 ……………………………………………………………………（105）

　　（一）可燃易燃气体物质评估 ……………………………………………………（105）

　　（二）氧气含量评估 ………………………………………………………………（105）

　　（三）漏电评估 ……………………………………………………………………（105）

　　（四）化学有害物质评估 …………………………………………………………（105）

　　（五）核辐射有害物质评估 ………………………………………………………（106）

八、次生灾害安全评估 ………………………………………………………………（106）

　　（一）滚石、山体滑坡和泥石流 …………………………………………………（106）

　　（二）堰塞湖 ………………………………………………………………………（106）

　　（三）海啸 …………………………………………………………………………（106）

九、行动安全评估 ……………………………………………………………………（106）

　　（一）人员 …………………………………………………………………………（107）

　　（二）装备 …………………………………………………………………………（107）

　　（三）协同 …………………………………………………………………………（107）

十、安全策略 …………………………………………………………………………（107）

　　（一）个人安全 ……………………………………………………………………（107）

　　（二）队伍安全 ……………………………………………………………………（108）

　　（三）行动安全 ……………………………………………………………………（108）

十一、安全信记号识别 ………………………………………………………………（109）

　　（一）视觉信号 ……………………………………………………………………（109）

　　（二）听觉信号 ……………………………………………………………………（110）

　　（三）触觉信号 ……………………………………………………………………（110）

第七章　犬搜索 ………………………………………………………………………（141）

一、测评内容与要求 …………………………………………………………………（141）

　　（一）现场作业阶段测评内容与要求 ……………………………………………（141）

　　（二）犬搜索相关要素（搜救犬队）测评内容与要求 …………………………（141）

二、测评点分析与解读 ………………………………………………………………（143）

　　（一）直接关联部分 ………………………………………………………………（143）

　　（二）间接关联部分 ………………………………………………………………（145）

三、现场作业技术要点 ………………………………………………………………（146）

　　（一）到达现场 ……………………………………………………………………（147）

　　（二）展开作业 ……………………………………………………………………（147）

第八章　吊装技术 ……………………………………………………………………（150）

　　一、吊装作业管理规范 …………………………………………………………（150）

　　　　（一）起重作业人员行为规范 …………………………………………………（150）

　　　　（二）起重吊具使用规范 …………………………………………………………（150）

　　　　（三）吊装作业信号使用规范 …………………………………………………（151）

　　二、吊装作业安全操作规程 ……………………………………………………（151）

　　　　（一）作业前的准备 …………………………………………………………（151）

　　　　（二）吊臂延伸和收存 …………………………………………………………（151）

　　　　（三）提升和降落 ……………………………………………………………（152）

　　　　（四）安全注意事项 …………………………………………………………（152）

　　三、吊装作业主要装备 …………………………………………………………（152）

　　　　（一）汽车起重机 ……………………………………………………………（152）

　　　　（二）挖掘机 …………………………………………………………………（153）

　　四、吊装钢丝绳的使用 …………………………………………………………（153）

　　　　（一）钢丝绳选用及计算方法 …………………………………………………（153）

　　　　（二）吊装作业中钢丝绳使用一般规定 ………………………………………（156）

　　　　（三）钢丝绳使用期间折减系数及报废标准 …………………………………（160）

　　五、吊装带的使用 ………………………………………………………………（161）

　　　　（一）吊装带的种类及选用 ……………………………………………………（161）

　　　　（二）合成纤维吊装带 …………………………………………………………（161）

　　　　（三）吊装带使用的安全注意事项 ……………………………………………（161）

　　　　（四）吊装带报废标准 …………………………………………………………（162）

　　　　（五）吊钩使用注意事项 ………………………………………………………（163）

　　六、吊装指挥信号识别与应用 …………………………………………………（163）

　　　　（一）吊车作业的手语指挥 ……………………………………………………（163）

　　　　（二）吊车的旗语指挥 …………………………………………………………（167）

　　　　（三）工程机械通用的简易信号 ………………………………………………（170）

　　七、吊装作业分级和人员职责 …………………………………………………（171）

　　　　（一）吊装作业分级 …………………………………………………………（171）

　　　　（二）人员职责 ………………………………………………………………（171）

　　八、附录 …………………………………………………………………………（172）

　　　　（一）吊装带载荷图表 …………………………………………………………（172）

　　　　（二）吊装作业许可证（样本） ………………………………………………（175）

　　　　（三）起升高度曲线表 …………………………………………………………（176）

第九章　工程机械救援技术 ....（177）

 一、推土机 ....（177）

  （一）用途与分类 ....（177）

  （二）TY230 型推土机 ....（179）

  （三）推土机驾驶 ....（192）

  （四）推土机技术运用 ....（194）

  （五）维护保养 ....（211）

 二、挖掘机 ....（215）

  （一）用途与分类 ....（215）

  （二）JY633-J 加强型挖掘机 ....（222）

  （三）挖掘机的驾驶 ....（270）

  （四）挖掘机的技术运用 ....（275）

  （五）维护保养 ....（302）

 三、装载机 ....（310）

  （一）用途与分类 ....（310）

  （二）LW600 型装载机 ....（311）

  （三）装载机驾驶 ....（321）

  （四）装载机运用 ....（338）

  （五）维护保养 ....（344）

 附录一　上下车和驾驶姿势 ....（348）

 附录二　指挥信号的识别与运用 ....（349）

第十章　绳索救援技术 ....（351）

 一、常用绳索救援装备 ....（351）

  （一）绳索 ....（351）

  （二）锁扣 ....（352）

  （三）安全带 ....（353）

  （四）下降器 ....（353）

  （五）绳索上升器 / 抓绳器 ....（354）

  （六）防坠落保护器 ....（354）

  （七）滑轮 ....（355）

 二、锚点系统 ....（355）

  （一）单锚点 ....（355）

  （二）多锚点 ....（356）

  （三）自制锚点 ....（356）

三、保护系统 ……………………………………………………………（357）

（一）使用防坠落保护器做保护系统 ……………………………………（357）

（二）使用下降器或抓结控制保护绳 ……………………………………（357）

（三）常用绳索保护装备 …………………………………………………（357）

四、绳结 ……………………………………………………………………（358）

（一）8字结 ………………………………………………………………（358）

（二）蝴蝶结 ………………………………………………………………（358）

（三）反手结 ………………………………………………………………（358）

（四）普鲁士抓结 …………………………………………………………（358）

（五）双渔夫结 ……………………………………………………………（358）

（六）绳结对绳索强度的影响 ……………………………………………（359）

五、滑轮组系统 ……………………………………………………………（359）

（一）3∶1滑轮组 …………………………………………………………（359）

（二）4∶1滑轮组 …………………………………………………………（360）

六、单人绳索技术 …………………………………………………………（360）

（一）单人爬升 ……………………………………………………………（360）

（二）单人下降 ……………………………………………………………（361）

七、团队绳索技术 …………………………………………………………（362）

（一）横向系统 ……………………………………………………………（362）

（二）"T"形系统 …………………………………………………………（363）

（三）"V"形系统 …………………………………………………………（365）

（四）斜向救援系统 ………………………………………………………（367）

第一章　搜索技术

一、搜索技术

搜索技术分为几个方面，救援搜索人员应当明确搜索的目的，掌握如何给建筑物组做标记，寻找幸存者并取得联系以及确定幸存者位置的方法，搜索人员应该掌握的技能包括组织搜索工作所需要的信息，并确定在哪里能获得必要的信息（比如家人、邻居），等等，了解搜索程序以及掌握各种搜索方法。

（一）搜索技术概述

搜索技术是指在地震灾害或其他突发性事件造成建（构）筑物倒塌灾害发生时，救援队迅即行动，搜索队员在灾害现场利用先进仪器、设备和技术对受困者实施紧急搜索及准确定位的技术。搜索技术包括人工搜索、仪器搜索、搜索犬搜索和综合搜索技术。

1. 搜索组织

搜索技术能让营救人员判定幸存者的位置，确定营救幸存者的方法，以便将幸存者救出，并转移到安全地方。任何一次成功的救援行动，首先是确定幸存者的位置，救援工作取决于周密的组织和有效的搜救行动，开展搜救行动，必须要有可供现场搜索人员使用的搜索设备，搜索设备是搜索人员开展搜索的基本条件，使用精良的电子设备可更有效的进行技术搜索，搜索发现的信息必须能够以清晰可靠的方式传送给需要的人员。因此必须事先设计好信息的传送方式，包括一套基本的口头指令，以及放置在倒塌建筑物现场不同地点的标志系统。

事实上，搜集信息的工作开始于事件发生之前，主要是指对建筑物类型及功能的了解，这有助于确定在建筑物内幸存者可能的人数以及所处的位置。

2. 搜索评估

在开始搜索行动之前，首先要对该现场做出初步评估和判断，并搜集有关信息，这些信息在搜索行动过程中被证明是十分必要的，比如了解建筑物的类型及构造，如居民楼、医院、学校、工厂等，可以提供关于房屋内期望人数的宝贵信息，房屋人数信息可以根据不同的时间进一步量化，如果地震发生在放学之后，则可以预计校舍内的人数肯定比平时少。

3. 了解情况

在建（构）筑物倒塌现场搜集人数或家庭数，可为搜救幸存者提供有效的信息，现场的第一目击者可提供最后看见遇难者所处的位置，房屋布局和进出口通道等有价值的信息，在开始搜索行动之前及搜索工作中，搜索人员应确定倒塌建（构）筑物产生的类型，以便判断建（构）筑物内幸存者可能所处的位置。

（二）搜索方法

地震灾害紧急救援搜索行动是迅速寻找被困在建筑物内或其他隐蔽空间的被困者，为营救行动提供被困人员的准确位置及相关信息。实践证明，比较好的搜索方法有人工搜索、搜索犬搜索和技术搜索。但是为了更高效地完成搜索工作，应综合运用搜索方法。所以按照搜索方法与搜索策略分为人工搜索、搜索犬搜索、仪器搜索和综合搜索。

1. 人工搜索

人工搜索是救援队在执行救援行动过程中使用最频繁、最便捷的搜索手段，是救援队最基本的搜索能力。人工搜索常用的方法和手段有：利用地图，包括电子地图、GPS 定位等先进技术，进行初步现场宏观定位；通过询问打探，尤其是听取当事人、目击者的表述，收集各方信息，进行整理；通过目睹观察，直接从现场废墟的外部特征判断和发现受困者最有可能存活的区域与部位；通过大声喊话，敲击坚硬物体，如水泥板、铁板、钢管等，提醒受困者注意，引导受困者做出回应；保持现场安静，仔细倾听任何来自受困者发出的求救信号，最大可能地发现受困者。

人工搜索是最简单的搜索方法，也是最容易实施的搜索类型，但难以保证其精确度，只能针对废墟表层展开，并且搜索者本身安全也受到潜在威胁。救援队长应根据地形和兵力选择搜索队形、注意控制队员之间的间隔和搜索线的推进速度，队员应注意相互间配合，根据指挥员的指挥保持呼叫、敲击和收听回应的一致，做到同时呼、同时停，每次敲击呼叫后，应保持肃静并倾听 10～30 秒左右，尽最大可能接收受困者回应。

（1）人工搜索基本手段

①直接搜索；

②呼叫并监听幸存者的回音；

③拉网式大面积搜索。

（2）人工搜索装备

①个人防护装备和急救包；

②无线电通信设备；

③标识器材；

④呼叫装备：扩音器、口哨、敲击锤等；

⑤搜索记录设备：照相机、望远镜、手电筒；

⑥搜索表填写器材：书写板、纸笔、表格；

⑦有毒有害气体侦检仪，漏电检测仪等。

（3）人工搜索要点

①搜集、分析、核实灾害现场有用信息；

②保护工作现场，设置隔离带；

③调查和评估建筑物的危险性；

④直接营救表面幸存者和极易接近的被困者；

⑤如有必要做搜索评估标记；

⑥绘制搜索区和倒塌建筑物现状草图；

⑦确定搜索区域和搜索顺序；

⑧确定搜索方案；

⑨边搜索、边评估、边调整搜索方案和计划。

（4）人工呼叫、倾听、敲击法

在采用技术救援队的设备来确定被埋压人员的位置前，应首先满足以下前提条件。

①被埋压人员本身有能力使人注意到自己；

②要消除一些会妨碍察觉生命信号的杂音。

在定位搜索期间，主管救援任务的小队长要确保停掉那些干扰的杂音，或是将噪音降低到可以接受的最低限度。定位搜索时，救援人员应当围成一个圈，尽可能平均分布（相互距离约2～5米）在废墟山上。救援人员应俯卧在废墟上，通过废墟上的孔洞或导声结构（木梁、支架、管道）仔细倾听废墟内的动静。每个救援步骤都需由小队长发出口令。

如果没有察觉到有代表生命信号的声响，则要通过呼叫，要求失踪的被困人员表明自己的位置。必要时也可以使用扩音器或喇叭。不过，为了突出音节、便于理解，建议呼叫：

"我是搜救队——请回答。"

呼叫后，再次仔细倾听废墟中的动静。如果没有回答，则应当呼叫：

"我是搜救队——请您敲打。"

要求被埋压人员发出敲击信号。

如果还是没有回答，救援人员应当在小队长的命令下，每隔一段时间就重复呼叫，一直持续到废墟中央地带，在这个过程中，救援人员相互之间的距离不断缩小。

如果废墟瓦砾的成分混杂不一，尤其是当有管路、钢支架或类似传声喇叭的结构时，可能会干扰到定位救援人员确定被埋压人员的真实位置，从而误导他们的工作。

当救援人员察觉到呼救声或敲击声之后，便可以确定声音是从哪个方向传来的，然后，小队长便可以找出一个交叉点，估测出被埋压人员可能位于何处。

如果一名被埋压人员发出敲击声，那么在提问时，一定要采用被埋压人员可用"是"或"不"来回答的问句。要向被埋压人员解释清楚敲击声的含义（比如敲一次代表"是"，敲两次代表"不"）。

原则上说，如果一名被埋压人员呼叫求救或发出敲击声，就必须尝试用问话的方式确定其所在的位置，此外还要询问对方的状况如何。

为确定对方的位置，比如可以使用以下问句：

您是在山墙的……边吗？

您是在房屋的中央吗？

您是在屋门那边吗？

在浴室里？

在楼梯间？

……

也可以询问被埋压人员的状况：

有水淹（燃气泄漏、烟熏、着火等）危险吗？

您受伤了吗（如果回答"是"，要问哪里受伤了）？

您能动吗？

您被压住了吗？

您身边还有其他人吗？

有几个人（说出人数或敲击几下）？

其他房间里还有被埋压的人吗？

您和这些人有联系吗？

……

一旦获得所有关键的信息，救援人员就可以开始营救了。如果无法即刻开始营救，那么必须将这种情况通知被埋压人员。这样做是非常有必要的，可使被埋压人员不失去生存的勇气，知道自己不久就会得到救助。救援人员应当不断和被埋压人员保持通话联系，直到营救行动开始。

（5）人工搜索基本队形方法

①人工一字形搜索法。该法主要用于开阔空间地形的搜索，如图1-1所示，队员呈一字形等距排开，从开阔区一边平行搜索通过整个开阔区至另一边，到开阔区的另一边后可以反方向搜索，再回到出发的一边，达到反复搜索的目的。

②人工环形搜索法。该法主要用于已大致判断受困者所在区域要继续缩小范围精确定位时的搜索，队员沿废墟四周或搜索区域边缘呈圆形等距排开，进行向心搜索，直至将任务区搜索完毕，如图1-2所示。使用该法搜索时动用人数较多，以保证形成一个能围住搜索区域的完整圆弧，所以它通常被用于对重点区域重点部位的搜索。

图1-1

图1-2

③人工弧形搜索法。当开阔区的一边存在结构不稳定的倒塌建筑物时，通常采用这种搜索方法。当搜索小组人数有限，无法一次性形成一个环形围住搜索区域时，也可采用这种方法，它是采用多次使用多段弧形连接的方法，起到与环形搜索相同的效果。如图1-3所示，队员沿着废墟的边缘呈弧形等距展开，等速搜索前进，从废墟的边缘逐渐向弧所在圆的圆心点收缩，直至将任务区搜索完毕。

④人工网格式搜索法。网格搜索需要较多的搜索人员。

图1-3

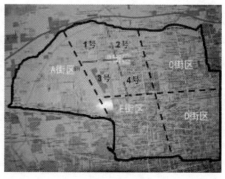

图1-4

　　a. 在搜索区草图上，将搜索区域分成若干个网格，如图1-4所示。每个网格由6名搜索人员（志愿者、救援人员均可）组成搜索组，通过呼叫搜索被困者。注意避免各网格搜索组相互干扰。各网格搜索结果向现场指挥员报告。

　　b. 如果网格搜索小组完成空间搜索工作，是否还需继续进行其他形式的搜索由现场指挥员决定。

　　c. 所有未能确定遇难者的位置都应该标记在该网格上，同时向搜索队领导报告，该网格如必要可由搜索犬和专门监听仪器进一步搜索。

　　（6）人工搜索时信息报告

　　人工搜索的所有发现应向信息中心报告，报告内容包括幸存者位置、周围条件以及他们是如何被困，等等。营救人员必须注意建筑物的周围条件以及任何已确认的危险，注意有关进入建筑物的最佳线路信息，也应注意救出幸存者的最佳线路，以及任何其他专门的安全通道信息，如在幸存者下方或上方其他逃脱线路。

　　（7）人工搜索注意事项

　　在具体的搜索过程中我们还应注意以下几点：

　　一是人工搜索行动包括在受灾区域内的相关人员部署。这些人员能在空隙之间以及狭窄区域内进行单独的视觉评估，以发现任何可能的受困者发出的信号。他们也可以作为监听者协助其他人员开展救援工作。

　　二是使用大功率扬声器或其他喊话设备为被困的幸存者提供指引。喊话完毕后保持受灾区域安静，由搜索人员负责监听并尝试定位发出声响的确切方位。

　　三是与其他搜索方式相比，人工搜索需要更加小心谨慎，而且参与救助行动的人员也存在相当大的危险。

2. 搜索犬搜索

　　犬的嗅觉是人的100倍以上，听觉是人的17倍，训练有素的搜索犬能在较短时间内进行大面积搜索，并有效确定埋压在瓦砾下被困人员的位置，是现今地震灾害救援最为理想的搜索方法。犬搜索的最小搜索单元是3名训导员和3只搜索犬。救援搜索犬在服役前必须经过严格的选拔和训练。犬搜索训练包括训导员的培训和搜索犬的训练。搜索犬训练包括犬种选择、服从性训练和技能训练。

　　救援搜索犬宜选择体形中等、灵活、反应灵敏的犬，如比利时牧羊犬、德国黑贝、拉卜拉多和斯宾格犬等。服役的搜索犬应通过国家有关部门严格考核认证。通常每半年考核一次，不合格者应继续训练。在紧急救援时，如搜索犬数量不能满足要求，可对不合格或未经考核的犬进行临时训练，满足搜索犬的最低要求后使用。

　　训导员必须经过专业培训并获得认证。由于犬搜索将随时配合其他救援组工作，训导员还必须掌握基本救援技术、了解危险物质知识以及具有紧急事件指挥能力和现场询问经验。

　　搜索犬主要功能是寻找被埋压的幸存者，然而有许多犬对死者也能给出模糊的表现，对于这模糊的表现也必须标记在搜索草图上，供进一步搜索排查参考。注意犬搜索能力受环境条件（风向、湿度、温度）影响较大，为此，犬引导员应通过绘制空气流通图，指导犬搜索行进方向（犬应位于下风口）提高搜索效果。搜索犬每工作30min，需休息30min。

　　（1）搜索犬搜索要点

　　1）搜索准备

　　搜索前，搜索组长、犬引导员（多为训导员担当）应首先对救援区域一天各时段的气温变化、搜索区范围和建筑物倒塌形式等进行调查评估，以确定犬最佳搜索策略。通常将搜索场地分成若干个搜索子区域，由搜索组长绘制每个子区段的建筑物和废墟特征草图，并记下对搜索有用的所有信息（可用符号标记）。

2）初期表面搜索

搜索初期，指挥犬对倒塌区域表面进行大面积迅速搜索，以较少的工作量确定人工搜索期间未能发现位于瓦砾浅表处因丧失知觉而不能呼救的被困者，并标识被困者的位置。

3）细致搜索

指挥犬自由搜索。对人不容易接近的被掩埋空间或狭小空间（犬可以容易的进入）进行逐一搜索，尤其在重型破拆装备到达之前，搜索犬还可以进入废墟内搜索。

（2）搜索犬搜索方法

1）自由式搜索

在安全区域，引导员首先安排一只犬（称为1#犬）进行自由式搜索。如果搜索犬没有报警也没有发现值得注意的信息，引导员应指引搜索犬在更小的扇形区实施网格式加密搜索。此时，其余犬引导员以及搜索组长应从不同角度观察1#犬的搜索行动。这些观察点应给执行任务的引导员提供指导搜索犬进行拉网式搜索的重要信息，包括发现需要重新搜索和怀疑有遇难者的位置。

2）验证性搜索

1#犬在进行搜索时，第二只犬（2#犬）在搜索区附近休息待命，当1#犬探测到人体气味并报警，1#犬引导员应及时在搜索区草图上做标记并给搜索犬奖励，遂将1#犬带离搜索区。

将2#搜索犬带进1#犬报警区域实施自由搜索，如2#犬也在同一位置报警，经训导员核实后在建筑物上做搜索标记，一般情况下，训导员可向搜索组长报告，搜索组长立即向救援队领导报告，开展营救。如情况复杂，可由3#犬进一步复核确认。

如果1#搜索犬工作约20～30min后，在所搜索区内，没有发现幸存者，将1#犬转移到其他地区休息30min后再转入新的搜索区搜索，由2#犬在该区域重新进行搜索，通常引导员将指挥2#犬以与1#犬不同的搜索路径或方式进行搜索。

当2#搜索犬完成搜索后，可转入一个搜索区进行搜索，直至将整个搜索场地全部搜索完毕。

3）配合救援搜索

搜索犬也可配合正在进行的救援工作进一步确定被困人员的位置，但注意搜索与救援工作不能相互干扰。

4）报警

根据训导员训练习惯，犬发现目标后报警方式各异，通常为：

①兴奋、吠；

②盯着目标不动；

③用爪刨目标处；

④围绕目标处来回走动。

（3）搜索犬工作条件

1）最佳工作条件

搜索犬主要依靠其灵敏的嗅觉和听觉，因此环境条件对瓦砾下人体气味扩散影响较大。一般认为犬最佳工作条件是：

①早晨或黄昏气味上升时；

②气温较低，微风（20m/h）；

③搜索路径为无滑、稳定的瓦砾表面；

④小雨天气。

2）不利工作条件

①天气炎热，气温27℃以上或中午；

②无风或大风天气；

③降雪使得搜索路径湿滑或掩盖了瓦砾表面；

④搜索区存在灭火泡沫或其他化学物质气味干扰。

3）其他情况

①建筑物废墟内幸存者的气味通道畅通有利于犬搜索准确定位，如轻体结构材料（轻型框架结构构件、木质楼板的砖砌体结构）和破坏严重的混凝土建筑物等情况下气味能比较通畅地通过瓦砾扩散，有利于犬较准确地追踪气味源或受困者的位置；

②人体气味沿着复杂的路径传播出来不利于犬搜索准确定位，如钢筋混凝土楼板、大的混凝土构件和粉碎性密实瓦砾使人体气味流通不畅，犬不能准确追踪幸存者的位置；

③通过破拆和移动建筑物构件改善人体气味扩散通道会获取较好的搜索效果。

（4）搜索犬搜索优缺点

1）犬搜索优点

①能在短时间内进行大面积搜索；

②适合于诸如因爆炸产生建筑物倒塌的危险环境搜索，犬的体型和重量更适合于较小空间或不稳定的瓦砾表面等环境搜索；

③对失踪的幸存者犬搜索是非常成功的；

④犬嗅觉敏锐，对幸存者定位较可靠；

⑤通过训练，有些搜索犬具有区分生命体和尸体的能力；

⑥通过热红外线和光学搜索仪器配合，训导员可观察犬正在注视的搜救目标。此外，由于犬的提前进入可减轻伤员紧张情绪；

⑦对威胁搜救人员安全的区域，可指导搜索犬实施搜救工作。

2）犬搜索缺点

①搜索犬工作时间比较短，通常工作20～30min后，需休息20～30min；

②至少需要2只搜索犬对搜索目标独立进行搜索；

③犬搜索效果不仅取决于犬的能力，而且也取决于训导员的训导经验；

④搜索犬资源比较缺乏，驯养成本较高；

⑤犬搜索易受气温、风力等环境影响，有些情况搜索犬无能为力。

（5）搜索犬搜索注意事项

①搜索犬的报警表现往往因目标而异，如对幸存者，尸体或物质气味的报警表现存在细微差别，训导员必须十分熟悉犬的各种反应才能获取更多的信息。

②如果2只犬先后都在同一处报警，幸存者存在的可能性极大，救援人员应立即准备挖掘工作。

③犬搜索是建筑物倒塌灾害救援中非常重要的技术手段。在灾害发生后应第一时间派出搜索犬队，

以充分发挥犬的搜索优势。

④如果搜救区正在着火或废墟尚未冷却应杜绝使用搜索犬，以防止犬足被灼伤，如必要，犬在工作时应佩戴防护器具，避免受到伤害。

⑤搜索犬大面积自由搜索，有时会失控，如有可能在犬颈上安装遥控装置或许是最佳选择。

3. 仪器搜索

仪器搜索的实质是根据存活的受困者所能表现出的任何体征和发出的任何信号，运用物理学与生物学原理，使用相应的仪器设备及技术手段，发现和捕捉这些体征与信号，达到对受困者做出准确定位。目前，常用的搜索仪器有声波/振动生命探测仪、光学生命探测仪、电磁波生命探测仪和热成像生命探测仪，这些仪器具有各自的优势和缺陷，适用不同的场合及环境。要求搜索队员熟练掌握各种仪器的原理及功能，准确分析与判断现场废墟的环境和结构，选择适用的仪器，进行合理的搭配，运用实用技术与技巧，安全、规范操作，达到搜索受困者的目的，完成搜索行动。

（1）声波/振动生命探测仪

声波仪器探测法主要利用声波/振动生命探测仪来缩小受困者范围，达到定位受困者位置的方法。该仪器为专门接收幸存者发出的呼救或敲击声音的监听仪器。该声波/振动生命探测仪定位系统由拾振器、接收和显示单元、信号电缆、麦克风及耳机组成。如图1-5所示。

1）系统工作原理

通过安装在搜索区域内若干个拾振器，检测发自幸存者的呼叫声音或振动信号，测定其被困位置。拾振器间距一般不宜大于5m。

2）搜索方法

①环形排列搜索。将拾振器围绕搜索区域等间隔布设，最多为6个传感器。如图1-6所示。

图1-5　声波/振动生命探测仪组成

图1-6　环形排列搜索

②半环形排列搜索。将搜索区分成2个半环形区域，分2次进行搜索。

③平行搜索排列。将搜索区分成若干个平行排列分别进行搜索，排列间距为5～8m。

④十字搜索排列。在搜索区布设相互垂直的搜索排列，每条排列单独进行搜索。

3）搜索技术

①联络信号。搜索时可直接探测幸存者发出的呼救信号（呼叫或敲击）并测定其位置。如未接收到幸存者发出的信号，搜索人员可通过呼叫或敲击（重复敲击5次后，保持现场安静），向幸存者发送联络信号，通过仪器探测幸存者的响应信号并测定其位置。

②测定幸存者位置。如探测到幸存者的呼救或响应信号，通过各拾振器接收到信号的强弱（理论上信号最强、声音最大的那个传感器距幸存者最近）判定幸存者位置。如必要，将传感器排列重新布

置，以进一步精确确定被困者的位置。

③传感器安置。将所有传感器尽量安置在相同的建筑材料介质上，并且与建筑材料接触要完全吻合，才能有效提高搜索定位精度，同时还应注意不同建筑材料或结构物破坏形式不同对声波的传播和衰减效果也不相同，因此，不能简单的根据信号的强弱来判定受害者的位置。

此外，在进行探测时，应选择型号、性能相同的传感器，否则各传感器相互比较将失去意义。

4）声波/振动生命探测仪优缺点

①优点：搜索探测面积较大；能拾取微弱的呼救声或敲击信号；可由其他搜索仪器进一步验证其发现；该仪器还可用来探测气体、流体的泄漏声音。

②缺点：该仪器探测不到失去知觉的幸存者；受环境噪声影响极大；要求受困者发出可识别的声音，婴幼儿则很难；监测范围较小（声波 7.5m，振动 23m），确定受困者准确方位慢。

（2）光学生命探测仪

光学生命探测仪搜索法是指使用蛇眼生命探测仪对废墟内部的受困者进行搜索的方法，它是利用安装在探杆或软管上自带光源、小直径的视频、音频探头，伸入人员难以到达的废墟内部进行窥探，收集受困者的图像和声音信息供搜索人员进行分析。它的主要特点在于利用该仪器可直观观察探头周围尤其是狭小空间情况，有的仪器同时还装有麦，实现语音传递。目前使用的光学生命探测仪多为杆式和蛇簧线缆式。按照信号传输方式分为普通电缆和光纤两种。

利用蛇眼生命探测仪实施探测前，应先根据现场的位置和条件，选用长、短探杆或延长线与探头连接，当目标被埋压较浅时，可选用短杆连接；当目标被埋压较深时，可选用长杆连接；当目标处于垂直的竖井式的空间中时，可选用延长线连接，将探头悬垂到竖井中。

在存在自然孔洞或缝隙的地方，可直接将探测仪的探头伸入孔洞或缝隙进行搜索；在无自然孔洞或缝隙的地方，可以采用先凿孔，后伸入的方式进行，很多时候需要钻足够数量的孔洞，才能看清废墟内部的情况，具体如图 1-7 所示。

队员根据探杆和探头的方向及受困人员在显示器上的位置，确定受困人员的方位，根据受困人员在显示器上显示的图像大小，结合探杆或连接线的伸入长度，确定受困人员的距离。综合分析得到的图像，确定废墟内部情况，并将信息提供给营救队员。图像大小与受困人员距离测算如图 1-8 所示，操作手应反复练习形成快速测算能力。

图 1-7　蛇眼凿孔探测

图 1-8　探测目标与摄像头距离示意图

1）优点

①能直接观察被困者的状态和所处环境；

②比其他搜索方法的定位更直观可靠；

③在营救期间可指导救援人员安全营救行动；

④仪器操作简单，方便；

⑤记录图像可远距离传输。

2）缺点

①工作环境受限制，必须有直径不小于5cm的孔隙或空洞；

②如必要，需钻观测孔，但成本偏高；

③视野有局限性。

3）搜索要点

①有自然空洞或缝隙的地方，可将光学仪器直接插入其中进行搜索。

②对无自然空洞的构筑物，其下有可能存在被困者，首先需机械成孔，然后进行搜索。钻孔排列方式视构筑物几何形状而定，可以是平行排列，也可以环形或交叉形排列。

③由显示器看到的图像确定该图像位于孔中的方位是十分困难的，这需要有经验的仪器搜索人员根据全方位图像进行分析确定。比较简单的办法是孔壁定位。

④配合营救行动时，采用该仪器可有效指导营救工作，避免伤害受困者。

⑤当探测到幸存者后，应标记其位置。

（3）电磁波生命探测仪

该搜索方法所采用的仪器有主动式和被动式。主动式是基于发射源和被探测目标之间在电磁波射线方向上存在运动时，从被探测目标被反射回来的电磁波将发生振幅和频率变化，通常称为多普勒效应。被动式是基于探测生命体自身的电磁场。

1）电磁波生命探测仪

电磁波生命探测仪属主动式搜索被困生命体的仪器。

①优点：电磁波生命探测仪是真正意义上的搜索仪器，具有很大的应用潜力。当人体静止时，仪器检测到呼吸和心脏跳动（主要为呼吸）产生的频移，通过数据分析处理可准确探测生命体的存在，无需与人体接触；当人体移动时产生较强的频移，更有利于确定生命体的存在；该方法适用于空旷场地、一定厚度的墙壁和建筑瓦砾，通过提高发射电磁波的功率能改善穿透瓦砾堆的厚度。

②缺点：仪器易受环境电磁波干扰，产生判断失误；瓦砾堆的钢筋和磁性金属含量高也影响探测能力；被困人员的定位精度不高，有待进一步完善仪器性能和积累搜索经验。

③探测要点。架设发射和接收（有的仪器发射与接收天线为一体）天线，确保拟搜索目标位于电磁波辐射范围内；对于分体式仪器应连接电源、控制单元、天线单元和计算机；搜索前应了解工作区是否存在电磁波干扰，电磁波发射频率应尽量避开干扰；无关人员应撤离搜索现场；发现异常，应改变天线位置，采取反复交叉定位方法确定被困人员埋压位置。

2）生命探测雷达

通过人体自身发射出的超低频电磁波探测生命体的存在。该仪器的工作原理至少在地震灾害中的应用目前尚存在争议，还有待进一步试验研究。

①优点：仪器体积小、轻便、手持移动快；有经验操作人员可准确探测生命体的存在；具有穿透混凝土等障碍物的能力。

②缺点：易受环境（包括人体）低频电磁波干扰；探测误差较大；操作难度大，要求经验丰富的高水平人员操作。

③探测要点：手持探测仪扫描杆应始终保持向一个方向直线移动；各次扫描应首尾重叠；包括操

作者在内，扫描 3m 范围内，不允许其他人存在；应避免风对扫描杆的干扰；扫描时，探测仪应保持略低于水平线 2° 左右。

（4）红外线探测仪

红外线探测仪也称热成像仪。该仪器是目前在烟雾和灰尘环境下搜索受困者唯一的方法。红外线仪的种类较多，其分辨率差别也较大。常用的红外线仪为手持式和头盔式。搜索人员通过位于头盔上的小型红外线仪所发现的热异常成像去搜索受困者或火源。

1）优点

适用于地震灾害的次生火灾、烟雾较大或黑暗区域的环境搜索，亦适用于烟雾环境下大面积搜索。

2）缺点

不能穿过固体介质探测温度差，在搜索中除了埋在瓦砾下人体热源作为有效信号外，其他热源对其也产生较强干扰。

3）搜索定位要点

在地震灾害搜索救援中，主要用于开阔空间且烟雾大的环境下搜索孔隙度较大的松散瓦砾下埋压较浅的受困者。

①配合人工搜索确定废墟浅部被困人员的位置；

②在浓烟、灰尘严重、能见度极低环境下直接搜索定位被困人员。

4. 综合搜索

人工搜索、仪器搜索与搜索犬搜索方法均具有各自的特点和适用条件。因此，在进行搜索救援行动时，应根据灾害情况和环境条件确定搜索方法。综合搜索方法对复杂环境下提高搜索效率和定位精度十分必要。

（1）犬、仪器联合搜索方法

①在第一时间抵达救援现场后，对于现场尘土烟雾大，应首先采用电子仪器进行大面积搜索定位，当条件允许时，采用犬搜索进一步确定被困人员位置。对无响应受困者，或声音或振动传播条件不利的环境下，应首先采用犬进行搜索定位，然后通过光学仪器进一步观察被困者状态及受困者所处的环境和埋压情况。

②对气温较高或其他不适宜犬搜索的环境，应首先采用声波 / 振动生命探测仪进行大面积搜索定位，而在黄昏或环境条件适合犬搜索时，采用搜索犬对仪器搜索进行验证。

③对大型混凝土板式结构，首先应采用声波 / 振动生命探测仪进行搜索定位，而不是犬。

（2）人工、仪器联合搜索方法

①采用人工进行表面搜索时，必要时可配合红外仪或光学生命探测仪进行联合搜索已确定埋压较浅的受困者。

②一旦发现幸存者，应由光学生命探测仪进一步精确定受困者的方位、位置和被埋压情况，以指导营救方案的制定。

（3）人工、犬联合搜索方法

大面积实施人工搜索过程中，对怀疑有可能存在受困者的区域，应由搜索犬进一步确定，对有些狭小空间，人员难以进入的区域，应由搜索犬配合进行搜索定位。

（4）人工、犬、仪器联合搜索方法

针对确定大范围的搜索面积后，首先在实施人工搜索中，对怀疑有可能存在受困者的区域，可用仪器搜索来缩小搜索范围，并由搜索犬进一步确定。对有些狭小空间，危险区域及人员难以进入的区域，应由搜索犬配合进行搜索定位，从而来缩短搜索时间，避免危险情况，提高搜索效率。

（三）标识系统

当搜救区域范围很大时，每次中断或完成了某个破坏地点的救援及搜救工作，救援人员都必须在该破坏地点做好标识，标识记号应明确、易懂。标识时应采用国际通用规则，说明当前的救援工作现状。为了提高救援措施和效率，每名救援人员都必须认识各种标识，这样，即便是一支救援队被拆分为小组或分组，也能及时掌握当前的救援形势。在做标识时，基本标志的图形边长至少要达到 1m，然后在方形的外部和内部再添加其他必要信息。

1.国际通用搜救行动标识

主管该处救援工作的救援队队长／小队长负责书写危险标志，并在地形图上做好标记，然后将破坏地点的情况通知给救援委托方的救援指挥部或技术救援指挥部。如果需要标识出特殊危险，应采用以下标志。如果危险已解除，则应划掉基本标志上方的危险标志。

标识搜索过的建筑物方法，如图 1-9 所示。

特殊危险的标识方法，如图 1-10 所示。

搜救过的建筑物标识方法，如图 1-11 所示。

救援工作结束后（图 1-12），应在标志外侧画一个圆圈，并画上横线。

图 1-9　标识搜索过的建筑物

A. 救援单位简称，救援开始和结束的日期与时间；
B. 风险（特殊危险）；C. 死亡人数；
D. 失踪人员人数；E. 被救人员人数

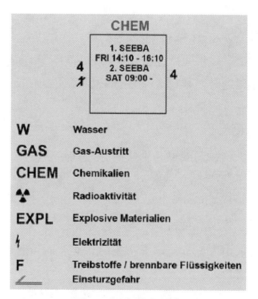

图 1-10　危险字母表

W. 水；GAS. 气体泄漏；CHEM. 化学品；☢. 放射性物质；
EXPL. 易爆材料；⚡. 带电；F. 燃料／可燃液体；
◣. 有倒塌的危险

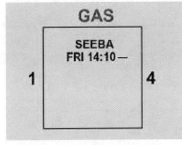 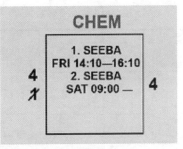 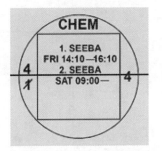

图 1-11　标识搜救过的建筑物　　　　图 1-12　搜救工作结束

（2）受困者位置标识

搜索行动的结果是明确被困人员的位置或可能被困的位置。专业搜索队或其他实施搜索和救援的任何团体或个人，都应随时标识所发现的确定或不确定被困人员的可能位置。

标识方法：在尽可能靠近已知或可能存在被困者位置处绘制高 60cm 左右的大写"V"字符号。根据被困者情况其表示方法分别为：

①如果只知道可能有被困人员，但其位置不详，则在靠近被困人员可能的位置处标识"V"字符号，但不是最后结果。如图 1-13a 所示。

②如果通过视觉或听觉确定了幸存者位置和人数，则靠近"V"字的地方绘制一指向幸存者位置的箭头。如图 1-13b 所示。

③如果被困人员被确定已死亡，则绘制一条穿过"V"字符号中间的水平线，并绘制一箭头指向遇难者位置和人数。如图 1-13c 所示。

④"V"字符号下面的 L-3 标识有 3 名幸存者，D-2 标识有 2 名遇难者，但都不是最终结果，随着救援行动的进行这些数字随时变更。如图 1-13d 所示。

注意：由第一只搜索犬发出的信息只能用不带箭头的"V"字表示可能的受困人员位置，如果第二只搜索犬在同一位置处也发出信息，则可以带箭头的"V"字标示，表示被困人员的位置已被确定。

⑤画圆将图 1-13 中的 b 或 c 图包围，标示被困人员被全部救出（幸存者）或抬出（死亡者）。

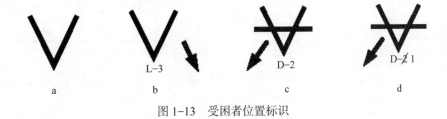

图 1-13　受困者位置标识

（四）搜索表格与图件

在搜索过程中或完成一个搜索现场后均应完成如下搜索表格和图件。

倒塌建筑物搜索数据见表 1-1；

被困人员调查见表 1-2；

被困人员鉴别见表 1-3；

建筑物信息见表 1-4；

图 1-14，图 1-15 为搜索现场草图。

表 1-1　倒塌建筑物搜索数据

日期		搜索救援队鉴定	
时间		建筑物名称或描述	
倒塌日期		倒塌时人员占有率	
倒塌时间		建筑物的位置	

倒塌时的人员占有率类型		
居民	商业	工业
其他 / 描述		
结构类型		
轻型框架		预制板 / 砼楼顶
承重墙	重型楼板	
层数	塔式	可利用的蓝图或照片
结构工程师评价		
姓名		
建筑物现状		
营救信息		
已救出人数	发现受困人数	
救援队前期成果		
救援队名字	领导姓名	相关资料

表 1-2 被困人员调查

亲属（被困者邻居、亲属、目击者，居民或可能提供关于被困者信息的其他人员均为调查对象）			
受困者全名	建筑物业主	被困者可能的位置	相关信息

表 1-3 被困者鉴别

被困者全部或其他鉴别资料	日期	时间	地点	救援人员的身份
发现的尸体				
死者全名或其他鉴别资料	日期	时间	地点	救援人员的身份

表 1-4　建筑物信息

存在的潜在危险
被证实的危险
可利用的搜索手段
可利用的设备

队名		日期		时间		位置/GPS			第	页	共	页

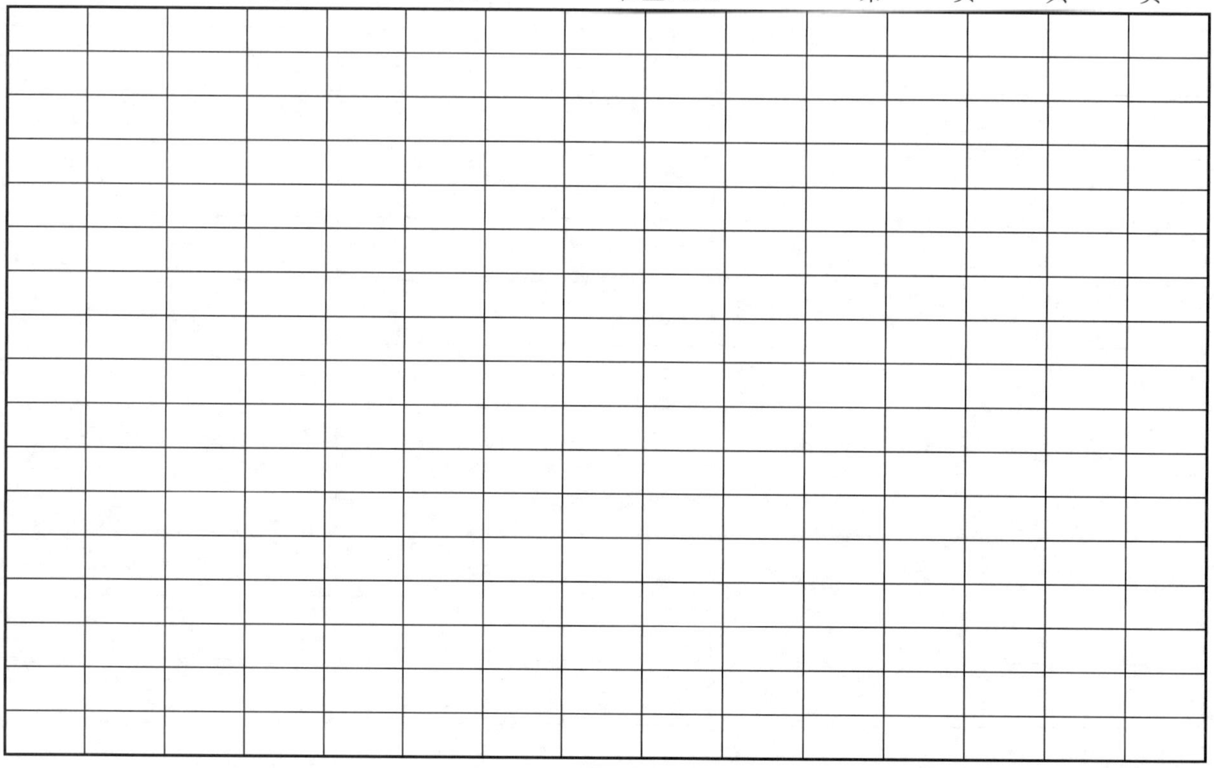

图 1-14　搜索现场草图

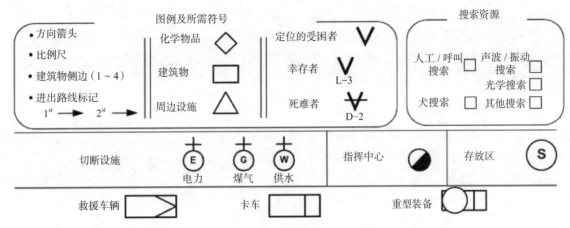

图 1-15　搜索现场草图绘制常用图例

（五）注意事项与不足

经验表明，营救被困在建筑物内人员的最佳时间通常为 72 小时。迅速搜索到和救出幸存者是影响救援时间的两个关键因素。然而目前的搜索条件尚存在许多不尽人意的地方，还需在如下几方面进一步完善与提高。

①提高快速锁定建筑物坍塌事故中失踪者精确位置的能力。

②提高潜在危险建筑物的搜索技术，如开发并完善搜索机器人技术。

③提高开发搜索犬进入危险区工作时，引导员对犬的掌控和信息传递技术。

④改进与提高电磁波类搜索仪器的穿透能力和抗干扰能力。

⑤提高搜索人员对搜索仪器的深入了解和搜索技能。

二、仪器搜索训练指导法

（一）声波/振动生命探测仪训练指导法

1. 作业准备

（1）使用场合和时机

通常用于地震、爆炸和滑坡引起的建筑物坍塌以及煤气灾害建筑物倒塌下的幸存者的搜索、定位，对遇难者进行逐步的精确定位，并与幸存者对话。

（2）使用注意事项

①工作时，周围要保持高度的安静。

②仪器电量不足时，应及时更换电池。

③在连接时应注意连接线和主机的连接方式及要求，探头要根据声源位置，组成圆形区域，不断缩小范围，而后配合光学仪器进行精确定位。

（3）作业要点

①各元件要轻拿轻放；

②插口在进行插拔时，动作要准确利索，力求一步到位；

③训练过程中电缆线不能拖拉；

④要先关闭电源再进行插拔各插口，严禁带电作业；

⑤展开作业到找到目标时间要少，撤收过程中不能损坏器材；

⑥选择作业场地要力求作业人员的安全，不能在作业过程中出现人员受伤的事故。

（4）宣布作业提要

科目：声波探测器作业。

条件：训练大纲、训练场、声波探测器、3～7人作业。

内容：①作业就位；②作业准备；③连接器材；④进行探测；⑤撤收器材。

标准：学会仪器的使用方法，能够准确的在废墟中探测到幸存者发出的求救信号，判断其准确位置。

方法：分组实施、分步作业。

作业分工：第一名负责主机及搜索工作并担负作业指挥，第二三名负责连接声波探头。

时间：30min。

地点：作业训练场。

要求：①作业人员爱护器材；②严格按照操作规程执行。

器材保障：声波探测器一套。

2. 作业实施

（1）作业流程

按照：集合—报数—目标—人员分工—检查器材—连接—人员撤回—现场静音—喊话敲击—开始搜索—调整探头—二次搜索—搜索定位—标示的顺序进行搜索。

（2）作业就位

口令："集合 / 声波生命探测仪作业就位"。

动作：作业手答"是"，同时"向右转"跑步进入器材摆放位置后侧一步处，而后转体面向器材，报数看齐。

（3）作业准备

口令："准备器材"。

动作：第一名作业手打开主机箱，将主机取出；第二三名从箱内取出声波探头及连线。

（4）连接器材

口令："连接器材"。

动作：第一名作业手将电池块装入主机，并将一根连线与主机连接；第二三名作业手合力连接声波探头，并按照要求将探头呈环形放置于初步判定范围，探头与探头间距6m。

（5）进行探测

口令："目标前方事故现场，开始作业"。

动作：三名作业手同时起立跑步至目标地域。第一名作业手下达口令"全场静音"，并打开主机，通过显示屏上显示的信号和耳机中的声音，确定最有可能的信号源所处探头编号，而后指挥第二三名作业手将声波探头逐次向发声源附近移动靠拢，直至能够准确判断出其位置，最后做好标识。

（6）撤收器材

口令："撤收器材"。

动作：每名作业手均按照相反的顺序撤收，并清点、清洁器材后装箱。完毕后由第一名报告"作业完毕"。

3.作业讲评

组长评估作业效果，讲评作业成绩，组织本组人员检查、保养器材。

（二）光学生命探测仪训练指导法

1.作业准备

（1）使用场合和时机

通常用于人员不能进入的地方，如裂隙、孔洞等。利用光学传感器对洞内或裂隙受困者进行精确探测。

（2）使用注意事项

①仪器连续工作时间不得超过 3 个小时。

②仪器电量不足时，应及时充电。

③在使用时，要严格保护好光学探头，避免受损。

（3）作业要点

①各元件要轻拿轻放；

②插口在进行插拔时动作要准确利索，力求一步到位；

③训练过程中电缆线不能拖拉；

④要先关闭电源再进行插拔各插口，严禁带电作业；

⑤展开作业到找到目标时间要少，撤收过程中不能损坏器材；

⑥选择作业场地要力求作业人员的安全，不能在作业过程中出现人员受伤的事故。

（4）宣布作业提要：

科目：光学生命探测仪作业。

条件：训练大纲、训练场、光学生命探测仪。

内容：①作业就位；②作业准备；③连接器材；④进行探测；⑤撤收器材。

标准：学会仪器的使用方法，能够准确的在废墟中探测到幸存者，判断其准确位置。

方法：分步作业。

作业分工：第一名负责主机及搜索工作，第二三名负责连接光学探头和探测作业。

时间：30min。

地点：作业训练场。

要求：①组长认真指挥、爱护器材；②严格遵守操作规程。

器材保障：光学生命探测仪一套。

2.作业实施

（1）作业就位

口令："集合／光学生命探测仪作业就位"。

动作：作业手答"是"，同时"向右转"跑步进入器材摆放位置后侧一步处，而后转体面向器材，报数看齐。

（2）器材准备

口令："准备器材"。

动作：第一名作业手打开主机箱，将主机取出；第二三名从箱内取出光学探头及连线。

（3）连接器材

口令："连接器材"。

动作：第一名作业手将电池块装入主机，并将一根连线与主机连接；第二三名作业手合力连接光学探头。

（4）进行探测

口令："目标前方事故现场，开始作业"。

动作：三名作业手同时起立跑步至目标地域。第一名作业手打开主机，观察显示屏，第二三名作业手按照第一名的指令将光学探头向事先打好的洞内输送，直至能够准确判断出其位置。

（5）撤收器材

口令："撤收器材"。

动作：每名作业手均按照相反的顺序撤收，并清点、清洁器材后装箱。完毕后由第一名报告"作业完毕"。

3.作业讲评

组长评估作业效果，讲评作业成绩，组织本组人员检查、保养器材。

（三）电磁波生命探测仪训练指导法

1.作业准备

（1）使用场合和时机

电磁波生命探测仪属主动式搜索被困生命体的仪器，通常适用于空旷场地、一定厚度的墙壁和建筑瓦砾进行搜索工作。主要是通过探测进行定位，查明幸存人员的具体位置和情况。

（2）使用注意事项

①不同介质的环境下探测及现场钢筋密度的增加会影响探测结果。

②仪器电量不足时，应及时更换电池。

（3）作业要点

①各元件要轻拿轻放；

②无线接收天线要垂直，待指示灯亮时才可连接掌上电脑进行探测；

③训练过程中电缆线不能拖拉；

④要先关闭电源再进行插拔各插口，严禁带电作业；

⑤展开作业到找到目标时间要少，撤收过程中不能损坏器材；

⑥选择作业场地要力求作业人员的安全，不能在作业过程中出现人员受伤的事故，探测时作业场地内的人员要全部撤回。

（4）宣布作业提要

科目：电磁波生命探测仪作业。

条件：训练大纲、训练场、电磁波生命探测仪。

内容：①作业就位；②作业准备；③连接器材；④进行探测；⑤撤收器材。

标准：学会仪器的使用方法，能够准确的在浓烟、烈火中以及黑暗条件下搜寻幸存者。

方法：分步作业。

作业分工：第一名负责主机电脑及搜索工作，第二名负责天线连接器。

时间：30min。

地点：救援训练场。

要求：①作业人员爱护器材；②严格按照操作规程操作。

器材保障：电磁波生命探测仪一台，配部件若干个。

2. 作业实施

（1）作业就位

口令："集合 / 电磁波生命探测仪作业就位"。

动作：作业手答"是"，同时"向右转"跑步进入器材摆放位置后侧一步处，而后转体面向器材，报数看齐。

（2）器材准备

口令："准备器材"。

动作：第一名作业手打开主机箱，将探测仪（发射器）、微波接收天线取出；第二名打开附件箱，取出掌上电脑。

（3）连接器材

口令："连接器材"。

动作：第一名作业手将电池块装入探测器，将发射天线旋进发射器天线插口，打开信号开关。第二名作业手合力连接接收装置，将接收转换器与显示器连接，并接通转换器与显示器的电源。

（4）进行探测

口令："目标前方事故现场，开始作业"。

动作：两名作业手同时起立。第一名作业手打开探测器、发射器电源，开始搜寻。第二名作业手调整接收转换器频段，打开搜索界面，调整显示器频段，两名作业手配合作业，直至图像清晰滚动搜索，发现幸存者位置，显示距离。

（5）撤收器材

口令："撤收器材"。

动作：每名作业手均按照相反的顺序撤收，并清点、清洁器材后装箱。完毕后由第一名报告"作业完毕"。

3. 作业讲评

组长评估作业效果，讲评作业成绩，组织本组人员检查、保养器材。

三、搜索技术训练考核评估标准

（一）人工一字形搜索考核评分标准

编码：JY-02-C

代码：S-01/A

考核要素		考核要求	权重	评分参考标准	扣分	得分	备注
序号	项目						
1	受领任务	正确理解任务目标	6	①任务目标错误理解扣3分			
				②任务区域展开错误扣3分			
2	组织分工	正确、准确下达命令	7	①任务目标传达错误扣3分			
				②任务传达不完整扣2分			
				③人员分配不合理扣2分			
3	装备选择	选择合适的器材	5	①装备选择不正确扣3分			
				②装备遗漏一项扣2分			
4	基本队形	选择最有效的队形	13	①队形选择不正确扣4分			
				②队形组织不完整扣3分			
				③队员间距不均匀扣2分			
				④一字形队形体现不明显扣4分			
5	方法运用	保证喊、敲、听的效果	12	①喊话声音不洪亮扣2分			
				②喊话声音不整齐扣2分			
				③敲击声音不明显扣2分			
				④敲击声音不整齐扣2分			
				⑤聆听姿势不正确扣2分			
				⑥聆听时间不足30s扣2分			
6	废墟行走	按预定路线前进	9	①行走路线不正确扣3分			
				②行走速度过快扣3分			
				③行走姿势不正确扣3分			
7	标记方法	正确记录受困者位置	13	①没有做标记扣5分			
				②标记不正确扣3分			
				③标记不明显扣2分			
				④搜索区域草图不画扣3分			
8	搜索结果	准确定位受困者位置	16	①受困者没定位扣10分			
				②受困者定位位置错误且误差大于直径2m范围扣3分			
				③受困者定位位置标记不准确扣3分			
9	程序步骤	搜索程序合理	8	①作业前搜索路线没明确扣2分			
				②作业前撤离路线没明确扣2分			
				③询问技巧不正确扣2分			
				④程序步骤颠倒、不合理扣2分			
10	安全防护	保证自身安全	11	①个人防护不到位扣2分			
				②危险撤离声音信号不明确扣3分			
				③队员出现安全问题扣3分			
				④队员出现安全隐患扣3分			
合计总分							

考官1：　　　　　　　　　　　考官2：　　　　　　　　　　　考官3：

核分人：　　　　　　　　　　　　　　　　　　　　　　　　　年　月　日

（二）人工环形搜索考核评分标准

编码：JY-02-C   代码：S-01/B

考核要素 序号	考核要素 项目	考核要求	权重	评分参考标准	扣分	得分	备注
1	受领任务	正确理解任务目标	6	①任务目标错误理解扣3分			
				②任务区域展开错误扣3分			
2	组织分工	正确、准确下达命令	7	①任务目标传达错误扣3分			
				②任务传达不完整扣2分			
				③人员分配不合理扣2分			
3	装备选择	选择合适的器材	5	①装备选择不正确扣3分			
				②装备遗漏一项扣2分			
4	基本队形	选择最有效的队形	13	①队形选择不正确扣4分			
				②队形组织不完整扣3分			
				③队员间距不均匀扣2分			
				④环形队形体现不明显扣4分			
5	方法运用	保证喊、敲、听的效果	12	①喊话声音不洪亮扣2分			
				②喊话声音不整齐扣2分			
				③敲击声音不明显扣2分			
				④敲击声音不整齐扣2分			
				⑤聆听姿势不正确扣2分			
				⑥聆听时间不足30s扣2分			
6	废墟行走	按预定路线前进	9	①行走路线不正确扣3分			
				②行走速度过快扣3分			
				③行走姿势不正确扣3分			
7	标记方法	正确记录受困者位置	13	①没有做标记扣5分			
				②标记不正确扣3分			
				③标记不明显扣2分			
				④搜索区域草图不画扣3分			
8	搜索结果	准确定位受困者位置	16	①受困者没定位扣10分			
				②受困者定位位置错误且误差大于直径2m范围扣3分			
				③受困者定位位置标记不准确扣3分			
9	程序步骤	搜索程序合理	8	①作业前搜索路线没明确扣2分			
				②作业前撤离路线没明确扣2分			
				③询问技巧不正确扣2分			
				④程序步骤颠倒、不合理扣2分			
10	安全防护	保证自身安全	11	①个人防护不到位扣2分			
				②危险撤离声音信号不明确扣3分			
				③队员出现安全问题扣3分			
				④队员出现安全隐患扣3分			
		合计总分					

考官1：　　　　　　　　　　　考官2：　　　　　　　　　　　考官3：

核分人：　　　　　　　　　　　　　　　　　　　　　　　　年　月　日

（三）人工弧形搜索考核评分标准

编码：JY-02-C

代码：S-01/C

考核要素		考核要求	权重	评分参考标准	扣分	得分	备注
序号	项目						
1	受领任务	正确理解任务目标	6	①任务目标错误理解扣3分			
				②任务区域展开错误扣3分			
2	组织分工	正确、准确下达命令	7	①任务目标传达错误扣3分			
				②任务传达不完整扣2分			
				③人员分配不合理扣2分			
3	装备选择	选择合适的器材	5	①装备选择不正确扣3分			
				②装备遗漏一项扣2分			
4	基本队形	选择最有效的队形	13	①队形选择不正确扣4分			
				②队形组织不完整扣3分			
				③队员间距不均匀扣2分			
				④弧形队形体现不明显扣4分			
5	方法运用	保证喊、敲、听的效果	12	①喊话声音不洪亮扣2分			
				②喊话声音不整齐扣2分			
				③敲击声音不明显扣2分			
				④敲击声音不整齐扣2分			
				⑤聆听姿势不正确扣2分			
				⑥聆听时间不足30s扣2分			
6	废墟行走	按预定路线前进	9	①行走路线不正确扣3分			
				②行走速度过快扣3分			
				③行走姿势不正确扣3分			
7	标记方法	正确记录受困者位置	13	①没有做标记扣5分			
				②标记不正确扣3分			
				③标记不明显扣2分			
				④搜索区域草图不画扣3分			
8	搜索结果	准确定位受困者位置	16	①受困者没定位扣10分			
				②受困者定位位置错误且误差大于直径2m范围扣3分			
				③受困者定位位置标记不准确扣3分			
9	程序步骤	搜索程序合理	8	①作业前搜索路线没明确扣2分			
				②作业前撤离路线没明确扣2分			
				③询问技巧不正确扣2分			
				④程序步骤颠倒、不合理扣2分			
10	安全防护	保证自身安全	11	①个人防护不到位扣2分			
				②危险撤离声音信号不明确扣3分			
				③队员出现安全问题扣3分			
				④队员出现安全隐患扣3分			
合计总分							

考官1：　　　　　　　　　　　考官2：　　　　　　　　　　　考官3：

核分人：　　　　　　　　　　　　　　　　　　　　　　　　　　年　月　日

（四）人工网格式搜索考核评分标准

编码：JY-02-C   代码：S-01/D

考核要素 序号	项目	考核要求	权重	评分参考标准	扣分	得分	备注
1	受领任务	正确理解任务目标	6	①任务目标错误理解扣3分			
				②任务区域展开错误扣3分			
2	组织分工	正确、准确下达命令	7	①任务目标传达错误扣3分			
				②任务传达不完整扣2分			
				③人员分配不合理扣2分			
3	装备选择	选择合适的器材	5	①装备选择不正确扣3分			
				②装备遗漏一项扣2分			
4	基本队形	选择最有效的队形	13	①队形选择不正确扣4分			
				②队形组织不完整扣3分			
				③队员间距不均匀扣2分			
				④网格式队形体现不明显扣4分			
5	方法运用	保证喊、敲、听的效果	12	①喊话声音不洪亮扣2分			
				②喊话声音不整齐扣2分			
				③敲击声音不明显扣2分			
				④敲击声音不整齐扣2分			
				⑤聆听姿势不正确扣2分			
				⑥聆听时间不足30s扣2分			
6	废墟行走	按预定路线前进	6	①行走路线不正确扣3分			
				②行走幅度过大扣3分			
7	标记方法	正确记录受困者位置	13	①没有做标记扣5分			
				②标记不正确扣3分			
				③标记不明显扣2分			
				④搜索区域草图不画扣3分			
8	搜索结果	准确定位受困者位置	16	①受困者没定位扣10分			
				②受困者定位位置错误且误差大于直径2m范围扣3分			
				③受困者定位位置标记不准确扣3分			
9	程序步骤	搜索程序合理	11	①作业前搜索路线没明确扣2分			
				②作业前撤离路线没明确扣2分			
				③作业前网格分区不合理扣3分			
				④询问技巧不正确扣2分			
				⑤程序步骤颠倒、不合理扣2分			
10	安全防护	保证自身安全	11	①个人防护不到位扣2分			
				②危险撤离声音信号不明确扣3分			
				③队员出现安全问题扣3分			
				④队员出现安全隐患扣3分			
合计总分							

考官1：   考官2：   考官3：

核分人：   年 月 日

（五）声波／振动生命探测仪搜索考核评分标准

编码：JY-02-C   代码：S-02/A

考核要素 序号	考核要素 项目	考核要求	权重	评分参考标准	扣分	得分	备注
1	受领任务	正确理解任务目标	6	①任务目标错误理解扣 3 分			
				②任务区域展开错误扣 3 分			
2	组织分工	正确、准确下达命令	7	①任务目标传达错误扣 3 分			
				②任务传达不完整扣 2 分			
				③人员分配不合理扣 2 分			
3	装备选择	选择合适的器材	8	①装备选择不正确扣 3 分			
				②装备遗漏一项扣 2 分			
				③装备不检查扣 3 分			
4	器材操作	正确连接仪器	10	①仪器连接错误扣 3 分			
				②仪器操作不正确扣 3 分			
				③仪器损坏扣 4 分			
5	方法运用	选择最有效的方法	12	①方法选择不正确扣 2 分			
				②组织不完整扣 2 分			
				③拾振器排列摆放错误扣 2 分			
				④拾振器间距过小、过大扣 2 分			
				⑤没有调整拾振器进行二次搜索扣 2 分			
				⑥联络信号不明确扣 2 分			
6	废墟行走	按预定路线前进	9	①行走路线不正确扣 3 分			
				②行走速度过快扣 3 分			
				③行走姿势不正确扣 3 分			
7	标记方法	正确记录受困者位置	13	①没有做标记扣 5 分			
				②标记不正确扣 3 分			
				③标记不明显扣 2 分			
				④搜索区域草图不画扣 3 分			
8	搜索结果	准确定位受困者位置	16	①受困者没定位扣 10 分			
				②受困者定位位置错误且误差大于直径 2m 范围扣 3 分			
				③受困者定位位置标记不准确扣 3 分			
9	程序步骤	搜索程序合理	8	①作业前搜索路线没明确扣 2 分			
				②作业前撤离路线没明确扣 2 分			
				③询问技巧不正确扣 2 分			
				④程序步骤颠倒、不合理扣 2 分			
10	安全防护	保证自身安全	11	①个人防护不到位扣 2 分			
				②危险撤离声音信号不明确扣 3 分			
				③队员出现安全问题扣 3 分			
				④队员出现安全隐患扣 3 分			
		合计总分					

考官1：   考官2：   考官3：

核分人：   年　月　日

（六）光学生命探测仪搜索考核评分标准

编码：JY-02-C   代码：S-02/B

考核要素 序号	项目	考核要求	权重	评分参考标准	扣分	得分	备注
1	受领任务	正确理解任务目标	6	①任务目标错误理解扣3分			
				②任务区域展开错误扣3分			
2	组织分工	正确、准确下达命令	7	①任务目标传达错误扣3分			
				②任务传达不完整扣2分			
				③人员分配不合理扣2分			
3	装备选择	选择合适的器材	8	①装备选择不正确扣3分			
				②装备遗漏一项扣2分			
				③装备不检查扣3分			
4	器材操作	正确连接仪器	10	①仪器连接错误扣3分			
				②仪器操作不正确扣3分			
				③仪器损坏扣4分			
5	方法运用	选择最有效的方法	12	①方法选择不正确扣2分			
				②组织不完整扣2分			
				③探测位置不合理扣2分			
				④根据环境需要不钻观测孔扣2分			
				⑤没有调整位置进行二次搜索确认扣2分			
				⑥联络信号不明确扣2分			
6	废墟行走	按预定路线前进	9	①行走路线不正确扣3分			
				②行走速度过快扣3分			
				③行走姿势不正确扣3分			
7	标记方法	正确记录受困者位置	13	①没有做标记扣5分			
				②标记不正确扣3分			
				③标记不明显扣2分			
				④搜索区域草图不画扣3分			
8	搜索结果	准确定位受困者位置	16	①受困者没定位扣10分			
				②受困者定位位置错误且误差大于直径2m范围扣3分			
				③受困者定位位置标记不准确扣3分			
9	程序步骤	搜索程序合理	8	①作业前搜索路线没明确扣2分			
				②作业前撤离路线没明确扣2分			
				③询问技巧不正确扣2分			
				④程序步骤颠倒、不合理扣2分			
10	安全防护	保证自身安全	11	①个人防护不到位扣2分			
				②危险撤离声音信号不明确扣3分			
				③队员出现安全问题扣3分			
				④队员出现安全隐患扣3分			
		合计总分					

考官1：　　　　　　　　　　　　　　考官2：　　　　　　　　　　　　　　考官3：

核分人：　　　　　　　　　　　　　　　　　　　　　　　　　　　　年　月　日

（七）电磁波生命探测仪搜索考核评分标准

编码：JY-02-C   代码：S-02/C

考核要素 序号	考核要素 项目	考核要求	权重	评分参考标准	扣分	得分	备注
1	受领任务	正确理解任务目标	6	①任务目标错误理解扣3分			
				②任务区域展开错误扣3分			
2	组织分工	正确、准确下达命令	7	①任务目标传达错误扣3分			
				②任务传达不完整扣2分			
				③人员分配不合理扣2分			
3	装备选择	选择合适的器材	8	①装备选择不正确扣3分			
				②装备遗漏一项扣2分			
				③装备不检查扣3分			
4	器材操作	正确连接仪器	10	①仪器连接错误扣3分			
				②仪器操作不正确扣3分			
				③仪器损坏扣4分			
5	方法运用	选择最有效的方法	12	①方法选择不正确扣2分			
				②组织不完整扣2分			
				③探测位置不合理扣2分			
				④搜索区域环境不稳定扣2分			
				⑤没有调整位置进行二次搜索确认扣2分			
				⑥联络信号不明确扣2分			
6	废墟行走	按预定路线前进	9	①行走路线不正确扣3分			
				②行走速度过快扣3分			
				③行走姿势不正确扣3分			
7	标记方法	正确记录受困者位置	13	①没有做标记扣5分			
				②标记不正确扣3分			
				③标记不明显扣2分			
				④搜索区域草图不画扣3分			
8	搜索结果	准确定位受困者位置	16	①受困者没定位扣10分			
				②受困者定位位置错误且误差大于直径2m范围扣3分			
				③受困者定位位置标记不准确扣3分			
9	程序步骤	搜索程序合理	8	①作业前搜索路线没明确扣2分			
				②作业前撤离路线没明确扣2分			
				③询问技巧不正确扣2分			
				④程序步骤颠倒、不合理扣2分			
10	安全防护	保证自身安全	11	①个人防护不到位扣2分			
				②危险撤离声音信号不明确扣3分			
				③队员出现安全问题扣3分			
				④队员出现安全隐患扣3分			
合计总分							

考官1：   考官2：   考官3：

核分人：   年　月　日

（八）热成像探测仪搜索考核评分标准

编码：JY-02-C　　　　　　　　　　　　　　　　　　　　　　　　　　代码：S-02/D

考核要素 序号	项目	考核要求	权重	评分参考标准	扣分	得分	备注
1	受领任务	正确理解任务目标	6	①任务目标错误理解扣3分			
				②任务区域展开错误扣3分			
2	组织分工	正确、准确下达命令	7	①任务目标传达错误扣3分			
				②任务传达不完整扣2分			
				③人员分配不合理扣2分			
3	装备选择	选择合适的器材	8	①装备选择不正确扣3分			
				②装备遗漏一项扣2分			
				③装备不检查扣3分			
4	器材操作	正确连接仪器	10	①仪器连接错误扣3分			
				②仪器操作不正确扣3分			
				③仪器损坏扣4分			
5	方法运用	选择最有效的方法	12	①方法选择不正确扣2分			
				②组织不完整扣2分			
				③探测位置不合理扣2分			
				④搜索区域环境不符合要求扣2分			
				⑤没有调整位置进行二次搜索确认扣2分			
				⑥联络信号不明确扣2分			
6	废墟行走	按预定路线前进	9	①行走路线不正确扣3分			
				②行走速度过快扣3分			
				③行走姿势不正确扣3分			
7	标记方法	正确记录受困者位置	13	①没有做标记扣5分			
				②标记不正确扣3分			
				③标记不明显扣2分			
				④搜索区域草图不画扣3分			
8	搜索结果	准确定位受困者位置	16	①受困者没定位扣10分			
				②受困者定位位置错误且误差大于直径2m范围扣3分			
				③受困者定位位置标记不准确扣3分			
9	程序步骤	搜索程序合理	8	①作业前搜索路线没明确扣2分			
				②作业前撤离路线没明确扣2分			
				③询问技巧不正确扣2分			
				④程序步骤颠倒、不合理扣2分			
10	安全防护	保证自身安全	11	①个人防护不到位扣2分			
				②危险撤离声音信号不明确扣3分			
				③队员出现安全问题扣3分			
				④队员出现安全隐患扣3分			
				合计总分			

考官1：　　　　　　　　考官2：　　　　　　　　考官3：

核分人：　　　　　　　　　　　　　　　　　　　　　年　月　日

（九）人工、搜救犬联合搜索考核评分标准

编码：JY-02-C   代码：S-04/A

考核要素 序号	项目	考核要求	权重	评分参考标准	扣分	得分	备注
1	受领任务	正确理解任务目标	6	①任务目标错误理解扣3分			
				②任务区域展开错误扣3分			
2	组织分工	正确、准确下达命令	7	①任务目标传达错误扣3分			
				②任务传达不完整扣2分			
				③人员分配不合理扣2分			
3	装备选择	选择合适的器材	5	①装备选择不正确扣3分			
				②装备遗漏一项扣2分			
4	基本队形	选择最有效的队形	9	①队形选择不正确扣4分			
				②队形组织不完整扣3分			
				③队员间距不均匀扣2分			
5	方法运用	保证喊、敲、听的效果及搜救犬定位效果	21	①人员喊话声音不洪亮扣2分			
				②人员喊话声音不整齐扣2分			
				③人员敲击声音不明显扣2分			
				④人员敲击声音不整齐扣2分			
				⑤人员聆听姿势不正确扣2分			
				⑥聆听时间不足30s扣2分			
				⑦搜救犬使用不及时扣2分			
				⑧搜索区域没有区分扣4分			
				⑨搜索犬没有进行多犬定位扣3分			
6	废墟行走	按预定路线前进	6	①行走路线不正确扣3分			
				②行走速度过快扣3分			
7	标记方法	正确记录受困者位置	11	①没有做标记扣5分			
				②标记不正确扣3分			
				③搜索区域草图不画扣3分			
8	搜索结果	准确定位受困者位置	16	①受困者没定位扣10分			
				②受困者定位位置错误且误差大于直径2m范围扣3分			
				③受困者定位位置标记不准确扣3分			
9	程序步骤	搜索程序合理	8	①作业前搜索路线没明确扣2分			
				②作业前撤离路线没明确扣2分			
				③询问技巧不正确扣2分			
				④程序步骤颠倒、不合理扣2分			
10	安全防护	保证自身安全	11	①个人防护不到位扣2分			
				②危险撤离声音信号不明确扣3分			
				③队员出现安全问题扣3分			
				④搜救犬出现安全问题扣3分			
		合计总分						

考官1：   考官2：   考官3：

核分人：   年　月　日

（十）人工、仪器联合搜索考核评分标准

编码：JY-02-C　　　　　　　　　　　　　　　　　　　　　　　　　　　代码：S-04/B

考核要素 序号	项目	考核要求	权重	评分参考标准	扣分	得分	备注
1	受领任务	正确理解任务目标	6	①任务目标错误理解扣3分			
				②任务区域展开错误扣3分			
2	组织分工	正确、准确下达命令	7	①任务目标传达错误扣3分			
				②任务传达不完整扣2分			
				③人员分配不合理扣2分			
3	器材选择	选择合适器材及操作	7	①器材选择不合理扣3分			
				②器材遗漏一项扣2分			
				③仪器操作不正确扣2分			
4	基本队形	选择最有效的队形	9	①队形选择不正确扣4分			
				②队形组织不完整扣3分			
				③队员间距不均匀扣2分			
5	方法运用	保证喊、敲、听的效果及仪器定位效果	21	①人员喊话声音不洪亮扣2分			
				②人员喊话声音不整齐扣2分			
				③人员敲击声音不明显扣2分			
				④人员敲击声音不整齐扣2分			
				⑤人员聆听姿势不正确扣2分			
				⑥聆听时间不足30s扣2分			
				⑦搜索仪器使用不及时扣2分			
				⑧搜索区域没有区分扣4分			
				⑨搜索区域环境没确认扣3分			
6	废墟行走	按预定路线前进	6	①行走路线不正确扣3分			
				②行走速度过快扣3分			
7	标记方法	正确记录受困者位置	11	①没有做标记扣5分			
				②标记不正确扣3分			
				③搜索区域草图不画扣3分			
8	搜索结果	准确定位受困者位置	16	①受困者没定位扣10分			
				②受困者定位位置错误且误差大于直径2m范围扣3分			
				③受困者定位位置标记不准确扣3分			
9	程序步骤	搜索程序合理	6	①作业前搜索路线没明确扣2分			
				②作业前撤离路线没明确扣2分			
				③程序步骤颠倒、不合理扣2分			
10	安全防护	保证自身安全	11	①个人防护不到位扣2分			
				②危险撤离声音信号不明确扣3分			
				③队员出现安全问题扣3分			
				④搜索仪器出现坏损扣3分			
合计总分							

考官1：　　　　　　　　　　　　考官2：　　　　　　　　　　　　考官3：

核分人：　　　　　　　　　　　　　　　　　　　　　　　　　　年　月　日

（十一）搜索犬、仪器联合搜索考核评分标准

编码：JY-02-C   代码：S-04/C

考核要素 序号	考核要素 项目	考核要求	权重	评分参考标准	扣分	得分	备注
1	受领任务	正确理解任务目标	6	①任务目标错误理解扣3分			
				②任务区域展开错误扣3分			
2	组织分工	正确、准确下达命令	7	①任务目标传达错误扣3分			
				②任务传达不完整扣2分			
				③人员分配不合理扣2分			
3	装备选择	选择合适的器材	8	①装备选择不正确扣3分			
				②装备遗漏一项扣2分			
				③装备不检查扣3分			
4	器材操作	正确连接仪器	10	①仪器连接错误扣3分			
				②仪器操作不正确扣3分			
				③仪器损坏扣4分			
5	方法运用	保证搜救犬及仪器最佳定位	12	①方法选择不正确扣2分			
				②组织不完整扣2分			
				③仪器探测位置不合理扣2分			
				④搜救犬使用不及时扣2分			
				⑤搜索区域没有区分扣2分			
				⑥联络信号不明确扣2分			
6	废墟行走	按预定路线前进	9	①行走路线不正确扣3分			
				②行走速度过快扣3分			
				③行走姿势不正确扣3分			
7	标记方法	正确记录受困者位置	13	①没有做标记扣5分			
				②标记不正确扣3分			
				③标记不明显扣2分			
				④搜索区域草图不画扣3分			
8	搜索结果	准确定位受困者位置	16	①受困者没定位扣10分			
				②受困者定位位置错误且误差大于直径2m范围扣3分			
				③受困者定位位置标记不准确扣3分			
9	程序步骤	搜索程序合理	8	①作业前搜索路线没明确扣2分			
				②作业前撤离路线没明确扣2分			
				③询问技巧不正确扣2分			
				④程序步骤颠倒、不合理扣2分			
10	安全防护	保证自身安全	11	①个人防护不到位扣2分			
				②危险撤离声音信号不明确扣3分			
				③搜救犬出现安全问题扣3分			
				④搜索仪器出现坏损扣3分			
合计总分							

考官1：   考官2：   考官3：

核分人：   年　月　日

（十二）人工、犬、仪器联合搜索考核评分标准

编码：JY-02-C

代码：S-04/D

考核要素 序号	考核要素 项目	考核要求	权重	评分参考标准	扣分	得分	备注
1	受领任务	正确理解任务目标	6	①任务目标错误理解扣3分			
				②任务区域展开错误扣3分			
2	组织分工	正确、准确下达命令	5	①任务目标传达错误扣3分			
				②人员分配不合理扣2分			
3	器材选择	选择合适器材及操作	7	①器材选择不合理扣3分			
				②器材遗漏一项扣2分			
				③仪器操作不正确扣2分			
4	基本队形	选择最有效的队形	9	①队形选择不正确扣4分			
				②队形组织不完整扣3分			
				③队员间距不均匀扣2分			
5	方法运用	保证人工、搜救犬及仪器联合有序开展搜索	23	①人员喊话声音不洪亮扣2分			
				②人员喊话声音不整齐扣2分			
				③人员敲击声音不整齐扣2分			
				④人员聆听姿势不正确扣2分			
				⑤聆听时间不足30s扣2分			
				⑥搜索犬使用不及时扣2分			
				⑦搜索仪器使用不及时扣2分			
				⑧搜索区域没有区分扣4分			
				⑨搜索区域环境没确认扣3分			
				⑩联络信号不明确扣2分			
6	废墟行走	按预定路线前进	6	①行走路线不正确扣3分			
				②行走速度过快扣3分			
7	标记方法	正确记录受困者位置	11	①没有做标记扣5分			
				②标记不正确扣3分			
				③搜索区域草图不画扣3分			
8	搜索结果	准确定位受困者位置	13	①受困者没定位扣10分			
				②受困者定位位置错误且误差大于直径2m范围扣3分			
9	程序步骤	搜索程序合理	6	①作业前搜索路线没明确扣2分			
				②作业前撤离路线没明确扣2分			
				③程序步骤颠倒、不合理扣2分			
10	安全防护	保证自身安全	14	①个人防护不到位扣2分			
				②危险撤离声音信号不明确扣3分			
				③队员出现安全隐患扣3分			
				④搜索仪器出现坏损扣3分			
				⑤搜索犬出现安全问题扣3分			
			合计总分				

考官1：　　　　　　　　　　　考官2：　　　　　　　　　　　考官3：

核分人：　　　　　　　　　　　　　　　　　　　　　　　　年　月　日

第二章　破拆技术

一、"破拆技术"定义

破拆技术是地震营救技术中应用最为广泛的技术之一，它是指救援队在地震灾害现场，根据救援现场实际情况，使用合理的装备器材，综合运用凿破、切割、剪切等技术手段，在混凝土构件或其他障碍物构件上创建营救通道的综合技术。根据现场条件和需要，破拆技术既可以单独使用，也可以与其他技术联合使用。

但根据不同的作业环境、破拆对象、破拆装备等，划分出多种破拆定义。例如：

根据破拆作业环境的不同，可以把破拆技术划分为受限空间破拆和开放空间破拆；根据破拆作业对象的不同，可以把破拆技术划分为车辆破拆、门窗破拆、墙体破拆等；根据破拆使用装备的不同，可以把破拆技术划分为机械破拆、电动破拆、液压破拆等。

在地震救援技术中，一般以技术手段为要求，总结归纳破拆技术中的所应用技术要点，结合各种破拆定义的一般规律，将破拆技术统一划分为快速破拆技术（Dirty breaching）和安全破拆技术（Clean breaching）两种。

（一）快速破拆技术（Dirty breaching）

快速破拆技术是指为了营救灾害环境中的受困人员，在安全的情况下，救援队员综合利用多种破拆装备、技术手段，在倒塌建筑物构件或其他障碍物构件上快速打开人员进出通道的一种破拆方法。

在破拆作业时，我们破拆的对象通常是有稳固支撑未破坏或局部破坏的混凝土楼板，多为从上往下破拆；由救援队中的营救组负责实施快速破拆，一般情况下可根据作业的难易程度，选择不同的装备，主要选择凿破工具和剪断工具；可分为确定破拆范围、破碎障碍物构件、处理钢筋三个步骤。

（二）安全破拆技术（Clean breaching）

安全破拆技术这个名称来源于国外应急救援行业，也叫干净破拆法，是指在破拆救援行动中，为避免受困人员受到二次伤害，救援队员采取事先固定破拆对象，而后再对破拆对象进行切割的一种安全的破拆方法。

在安全破拆的整个过程中，要求不允许有混凝土碎块掉落至下方的空间砸到受困者，对其造成二次伤害。通常情况下安全破拆由救援队中的营救组负责实施，根据作业的难易程度，选择不同的装备，主要选择凿破工具和切割工具；按照确定破拆范围、固定破拆对象、切割吊离三个步骤实施作业。

二、破拆技术手段

在创建生命通道过程中，主要运用的破拆技术手段有凿破、切割和剪切三种。

（一）凿破

凿破是指利用装备器材的冲击力，对楼板、墙体或其他障碍物构件等进行钻孔、破碎、穿透的破拆技术手段。凿破又可以分为水平方向凿破和垂直方向凿破，常与切割、剪切技术配合使用。

1. 水平凿破

水平凿破的对象通常是钢筋混凝土或砖混材质的墙体，主要使用手动冲击器、电动冲击钻等装备器材。在水平方向上创建营救通道过程中使用凿破手段时，通常是在墙体上开凿一个近似三角形的通道，破拆时可以先从三角形的底边开始作业，然后破拆三角形的剩余两边，破拆点之间的距离不大于 10cm。

2. 垂直凿破

垂直凿破是在垂直方向上创建营救通道过程中所使用的凿破技术手段，破拆对象通常是有稳固支撑的未破坏或局部破坏的钢筋混凝土楼板，多为从上往下破拆，主要使用内燃凿岩机、液压破碎镐和液压钻孔器等装备器材，通常是在楼板上开凿一个矩形或圆形的通道。首先要在准备破拆的区域中央钻一个小孔，以便能够利用钩、杆等工具来提住被切下的混凝土块体，防止砸伤受困者，然后沿着矩形或圆形的边进行钻凿。

（二）切割

切割是指利用装备器材对楼板、墙体或其他障碍物构件等进行切割分离的技术方法。狭义的切割是指用刀等利器将物体（如木料、食物等硬度较低的物体）切开；广义的切割是指利用装备工具，如机床、切割锯、火焰等，使物体（如金属、混凝土等硬度较高的物体）在压力或高温等能量的作用下分离断开。

我们所讨论的切割技术主要针对救援环境中障碍物构件的机械切割技术和热切割技术。

机械切割的原理是利用装备高速的撞击力，将接触物敲碎，再利用刀口将粉末移除，过程中可能会产生大量粉尘；热切割的原理则是利用热能使材料分离的切割，也就是说利用化学反应能、电能和光能的切割法在实施切割时都伴有热过程。现在工业上应用的热切割法主要有：氧气切割、等离子切割、激光切割、电弧切割技术等。

切割方法	原理、特点与主要用途	适用材料
氧气切割	利用铁和氧的燃烧反应及反应热进行切割的方法。设备简单，操作灵便性好，长期以来一直是切割钢材最常用的方法，切割质量良好，但切割速度低（通常在1m/min以下），切割变形较大，切割精度一般，最大切割厚度可达4m左右	碳钢、低合金钢
氧矛切割	先借预热火焰将切割区预热到燃点后用直径3～12mm厚壁碳钢管在管内供送氧气，是钢材在氧气中进行切割或穿孔的一种特殊气割法。适用于极厚钢材上打孔或割断。也可在钢管内添加各种熔剂用于切割不锈钢、铸铁的特殊材料	碳钢、合金钢、不锈钢、铸铁、混凝土
等离子弧切割	利用小孔径喷嘴压缩电弧所形成的高温、高速等离子流做热源进行熔割的方法。切割速度快（可达1～5m/min范围）、切割变形小、切割面光洁。切割厚度可达80mm	碳钢、合金钢、不锈钢
电弧－压缩空气切割（碳弧气刨）	利用碳棒与工件间产生的电弧热使金属熔化，同时借助压缩空气将熔化金属吹除的切割方法。目前主要用于焊缝坡口加工，背面清根等	碳钢、合金钢、不锈钢、铸铁、有色金属
激光切割	利用高能量密度激光束的加热作用使材料气化、熔化或氧化进行切割的方法。具有切割速度快、切口窄、热变形小、切割精度高等特点。是一种能够实时高精度、高速度的自动化切割方法，有广泛的发展前途	金属材料、非金属材料

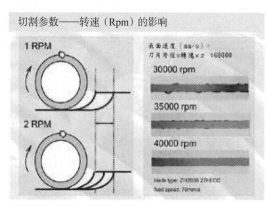
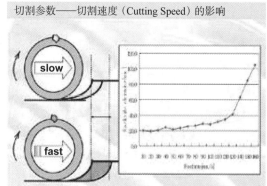

（三）剪切

剪切是一种物理动作，主要是指在救援环境中针对裸露的钢筋进行剪断处理的技术方法，常与凿破、切割技术配合使用。

剪切过程中需要选择合适的装备对打通的生命通道进行处理，一般采取从中间剪断向外侧折弯的方式，这样可以减少剪切次数，同时避免剪切后的钢筋过短，不好弯曲。

针对过短的钢筋头需要做进一步处理，可以就地取材，利用废墟现场的塑料瓶、碎布头或手套对钢筋头进行保护，以免在进入或救出的过程中伤到救援人员和受困者。

三、破拆对象

在地震灾害发生后，救援队员到达现场，救援过程中会面临各种各样的救援环境，例如倒塌废墟中的墙体、楼板、梁柱、门窗、家具以及被压扁车辆等，只有熟悉和掌握破拆对象的各种属性、特征和结构及构成，才能在救援过程中提高救援效率，为受困者赢得宝贵的时间。

在破拆过程中，救援队员所面临的破拆对象主要有木材、金属、砖墙、钢筋混凝土等，面对不同的破拆对象，所选用的装备也不相同，一定要选择合适的破拆装备才能大大提高破拆效率。

（一）木材

各种木材的密度不同，有的很小，可长时间浮于水面，有的很大，入水即沉。在地震救援环境中，针对木材的救援环境一般采用切割的方式将其破拆。所有木材的密度几乎相同，约为 $0.44 \sim 0.57 \text{g/cm}^3$，平均值为 0.54g/cm^3，其表现密度因树种不同而稍有不同。

（二）金属

破拆金属一般采用切割或剪切的方式，在地震救援环境中，常见的金属破拆对象有车辆、防盗门窗、钢结构等，一般直径或厚度在 30mm 以内。根据材料不同，其密度也不相同。几种常见金属，例如铸铁、碳素钢、不锈钢、铜材等，密度从 $6.6 \sim 8.9 \text{g/cm}^3$ 不等。

（三）砖墙

砖墙密度较混凝土低，标准红色砖头密度约 1800kg/m^3，因为一立方砖是 520 块，重量大概在 2150 ~ 2360kg 之间。所以红火砖的密度在 2150 ~ 2360kg/m³ 砖的密度取决于做砖的材料；其他材料砖墙密度如下。

名　称	规格 /mm	容重 /（kg/m³）	备　注
红砖	240×115×53	1600 ~ 1801	684 块 / 立方米
矿渣砖	240×115×53	1850	684 块 / 立方米
灰渣砖	240×115×53	1800	684 块 / 立方米
粉煤灰砖	240×115×53	1450 ~ 1501	684 块 / 立方米
焦渣空心砖	290×290×140	1000	85 块 / 立方米
黏土空心砖	290×290×140	1100 ~ 1451	85 块 / 立方米
黏土空心砖	290×290×140	900 ~ 1101	不能承重
水泥空心砖	290×290×140	980	85 块 / 立方米
水泥空心砖	300×250×110	1030	121 块 / 立方米
水泥花砖	200×200×24	1980	1042 块 / 立方米

续表

名　称	规格 /mm	容重 / (kg/m³)	备　注
缸砖	230×110×65	2100 ~ 2151	609 块 / 立方米
耐火砖	230×110×65	1900 ~ 2201	609 块 / 立方米
耐酸瓷砖	230×113×65	2300 ~ 2501	509 块 / 立方米
瓷面砖	150×150×8	1780	5556 块 / 立方米
陶瓷锦砖	厚 5		12kg/m³

（四）混凝土

一般来说，C10 ~ C20 等级的混凝土其容重在 2360 ~ 2400kg/m³ 之间；C25 ~ C35 一般约 2400 ~ 2420kg/m³；C35 ~ C40 一般约 2420 ~ 2440kg/m³ 之间。在规范中，C30 的重度在 2.4 ~ 2.5t/m³，素混凝土在 2.2 ~ 2.4t/m³；强度 C30 抗压、抗拉、弹性模量等数据：抗压强度 fck=20.1MPa，抗拉强度 ftk=2.01MPA，弹性模量 Ec=30000MPa。

四、破拆装备

破拆装备有很多种，根据动力源的不同，可以分为内燃、液压、电动以及手动四种类型的破拆装备。每一种装备都有各自的特性，例如功率、重量、大小、操作方法等，针对不同的救援环境，选择合适的救援装备才能更好地发挥装备的效率，达到更好的救援效果。

（一）凿破装备

我们举例来分析凿破装备，不同的品牌会有相应的差异，根据其相关参数，我们可以对比其效率大小以及分析内燃/液压/电动凿岩机、手动凿破工具所适用的救援环境。

内燃凿岩机（根据工作环境凿头可拆换）如图所示。

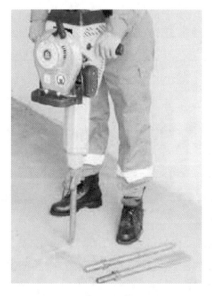

重量：23kg
钻头尺寸：27mm×80mm
转速：1300 ~ 1330h/min
发动机：汽油发动机
容量：80cm³
发动机转速：4250r/min
燃料汽油　50：1
燃料消耗：1.2L/h
油箱容量：1.8/L
操作压力：101dB(A)

电动凿岩机（根据工作环境需要凿头可拆换）。

手动破拆工具组（根据工作环境需要凿头可拆换）如图所示。

 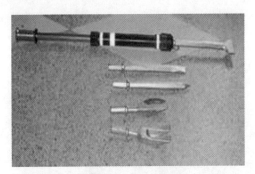

输入功率：1030W
电压：100～240V
输入电流：11～5A
频率：50～60Hz
负载锤击：1890/2670 n/min
单次锤击力量：4.3J/8.5J
尺寸：515mm×215mm×115mm
机重：6.5kg

敲击杆：67.6～99.8cm
窄平凿：45.7cm
金属剪切爪：31.8cm6.
重量（含包）：12.9kg

宽平凿：45.7cm
尖头凿：45.7cm
起钉爪：31.8cm

（二）切割装备

切割装备同样也可以根据动力源分为很多种，常见的有链锯、无齿锯、水泥切割锯、双轮异向锯、电弧／等离子切割工具。

单缸二冲程发动机
功率：2.7kW
空转转速：2700 转／分
允许最高转速：12500 转／分
火花塞：电极距离 0.5mm
汽油箱容量：0.56 公升
切割长度：32cm、37cm、40cm、45cm、50cm、63cm
链条长度：9.32mm
链条润滑油罐：0.33 公升
重量：5.9kg

单缸二冲程发动机
功率：3.2kW
轴额定转速：4800 转／分
火花塞：电极距离 0.5mm
汽油箱容量：0.74 公升
切割砂轮：直径 300mm 或 350mm
塑料树脂粘结砂轮（钢、石头、沥青、塑料）
金刚石砂轮（石头、沥青）
切口深度：98.5mm（直径 300mm）；123.5mm（直径 350mm）
重量：8.7kg/9.1kg（300mm/350mm）

切割动力源
额定输入电压：100/200V
额定频率：50Hz/60Hz
额定输入：3.6/8.5kVA
额定输出电流：35A
输出电流范围：10/10～35A
额定输出电压：100V
最大无负载电压：210V
额定使用率：40%
整机尺寸：130mm×300mm×275mm

重量：7.6kg
切割喷灯（PT-31C P7-31P）
曲状型号 PT-31C
额定电流：30A
额定使用率：100%
降温方法：空气降温
铅笔状型号 PT-31P
电线长度：7.6m
工作气体：空气

（三）剪切装备

常见的剪切器材有快速钢筋速断器、液压剪切钳、多功能钳等。

钢筋速断器

切断力：12t
最大切断直径：20mm
切断速度：6s
液压马达（直流）：18V
畜电池：18V
切断次数：50次（20mm）
充电时间：1h
体积：430mm×281mm×126mm
重量：10.5kg

重型液压剪切器

刃端最大张距：281mm
剪切力：48t
重量：17.9kg
剪切圆钢直径：35mm
剪切板材尺寸：110mm×15mm

液压泵

四冲程汽油发动机功率：5.5 马力
径向活塞泵：2×2级
可连接工具：2件
液压油箱容量：4000ml
最大输出：（2×2565）ml/min
重量：45kg

轻型液压剪切器

刃端最大张距：306mm
剪切力：38.8t
重量：14.5kg
剪切圆钢直径：32mm
剪切板材尺寸：110mm×12mm

五、破拆策略

在充满危险、情况复杂的灾害现场，具有丰富救援经验的队员能够熟练使用精良、可靠、有效的救援装备是科学救援的保证。破拆作为地震救援中较为常用的科目，必须掌握合理的救援策略。

救援现场不是训练现场。第一，要始终树立安全救援的基本理念，掌握安全管理的基本要求；第二，运用规范的行动降低救援风险，提高救援效率；第三，针对现场环境，合理选择破拆工具和安全、高效的破拆路径；第四，尽可能地减少对周围环境的影响。

六、快速破拆技术

（一）快速破拆划分

快速破拆技术要求救援队员在保证安全的前提下以最快速度，不计较破拆对象掉落情况快速打通营救通道，其中主要运用到的是凿破和剪切技术手段，根据操作方向不同，我们把快速破拆划分为水平定向快速破拆和垂直定向快速破拆（向上和向下）两种，基本技术手段相同，只是工作环境、装备选择、注意事项等有所不同。

（二）快速破拆基本步骤

通常快速破拆所需要的装备有：

● **切割装备**

水泥切割锯 + 水壶（Clean）

液压剪切钳 + 液压泵

水泥打孔器（直径 5cm）

● **破拆装备**

内燃凿岩机

电动凿岩机

发电机

电缆绞盘

电钻

手动破拆套装

大锤

撬棍

● **搜索装备**

蛇眼视频成像仪

● **保护装备**

绳子

喷雾器

卷式担架

三角巾

颈托

固定夹板

● **标识装备**

粉笔（喷漆）

警示带

1. 现场确认前的工作

通过钻孔器打孔观察受困者情况以及获知板有多厚，但现场如果有缝隙可不做。

2. 确定破拆方案

以破拆三角形为例，确定好三角形边长，一般为 70 ~ 90cm，满足受困者及救援队员和担架通过即可，根据所要破拆楼板的厚度不同选择要切割的次数，综合考量破拆所需要的总体时长。

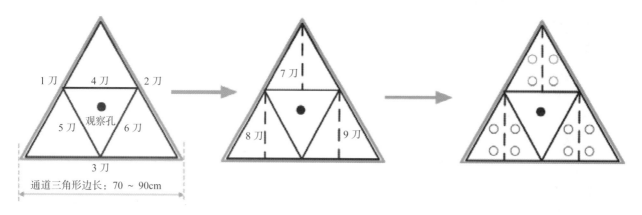

3. 切割凿破

根据上一步的操作，继续对障碍物构件进行切割或对已经切割结束的障碍物构件进行凿破操作，用最快的时间打通营救通道。

切割

凿破

4. 剪切及后期处理

在一系列切割凿破操作后，障碍物构件上的通道被打通，这时候需要对裸露的钢筋进行剪切，以彻底打开营救通道。值得注意的是，在剪切钢筋时，无论是从钢筋中间剪切，还是从通道边缘剪切，最后都需要对剪切完的钢筋进行安全处理，以防止划伤救援人员或受困者。

剪切钢筋，处理裸露钢筋头

（三）技术考核指标

● 个人防护装备是否完整，是否已做必要支护，狭小空间操作是否有空气检测。

● 观察孔的选取位置通常在救援通道形状的中心位置，观察孔直径为2cm（电钻）至5cm（水泥打孔机）。

● 救援通道直径一般要求在70～90cm之间，可依据现场实际情况而定。

● 选取破拆点时尤为注意，一般尽量避开钢筋结构，且破拆之后不会造成建筑物稳定性变化，避免二次倒塌。

● 由里圈向外圈扩展时，间隔控制在20～30cm之间，现场操作为间隔一拳至一拳半的距离。

● 快速破拆技术的能力要求：

破拆对象	重 型	中 型
钢筋混凝土墙壁、地板	200mm	200mm
钢筋混凝土梁、柱	450mm　$\phi18mm$	300mm　$\phi12mm$
结构钢	10mm	5mm
钢筋／钢板	20mm	10mm
木材	直径300mm	直径300mm

七、安全破拆技术

安全破拆技术要求救援队员在保证安全的前提下，在破拆救援过程中，为避免受困人员受到二次伤害，救援队员需事先固定破拆对象，然后再对破拆对象进行切割移除的一种安全的破拆方法。

安全破拆要求救援队员在破拆过程中尽量避免破拆废墟掉落，以免伤及到受困者。在打通营救通道过程中主要运用到的是切割和凿破技术手段，根据操作方向的不同，我们把快速破拆划分为水平定向快速破拆和垂直定向快速破拆（向下）。

（一）安全破拆基本步骤

通常安全破拆所需要的装备有：

● **切割装备：**

双片水泥切割锯＋水壶（Clean）

液压剪切钳 + 液压泵

水泥打孔器（直径 5cm）

● **破拆装备：**

凿岩机（根据不同操作环境，选择不同种类凿岩机）

手动破拆工具组

● **搜索装备：**

蛇眼视频成像仪

● **保护装备：**

绳子

铁棒（长度 15 ~ 20cm；直径小于 10mm）

喷雾器

三角架系统

卷式担架

三角巾

颈托

固定夹板

● **标识装备：**

粉笔（喷漆）

警示带

1. 现场确认前的工作

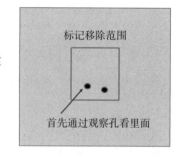

通过钻空器打孔观察受困者情况以及获知板有多厚，但现场如果有缝隙可不做，确认要破拆的范围。

2. 切割

按照标记好的范围选取合适的装备进行切割操作。

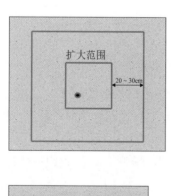

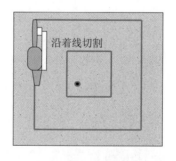

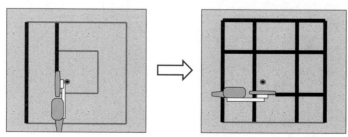

3. 凿破

按照切割的效果进行凿破，使操作面成一个"回"形凹槽。

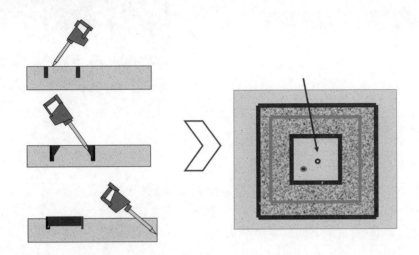

4. 再次切割

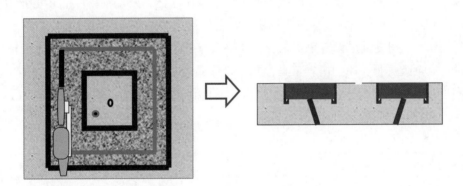

用锯在槽内再次切割，先对应切割两边，倾斜一个内角，内侧角切割透后不会掉落砸到被困者；再切割垂直的两条边，垂直切割透。

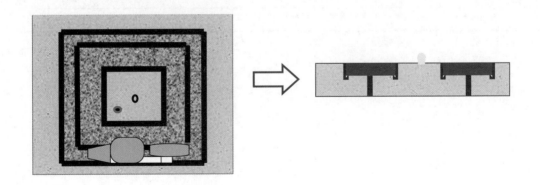

5. 抬升

抬升的方式有很多种，可以利用装备也可现场取材，利用杠杆原理将块体抬升移除。

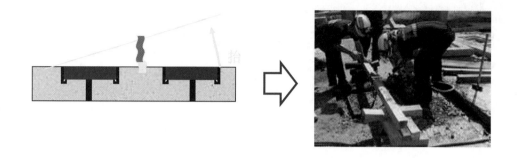

（二）安全破拆技术考核指标

● 个人防护装备是否完整，是否已做必要支护。

● 先要通过观察孔确定伤员位置后，再确定或调整救援通道（三角形位置）。

● 救援通道形状可以为圆形、矩形或三角形，一般边长或直径为 70 ~ 90cm，边长依据进入条件而定，通常情况下现场采用 90cm 边长的情况居多。

● 切割三角形时不可一次就全部切割透，防止两侧都切割透后，底边的切割导致三角块体不稳，同时切割锯容易卡死造成故障。

● 最后切割断三角形的两边，期间也可利用一段短金属棒（15 ~ 20cm 左右），中心拴好绳索沿着顶部观察孔插入后向外拉，使金属棒卡在三角形块体背面，起到防止其向内倒塌的风险。

● 固定切割块体时，可提前搭设三角架系统，如果没有三角架，可就地取材，制作杠杆。

● 一般来说，安全破拆很少用到凿岩工具，几乎是依靠切割锯和电钻或打孔器来完成，因此从始至终都需要不断地利用水来给锯片降温，不仅保护锯片增加润滑性，还降低粉尘对空气的污染。

● 安全破拆技术的能力要求：

破拆对象	重 型	中 型
钢筋混凝土墙壁、地板	200mm	200mm
钢筋混凝土梁、柱	450mm $\phi18$mm	300mm $\phi12$mm（内部钢筋）
结构钢	10mm	5mm
钢筋／钢板	20mm	10mm
木材	直径 300mm	直径 300mm

第三章 顶升技术

　　顶升技术是指借助顶升或扩张装备器材将拟创建的营救通道上的重型预制板或桥梁、桥墩等物顶起或扩张，并对顶起的物体构件进行加固、支撑或利用装备本身进行支撑，从而为救援行动创造安全通道的综合技术。顶升是指利用装备器材将重物顶起或扩张，主要目的是创造营救通道或空间，这种通道或空间既可以是营救的作业空间，也可以直接是营救通道的一部分；支撑是指利用装备器材或便利器材对不稳定构件进行加固和支护，主要目的是保护所创造的通道或空间，为在这种空间中作业的人员提供一定的安全保障。

　　顶升技术也是以创建和保护营救通道并救出被困者为目的，因此其既可单独使用，也可与其他营救技术综合使用。顶升也可以看作是创建营救通道工作的一部分，支撑则是为营救通道提供必要的保护，创建营救通道的过程往往需要一边顶升一边支撑保护。

　　顶撑分为顶升和支撑（木材井字支撑或制式垫木支撑）两部分：顶升的方法包括气动顶升法、液压顶升法和人工机械顶升法；支撑包括制式装备器材支撑、就便器材支撑。

　　根据中国地震灾害专业救援队省队能力分级测评工作指南及省队测评要求，介绍一下常用的顶升救援装备及性能（表3-1）。

表3-1　几种常用起重顶升装备对比

名　称	图　示	参　数
方形气垫		最大起重能力：1 ~ 64t 顶升高度：7 ~ 50cm
液压撑杆器		最大撑顶力：11 ~ 21t 顶升行程：约 30 ~ 70cm
液压扩张钳		最大扩张力：103t 扩张行程：约 80cm

续表

名　称	图　示	参　数
球形气垫		最大起重能力：23 ～ 132t 顶升高度：28 ～ 200cm
手动液压千斤顶		最大顶升力：50t 原始高度：196mm 延伸高度：104mm
机械千斤顶		支撑力：25t 原始高度：255mm 支撑高度：125mm

一、气动顶升技术

对创建营救通道过程中遇到的可移动（或部分移动）的强度高且重量大（或上覆物较多）的废墟构件，需对其采取垂直、水平或其他方向的顶升与扩张方法。

气动顶升设备一般由充气机、高压储气瓶、输气管、气动顶升工具和空气压力控制附件等组成。常用的气动顶升工具有高压气垫、气球和低压顶升气袋三种。

气动顶升设备的主要特点是：易于携带、操作简便、拆解迅速、顶升面积大、顶升力大（与气压和接触面积成正比）、顶升距离范围广，可以任意角度进行顶升操作，所需的设备安置空间小。

（一）示意图（图 3-1）

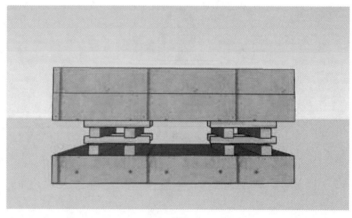

图 3-1

（二）适用环境

装备环境：气动装备、开缝器（扩张钳）和木材等。

方向性：垂直方向顶升。

注：水平顶升是应用于倒塌构件彼此呈左右挤靠的情况。为了从挤靠的倒塌构件缝隙处创建营救通道口，可采用水平顶升方法使被挤靠的倒塌构件向一侧或两侧移动。根据被挤靠构件的大小、重量、稳定条件及有效的外侧移动空间，选择合适的液压或气动顶升设备和顶升点、支点位置。水平顶升操作过程中，应注意挤靠构件移动中的倾斜状态变化和可能造成的破坏及倒塌情况。水平顶升操作后，应采取支撑（垫块）的方法使废墟构件处于稳定状态。

空间高度：40～50cm。

顶升类型：单支点顶升，是仅在一个位置（顶升支点）进行的顶升。单支点顶升方法多用于水平移动废墟构件的一端，或扩张受压变形的构件。单支点顶升要求能够提供足够顶升反力的支点位置及良好的表面条件。单支点顶升操作所用的设备通常为液压顶升设备，并辅以高强度垫块。

注：多支点顶升是在被顶升物的多个位置同时进行顶升的操作。多数情况下应是两点或多点顶升，如两个千斤顶、两个气垫同时使用。多点顶升方法减小了单个顶升设备的反作用力，能够增强顶升作业中的安全性和废墟稳定性。多支点顶升的关键在于对一个物体进行顶升时，多个支点上的顶升速度应基本一致，通常采用双输出机动液压泵及液压顶升工具进行，而且多个支点的反作用力不易使支持构件发生破坏。

（三）技术步骤

（1）安全评估。评估被顶升物的组成结构及稳定性，进行顶升计算分析。了解废墟的结构组成，分析废墟构件静力学关系，顶升计算是根据倒塌废墟的建筑结构类型、建筑材料与现存状况，估算被顶升体的重量及静力参数数据，预估其在顶升操作后形成的新的稳定状态（表3-2）。

表3-2 废墟类型密度

废墟类型	密 度
重混凝土	> 2800kg/m³
普通混凝土	2000～2800kg/m³
轻质混凝土	密度小于1950kg/m³
一般工程中设计混凝土	2350～2450kg/m³ 之间，取2400kg/m³

（2）根据任务需求，确定顶升类型、顶升方法和顶升装备本次采用气垫（气球）顶升技术。

（3）选定顶升支点位置，确定顶升操作的步骤。

（4）准备顶升装备。

（5）将顶升工具（气垫或气球）放入顶升支点（如空间太小，应利用开缝器或扩张钳进行扩展）。

（6）按设计的操作步骤实施顶升操作，并监控安全状况。

（7）达到顶升目标位置后，利用木材或垫块等在顶升支点处对被顶升物进行支撑（本次采用叠木顶升）。

1. 叠木有两种类型

第一种：井字支撑。用方木搭成井字支撑，每层有两个平行的方木，上下两层互相垂直，左右方木之间有一定的空隙（图3-2）。

第二种：叠木支撑。以三个或更多的木方条拼成一层，层与层互相垂直，木方条之间的空隙很小（甚至没有）（图3-3）。

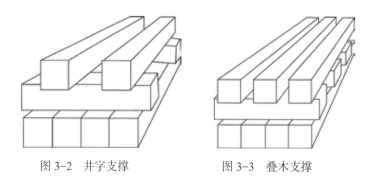

图3-2 井字支撑　　　　图3-3 叠木支撑

2. 制式支撑（快速固定垫）

快速固定垫操作旨在用于协助消防员、城市搜救人员及其他救援工作人员操作各类堆叠，稳固及其他方面的应用。可回收利用的垫块对于稳定废墟、车辆，填充空隙，搭建平台等操作可以提供巨大的帮助。这些垫块的设计使快速固定垫堆叠及连接成为可能，这允许使用者在短时间内搭建他想要的任何高度（图3-4）。

快速固定垫堆叠的高度（H）不能高于最小宽度（W）的三倍。如果需要更高的高度，就要确保建造更大的底座（表3-3）。

图3-4 快速固定垫

表3-3 快速固定垫堆叠的高度对比

		7× 快速固定垫 CB80 $W=200$ $3×200=600$ $7×(H)80<600$	✔
		8× 快速固定垫 CB80 $W=200$ $3×(W)200=600$ $8×(H)80>600$	✗
		7× 快速固定垫 CB600 $W=200$ $3×(W)200=600$ $7×(H)80<600$	✔
		8× 快速固定垫 CB600 $W=200$ $3×(W)200=600$ $8×(H)80>600$	✗

续表

		$22 \times 3 \times$ 快速固定垫 CB600 $W = 600$ $3 \times (W)600 = 1800$ $22 \times (H)80 < 1800$	✔
		$23 \times 3 \times$ 快速固定垫 CB600 $W = 600$ $3 \times (W)600 = 1800$ $23 \times (H)80 > 1800$	⊗

缓慢取出顶升设备。临时支撑多用制式装备器材或简单的"井"字叠木实施，临时支撑完成后，作业人员再缓缓卸去顶升器材的顶升力，在减压卸力过程中密切监控建筑结构的稳定性，当确定临时支撑达到预期保护加固效果后，再将顶升装备器材取出。

（四）气垫顶升应用技术

1. 顶升对象（图 3-5）

（1）预制板厚度：20cm×2 块。

（2）预制板长度：2.5m。

（3）预制板质量：2 块，6 吨。

2. 顶升装备

气垫、扩张钳、开缝器、方木。

图 3-5

3. 顶升时效果

（1）开始 3 分钟（顶升进度 1/10），当队员确定开缝点的位置后先一头开缝，开缝器（扩张钳）进行开缝前要确定开缝点的上下结构稳定，防止在开缝过程中物体塌陷或坠落。如果被顶升物的下方是泥土或是沙石就要对下方进行处理，在下方放入制式垫木、方木、钢板，增加气动装备的受力面积（图 3-6）。

（2）开始 10 分钟（顶升进度 1/8），选择合适的顶升支点，找好被顶升物的形状、中心位置、支点表面强度及所需支持力大小。当队员进行开缝或扩张时，另一名队员拿方木或制式垫

图 3-6

木慢慢往里塞，打开缝隙直至能把气垫放入进去，先把一侧顶起来后放入支撑木或制式垫木，然后再顶另一侧，提升一寸，垫一寸。防止一侧顶升过高废墟不稳定或上面的废墟倾斜造成二次坍塌。以此类推。每次顶起约 10cm 的高度就要进行一次加固（井字支撑）或用制式垫块加固，也就是边顶升边支护（不能顶得太高再支护)(图 3-7）。

（3）开始 15 分钟，当气垫顶升起的高度达不到时，可以在气垫的下方放入方木或制式垫木来增加气垫的高度。底部应有足够的接触面积，能够分担上压物体的重量（图 3-8）。

图 3-7　　　　　　　　　　　　　　　　　　图 3-8

（4）开始 20 分钟，在做井字支撑时上下对应的方木要整齐，使受力点在一条直线上（图 3-9）。

图 3-9

（5）开始 30 分钟，根据气垫顶升物体的高度达不到时，在气垫的下方逐步增加方木或制式垫木来增加气垫的高度。底部应有足够的接触面积，能够分担上压物体的重量（图 3-10）。

图 3-10

（6）开始 40 分钟，顶起的营救通道高度大概 40 ~ 50cm（可根据幸存者和救援队员的体型来确定高度），缓慢撤出顶升设备，检查确认支撑情况，如安全稳定，即可进入实施营救。为了达到最大稳定性，叠木的高度不应大于它所用木头长度的 3 倍（图 3-11）。

图 3-11

4.技术考核指标

（1）顶升的选取位置通常在被顶升物的中心位置，以免顶升物体倾斜、坍塌（选择何处作为顶升点？）。

（2）顶升高度不得小于40cm，要求在50～60cm之间，依据现场实际情况而定（需要顶升多高？）。

（3）为防止被顶升构件发生意外滑动，在顶升前应确定支点并采取必要的支固措施（顶升重量如何？）。

（4）气垫顶升技术的救援时效（表3-4）。

表3-4　气垫顶升技术的救援时效对比

数　量	重型（7人小组）	中型（7人小组）
6t（2块）	2h	不要求
3t（1块）	1h	2h

5.经验分享总结

（1）特点一

● 技术难度中，易于掌握普及；

● 对设备要求较低，现场可以任意转换气球、气垫主要顶升装备；

● 气动顶升速度快，上下接触面较大，安全系数高；

● 顶升力大，操作便捷，设备安全空间较小，平稳安全。

（2）特点二

● 高压承重气垫顶升后只能做临时支撑用，不可长时间支撑，因为气垫的压强将随时间的延长而逐渐降低；

● 气垫不能直接接触表面尖锐、锋利的物体，以保护气垫不被划伤。

（3）注意事项

● 使用高压起重气垫时，应保证气垫整体都承受负荷，否则会引起气垫侧翻或被挤出；

● 气垫和被顶升物之间的距离要足够小；

● 气垫在使用后应检查是否有损坏或化学腐蚀；

● 高压承重气垫的使用中，应保证气垫整体都承受负荷，否则会减少顶升力并可能引起气垫侧翻或被挤出，气垫与顶升物的距离要足够小，否则气垫与被顶升物接触面积变小，顶升作用会大打折扣；

● 使用叠木方式垂直支撑时，应掌心朝上托举垫木进行放置，叠放过程中整个手掌始终处于垫木的下方，这样当顶升的重物突然滑落时，也不会压到救援队员的手。放置叠木所遵循的原则是，放置时手尽量不处于顶升重物的下方，若手不得不伸进顶升重物的下方才能放置垫木，应尽量不要将手放在垫木的上方；

● 在顶升的过程中，应充分使用橡胶垫块保护，在顶升位置周围可能发生构件侧滑和塌落的位置预置橡胶垫块，防止意外情况发生。

安全提示：气垫原则上是不能叠加使用的。因为当气垫顶起最大高度时上下接触面、气垫与气垫接触面会越来越小，废墟整体承受力就会偏移，气垫就会被挤出或弹出，废墟随之就会发生坍塌。如

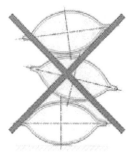

图 3-12

图 3-12 所示。

禁止将方形气垫叠加使用，起重顶升救援必须同步使用支撑保护装备，以防二次垮塌。

（五）气球顶升应用技术

1. 顶升对象（图 1-13）

（1）预制板厚度：20cm×2 块。

（2）预制板长度：2.5m。

（3）预制板质量：2 块，6 吨。

2. 顶升装备

气球、扩张钳、开缝器、方木。

3. 顶升时效果

（1）开始 3 分钟（顶升进度 1/10），当队员确定开缝点的位置后先一头开缝，开缝器（扩张钳）进行开缝前要确定开缝点的上下结构稳定，防止在开缝过程中物体塌陷或坠落。如果被顶升物的下方是泥土或是沙石就要对下方进行处理，在下方放入制式垫木、方木、钢板增加气动装备的受力面积（图 3-14）。

图 3-13   图 3-14

（2）开始 10 分钟（顶升进度 1/8），选择合适的顶升支点，找好被顶升物的形状、中心位置、支点表面强度及所需支持力大小。当队员进行开缝或扩张时，另一名队员拿方木或制式垫木一点一点往里塞，打开缝隙直至能把气球放入进去，先把一侧顶起来后放入支撑木或制式垫木，然后再顶另一侧，防止一侧顶升过高废墟不稳定或上面的废墟倾斜造成二次坍塌。以此类推。每次顶起约 10cm 的高度就要进行一次加固（井字支撑）或用制式垫块加固，也就是边顶升边支护（不能顶得太高再支护）（图 3-15）。

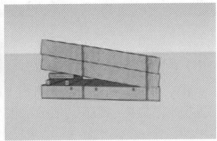

图 3-15

（3）开始 15 分钟，当气球顶升起的高度达不到时，可以在气球的上方或下方放入方木或制式垫木来增加气垫的高度。底部应有足够的接触面积，能够分担上压物体的重量（图 3-16）。

（4）开始 20 分钟，在做井字支撑时上下对应的方木要整齐，使受力点在一条直线上（图 3-17）。

（5）开始 30 分钟，根据气球顶升物体的高度达不到时，在气球的上下方逐步增加方木或制式垫木来增加气垫的高度。底部应有足够的接触面积，能够分担上压物体的重量（图 3-18）。

图 3-16　　　　　　　　　　图 3-17　　　　　　　　　　图 3-18

（6）开始 40 分钟，顶起的营救通道高度大概 40～50cm（可根据幸存者和救援队员的体型来确定高度），缓慢撤出顶升设备，检查确认支撑情况，如安全稳定，即可进入实施营救。为了达到最大稳定性，叠木的高度不应大于它所用木头长度的 3 倍（图 3-19）。

4. 技术考核指标

（1）顶升的选取位置通常在被顶升物的中心位置，以免顶升物体倾斜、坍塌（选择何处作为顶升点？）。

图 3-19

（2）顶升高度不得小于 40cm，要求在 50～60cm 之间，依据现场实际情况而定（需要顶升多高？）。

（3）为防止被顶升构件发生意外滑动，在顶升前应确定支点并采取必要的支固措施（重量如何？）。

（4）气球顶升技术的救援时效（表 3-5）。

表 3-5　气球顶升技术的救援时效对比

数　量	重型（7 人小组）	中型（7 人小组）
6t（2 块）	2h	不要求
3t（1 块）	1h	2h

5. 经验分享总结

（1）特点一

● 技术难度中，易于掌握普及；

● 对设备要求较低，现场可以任意转换气垫主要顶升装备；

● 气动顶升速度快，上下接触面比气垫大，安全系数高。

（2）特点二

● 高压支撑气球顶升后只能做临时支撑用，不可长时间支撑，因为气垫的压强将随时间的延长而逐渐降低；

● 气球不能直接接触表面尖锐、锋利的物体，以保护气垫不被划伤。

（3）注意事项

● 使用高压起重气球时，应保证气球整体都承受负荷，否则会引起气球侧翻或被挤出；

● 气球和被顶升物之间的距离要足够小；

● 使用叠木方式垂直支撑时，应掌心朝上托举垫木进行放置，叠放过程中整个手掌始终处于垫木的下方，这样当顶升的重物突然滑落时，也不会压到救援队员的手。放置叠木所遵循的原则是，放置时手尽量不处于顶升重物的下方，若手不得不伸进顶升重物的下方才能放置垫木，应尽量不要将手放在垫木的上方；

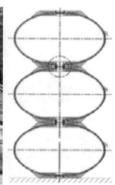

图 3-20

● 在顶升的过程中，应充分使用橡胶垫块保护，在顶升位置周围可能发生构件侧滑和塌落的位置预置橡胶垫块，防止意外情况发生。

安全提示：由于球形气垫是椭圆形设计，上下是金属面板，应保持较大接触面积，从而保证较大的起重能力。因此球形气垫可以叠加使用，球形气垫叠加使用最多不超过三个。球形气垫由金属螺栓固定连接，状态稳定（图 3-20）。

（六）方形气垫和球形气垫接触面与起重能力对比（表 3-6）

表 3-6　接触面对比

名　称	方形气垫	球形气垫
图示	当高度增加，接触面积迅速缩小导致起重能力急剧下降	椭圆形设计、金属面板，保持较大接触面积从而保证较大的起重能力

续表

名　称	方形气垫	球形气垫
公式	力 = 压强 × 面积	
气垫起重能力	气垫的起重能力 = 工作气压 × 接触面积	
	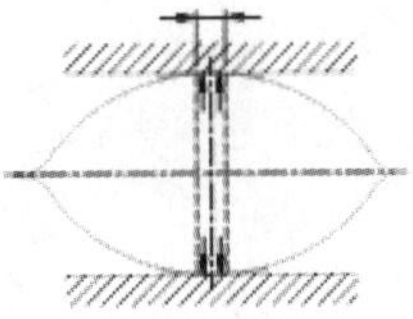	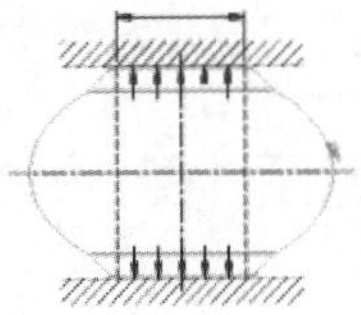
	方形气垫小的接触面积	球形气垫大的接触面积

在起重过程中，顶升高度增加，接触面积随之缩小，起重能力必然下降

方形气垫的起重能力 = 8 巴 × 小的接触面积；
球形气垫的起重能力 = 10 巴 × 大的接触面积，故球形气垫起重能力更强

（七）起重能力对比（表 3-7）

表 3-7　起重能力对比

类　型	方形气垫	球形气垫
型号	SQ24	NT2
图示		
最大顶升高度	30cm	27.5cm
最大起重能力	24t	23t
最大高度起重能力	0.5t	4t

事实：最大起重能力 24t 方形气垫，最终仅有 0.5t 的起重能力（即使是最大起重能力 64t 方形气垫，在最大高度约 50cm 时，起重能力也仅有 1t 左右）；
球形气垫 NT2 型，在最大顶升高度时，起重能力为 4t，为方形气垫的 8 倍，且具备高度优势

二、液压顶升技术

液压顶升技术是指以液压作为动力，推动工作油缸活塞，通过连杆将活塞的动力转换成顶升力，从而顶起或撑开的预制板或桥梁、桥墩等物体顶起或扩张法。运用液压顶升法实施顶升时，首先应根据顶升对象的重量、作业空间的大小、顶升的方向、拟顶升的高度来选择合适的装备器材，若顶升对象重量较重时可选择使用液压千斤顶，若顶升作业空间较小时可先使用液压开缝器，若实施水平方向

顶升时可考虑使用液压扩张器，若顶升的高度较高则选择使用双级液压顶杆。

液压顶撑设备一般由机动液压泵、液压管和液压顶撑工具组成。常用的液压顶撑工具有双向单级顶杆、单向双级顶杆与液压千斤顶等，如RA3322、RA3332即为双向单级撑杆，TR3340、TR3350为单向双级撑杆。另外，液压扩器、足趾千斤顶、开缝器也是顶撑操作中必要的辅助工具。

液压顶撑设备的常用附件包括顶撑底座（HRS22）、牵拉链条、各种用途的顶撑头、延长杆等。

液压顶撑设备的主要特点是，顶撑头小，顶撑力与顶撑距离较大，可以任意角度进行顶撑操作，但需要足够的顶撑附件放置空间。

（一）示意图（图3-21）

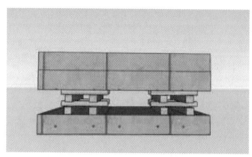

图3-21

（二）适用环境

装备环境：手动液压千斤顶、开缝器、扩张钳（双级液压顶杆）和木材等。

方向性：垂直方向顶升。

注：水平顶升是应用于倒塌构件彼此呈左右挤靠的情况。为了从挤靠的倒塌构件缝隙处创建营救通道口，可采用水平顶升方法使被挤靠的倒塌构件向一侧或两侧移动。根据被挤靠构件的大小、重量、稳定条件及有效的外侧移动空间，选择合适的液压或气动顶升设备和顶升点、支点位置。水平顶升操作过程中应注意挤靠构件移动中的倾斜状态变化和可能造成的破坏及倒塌情况。水平顶升操作后，应采取支撑（垫块）的方法使废墟构件处于稳定状态。

空间高度：40～50cm。

顶升类型：单支点顶升，是仅在一个位置（顶升支点）进行的顶升。单支点顶升方法多用于水平移动废墟构件的一端，或扩张受压变形的构件。单支点顶升要求能够提供足够顶升反力的支点位置及良好的表面条件。单支点顶升操作所用的设备通常为液压顶升设备，并辅以高强度垫块。

注：多支点顶升是在被顶升物的多个位置同时进行顶升的操作。多数情况下应是两点或多点顶升，如两个千斤顶、两个气垫同时使用。多点顶升方法减小了单个顶升设备的反作用力，能够增强顶升作业中的安全性和废墟稳定性。多支点顶升的关键在于对一个物体进行顶升时，多个支点上的顶升速度应基本一致，通常采用双输出机动液压泵及液压顶升工具进行，而且多个支点的反作用力不易使支持构件发生破坏。

（三）技术步骤

（1）安全评估。评估被顶升物的组成结构及稳定性，进行顶升计算分析。了解废墟的结构组成，分析废墟构件静力学关系，顶升计算是根据倒塌废墟的建筑结构类型、建筑材料与现存状况，估算被顶升体的重量及静力参数数据，预估其在顶升操作后形成的新的稳定状态。

（2）根据任务需求，确定顶升类型、顶升方法和顶升装备，本次采用手动液压千斤顶（双极液压顶杆）顶升技术。

（3）选定顶升支点位置，确定顶升操作的步骤。

（4）准备顶升装备。

（5）将顶升工具（手动液压千斤顶或双极液压顶杆）放入顶升支点。如空间太小，应利用开缝器或扩张钳进行扩展。

（6）按设计的操作步骤实施顶升操作，并监控安全状况。

（7）达到顶升目标位置后，利用木材或垫块等在顶升支点处对被顶升物进行支撑（本次采用叠木顶升）。

（8）缓慢取出顶升设备。临时支撑多用制式装备器材或简单的"井"字叠木实施，临时支撑完成后，作业人员再缓缓卸去顶升器材的顶升力，在减压卸力过程中密切监控建筑结构的稳定性，当确定临时支撑达到预期保护加固效果后，再将顶升装备器材取出。

（四）液压千斤顶顶升应用技术

1. 顶升对象（图3-22）

（1）预制板厚度：20cm×2块。

（2）预制板质量：2块，6吨。

（3）预制板长度：2.5m。

图3-22

2. 顶升装备

手动液压千斤顶（双极液压顶杆）、扩张钳、开缝器、方木、制式垫木。

3. 顶升时效果

（1）开始3分钟（顶升进度1/10），当队员确定开缝点的位置后先一头开缝，开缝器（扩张钳）进行开缝前要确定开缝点的上下结构稳定，防止在开缝过程中物体塌陷或坠落。如果被顶升物的下方是泥土或是沙石就要对下方进行处理，在下方放入制式垫木、方木、钢板，增加气动装备的受力面积（图3-23）。

（2）开始10分钟（顶升进度1/8），液压千斤顶在使用前应擦拭干净，并应检查各部件是否灵活，有无损伤，在有载荷时切忌将快速接头卸下，以免发生事故及损坏部件。选择合适的顶升支点，找好被顶升物的中心位置、支点表面强度及所需支持力大小。当队员进行开缝或扩张时，另一名队员拿方木或制式垫木慢慢往里塞，打开缝隙直至能把液压千斤顶放入进去，先把一侧顶起来后放入支撑木或制式垫木，然后再顶另一侧，防止一侧顶升过高废墟不稳定或上面的废墟倾斜造成二次坍塌。以此类推。每次顶起约 10cm 的高度就要进行一次加固（井字支撑）或用制式垫块加固，也就是边顶升边支护（不能顶得太高再支护)(图 3-24)。

图 3-23   图 3-24

（3）开始 15 分钟，当液压千斤顶顶升起的高度达不到时，可以在液压千斤顶的下方放入方木或制式垫木来增加液压千斤顶的高度。底部应有足够的接触面积，能够分担上压物体的重量；上下对应的方木要整齐，使受力点在一条直线上。切勿用有油污的木板或钢板作为衬垫，防止受力时打滑，发生安全事故；重物被顶升位置必须是安全、坚实的部位，以防损坏设备。液压千斤顶在顶升作业时，要选择合适吨位的液压千斤顶，承载能力不可超负荷，选择液压千斤顶的承载能力需大于重物重力的 1.2 倍；若使用多台液压千斤顶顶升同一设备时，应选用同一型号的液压千斤顶，且每台液压千斤顶的额定起重量之和不得小于所承担设备重力的 1.5 倍（图 3-25）。

（4）开始 20 分钟，液压千斤顶在使用前应放置平整，不能倾斜，底部要垫平，严防地基偏沉或载荷偏移而使液压千斤顶倾斜或翻倒。若重物的顶升高度需超出液压千斤顶额定高度时，应先在液压千斤顶顶起的重物下垫好枕木，降下液压千斤顶，垫高其底部，重复顶升，直至需要的起升高度（图 3-26）。

图 3-25   图 3-26

（5）开始 30 分钟，实施顶升操作并实施监控安全状态，当即将接触的时候，停止并检查。达到需要的顶升位置，并完成支撑后，缓慢释放顶升设备作用力，使顶升物体缓慢下降，载荷全部作用于支撑物上（图 3-27）。

（6）开始 40 分钟，顶起的营救通道高度大概 40 ~ 50cm（可根据幸存者和救援队员的体型来确定高度），缓慢撤出顶升设备，检查确认支撑情况，如安全稳定，即可进入实施营救。为了达到最大稳定性，叠木的高度不应大于它所用木头长度的 3 倍（图 3-28）。

图 3-27　　　　　　　　　　　　　　　　图 3-28

4. 技术考核指标

（1）顶升的选取位置通常在被顶升物的中心位置，以免顶升物体倾斜、坍塌（选择何处作为顶升点？）。

（2）顶升高度不得小于 40cm，要求在 50 ~ 60cm 之间，依据现场实际情况而定（需要顶升多高？）。

（3）为防止被顶升构件发生意外滑动，在顶升前应确定支点并采取必要的支固措施（重量如何？）。

（4）液压顶升技术的救援时效（表 3-8）。

表 3-8　液压顶升技术救援时效对比

数　量	重型（7 人小组）	中型（7 人小组）
6t（2 块）	2.5h	不要求
3t（1 块）	1.5h	2.5h

5. 经验分享总结

（1）特点一

● 构造简单，重量轻，便于携带，移动方便。

● 对设备要求较低，现场可以任意转换机械千斤顶、双极液压顶杆等主要顶升装备。

● 液压式千斤顶结构紧凑，工作平稳，有自锁作用，故使用广泛。

● 其结构轻巧坚固、灵活可靠，一人即可携带和操作。千斤顶作为一种使用范围广泛的工具，采用了最优质的材料铸造，保证了千斤顶的质量和使用寿命。

（2）特点二

● 手动液压千斤顶和双极液压顶杆顶升后只能做临时支撑用，不可长时间支撑，因为液压千斤顶上方接触面小或下方接触面小而降低安全系数。

● 其缺点是起重高度有限，起升速度慢。

（3）注意事项

● 液压千斤顶不可作为永久支承设备。如需长时间支承，应在重物下方增加支承部分，以保证液压千斤顶不受损坏。

● 使用两台或多台液压千斤顶同时顶升作业时，须统一指挥、协调一致、同时升降。

● 使用液压千斤顶时，应将重物先试顶起一部分，仔细检查液压千斤顶无异常后，再继续顶升重物。若发现垫板受压后不平整、不牢固或液压千斤顶有倾斜时，必须将液压千斤顶卸压回程，及时处理好后方可再次操作。若顶升重物一端只用一台液压千斤顶时，则应将液压千斤顶放置在重物的对称轴线上，并使液压千斤顶底座长的方向和重物易倾倒的方向一致。若重物一端使用两台液压千斤顶时，其底座的方向应略呈八字形对称放置于重物对称轴线两侧。

安全提示：液压扩张钳、双极液压顶杆由于小的接触面积，在使用过程中极易造成接触点粉碎性坍塌，扩张钳还可能有被向外推出的危险。如图 3-29 所示。

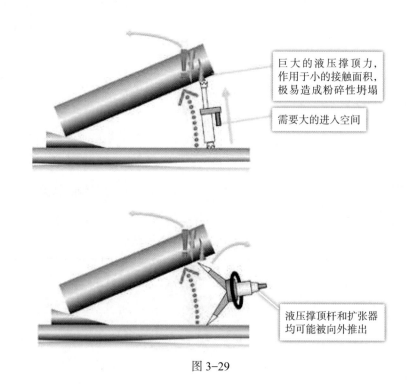

巨大的液压撑顶力，作用于小的接触面积，极易造成粉碎性坍塌

需要大的进入空间

液压撑顶杆和扩张器均可能被向外推出

图 3-29

第四章 木支撑技术

一、支撑理论基础

（一）支撑的基本用途

（1）保障在被破坏的建筑物内开展救援工作时的安全。

（2）防止已遭破坏、不稳定的建筑物进一步倒塌，避免危及救援人员的安全。

（3）救援支撑是一个临时的措施，为暴露在结构坍塌危险中的救援人员提供一定程度的安全保障。

（4）专人对建筑物全程不间断地加以监测。

（二）支撑应用环境

（1）楼板受到严重损坏的建筑物。

（2）具有松散混凝土碎块的建筑物。

（3）有裂缝或者破碎的预制板。

（4）有裂缝的砖石墙。

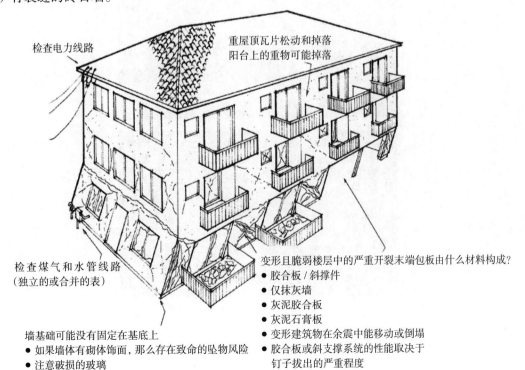

图 4-1 木框架箱式结构

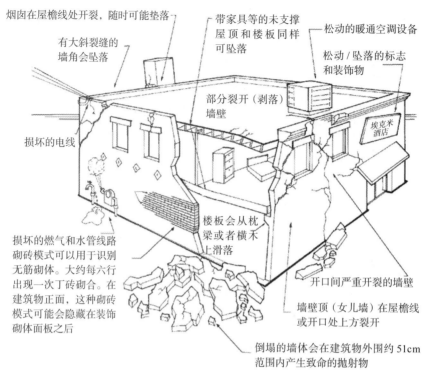

烟囱在屋檐线处开裂，随时可能垮落

有大斜裂缝的墙角会坠落

带家具等的未支撑屋顶和楼板同样可坠落

松动的暖通空调设备

松动／坠落的标志和装饰物

损坏的电线

部分裂开（剥落）墙壁

埃克米酒店

损坏的燃气和水管线路

砖砌模式可以用于识别无筋砌体。大约每六行出现一次丁砖砌合。在建筑物正面，这种砌砖模式可能会隐藏在装饰砌体面板之后

楼板会从枕梁或者横禾上滑落

开口间严重开裂的墙壁

墙壁顶（女儿墙）在屋檐线或开口处上方裂开

倒塌的墙体会在建筑物外围约 51cm 范围内产生致命的抛射物

图 4-2　无筋砌体外墙结构

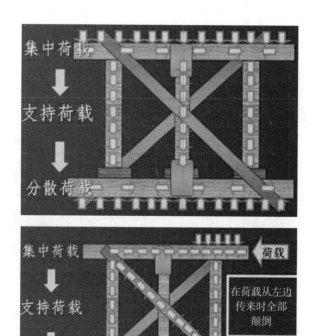

集中荷载

支持荷载

分散荷载

集中荷载

支持荷载

分散荷载

荷载

在荷载从左边传来时全部颠倒

荷载

图 4-3　荷载传递路径

（三）垂直支撑

垂直支撑是木质支撑中一个大类，主要为了支撑垂直方向上的力量，所有受到的荷载都转移至垂直方向的地面为目的。以下列举一些具有代表性的垂直支撑。

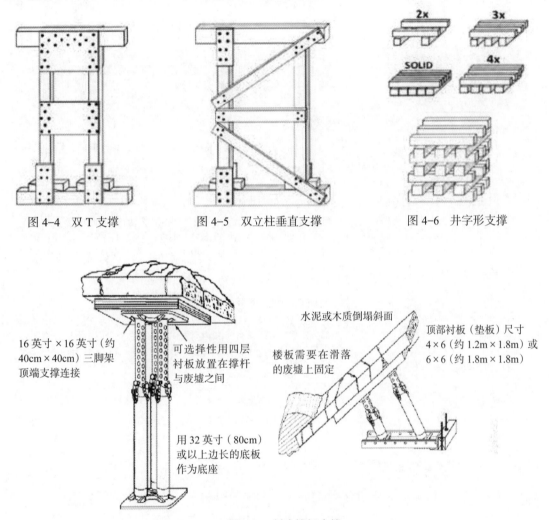

图 4-4　双 T 支撑　　　　图 4-5　双立柱垂直支撑　　　　图 4-6　井字形支撑

16 英寸 × 16 英寸（约 40cm × 40cm）三脚架顶端支撑连接

可选择性用四层衬板放置在撑杆与废墟之间

用 32 英寸（80cm）或以上边长的底板作为底座

水泥或木质倒塌斜面

楼板需要在滑落的废墟上固定

顶部衬板（垫板）尺寸 4×6（约 1.2m×1.8m）或 6×6（约 1.8m×1.8m）

图 4-7　制式撑杆支撑

（四）水平支撑

水平支撑是木质支撑中主要用于支撑水平方向力量的支撑，其往往用于支撑稳定平行，垂直的墙体等横向方向不稳定体的力量，所受到的荷载转移至水平方向或地面。

（五）门窗支撑

门窗支撑主要用于支撑并稳固一个窗户或门，承受由外向内的挤压力。

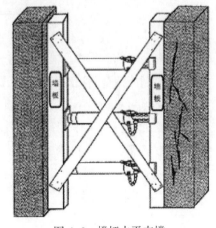

图 4-8　撑杆水平支撑

（六）斜支撑

斜支撑主要用于救援与搜索中稳固墙体。

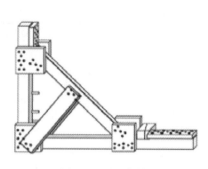

图 4-9　基座斜撑

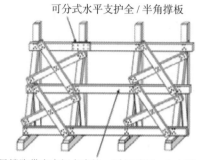

可分式水平支护全/半角撑板

如果撑脚带有中间点支护，则只需要一个中间支护即可

图 4-10　面斜撑

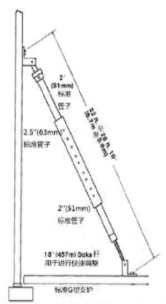

标准支护·上倾墙体建筑

标准 G 型上倾支护

标准 G 型支护是与大型上倾嵌板一起使用的。在 12 英寸（305mm）范围内大型插入调整可以通过 L 型滑栓来快速实现。可以使用重在螺纹杆来很好的完成调整。30 英寸（9.1m）高的嵌板在进行支护时通常不使用角撑或交叉绳索

支护重量：155lbs.（70kg）

大型 G 型上倾支护

大型 G 型上倾支护是由一个标准 G 型上倾支护和一个更长的中心管部分组成。用于与高于 30 英寸（9.1m）的嵌板使用。大型 G 型上倾支护的长度可以在 24 英寸到 39 英之间调节（7.3 ~ 11.8m）。在非常高的嵌板上，角撑和交叉绳可于增大支护空间

支护重量：214lbs.（97kg）

小型 G 型上倾支护

小型 G 型上倾支护由一个标准 G 型上倾支护和一个较短的上部内部管部分组成。用于与高于 28 英寸（8.5m）嵌板使用。小型 G 型上倾支护的长度可以在 14-20 英寸之间调节（4.2 ~ 6.1m）

支护重量：122lbs.（55kg）

图 4-11　制式撑杆斜撑

二、垂直支撑（单 T 支撑）

（一）简介

可快速安装的临时支撑，在一个完整的支撑系统架设完成之前可以安装使用。如果不能使荷载两边对称，那么这时支撑会不稳定。

（1）此支撑为 class1=1 维支撑。

（2）在极度危险环境中，可以通过快速开始架设 1 类点式支撑来降低风险。

（3）紧接着采用 2 类垂直支撑（2 个以上立柱）。在某些情况下，可以 2 类支撑架设为初始支撑架构。

（4）最后，作为 3 类支撑，应确保所有立柱支撑在 2 个空间方向上进行支撑固定。

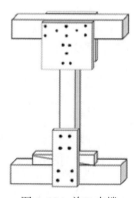

图 4-12　单 T 支撑

1，2，3 维支撑之间的关系

（二）推荐使用器材及装备

1. 斯蒂尔 MS381 油锯

技术参数：

型号：MS381

功率：（3.9/5.3）kW/hp

动力重量比：1.7kg/kW

声功率：114dB（A）

声压等级：103dB（A）

左/右震动值：（5.3/7.1）m/s^2

排量：72.2cm^3

燃油箱容积：0.68L

机油箱容积：0.36L

最高转速：12500r/min

空转转速：2400r/min

重量：6.6kg

导板长度：20″ /25″

锯链刻度：3/8″

斯蒂尔 MS381 油锯功率大，重量轻，带启动减压阀。

2. 头盔

MSA F2 型号头盔可以在作业中对头部进行保护。

3. 圆盘锯

德国 Swiss 圆盘切割锯 pncg80510。

电压：230V—50Hz

功率：1800W

规格：76×70×44

自重：32kg

转速：4200r/min

4. 钉子

钉子有 65mm 和 90mm 两种。

5. 锤子

手锤以手柄长度超过 25cm 为佳。

6. 防尘口罩及防尘眼镜

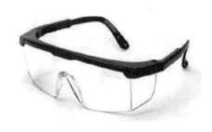

7. 卷尺

3m 以上为有效长度卷尺。

8. 木方

木方以 10cm 没有太多裂纹为佳。

9. 胶合板

使用较厚的胶合板为佳。

10. 工作台

推荐自制一个高度合适的工作台。

（三）材料列表

（1）一个立柱。

（2）一个基顶及一个基底。

（3）一对楔子（450mm）。

（4）两个全护板（300mm×300mm）。

（5）一个半护板（300mm×150mm）。

（四）人员分工

人员应分为2组。

（1）一组支撑组

①负责人：负责任务的执行，也可和结构专家一起工作，并决定在什么位置建立支撑。如果没有指定安全负责人，那么他同时也得担任这个职务。

②测量人员：测量支撑系统的所有组件，并把这些数据报告给制备组的设计人员。

③两个支撑队员：清理障碍物，帮助测量，对支撑构件组装、检查并实施支撑。

④安全员：负责整个安装队的所有安全事项。

⑤运输人员：确保工具、设备和支撑材料从支撑的加工地点运送到支撑现场，并帮助支撑人员支撑。

（2）二组制备组

①负责人：负责选择切割地点，该地点应该靠近支撑的装配地点，考虑到安全，要有两个切割负责人。

②设计人：搭建切割场地，准备材料，并记录测量数据，负责所有的测量和角度的设计，并与支撑组保持直接联系以保证设计的正确性。

③送料员：把已测量并标记过的支撑材料从设计人员处送到切割处，并保证切割安全。

④切割员：划线与切割设计过的材料。

⑤工具和设备人员：指导材料和设备的安放与转移，并负责所有工具的正确使用。两个组都需要安排一个这样的人员。

⑥运输人员：确保工具设备和支撑材料从切割地点运送到支撑装配地点。

（五）单T支撑构建技术要点及要求

（1）确定在哪里设置T型点状支撑，以迅速降低风险（在建立更稳定的支撑结构之前）。

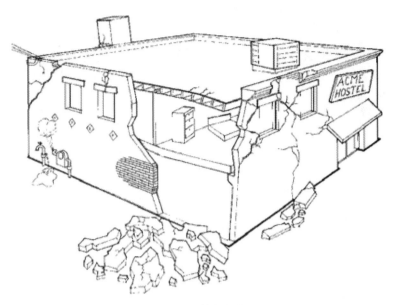

图 4-13 评估安全状况

（2）确定所需支撑区域的高度，并最小量地移除所有影响支撑安置的建筑碎渣。

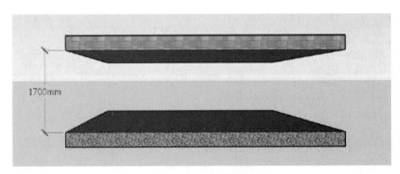

图 4-14 确定高度

（3）4×4 的立柱最大长度应为 10 英尺 3 英寸，如此一来支撑的总高度最多不超过 11ft。

（4）将基顶和基底切割为只有 7.62cm 长。

（5）将立柱切割为适合的高度（当切割立柱的时候，一定要记住扣除掉顶帽和基底及楔子的高度）。

（6）提前预制与立柱匹配的基顶。

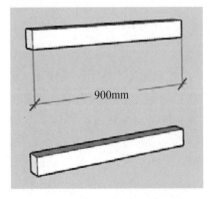

图 4-15 确定基顶和基底长度

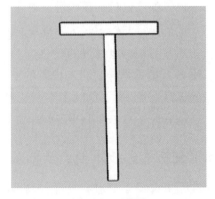

图 4-16 预制

（7）全护板钉子钉入方式。

①将立柱与顶基顶连接且成直角。

②将一侧布置且钉固全固定板。

③翻转支撑，在另一侧布置且钉固全固定板。

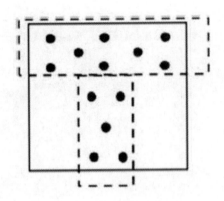
图 4-17　全护板钉子钉入方式

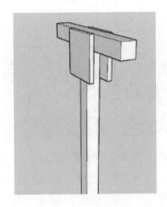
图 4-18　预制上半部分

（8）打紧楔子。

①将 T 型支撑安置就位，并与荷载重心对中。

②将基顶垂直于屋顶和楼板托梁安置，立柱直接置于托梁之下。

③将基底板滑入 T 型支撑之下，并将楔子击打就位。

④检查直立度和位置是否直接位于荷载之下，然后打紧楔子。

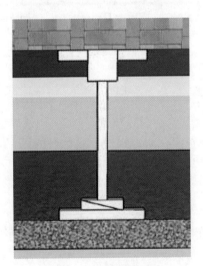
图 4-19　打紧楔子

（9）完整固定。

①安装底部半固定板，按照图 4-20 模式与立柱和基底钉固。

②如果可行的话，将支撑固定于上部楼板，将基底与下部地板固定。

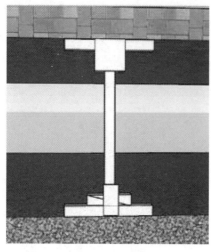

图 4-20　完整固定

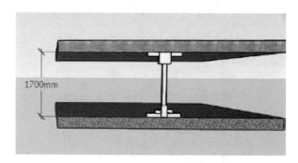

图 4-21　总览图

（六）注意点

（1）在切割时注意将各个木方横截面切齐。

（2）木楔在钉入时需要考虑到木楔之间的接触面，以尽量接近全面接触为优。

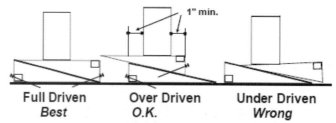

图 4-22　Full Driven（完全打入）、Over Driven（过量打入）、Under Driven（欠量打入）

（3）打入护板时，选用 65mm 钉子为佳。

（4）注意可以预制一些部件，无需全部在现场组装。

（5）可以使用手动或射钉枪钉钉子。射钉枪钉入通常可能产生更少的振动，手动打钉机可产生最少的振动。

（七）考核指标

（1）整个单 T 支撑必须在荷载下方，而基顶必须与被支撑荷载接触严密。

（2）立柱必须处于荷载中心位置且与基顶和基底垂直。

（3）基顶和基底固定为 3 英尺长，约为 90cm。

（4）整个支撑最高不超过 11 英尺，约为 335cm。

（5）一对楔子长度为 45cm。

（6）全护板的长宽为 30cm×30cm。

（7）半护板长度为 30cm×15cm。

三、垂直支撑（三维立体支撑）

（一）简介

高承载力的 4 立柱系统。它的构造非常类似于一对 2 立柱垂直支撑，但是缀合连接成整体。

（1）此支撑为 class3= 三维支撑。

（2）在极度危险环境中，可以通过快速开始架设 1 类点式支撑来降低风险。

（3）紧接着采用 2 类垂直支撑（两个以上立柱，在某些情况下可以 2 类支撑架设为初始支撑架构）。

（4）最后，作为 3 类支撑，应确保所有立柱支撑在两个空间方向上进行支撑固定。

（二）三维立体支撑构建技术要点及要求

（1）开展调查，安装点状支撑（如果需要的话），并移除最小数量的建筑碎渣用于给支撑腾出地方。

图 4-23　三维立体支撑
1，2，3 维支撑之间的关系

（2）技术要点及要求。

①确定支撑高度和长度；切割顶和基底，比支撑设计宽度长 24 英寸，允许有 12 英寸的悬垂量；将立柱切割成与顶、基底和楔子相匹配的长度。

②将立柱和顶用钉子斜钉钉固，并使两者成直角；检查比对对角线，全高距离（外侧右顶点到外侧左底点的距离必须和外侧左顶点到外侧右底点的距离相同）。

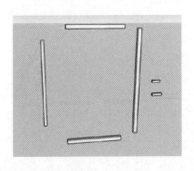

③将半固定板钉入立柱和顶帽接合处，并将中横撑钉入位置；再次检查比对对角线的全高距离，并捕捉发现任何程度的弯曲；测量并安装顶部斜撑件，顶部斜撑件相互搭接，并与顶帽固定连接。使用正确的钉固模式；如果高度需要，测量并安装中横撑。

④制作第二部分，使用第一部分作为模板；为便于进行组装，预先切割预制水平连接支撑件。

⑤将两个部分及基底板均搬运就位，将预制的单元安设到基底板顶上；将楔子安装于每根立柱下方，并检查立柱的间距。

⑥在两个部分的每一侧都钉入水平横撑。从最底层水平横撑开始，逐步上移安设；测量所有斜撑，以"K"字形或平行方式架设，这是该工况下的最好工作形式；避免太多对角斜撑交叉于一个立柱的同一位置上。

注：1 英寸 = 2.54 厘米。

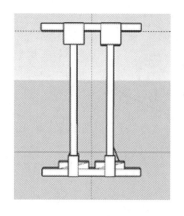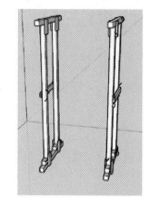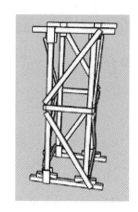

⑦在基底板上，确保下方斜撑件延伸跨过立柱并与基底板相钉固；在该立柱的对侧安设半固定板，同时在基底上的其他立柱的每侧都安设半固定板（与外边缘齐平）。

⑧如果可行的话，将支撑与天花板和楼板固定；确保所有的楔子都安装正确有效且使用了正确的钉固模式。

（三）考核指标

（1）4×4立柱最大支撑高度：17英尺。

（2）6×6立柱最大支撑高度：20英尺。

（3）立柱：每侧相同间距。

（4）4×4立柱：最大中心间距4英尺。

（5）6×6立柱：最大中心间距5英尺。

（6）顶帽和基底：与立柱同等尺寸。

四、水平支撑

（一）简介

这种支撑适用于稳定、平行、垂直的墙体，尤其是那些凸出的墙体。

（二）水平支撑构建技术要点及要求

（1）确定构建水平支撑的位置；根据需要建好最初的临时支撑后，清理碎渣堆积区域；通常清理出3～4英尺宽的区域就足够了。

（2）测量并将墙板和支柱切割到适当长度；测量出墙板之间安装支柱的位置，扣除楔子的宽度。

（3）将两块墙板相邻放置，将夹板和一套4×楔子安装在墙板上，位于安装支撑的位置下方。

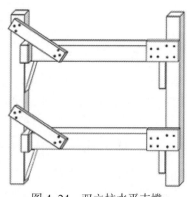

图4-24 双立柱水平支撑

（4）将墙板放置在需要被支撑的位置，成矩形并彼此在一条水平线上，将墙板后方的空隙用垫片填充以尽可能地使其保证垂直。

（5）在墙板之间安装支柱。保证支柱在一条直线上并与墙板垂直。

注：1英尺 = 12英寸 = 0.03048米。

74

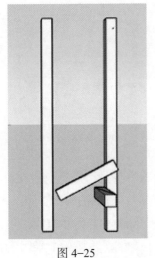

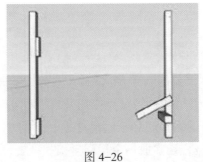

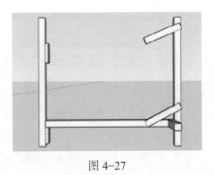

图 4-25　　　　　　　　　　图 4-26　　　　　　　　　　图 4-27

（6）将一组楔子水平地安装到墙板和每个支柱之间，然后同时轻敲楔子直到支柱撑紧为止；将楔子斜钉入到墙板上。考虑到未来可能需要做进一步调整，这一步可以用双头钉完成。

（7）在支柱的非楔形端一侧安置半固定板。

（8）如果可能的话，将墙板固定到墙体上。

（9）若水平支撑不做进出口用，则使用斜撑件将水平支撑的每侧连接固定。

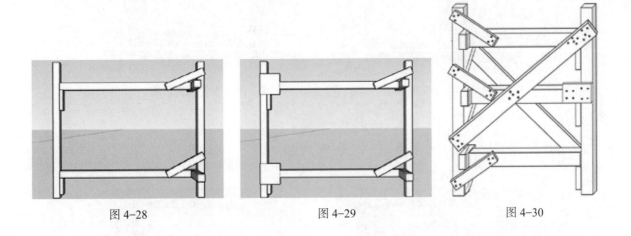

图 4-28　　　　　　　　　　图 4-29　　　　　　　　　　图 4-30

五、门窗支撑

（一）简介

这类支撑用于在无筋砌体建筑中支撑开口处的松散砌体。可以使用在其他建筑类型中门和窗顶梁损坏的区域。

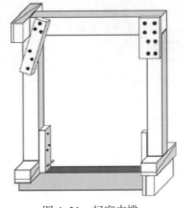

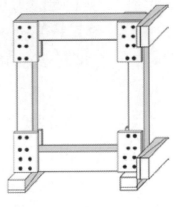

图 4-31　门窗支撑　　　　　图 4-32　预制门窗支撑

（二）材料列表

（1）顶帽和基地。

（2）4套楔子。

（3）2根立柱。

（4）8个半固定板。

（三）水平支撑构建技术要点及要求

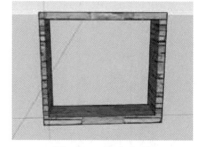

图 4-33　检查变形

（1）开展调查，移除外饰层（如果需要的话）并移除碎渣；测量开口并检查其是否是直角或变形。

（2）测量并切割顶帽及基底，顶帽和基底的尺寸应比开口宽度小 1½ 英寸以便为楔子预留空间；测量并切割立柱。长度应该能满足安设的基底和顶帽的要求，并为楔子留出额外 1 英寸空间。

（3）在每个立柱与顶帽和基底的接合处安放一个半固定板。翻转过整个支撑，并将一个半固定板固定于先前安装固定板相对的一侧。

（4）将支撑搬运到开口处，并在基底每端的下方安装一套楔子。

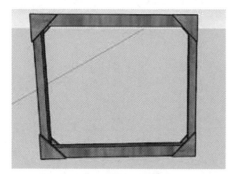

图 4-34　钉入半固定板

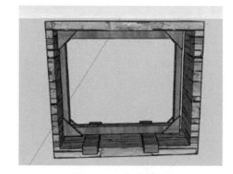

图 4-35　安装楔子

（5）在顶帽与门式和 / 或窗式侧缘之间安装一套楔子。

（6）在基底与门式和 / 或窗式侧缘之间安装一套楔子。

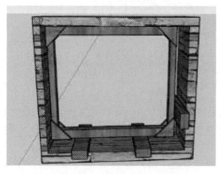

图 4-36　安装另一侧楔子

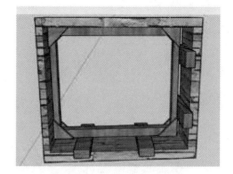

图 4-37　楔子安装完毕

（7）在顶帽顶端及开口顶缘的中点处安装垫片，以便使支撑有所需的足够支持力。

（四）考核指标

（1）应在 30 分钟内完成整个支撑。

（2）在门窗前进行支撑组装时间不能超过 6 分钟。

第五章　障碍物移除技术

障碍物移除的方法有徒手或简易器材。遇到较大的瓦砾构件，就要用到专业的救援装备，主要的装备有牵引器、液压顶杆、液压扩张钳等。遇到特大的废墟构件还要用到大型机械，主要有起重机、挖掘机、叉车推土机等。下面做一个系统的介绍。

障碍物移除技术是指在创建通道过程中移开体积较大的障碍物和清除废墟瓦砾的方法。

当移动被埋压人员周围的瓦砾时，需要一定的方法与技巧，而且是一个逐步的过程，这一点很重要。应遵循以下原则：

（1）确定建筑物的倒塌方式和评估废墟的稳定状况。

（2）移除一个废墟构件前须估算其重量，评估其移开的后果并设计移除方法。

（3）先移走小的碎块，后移走那些可移动的大块，不能移动那些被压住的或者楔入的碎块。

（4）为了移动被压住的碎块，必须进行必要的支撑或破拆。

（5）避免移动承重墙体结构。

（6）不要移动那些影响废墟或者瓦砾堆稳定性的构件；当有疑问时，应与结构工程师进行讨论。

移除重型瓦砾构件的方法主要有四种：提升并稳固重物、滚动重物、牵拉拖曳重物、利用重型起吊与挖掘设备。

一、就便器材的使用与注意事项

（一）杠杆

杠杆是一根刚性的杆（直或弯均可），在一个固定的支点下可以自由移动。当杠杆用于移动另一个物体时，支点可以是某一支持物或某个支撑点。

杠杆是提升重物最简单的方法，可用于移动、举升一个因为太重而用手搬不动的物体。

杠杆有三个组成部分：支点、重物和力。根据支点相对于重物和力的位置，把杠杆分为三种：

第一种：支点位于力和重物之间，如图5-1所示。当垂直提升重物时，这种方法最有效，力臂越长效率越高。

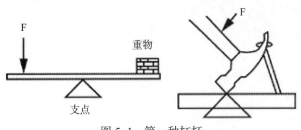

图5-1　第一种杠杆

第二种：重物位于力和支点之间。这种方法对于水平移动物体最有效（图5-2）。

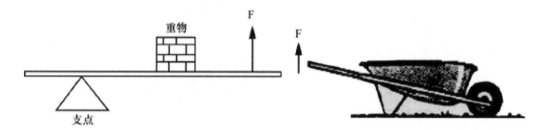

图5-2 第二种杠杆

第三种：力位于支点和重物之间。在这种情况下，当力用在较远的地方，费力且降低机械效率（图5-3）。

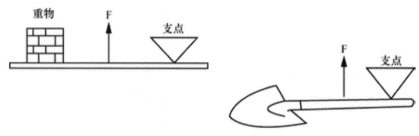

图5-3 第三种杠杆

（二）叠木

叠木是由一些标准尺寸的木头排列堆叠而成的，可用于支持物体的重量。

木头横纹方向的抗压强度一般为 14 ~ 70kg·f/cm²，现以 35kg·f/cm² 为标准抗压强度来计算叠木的承载能力。叠木的承载力由木头堆叠时最小相邻层接触面积决定。

例如，当每层叠木为2块时，盒式叠木的最大承重能力为：

10cm×10cm 方木：$35×10×10×4 = 14000kg$

15cm×15cm 方木：$35×15×15×4 = 31500kg$

当每层叠木为3块时，其承载力计算如下：

10cm×10cm 方木：$35×10×10×9 = 31500kg$

15cm×15cm 方木：$35×15×15×9 = 70875kg$

叠木有两种类型：

第一种：盒式，用方木条搭成正方形，每层有两个平行的木块，上下两层互相垂直，上下相叠的木块错位10cm，盒式叠木的方木条之间有一定的空隙（图5-4）。

第二种：平板式（十字交叉），以三个或更多的木方条拼成一层，层与层互相垂直，木方条之间的空隙很小（甚至没有)(图5-5）。

建立叠木的一般规则：

底层：应有足够的接触面积，能够分担上压物体的重量。

高度：叠木的高度不应大于它所用木头长

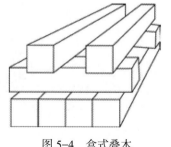

图5-4 盒式叠木

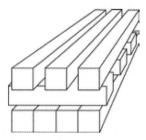

图5-5 平板式叠木

度的 3 倍，例如，如果木头长 1m，那叠木不应该超过 3m 高。

建立叠木的安全措施：

（1）提升一寸，垫一寸。

（2）当放叠木时，不要把手放在叠木下面。

（3）为了达到最大稳定性，叠木的高度不应超过木块长度的 3 倍。

（三）利用叠木提升并稳定一个重物的程序

该程序为，逐渐地抬升物体，一层接一层地塞入叠木块，直到拥有足够的空间和稳定性（图 5-6）。具体如下：

（1）开始工作前穿戴好个人保护装备。

（2）用一个撬棍或类似工具打开一个开口。

（3）用撬棍建立一个杠杆系统。

（4）慢慢撬起重物，当开口足够大时，放上第一层叠木。在撬起重物时，把要塞入的楔子逐渐插入重物下面，以防撬杆滑动或折断后重物落下。不必一次就将重物抬升到单层叠木的高度。

（5）提高支点，再次抬升重物，然后再安装一层叠木，其叠木插入方向与第一层叠木垂直。

（6）重新定位并抬高支点，继续利用叠木提升重物，直至能看见并可安全地救出幸存者。

（四）滚动重物

可以用滚动钢管来移动重物，其简单步骤如下：

（1）用第一种杠杆轻轻地抬起重物，在它下面放三根钢管（利用叠木抬升技术）。

（2）用第二种杠杆把重物向欲移动的方向推走。注意在滚动时，钢管有可能散开（图 5-7）。

图 5-6　利用叠木方法提升并稳定重物

图 5-7　利用钢管滚动重物

二、救援装备的应用与安全

牵拉器主要用于重物的起吊、缓降和拖曳，它利用一个杠杆和齿轮传动系统及钢丝绳来提升或拖拉重物（图 5-8）。

（一）牵拉器移除

牵拉器移除是指利用牵拉器的杠杆和齿轮传

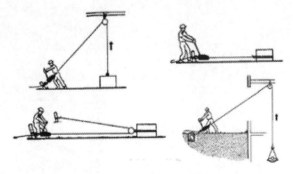

图 5-8　牵拉器的用途

动原理，通过钢丝绳拖曳、起吊的方式移除障碍物的方法，主要适用于在较长的距离上移除障碍物。牵拉障碍物移除就是指在创建营救通道过程中清理废墟以及利用装备器材移除较大障碍物的救援技术。其通常与破拆技术、顶撑技术联合使用，一般在破拆难度较大、应用顶升手段无法托起障碍物且移动部分构件不会对被困者造成二次伤害的情况下采用该技术。

　　救援装备移除法是指使用专业的、专门用于救援的装备器材对障碍物进行移除的携带方便、使用灵活，不受动力源限制，适用于对质量在4t以下的各种障碍物的移除。

　　利用牵拉器实施障碍物移除时，应固定好牵拉器的两端，牵拉器一端固定或悬挂于固定物体上，如果需要可连接能够承受同样吨位的钢丝绳或者索链，固定物所能承受的拉力应大于被牵拉物体的力；另一端则固定或悬挂于被牵拉物体上。

1. 牵拉器

（1）功能

用于重物的起吊、缓降和拖曳。

（2）结构

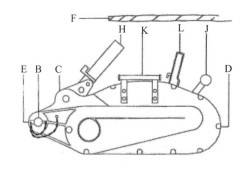

B. 安全销
C. 外壳
D. 钢丝绳进口
E. 钢丝绳出口
F. 钢丝绳
H. 操作手柄
I. 控制手柄（升／降）
J. 钢丝绳安全手柄
K. 把手

（3）主要技术参数

最大起吊重量	3200kg	钢缆直径	16mm
拖曳重量	5000kg	重量	27kg
起吊高度	20m	速度	3m/min
尺寸 /mm	720×320×140	钢丝绳断裂强度	15300kg
工作温度	−20 ～ 60℃		

　　支点的制作如图5-9所示。

图5-9

（二）重型液压扩张钳

重型液压扩张钳移除是指利用重型液压扩张钳两臂闭合时产生的牵拉力移除障碍物的方法，主要适用于在较短的距离内移除障碍物。

利用重型液压扩张钳实施障碍物移除时，应先在扩张头上安装牵拉链，而后将扩张器的扩张臂张开，张开的程度视牵引的距离而定，将其中一条牵拉链与牵拉物进行缠绕固定，另一条牵拉链与足够稳固的固定物连接，使固定物、牵拉物和扩张钳拉力方向处在一条直线上。然后使扩张臂合拢，利用扩张臂合拢时产生的牵拉力移动构件。

扩张钳的最大牵拉距离为其扩张臂完全张开状态下两个扩张钳头之间的距离，因此当移除距离较远时可分多次进行，此时扩张臂每扩张闭合一次后就要重新将牵拉链长度调整到接近绷紧状态，然后再进行下一次牵拉，反复操作，直至将障碍物移动到指定地点。

2. 扩张器

（1）功能

通过液压泵和液压管与破拆工具连接，可扩张、牵拉各种构件。

（2）结构

①备用扩张钳头；②强力扩张钳头；③紧固连接装置；④索引链接装置

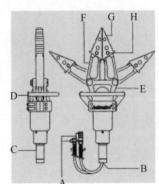

A. 液压管自锁接头
E. 托架
B. 安全阀
F. 扩张臂
C. 控制手柄
G. 扩张钳头
D. 把手
H. 卡销

（3）液压顶杆

①主要用途

通过液压泵和液压管与液压杆的连接，可进行扩张、顶升、牵拉任务动力源。

②结构

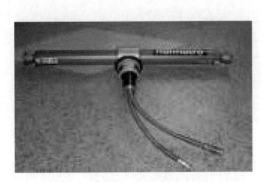

液压泵；液压胶管

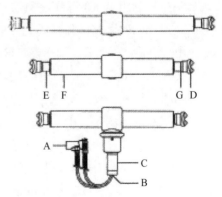

A. 液压管自锁接头；B. 安全阀；C. 控制手柄；D. 支撑接头；
E. 液压柱塞；F. 液压缸套；G. 附件螺旋接头

大型工程机械移除法是指利用推土机、挖掘机、装载机和起重机等大型工程机械（特种车辆）对重型障碍物进行移除的方法。推土机、挖掘机、装载机和吊车等是建筑工程常用施工机械，它们与专用的救援装备配合使用，能够在救援中发挥不可替代的作用。在救援的初始阶段，往往需要使用大型工程机械先移除一些诸如承重梁、预制板或钢梁等重型构件，将这些构件从废墟上剥离后再使用专业救援工具一层层往下实施破拆、顶撑等营救作业；在救援的结束阶段，当确定幸存者已被全部救出、判断受困者已生还无望的情况下，可以用大型工程机械快速地清理废墟瓦砾并搜寻遇难者遗体。

推土机移除主要是利用其前端所装的推土装置，依靠主机的顶推力对松散状的废墟瓦砾或直径不大的废墟构件进行移除的方法，主要用于清理废墟瓦砾和移除废墟外围的重型构件。

推土机清理瓦砾废墟时，应从外围开始，逐步向废墟中心接近，尽量使铲刀贴近地面，以便将废墟清理干净。

推土机移除废墟外围的重型构件时，应先确认该构件相对独立，与其他大型构件并不呈互相叠压关系，通常先将构件面向推土机作业方向的松散的废墟瓦砾清理掉，使构件暴露出来，并使推土机能够接近作业目标；推时先用铲刀试推，若推不动，再清除构件与主废墟连接一侧的废墟瓦砾，将构件从主废墟堆中充分剥离，再进行移除；若构件能够移动，则将铲刀插到构件底部，根据负荷逐渐加大油门，利用推力移除构件。

挖掘机移除主要是依靠主机机械传动所形成的力，带动其前端的挖掘装置对松散状的废墟瓦砾或直径不大的废墟构件进行移除的方法，主要用于清理废墟瓦砾和移除废墟外围的重型构件。

挖掘机清理瓦砾废墟时，可采用正铲挖掘和反铲挖掘的方式，对废墟松散状的废墟瓦砾进行挖掘清理；挖掘机移除废墟外围的重型构件时，一是直接利用挖斗铲挖直径不大的建筑构件，二是可通过与钢索的结合，通过牵拉或起吊的方式移除障碍物。

（三）装载机移除

装载机移除主要是依靠主机机械传动所形成的力，带动其前端的工作装置对松散状的废墟瓦砾或直径不大的废墟构件进行移除的方法，主要用于清理废墟瓦砾和移除废墟中预制板等重型构件。

装载机清理瓦砾废墟时，可将铲斗前倾，对废墟松散状的废墟瓦砾进行挖掘清理；装载机移除预制板构件时，可直接利用铲斗铲挖直径不大的预构件，也可换装叉车装置，叉铲直径较大的预制板构件，还可通过与钢索的结合，通过牵拉或起吊的方式移除障碍物。

（四）起重机移除

起重机移除是指利用吊车的吊臂将重型构件直接悬空吊离，从而对障碍物进行移除的方法。当采用自上而下、逐层剥离的策略移除废墟上的重型构件时，其对废墟整体结构稳定性影响相对较小，因此在移除中应用范围最广，尤其是对于建筑横梁、大块楼板等直径较长面积较大的构件，使用吊车移除十分有效，如汶川地震救援中，国家地震灾害紧急救援队实施营救的7个现场中有5个都动用了吊车。

起重机移除障碍物时，应首先在废墟的边缘选择平稳便于作业的场地，放下支脚，做好起吊准备；而后对移除构件进行捆绑固定，由于起吊的障碍物构件通常直径较大，要选择障碍物的重心进行固定捆绑，固定捆绑一定要反复检查，确保牢靠，大型构件在空中滑脱十分危险；确认构件已固定好后，吊车作业手在指挥旗语或手语指挥下进行起吊作业，将构件吊离到指定地点。

起重机和挖掘机是现今建筑工程中的常用施工机械，是比较容易在地震灾区获得的现场救援资源之一。

如果大量的瓦砾或重型构件阻碍了救援队的行动，救援队可将其作为重型清除装备来使用，但应考虑是否会伤害到埋压在瓦砾中的幸存者；在已知的幸存者被全部救出后或判定受困者基本无生还可能的情况下，利用它们可快速地清除废墟瓦砾及搜寻遇难者尸体。

1. 起重机

起重机的主要用途是吊升、运送材料，在建筑施工和运输装卸行业得到广泛应用。通用起重机中应用最多的是旋转类起重机，亦称臂架类起重机，包括汽车式起重机、轮胎式起重机、履带式起重机、门座式起重机及塔式起重机等，其主要组成部分为升降机构、变幅机构、回转机构和行走机构。液压背架式起重机还带有臂架伸缩机构。

起重机工作时常用的零部件有钢丝绳、滑轮与滑轮组、卡环。

起重机的主要性能参数包括起重量、起重范围、起升高度、工作速度。

（1）起重机的一般使用要点

①作业时，起重臂的回转范围内应无任何障碍物。

②起重臂的最大仰角不准超过78°。

③不准超载起吊，被吊物应绑扎牢固，停机地面应坚硬平整。

④起重机在架空电线下作业时，应保持一定安全距离。

⑤使用汽车式起重机应加腿支撑吊装，不准持重行驶。

⑥轮胎式起重机臂长小于15m时可不支腿吊装，大于15m时必须支腿，且支腿下面要垫上木块，确保平稳。

（2）起重机作业指挥手势信号

图5-10为救援人员使用起重机作业时的指挥手势信号图。简要动作说明如下：

①提升：右臂侧平举后右前臂向上抬起，右手食指向上伸出并画小圆圈状。

②下降：右臂斜伸向下，右手食指向下伸出并画小圆圈状。

③摆动：左/右臂平伸，手指吊杆摆动方向。

④吊臂上升：右臂平伸，四指合拢，拇指向上。

⑤吊臂下降：右臂平伸，四指合拢，拇指向下。

⑥慢动作：用一只手做任何指挥吊车的动作，另一只手放在它的前面（图中为做缓慢向上吊升的动作）。

⑦侧移：臂向前伸，手掌轻抬，向移动的方向做按压动作。

⑧吊斗移动：手指合拢，拇指指向移动的方向，手快速平移。

⑨停：手掌伸出，掌心向下，停住不动。

⑩急停：手掌伸出，掌心向下，左右摇摆。

（3）伸缩式吊臂的指挥手势信号说明

双手手势：

①延伸吊臂：双手握拳，拳心向前，拇指伸出指向外侧。

②收缩吊臂：双手握拳，拳心向后，拇指伸出指向内侧。

单手手势：

①伸出吊臂：在胸前单手握拳，拇指伸出轻点胸部。

②收缩吊臂：在胸前单手握拳，拇指伸出指向前方，拳根轻点胸部。

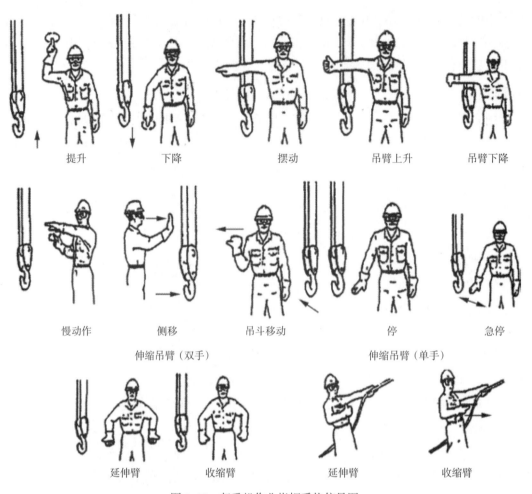

提升　　　下降　　　摆动　　吊臂上升　　吊臂下降

慢动作　　　侧移　　　吊斗移动　　　停　　　急停

伸缩吊臂（双手）　　　　　伸缩吊臂（单手）

延伸臂　　　收缩臂　　　延伸臂　　　收缩臂

图 5-10　起重机作业指挥手势信号图

2. 挖掘机

挖掘机是用挖土斗来挖掘土壤和装载物料，主要由动力部分、传动系统、工作装置、操纵机构和行走机构等组成。

根据工作装置传动方式的不同，可分为机械式和液压式；按行走机构的不同，可分为履带式和轮胎式。

一般应用较广的是轮胎—液压式挖掘机，主要是因为底盘行驶速度较高，机动性好，调动灵活，液压挖掘装置操作方便，挖掘力大。

（1）挖掘机一般使用要点

①挖掘机停机场地要坚实平整，作业前行走机构牢固制动。

②挖土斗未离开土层不准回转，不准用挖土斗或斗杆回转拨动重物。

③遇埋有地下电缆、煤气管线时应注意避开；距架空输电线应保持一定安全距离；遇有雷雨、大雾天气时，不准在高压线下作业。

（2）挖掘机作业指挥手势信号（图 5-11）

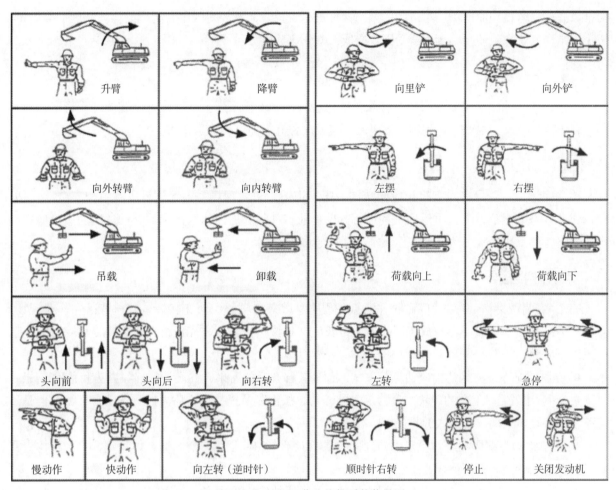

图 5-11　挖掘机作业指挥手势信号图

三、障碍物移除的程序及安全

其实施的一般程序如下。

（一）综合评估

移除前，移除组组长应同结构专家一道对拟作业的废墟进行评估，评估内容包括应移除哪些构件和移除该构件将对废墟结构稳定性产生何种后果。综合考虑现场结构稳定性、被困者所在位置、现场可支配的人员及装备器材确定移除方法。

（二）路线设计

无论是人工移除、装备器材移除，还是大型工程机械移除都需要根据现场实际情况，对移除路线进行设计，可以设计平面移除路线，也可以设计立体移除路线，综合考虑结构影响、人员安全、移除距离和装备器材作业能力等因素设计最佳可行的移除路径。

（三）安全防护

移除可能影响废墟整体稳定性的大型构件时，应在结构专家的指导下进行；移除前应撤出现场其他作业人员，仅留必要的移除作业人员，必要时还应派出警戒人员，防止无关人员误入作业区；派出安全员并密切监控作业现场；对可能倒塌的构件进行支撑，尤其要对受困者附近的构件实施支撑固定，防止因结构变化导致的废墟倒塌给受困者造成二次伤害。

（四）作业实施

沿预设的移除路径移除障碍物，移除要平稳缓慢，尽可能不影响残存建筑废墟的结构稳定，当移除过程中发生意外情况或未达到预计效果时，应及时停止，重新调整移除方案。

（五）二次评估

移除完毕后，障碍移除组组长应同结构专家一道重新进入现场，再次进行废墟结构安全性评估，确认作业区域安全后，人员可返回现场进行其他作业；如移除后作业区内出现新的危险隐患，应立即排除险情，然后再让救援队员进入作业区进行其他作业。

（六）撤收报告

完成障碍物移除任务后，应撤收并清点障碍物移除装备器材，防止将装备器材遗落在作业现场，撤收后的装备器材应放回器材放置区，而后组长应向指挥员报告任务完成情况。障碍物移除时应注意把握以下问题：

● 在移除某个废墟构建前应估算其重量，预计其移开后的后果，并设计好移除方法和移除路线。

● 移除时要先移走小的碎块，后移走大的碎块，按由表及里、先小后大的顺序清理废墟，但是不能移动那些被压住的或者楔入的碎块。

● 不要移动那些影响废墟稳定的构件，如果不能确定构件是否影响废墟整体稳定，可与结构专家商讨，在专家的指导下进行作业。

● 吊装或牵拉障碍物前，应仔细检查钢（绳）索或挂钩连接固定是否稳定牢固，牵引钢（绳）索、绳索是否完好，一切准备工作正常，方可吊装及牵拉；吊装及牵拉时应注意不要磨损牵引钢（绳）索，避免断裂发生危险。

● 大型工程机械移除障碍物时，要充分预估作业危险性，控制作业区内的人员，作业人员做好个人防护，严格遵守安全规程。

第六章　建筑结构与现场结构评估

一、建筑结构基础

（一）建筑工程的基本组成

建筑工程一般由基础、墙体（柱）、门窗、屋顶、楼梯和楼盖等六部分组成。它们在建筑中所处的位置不同，各个部分都发挥着各自的功能。由于建筑形式的多样性决定了各个组成部分在不同类型的房屋中表现形式的灵活性。

1.基础

基础是处于建筑物最下方的结构，在地面之下，承受建筑物的水平及竖向荷载，并将其传递至地基。基础应当坚固、稳定，能够抵抗冰冻、地下水与化学侵蚀等。基础的大小、形式取决于荷载的大小、土壤性能、材料性能和承重方式。

2.墙体（柱）

墙体（柱）是建筑物的承重、围栏和分隔构件。按其位置不同可分为外墙和内墙；按其作用不同可分为承重墙和自承重墙。承重墙是垂直方向的承重构件，承受着由屋顶、楼层等传来的荷载。因此要求它坚固、稳定和耐久，且应充分利用其所具有的强度、保温、隔热、隔声等物理特性。

外墙应能抵御风、雨、雪、太阳热辐射的作用并具有保温性能。内墙用于分隔建筑物每层的内部空间，除承重墙外，还能增加建筑物的坚固性、稳定性和刚性。自承重的内墙为隔墙。有时为了扩大空间或结构上的要求，也可不用墙做承重构件，而用柱承重。

在砖木结构和砖混结构的房屋中，屋顶、楼盖、楼梯等重量都要传递到支承着这些构件的墙体（柱）上，再由墙体（柱）传递到基础。所以墙体（柱）是房屋结构中的重要承重构件。

3.门窗

门主要是供人们内外出入和隔离房间之用；窗则主要是采光和通风，同时也起到分隔与围护的作用。门和窗均属自承重构件。对某些有特殊要求的房间，则要求门窗具有保温、隔热、隔声的作用。

4.屋顶

屋顶是建筑物顶部的外围护构件和承重构件，抵御着自然界风、雨、雪及太阳热辐射等对顶层房屋的影响；承受着建筑物顶部荷载，并将这些荷载传给垂直方向的承重构件。作为屋顶必须具有足够的强度、刚度以及防水、保温、隔热等能力。

5. 楼梯

楼梯是楼房建筑的垂直交通设施，供人们上下楼层和紧急疏散之用。故要求楼梯具有足够的通行能力以及防水、防滑功能。

6. 楼盖

楼盖直接承受着各种家具、设备、人员的重量，并把这些重量传给支承它的墙体（柱）上。楼盖又是楼房中划分空间的水平分隔构件，与竖向分隔构件（内墙）共同组成各个独立的房间。同时楼盖对房屋还起着水平支撑作用，增强房屋的整体性能和抗震能力。

（二）基础分类及构造

由于基础所用的材料不同、主体结构类型不同等原因，选用基础的种类也不同。

1. 条形基础

条形基础又称带形基础，这类基础多为墙基础，沿墙体长方向是连续的。这种基础多使用砖、灰土、混凝土做材料。

2. 独立基础

这种基础主要为独立柱下的基础。现浇钢筋混凝土独立柱基有平台式、坡面式。预制柱下为钢筋混凝土杯形基础，该基础有个杯口，预制柱插入杯口进行安装。

当柱子承受荷载较大、柱间距较密时，独立柱基础底面积几乎连在一起，为施工方便，可做成连在一起的钢筋混凝土条形基础或井字形基础。

3. 筏形基础

筏形基础形象如水中漂流的木筏。井格式基础下又用钢筋混凝土板连成一片，大大增加了建筑物基础与地基的接触面积。换句话说，单位面积地基土层承受的荷载减少，这种基础适合于软弱地基和上部荷载比较大的建筑物。

4. 箱形基础

箱形基础是由钢筋混凝土的顶板、底板和纵横承重隔板组成的整体式基础。箱形基础不仅同筏形基础一样有较大的基底面积，适用于软弱地基和上部荷载比较大的建筑物，而且由于基础自身呈箱形，具有很大的整体强度和刚度。当地基不均匀下沉时，建筑物不会引起较大的变形裂缝。该基础施工难度大，造价高。多用于高层建筑，另外可兼做地下室。

5. 桩基础

当地基是较厚的软弱土层或杂填土时，基础坐落在这样的土层中是极其不稳定的，但如果要将基础深埋于软弱土层或杂填土之下，则会提高工程造价。因此，工程实践中，当建筑物上部荷载很大，地基软弱土层较厚，对沉降量限制要求较严的建筑物或对围护结构等几乎不允许出现裂缝的建筑物，往往采用桩基础。桩基础可以节省基础材料，减少土方工程量，改善劳动条件，缩短工期。

桩基础由承台和桩群两部分组成。承台设于桩顶，把各单桩连成整体，并把上部结构的荷载均匀传递给各根桩，再由桩传给地基。

桩按传力方式不同，分为摩擦桩和端承桩。

摩擦桩是通过桩表面与周围土壤的摩擦力和桩尖的阻力将上部荷载传给地基，它适用于软弱土层较厚，而坚硬土层距地表很深的地基情况。

端承桩是通过桩端将上部荷载传给较深的坚硬土层，它适用于表层软弱土层不太厚，而下部为坚硬土层的地基情况。

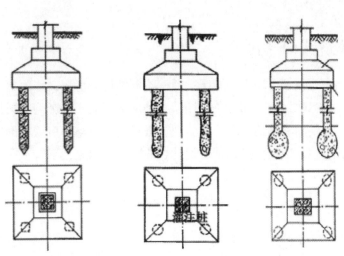

桩按制作材料的不同分为木桩、沙桩、混凝土柱、钢筋混凝土桩、钢桩等。目前，桩多用于混凝土或钢筋混凝土材料制作。混凝土桩或钢筋混凝土桩按制作方法不同可分为预制桩和灌注桩两类。

预制钢筋混凝土桩是将事先预制好的桩，用锤击打入、振动沉入、静力压入、水冲送入等方式沉桩，到达设计要求的标高后进行桩头处理，然后在桩顶浇筑钢筋混凝土承台形成的桩基础。灌注桩是在现场桩位上挖孔然后向孔内灌混凝土（有时也加钢筋）而成。

二、房屋建筑工程主体结构

墙体

1. 墙体的作用

墙体能承受建筑的荷载，把屋顶、楼面的荷载通过墙体传到基础上。

2. 墙体的分类

（1）按是否承重划分。可分为承重墙和自承重墙。搭设楼板的墙体就是承重墙，只承担自身重力荷载的墙体为自承重墙。承重墙要求强度高、稳定性好。承重墙由于楼板布置不同又分为纵墙承重、横墙承重和纵墙横墙承重三种情况。

（2）按所处位置不同划分。可分为外墙、内墙、纵墙、横墙。外墙在建筑物外侧，起围护作用；内墙在建筑物内侧，起分隔作用。沿房屋纵向分布的墙统称为纵墙，沿房屋横向分布的墙统称为横墙。

（3）按使用材料划分。可分为黏土砖墙，混凝土、加气混凝土砌块墙，钢筋混凝土墙，石膏板隔断墙等。

3. 强度及稳定性方面的要求

在砖石墙承重结构中，墙除了承受自重外，还要承受整个建筑物的荷载，因此其强度和稳定性至关重要。

墙体的强度除取决于所采用的的砖、石的强度外，还与砌筑用的砂浆强度、搭缝方式、施工质量有直接关系。而且，由于砖石墙体的强度比砖、石本身的强度要低得多。因此，在砖、石一定情况下，后几方面的因素就更加重要。

此外，墙体作为受压构件，其承载能力不仅取决于墙体自身的强度，而且取决于其稳定性，因此，墙体的高度和厚度应保持适当的比例。同时，外墙的长度不宜过长，结合使用要求，每隔一定距离应设置横隔墙，以提高外墙的刚度。

三、常见的建筑结构形式

在房屋建筑物评估中，往往出现下列情况：两栋不同结构的房屋，墙体都出现了裂缝，一栋可评为极不稳定，很容易发生二次倒塌，而另一栋则认为是局部问题，不影响救援作业。这是因为不同结构房屋的承重系统不一样，前者墙体承重，墙体裂缝很可能导致整个房屋的倒塌。而后者则是其他结构承重，墙体仅起围护作用，裂缝仅造成了使用功能的减退。因此，了解不同结构类型和特征的建筑物对正确评估建筑物价值是非常有必要的。

（一）砖混结构

现以多层砖混结构建筑物为例予以介绍。

1. 砖混结构建筑物的构造

砖混结构建筑物主要由以下几部分构成。

（1）屋盖（屋顶）

砖混结构建筑物的屋盖是安装在墙体上的，屋盖起两种作用：一是承受屋顶上的荷载，如雪荷载；另外还起围护作用，一般在钢筋混凝土屋面板上做加气混凝土块保温层和油毡水层来实现防雨防雪、保温隔热功能。

（2）砖墙

砖墙按所处位置分为内墙、外墙。外墙与室外接触，受风雨侵蚀，起围栏作用。内墙起分隔作用。砖墙又分承重墙和自承重墙。承重墙支撑楼板并传递荷载。

（3）钢筋混凝土楼盖板

楼盖板将家具重量、人的重量等楼层荷载传给墙体。

（4）楼梯

楼梯是楼层间的重要通道。

（5）砖基础

砖混结构建筑物的基础多为条形砖基础，承担由墙体传递下来的荷载，并把荷载传给地基。

（6）门窗及其他

组成砖混结构建筑物的还有门窗、阳台、雨篷、台阶、散水等。

在以墙体承重的砖混结构建筑中，由于构件受力要求，承重墙体布置要均匀，墙体要有一定的厚度，窗间距要有一定的宽度，这就使建筑平面的布置较单一，房间的使用面积较小，建筑层数不多（一般只有五六层）。

2. 砖混结构建筑物的结构特征

砖混结构建筑物是由屋盖、墙体、楼板、过梁、砖基础构成的承重结构体系。主要特征是，结构荷载通过屋盖、楼板传到承重墙上，再由承重墙传到基础。

3. 砖混结构建筑物的传力路线

其传力方向为板—墙—基础，或为板—梁—墙—基础。因此，承重墙砌筑质量的好坏、砌体强度的大小直接关系到砖混结构建筑物的质量和寿命。基础不均匀下沉，承重墙体出现裂缝，可能导致砖混结构建筑物的整体破坏。

（二）排架结构

单层工业厂房、仓库与一些大型公共建筑，如体育馆、影剧院、展览馆、火车站的大厅等，要求室内有一个完整的大空间来满足功能上的要求，常采用柱和屋架构成的排架结构作为其承重骨架，柱与屋架铰接，与基础刚接。这类建筑物称为排架结构建筑物。

1. 排架结构建筑物的构成

现以单层厂房为例来说明排架结构建筑物的主要构件及各构件之间的相互关系。排架结构建筑物主要由以下几部分组成。

（1）屋盖

屋盖起围护和承重双重作用。包括屋面板、天窗架、屋架等。屋面板安装在天窗架和屋架上，天窗架安装在屋架上，屋架安装在柱顶上。

屋面板是厂房上不承重及围护结构，承受屋面雪荷载，并通过屋架、柱向下传递。屋面还起防风雨和保温作用。天窗的作用是便于厂房通风和采光。

（2）吊车梁

吊车梁位于吊车行走轨道下部，支承在柱子牛腿上，承受吊车荷载（包括吊车起吊重物、吊车运行时的移动集中竖向，以及吊车制动时所产生的纵向和横向水平荷载）并传至柱子，通过柱子把吊车荷载传到基础。

（3）柱子

柱子是排架建筑的主要承重构件，它承受屋盖传来的荷载、吊车梁上传来的荷载、墙梁传来的上部墙体重量等荷载，以及外墙传来的风荷载等，并将其传至地基。另外，它还承受纵横向水平地震作用、温度应力等。

（4）基础

基础由杯形基础和基础梁组成。杯形基础用以支撑柱子和基础梁，并把荷载传给地基。基础梁两端安装在杯形基础上，并把梁上部托着的外墙重量传给杯形基础。

（5）支撑

支撑包括屋架支撑、天窗架支撑、柱间支撑。它的主要作用是加强厂房结构的空间刚度和稳定性；同时起传递风荷载和吊车水平荷载的作用，在地震区尚能传递纵向地震作用力。

（6）围护结构

围护结构主要指外墙，还有与外墙连在一起的抗风柱及外墙的圈梁。

2. 排架结构建筑物承受的主要荷载及其传递

（1）排架结构建筑物承受的主要荷载

排架建筑结构在生产使用和施工期间，承受的主要荷载有下列几种：

①恒载

如各种构件和墙体的自重，以及管道等生产工艺设备的重量。

②活荷载

活荷载是作用在厂房结构上的可变荷载，包括吊车竖向荷载、吊车水平荷载、雪荷载、风荷载和施工荷载等。此外，还可能有某些特殊作用，如地震作用、温度作用等。

（2）单层排架结构建筑物的结构特征

由以上分析可知，单层排架结构建筑物所承受的各种荷载基本上都是通过柱子再传递到基础、地基的，因此，柱子是结构中的主要承重构件，它的强度与稳定性是决定寿命的重要因素，而其外墙墙体仅起围护作用。

（三）框架结构

框架结构建筑物是以柱、梁、板组成的空间结构体系作为骨架的建筑物。

1. 框架结构建筑物的构成

框架结构建筑物由以下几部分组成。

（1）屋盖与楼板

屋盖在建筑物顶部，既起承受屋面荷载作用，又起防雨雪、保温的围护作用。楼板承担着楼层荷载，并向下传递。

（2）框架梁

框架结构的梁分主梁和次梁，承受楼板、屋面板传来的荷载。

（3）框架柱

梁和柱是刚性连接在一起的。梁上荷载由柱传到基础。

（4）柱基础

框架结构柱基础多为和钢筋混凝土独立基础。

（5）框架墙

框架结构的外墙及内墙是用普通砖或轻质砖在柱间砌筑的墙体。这些墙只起围护作用，砖墙的重量通过梁、板传给柱。

以梁柱体系为承重骨架的框架结构房屋中，墙体只起围护作用，因此可以形成较大的空间和比较灵活的平面布置。此外，框架建筑与砖混建筑相比还具有强度大、延性好，能承受较大荷载，抗震能力强等优点，便于减轻结构自重，有利于向高层发展。通过合理设计，框架可以成为耗能能力强、变形能力大的延性框架。其缺点是结构侧向刚度较小，当建筑物层数较多时，需要截面尺寸较大的框架梁柱才能满足侧向刚度的要求，既减小了有效使用空间，造成材料浪费，又会给室内布置带来不便。因此，框架结构适用于非地震区，或层数较少的高层建筑。

框架结构一般应用于：

①使用荷载较大、振动较强、设备管道较多的多层工业厂房，如印刷厂、无线电设备、服装厂等。

②要求有较大空间的工业与民用建筑，如实验楼、大型商店、办公楼、多高层旅馆等。

③五层及五层以上的多层及高层建筑，如高层住宅等。

④有特殊要求的建筑物及大型公共建筑。

2. 框架结构建筑物的结构特征和传力路线

框架结构建筑物的特点是，由钢筋混凝土主梁、次梁和柱形成的框架作为建筑物的骨架，梁与柱之间的连接为刚性结点。屋盖、楼板上的荷载通过梁柱传到基础。框架结构建筑物的墙体全部为自承重墙，只起分隔和围护作用，墙体越轻越好。框架结构的建筑平面布置灵活，不受楼板跨度的限制，易于形成较大的使用空间，以满足不同建筑功能的要求。因此，这种结构适用于建造办公楼、商场和轻工业厂房。

（四）钢筋混凝土剪力墙结构

1. 剪力墙结构建筑物的构造

用钢筋混凝土墙同时承受竖向荷载和水平荷载的结构成为剪力墙结构。剪力墙结构建筑物的构造表面与砖混结构基本相同，但最根本的区别在于承重墙体不是砖砌体，而是现浇或预制钢筋混凝土墙体。剪力墙不仅具有很强的抗压能力，而且还具有很强的抗剪能力，可抵抗风荷载和地震产生的水平荷载，因此，适用于高层建筑。

剪力墙结构建筑的构造如图所示，包括：

（1）屋盖和楼板

安装在钢筋混凝土墙体上。

（2）钢筋混凝土承重墙

将垂直荷载传递到基础，同时能够抵抗水平荷载。

（3）基础

高层钢筋混凝土剪力墙结构，特点是楼层高、自重大，故这类基础必须刚度大，下沉均匀。

（4）楼梯、阳台等

有的钢筋混凝土剪力墙结构建筑物还有地下室。

剪力墙结构的适用范围较大，从十几层到三十几层都很常见，在四五十层及更高的建筑中也很适用。它常被用于高层住宅、公寓建筑中。因为这类建筑物的隔墙位置较为固定，布置剪力墙不会影响各个房间的使用功能，而且在房间内没有柱、梁等外凸构件，既整齐美观，又便于室内家具布置。

2. 剪力墙建筑物的结构特性和传力路线

剪力墙结构的楼板与墙体均为现浇或预制钢筋混凝土结构，具有良好的整体性，抗震能力比砖混结构和框架结构强，它不仅可承受楼板较大的垂直荷载，更重要的是可承受较大的水平方向的荷载及地震作用对建筑物产生的剪切力，侧向刚度大。剪力墙建筑物的传力路线为楼板—剪力墙—基础。

影响剪力墙结构造价的主要因素是剪力墙的数量及布置。剪力墙间距根据建筑平面布局确定。过去剪力墙结构多为小开间，墙间距为 3.3 ~ 4.2m，过多的墙体既导致平面布置不灵活，空间局限，又由于结构自重大，增加了基础工程的造价。目前，剪力墙结构多采用大开间，墙间距为 6 ~ 8m，中间采用轻质隔墙支承在楼板上，便于建筑平面的灵活布置，又可充分发挥墙体的承载能力，减轻结构自重，具有较好的技术经济性。

（五）框架—剪力墙结构

框架—剪力墙结构就是在框架结构中设置部分剪力墙，或把剪力墙结构中的部分剪力墙抽掉改成框架承重，使框架和剪力墙两者结合起来，共同抵抗竖向荷载及水平荷载的空间结构。框架—剪力墙结构既保留了框架结构建筑布置灵活、延性好的特点，又具有剪力墙结构刚度大、承载力大、抗震性能好的优点，同时还可充分发挥材料的强度作用，具有较好的技术经济指标。

框架—剪力墙结构建筑物在地震作用时的层间变形较小，因而也就减小了非结构构件（隔墙及外墙）的损伤。这种结构形式

无论在地震区还是非地震区，都适用于高层建筑。框架—剪力墙结构的适用范围很广，10~40层的高层建筑均可采用这类结构体系，因而被广泛地应用于高层办公楼和旅馆等公共建筑中。

框架—剪力墙结构和剪力墙结构的区别在于以下几个方面。

1. 对于荷载的承受构件不同

剪力墙结构利用建筑物的纵横墙体来承受竖向荷载和水平荷载，而框架—剪力墙结构中框架主要承受竖向荷载，剪力墙主要承受水平荷载。

2. 对空间的影响不同

剪力墙结构间距小，建筑平面布置不灵活，常用于高层住宅和公寓建筑物，不适用于公共建筑；框架—剪力墙结构吸收了框架结构的优点，平面布置灵活，可形成较大的空间。

3. 建筑经济性不同

剪力墙结构成本比较高，而框架—剪力墙结构则与框架结构基本持平。从经济的角度看，剪力墙以少设为好。根据我国大量已建成的框架—剪力墙结构的工程实践经验，一般认为剪力墙面积率在3%~4%较为适宜。

四、地震对房屋建筑的破坏

破坏性地震的能量十分巨大，直接影响就是造成房屋及构筑物的破坏或倒塌。这不仅造成极大的经济损失，还会带来重大的人员伤亡、安全稳定等严重问题。历次地震震害调查分析表明，地震造成的直接经济损失和人员死亡，主要是因为房屋建筑的倒塌破坏造成的。从这些地震中总结房屋建筑的破坏经验，对于房屋的抗震减灾工作有着重要意义。

（一）地震作用下房屋的破坏机理

地震对房屋的破坏作用是多种多样的。强烈的地表振动可以直接破坏房屋及构筑物；地表振动有时饱和含水的砂土液化，导致地面下降、开裂、喷砂冒水等，造成地基失效或承载力降低，损坏房屋的基础及上部结构；地震引发的山崩、滑坡、泥石流等自然灾害以及水灾、火灾等次生灾害也会对房屋建筑物造成极大的危害。

1. 振动破坏

地震波引起的地面振动，通过基础传给建筑物，引起建筑物本身的振动。通常建筑物都是按静力设计建造的，没有考虑或者很少考虑动力影响。当振动强度超过建筑物本身的形变能力时，就会造成破坏。

由于地震波的频谱组成和延续时间以及建筑物的材料性质、动力特性、地基条件与地形等因素的影响，地震振动对建筑物的破坏作用由许多因素综合决定。

（1）地震波的周期

根据有关研究显示，周期在0.1~2s之间的振动对一般建筑物危害最大。例如，周期1s、振幅2.5cm、加速度达0.1g的振动，只需几秒钟就能破坏质量较差的房屋，若持续10s以上，则可对普通房屋造成重大破坏。

高频振动，如小型爆炸引起的周期为1/300s、振幅为0.0025cm、加速度达1g左右的振动，一般对建筑物不能构成直接的威胁。而特别强烈的地震，在数百甚至上千公里的距离外，能引起周期约

20s、振幅在1cm左右的振动，人们不易察觉，但有时可以引起高层建筑的共振，使上层的最大位移达20cm以上，这样也很容易造成破坏。

（2）共振作用

在小振幅的短周期地面振动作用下，建筑物的上部可认为基本保持不动。当地面振动和房屋建筑物的固有周期相同时，就产生共振，此时房屋上部位移可能超过地面运动很多倍。在长周期的地面振动作用下，顶层的加速度大于地面的加速度，地面周期越大，这个差别以及房屋的变化就越小。

（3）地基影响

房屋建筑场所的地基土质、下卧岩层的结构和深度、基础的类型和深度，以及包括附近房屋在内的地表地形特征等，都对房屋的受震破坏有影响。一般来说，坚实地基上的大多数房屋受破坏最轻，软弱地基上的破坏最严重。但是，从另一方面来说，在某种条件下，软弱地基也有其有利的一面。坚实地基是促使地震波剧烈扩散的媒介，地面振动引起房屋的振动，因而产生施加于房屋上的惯性力，这是刚性建筑物破坏的主要原因。而一个在振动台上的用砖石房屋模型进行的试验表明，坚实地基上的模型的上部水平振动加速度值比松软地基上的大56%。这是因为较软弱的地基的变形能力更强，有着"消能"的作用，也就是减轻了地震波对地基的冲量。软弱地基的压陷性使得其上部的砖石结构在强震时破坏较轻。

（4）竖向和旋转地震力的作用

震源产生的地震波（体波）分为横波和纵波，分别引起地面的水平运动与竖向运动。通常竖向运动比水平运动小，而一般的房屋建筑物的竖向稳定性又比较好，因此我们在房屋工程建设中通常只考虑水平地震力的作用。而某些高耸的建（构）筑物（如高层建筑、发射塔架等）易受围绕水平轴或竖向轴旋转的扭转力的影响，在研究这些房屋工程的抗震问题时，需要加以力学特性考虑。

（5）多次振动的效应

振动引起的房屋破坏程度和规模与震前房屋本身的结构完整性有关。如果房屋曾遭受过地震损伤或者其他损坏，而没有及时进行修复和抗震加固，那么它的抗震能力必然会降低，若再遭受地震袭击，破坏必然更重。

2. 房屋地基失效引起的破坏

当加速度较小或地基坚实时，地表层具有弹性性质，反之则地表层或下垫层可能达到屈服点。达到屈服点后，岩石、土层将产生塑性变形，导致地基承载力下降、丧失以致发生位移。地基的破坏将会消耗部分能量，减小振动对房屋建筑物的直接破坏，但是由于地基失效，同样会造成建筑物的破坏。地基承载力降低将导致房屋下沉；地基的不均匀下沉和水平位移将破坏房屋建筑物的基础，上部结构随之破坏。

在强烈振动下，饱和含水的松散粉土、细砂土层会产生液化，失去承载能力。这是因为砂土和粉土的土颗粒结构受到地震作用时将趋于密实，当土颗粒处于饱和状态时，这种趋势将使孔隙水压力急剧上升，而在地震作用的短暂时间内，这种急剧上升的水压力来不及消散，使原先由土颗粒通过其接触点传递的压力（亦称有效压力）减小；当有效压力完全消失时，砂土和粉土就处于悬浮状态中，场地土便产生液化。

3. 次生灾害引起的房屋破坏

陡峭的山区或丘陵地带发生次生灾害的可能性最大、最为严重。一旦发生地震，破碎的岩石和松散的表土往往与下卧岩石土层脱离，引起崩塌、滑坡或泥石流。若地震前长时间降雨，表层含水饱和，则更容易发生这类灾害。

（二）房屋震害分析

1. 土、木、石结构房屋震害分析

（1）土坯墙承重房屋

土坯墙承重的房屋在Ⅶ度以下的地震作用下，一般发生中等程度的破坏；在Ⅷ度地震作用下，将有一半左右的房屋倒塌。这类房屋破坏的部位主要是墙体，产生斜向或交叉裂缝，特别是窗前墙及房屋的尽端和转角部位的破坏特别严重。

（2）木结构房屋

木结构房屋的震害，从破坏程度看，可分为全部倒塌（落架）、局部倒塌、墙倒架歪、轻微破坏等。木结构倒塌主要是由于地震时木构架大幅度晃动，产生较大的形变，导致脱榫、折榫、柱子折断等。在遭受Ⅶ度地震时，这类房屋一般会出现山墙和围护墙的倒塌或严重开裂、木架节点松动、柱脚滑移。Ⅷ度地震时，其破坏主要是木构架歪斜，墙体外闪或局部倒塌，个别木柱折断。Ⅸ度地震时，多数木结构房屋发生严重破坏或倒塌。

（3）石墙承重房屋

石砌体房屋主要采用料石或毛石砌筑而成，石砌体又分为浆砌体和干砌体（不用砂浆，仅用石块叠垒）两种，即俗称的"干打垒"。多层石结构房屋的破坏部位主要是纵横墙体及其连接处，还有山墙以及房屋的附属物（女儿墙、出屋面烟囱、突出屋面的屋顶间等）。

2. 砌体结构房屋震害分析

砌体结构房屋，主要是黏土砖、砌块等通过砂浆砌筑成承重墙和各种混凝土楼板组成。由于墙体材料为脆性，整体性能较差，砌体结构的房屋抗震能力相对比较低。从唐山、海城等大地震的震害统计发现，未经抗震设防的多层砌体房屋受到的破坏最为严重：在Ⅵ度区内，少数房屋轻微损坏，个别房屋出现中等程度破坏；Ⅷ度区内，多数房屋出校震坏，近半数达到中等和严重破坏；Ⅸ度区内，房屋普遍遭到破坏，多数严重破坏；Ⅹ度以上区内，多数倒塌。

（1）墙体的破坏

与水平地震作用平行的墙体是承受地震作用的主要抗侧力构件，当地震作用在砌体内产生的主拉应变超过相应极限拉应变时，就产生斜裂缝；地震反复作用，则形成交叉裂缝。在高宽比较小的横墙上，中部出现水平剪切裂缝。对于钢筋混凝土楼板的砖墙房屋，这种裂缝往往是底层比上层严重。在纵墙上，交叉裂缝出现在窗间墙。当房屋的承重横墙因抗剪强度不足而开裂后，随着水平作用力的继续作用，房屋将会发生原地的塌落。

墙体的水平裂缝主要出现在纵墙窗口上截面处，这是由于横墙间距过大或楼板水平刚度不足，在横向水平作用力下纵墙产生了过大的水平面变形，导致墙体的抗弯强度不足而出现水平裂缝。

门窗洞口开得多且大的墙面破坏也十分严重，如窗间墙布置不合理，宽墙垛因吸收过多的地震作用而先坏，窄墙垛则因稳定性差也随后失效。对于大洞口的上部过梁或墙梁，在竖向地震作用下，有时在中部断裂破坏。

（2）墙角的破坏

房屋的四角和部分凸出阳角的墙面，易出现纵横两个方向的 V 形斜裂缝，严重者发生该部位墙体的局部倒塌。这是由于地震过程中的扭转影响以及墙角部位具有较大的刚度，使得房屋角部所受的地震作用效应加大，且墙角处应力复杂并易于产生应力集中，而墙角位于房屋尽端，纵横两个方向的约束作用减弱，使得该处的抗震能力降低。

（3）纵横墙连接处的破坏

由于在施工时纵横墙往往不能同时咬槎砌筑，纵横墙间留有马牙槎，使墙体间缺乏拉结，或虽同时砌筑但砌筑质量不好，同样导致拉结强度较低。地震时在垂直于纵墙的作用力下，纵横墙连接处产生较大的拉应力，出现竖向裂缝、拉脱、纵墙外闪，甚至整片墙倒塌。另外，由于地震导致的地基不均匀沉降，也会引起纵横墙间的竖向裂缝。

（4）楼梯间的破坏

楼梯横墙间距比一般的横墙要小，所以楼梯间横墙水平抗剪刚度较大，因而分担的水平地震剪力也较大；另一方面，楼梯间没有像其他房间那样有楼板与墙体组成的盒子结构，空间刚度相对较小，

特别是顶层休息平台以上的外纵墙常为一层半高，自由度加大，竖向压力较小；有时还因有楼梯踏步板嵌入墙体，削弱了墙体截面。因此楼梯间的墙体容易在水平地震作用下产生斜裂缝和交叉裂缝。一般来说，上层楼梯间的震害较下层为重。若楼梯间布置在房屋的端部或转角处，由于房屋的扭转作用对楼梯间产生附加地震剪力的影响，将会加剧震害。

楼梯构件本身的震害较轻，但随着墙体的破坏，楼梯构件也会发生位移和开裂。Ⅸ度时，现浇楼梯踏步板与平台梁相连接处易被拉断。

（5）楼板与屋盖的破坏

楼板和屋盖是地震时传递水平作用力的主要构件，其水平刚度对房屋的整体抗震性能影响很大。现浇钢筋混凝土楼板、屋盖的整体性好、水平刚度大，是较理想的抗震构件。预制钢筋混凝土楼板、屋盖的整体性较差，以及板缝偏小、混凝土灌缝不密实，地震时板缝容易拉裂。Ⅶ度时，房屋端部的大开间混凝土板的纵向或横向板缝裂开可达 10mm；Ⅸ度以上地区，预制混凝土楼板、屋盖往往因墙体的破坏或错动而掉落。另外，预

制板端部的搁置长度过短或无可靠的拉结措施也是造成上述震害的一个重要原因。

（6）房屋附属物的破坏

房屋附属物是指女儿墙、出屋面烟囱、突出屋面的屋顶间等。这类出屋面附属建筑物在地震时受"鞭梢效应"的影响，地震反应强烈，破坏率极高。Ⅵ度时，突出屋面的屋顶间墙体可出现交叉裂缝，女儿墙、屋顶烟囱等出现水平裂缝。

3. 多层和高层钢筋混凝土房屋震害分析

钢筋混凝土结构是较常用的结构形式，主要有框架结构、剪力墙结构、框架—剪力墙结构、筒体结构和框—筒结构等结构体系。

（1）结构布置不当或有明显薄弱层的震害

钢筋混凝土结构房屋在整体设计上如果一味追求造型或美观，结构上存在较大的不均匀性，则在地震中极易遭受破坏。例如，在唐山大地震中，天津人民印刷厂的一幢"L"形建筑物楼梯间偏置，角柱由于受扭而导致破坏；汉沽化工厂的一些厂房由于平面形状和刚度不对称，产生显著的扭转变形，使得角柱上下错位、断裂，等等。

如果结构有明显的层面屈服强度特别薄弱的楼层，则会在地震作用下，薄弱层形成应力集中，率先屈服、发展弹塑性变形。

（2）框架柱、梁和节点的震害

框架结构房屋的构件震害一般是梁轻柱重，柱顶重于柱底，尤其是角柱和边柱更易发生破坏。梁的破坏主要发生在端部。

①框架柱

柱端弯剪破坏。上下柱端出现水平裂缝和斜裂缝（也有交叉裂缝），混凝土局部压碎，柱端形成塑性铰。严重时混凝土剥落，箍筋外鼓崩断，柱筋屈服。

柱身剪切破坏。多发生在剪跨比小的短柱等部位，一般出现交叉斜裂缝或"S"形裂缝，箍筋屈服崩断。

角柱、边柱破坏。由于双向受弯、受剪，加上扭转作用，震害比内柱重，有的上下柱身错动，钢筋从柱内拔出。

柱破坏的原因是抗弯和抗剪承载力不足，或箍筋太稀，对混凝土约束能力较差，在压、弯、剪作用下，柱身承载力达到极限。

②框架梁

在地震作用下梁端纵向钢筋屈服，产生较大的剪力，当超过梁的受剪承载力时，

就出现上下贯通的垂直裂缝和交叉斜裂缝。梁负弯矩钢筋切断处由于抗弯能力削弱也容易产生裂缝，造成梁剪切破坏。

③梁柱节点

节点核心区没有箍筋时，会产生对角方向的斜裂缝或交叉斜

裂缝，混凝土剪碎剥落，或是柱纵筋压曲外鼓。

梁筋锚固破坏。梁纵向钢筋锚固长度不足，从节点内拔出，将混凝土拉裂。

装配式框架构件连接处容易发生脆性断裂，特别是坡口焊接处的钢筋混凝容易拉断。还有预制构件接缝处后浇混凝土开裂或散落。

（3）填充墙的震害

填充墙受剪承载力低，变形能力小，墙体与框架缺乏有效拉结，在往复变形时，墙体容易产生斜裂缝，并沿柱周边开裂。由于框架变形属剪切型，下部层间位移大，填充墙震害规律一般是上轻下重，空心砌体墙重于实心砌体墙，砌块墙重于砖墙。

（4）剪力墙的震害

在强震作用下，开洞剪力墙的震害主要表现为连系梁和墙肢底层的剪切破坏。

开洞剪力墙中，由于洞口应力集中，连系梁端部极为敏感，在约束弯矩作用下，很容易在连系梁端部形成垂直方向的弯曲裂缝。当连系梁高跨比较小时，梁以受弯为主，可能产生弯曲破坏。而剪力墙中往往具有很多建跨比较小的深梁，除了端部很容易形成垂直的弯曲裂缝外，还易出现斜向的剪切裂缝。当抗剪箍筋不足或剪应力过大时，可能很早就出现剪切破坏，使墙肢间丧失联系，剪力墙承载力降低。

开口剪力墙的底层墙肢内力最大，容易在墙肢底部出现裂缝及破坏。在水平荷载下受拉的墙肢往往轴压力较小，有时甚至出现拉力，墙肢底部很容易出现水平裂缝。对于层高小而宽度较大的墙肢，也容易出现斜裂缝。墙肢的破坏有如下几种情况：

①剪力墙的总高度与总宽度之比较小，使得总剪跨比较小时，墙肢中的斜裂缝可能贯通成大的斜裂缝而出现剪切破坏；

②如果某个剪力墙局部墙肢的剪跨比较小，也可能出现局部墙肢的剪坏；

③当剪跨比较大，并采取措施加强墙肢抗剪能力时，则易出现墙肢弯曲破坏。

通过震害分析我们可以看到，钢筋混凝土剪力墙结构和钢筋混凝土框架—剪力墙结构的房屋具有较好的抗震性能。1968年日本十胜冲地震震害研究发现，含钢率低于$30cm^2/m^2$和墙的平均剪应力大于1.2MPa的建筑最容易产生震害。因此，框架结构房屋中应有适量的剪力墙，并合理分配各抗侧力构件之间的抗震能力，使之形成有利的抗震结构。

五、工作场地安全评估

地震灾害现场存在各种危险因素，进入陌生救援现场的救援队员往往面临多重安全威胁，如倾斜的建筑、泄漏的管道、裸露的电线都有可能带来伤害，因此救援队员要深刻了解救援现场可能存在的危险，通过对现场进行安全评估、采取系统的安全策略、运用信记号进行安全提示及佩戴、使用必要的安全防护器材等方法、手段，尽可能规避、防止和降低伤害。

安全评估

受损建筑结构、现场环境、引发的次生灾害事故及行动中的人为因素都是潜在的安全威胁，因此救援队员进入现场前，要对现场进行勘察，对行动各个环节进行检查，及时发现存在的危险因素，评估其对行动的威胁程度，并依此制定下一步行动方案，以降低行动风险。

1. 建筑结构安全评估

地震造成伤亡的主要原因是建（构）筑物倒塌并砸压人员，这就决定了地震灾害救援行动和技术应用的主要环境为城镇震后受损的建筑群，所有的震后受损建（构）筑物都处在稳定与不稳定两种状态，不稳定状态有可能发展为坍塌及坠落。随着时间的推移和各种外部因素的叠加作用，震后建构筑物始终在这两种状态中转换，救援队员需要对受损建筑结构处于何种状态及可能发展的趋势做出判断，从而决定采取何种防护措施与救援方案，以保证被救者和施救者安全。

（1）结构专家的职责

①负责工作场地的建（构）筑物结构安全评估，提出救援优先级建议；

②指导救援队员建立建（构）筑物内的救援通道。

（2）安全官的职责

①评估现场安全形势，编制救援队安全工作方案，排查安全隐患；

②对救援行动进行安全指导和监督；

③提出现场安全措施，检查落实情况；

④对救援队员进行救援现场安全教育。

（3）救援队进入工作场地前，应由相关技术人员对工作场地及其周边环境的危险性进行评估，主要内容包括：

①受损建（构）筑物对施救的可能影响；

②危险品及危险源；

③崩塌、滑坡、泥石流、洪水、台风等潜在危险因素。

（4）救援队进入工作场地前，应对建（构）筑物进行结构评估，评估应当考虑以下内容：

①用途；

②估计人数；

③结构类型、层数；

④承重体系、基础类型；

⑤空间与通道分布；

⑥倒塌类型及主要破坏部位；

⑦二次倒塌风险；

⑧施救可能对结构稳定性产生的影响。

（5）救援队应在工作场地评估结束后，参照附录 A 填写工作场地评估表。

（6）救援队应根据结构评估的结果，按附录 B 确定工作场地的优先等级。

（7）营救人员开展营救行动前，宜根据工作场地的优先等级制定营救方案。主要包括：

①接近受困者的通道和紧急撤离路线；

②结构稳定性评估和加固措施。

（8）救援队进入工作场地前，应评估工作场地及相邻区域可能存在的危险因素。宜采用下列方法：

①宜采用遥感技术、地理信息系统等手段，标注受损建（构）筑物及危险区域；

②应向现场指挥部和当地居民询问工作场地及相邻区域信息。

（9）救援队开展搜救行动前，应绘制工作场地草图，对建（构）筑物结构进行定位标记，定位标记宜按下列方法进行：

①建（构）筑物外部定位标记：建（构）筑物结构标有道路或有明显标识的一侧为第一侧面，其他侧面从第一侧面开始沿顺时针方向计数，详见图6-1。

②建（构）筑物内部定位标记：建（构）筑物内部被分成若干象限，象限按字母顺序从第一侧面和第二侧面相交处顺时针标记，四个象限相交的中心区域定义为E象限（通常为中心大厅），详见图6-2。

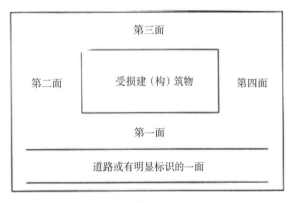

图6-1

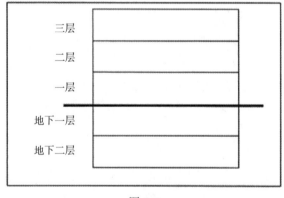

图6-2

③建（构）筑物层数标记：多层建（构）筑物每一层应清晰标记，层序从地面一层开始，向上依次为第二层、第三层等，从地面一层向下依次为地下一层、地下二层等，见图6-3。当层数从建（构）筑物外部可以数出时，可不标记。

（10）结构的安全评估由队伍中的结构专家完成

①判断废墟结构的稳定性，确定能否进入；

②确定进入通道、安全撤离路线和安全区域的位置；

③评估搜救行动过程对结构稳定性的影响；

④监视搜救行动过程中的潜在危险（确定需要监控的关键部位和监控点、设置多名安全员从不同方向监视、采用专业设备或简易方法进行监控）。

（11）废墟结构安全评估的要素（10步法）

①原先的情况

包括建筑物的用途、尺寸、材料、类型、平面图、基础、地基等（见附录C）。

②倒塌情况

包括废墟的倒塌原因、倒塌类型、废墟分布等。

③局部的破坏

包括建筑物的墙、梁、柱、楼板及连接处的破坏等（见附录 D）。

④可能的空间

倒塌类型产生的空间、结构内部空间和空间大小等。

⑤影响行动优先性的结构因素

空间的可到达性、消除潜在危险、可能的进出口等。

⑥影响搜索行动的结构因素

⑦影响营救行动的结构因素

从何位置进入、从哪儿撤出以及搜索 / 营救和撤离路线等。

⑧如何支撑

保证能安全进入结构，并减轻倒塌危险等。

⑨监视和预警

对各种潜在危险进行监视和预警，特别是二次倒塌危险。

⑩撤离计划

发布信号程序、撤离路线和安全岛等。

六、建（构）筑物倒塌类型

震后受损建（构）筑物可以分为全垮塌、半垮塌和受损未垮塌三种类型。全垮塌是指整座建筑物完全坍塌；半垮塌是指整座建筑物相当大一部分坍塌，建筑物完整结构已不复存在；受损未垮塌是指建筑物虽发生损坏，但从外观上看还基本保持完好。每种倒塌类型内部都存在有结构各异的局部倒塌单元，仅从外部难以精确判断建（构）筑物稳定性，如全垮塌废墟未必不稳定，呈粉碎状的埋压废墟通常很难再发生二次坍塌，而受损未垮塌建筑也未必稳定，有的建筑物内部支撑受力结构遭到严重损坏，随时有可能断裂而导致建筑物垮塌，所以我们还需对建（构）筑物内部的局部倒塌模式进行具体分析。为了便于评估，我们将内部的倒塌单元分为五种基本模式。

（一）层叠倒塌

层叠倒塌，俗称"馅饼式倒塌"，它是由于承重墙体的破坏和突发的荷载作用于楼板上而导致的倒塌。这种情况下，所有的楼板塌落在一起产生了叠加效果。这种倒塌使所有楼板砸向建筑物基础，一般会形成一些独立的空间，因为电器、用具和家具的存在可能会阻断叠加作用。受困者可能位于基层楼板之下或其他地方。在救援中，幸存者一般被发现于这些独立的空间中，因为废墟整体重心较低，结构相对稳定，但楼板与楼板之间的空间缝隙较小，救援队员进入后难以紧急撤离（图 6-4）。

层叠式倒塌需要进行复杂的搜索程序和足够长的废墟瓦砾移除作业时间。对于多层建筑坍塌，常会出现一些楼板完全塌落并较紧密的堆叠在一起的现象。这样产生的空间非常有限并很难进入，尤其是砌体承重墙混凝土楼板结构。

图 6-4　层叠（馅饼）式倒塌

（二）有支撑的倾斜倒塌

倾斜形式的倒塌是由于一堵承重墙的破坏，或梁从其一侧支撑物中脱落，通常会形成一个三角形空间（图6-5）。

就这种有支撑的倾斜倒塌楼板而言，一端破坏而另一端被支撑物所稳固，因为当楼板塌落到机器、家具、废墟构件的顶部或下一层楼板时才会停止，此时塌落楼板的两端才有了各自的支撑，但这种支撑可能是不稳定的。此种倒塌废墟内的受困者大多数情况下会在倾斜倒塌底部靠近支撑墙的位置，其周围是破坏的废墟构件。救援队员进入这种空间时，尤其要关注有支撑一端，判断其是否足够牢靠。

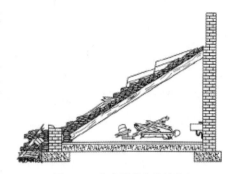

图6-5　有支撑的倾斜倒塌

（三）无支撑的倾斜倒塌

这是最不稳定和最具危险性的倒塌类型，其破坏原因与很多有支撑的倾斜倒塌形式相同。然而，对于无支撑的倒塌，楼板遭破坏的一端是处于无物体支撑的悬臂状态，它另一端与附着的墙或梁形成了一个不稳定的整体。另外，楼板被撑挂在电缆和垂直的管道上的情形也比较常见（图6-6）。

对于此种情形，救援人员必须立即采取措施消除危险，因为即使是很轻微的外部冲击力也可能导致二次坍塌，使废墟中的作业人员遭遇危险。在无支撑的倾斜倒塌现场进行搜索、营救作业前都必须先采取安全性的支撑加固措施。此种倒塌形式中的幸存者可能位于无支撑楼板下靠近墙和承重墙的一侧，或悬挂于倾斜构件上。

图6-6　无支撑的倾斜倒塌

（四）"V"形倒塌

某层楼板由于中心部位的支撑损坏或楼板超载造成中间部位断裂而塌落。例如柱破坏、内部梁或拱门分离时，塌落的楼板中部止落于下层楼板上，而此时外墙还连接着，则形成了一个"V"形（图6-7）。

楼下的人员可能会位于"V"形两翼之下的空间1～2m范围内，他们具有较高的生存率，其原因在于倒塌的楼板形成了一道屏障，使废墟构件不会落在他们身上；救援队员无论在"V"形上方或下方作业，都要避免"V"形楼板靠墙两端失去支撑脱落或断裂楼板横向移动导致脱落情况发生。

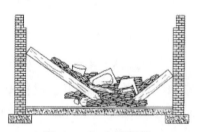

图6-7　"V"形倒塌

（五）"A"形倒塌

此种倒塌模式可与"V"形倒塌相比较，当楼板从外承重墙分离但被一个或多个内承重墙、非承重隔离墙所支撑即有可能形成"A"形倒塌。其原因是建筑基础部分被破坏而导致墙体向外倾斜（图6-8）。

受困于此种类型倒塌废墟的人员，通常在倒塌中部的隔离墙附近，他

图6-8　"A"形倒塌

们具有较高的存活率。救援队员在搜索或营救时，通常在倒塌楼板的外侧和上方，因此相对安全，但同样要观察起支撑作用的内承重墙，防止其倒塌对下方人员造成伤害。

以上所有评估都要将余震的因素考虑进去，余震最有可能破坏原本脆弱的稳定结构，造成新的危险。

七、环境安全评估

除建（构）筑物本身外，现场环境中还存在以下几个危险因素需要进行评估。

（一）可燃易燃气体物质评估

地震往往会造成城镇地区地下燃气、输油管道破裂泄漏，积聚的可燃气体和暴露的易燃物质有可能引发爆炸或爆燃，这种危险将带来大面积伤害，应优先进行评估。救援现场常见的可燃气体有煤气泄漏产生的一氧化碳（CO）、天然气泄漏产生的甲烷（CH_4）和排污管道废液产生的硫化氢（H_2S），这些气体均为无色气体，肉眼难以察觉，在某些相对封闭的空间中，气体与空气混合达到一定浓度后，遇明火爆炸，如一氧化碳的爆炸下限为12%，甲烷的爆炸下限为5.3%，硫化氢的爆炸下限为4.3%，当救援队员检测到现场存在类似气体且达到爆炸下限浓度时，应立刻采取排险手段或及时撤离现场。除以上常见可燃气体外，现场还可能存在一些其他易燃物，如汽油、煤油、柴油、酒精、油漆、香蕉水等，救援队员可以肉眼识别，当发现该类物品发生泄漏时，同样需要采取排险措施并谨慎进入现场。

（二）氧气含量评估

救援队员进入某些特殊现场时，还要注意检测空气中氧气含量是否足够。正常情况下空气中安全的氧气浓度为19.5%～23.5%，当空气中的含氧量低于18%就会出现危险。救援队员在地下室或竖井等狭小空间现场作业时，空气不良、通风不畅，相对密闭的空间内如果有钢铁物料遭氧化或现场污水内的有机物、无机物产生化学作用，都有可能导致氧气不足情况出现；在一些天然气气体泄漏严重的区域或地下排污管道附近作业时，还会出现现场氧气被其他气体（主要甲烷）替代的情况，导致空气含氧比例下降，救援队员会因缺氧导致眩晕，严重时甚至会出现窒息。

（三）漏电评估

地震会对城市公共输电线路和建筑内的电路电气设备造成破坏，往往会有漏电情况发生，救援队员要注意观察现场裸露的电线、插座及变电设备，尤其是在出现透水或存在积水的现场，因为漏电源可能浸没在水面下或通过水介质远程导电，救援队员无法直接观察到，危害性更大，国内外都出现过救援队员在涉水现场触电死亡的案例，因此面对这种现场，救援队员要谨慎进入，确认无漏电源再展开下一步行动。

（四）化学有害物质评估

实验室里的化学药品、仓库里的危化品以及工厂车间的化学原料都有可能在地震中造成扩散或泄漏，当救援行动区域内存在该类场所或设施时，救援队员还要对其进行初步侦检识别，如无法判断其危害程度，应请求随队的危化品专家进行进一步确认排查，直至确认危险解除方可展开下一步行动。

（五）核辐射有害物质评估

在极端情况下，救援行动区域内的大型核能核电设施也会遭受地震破坏。例如日本"3·11"特大地震造成福岛第一核电站泄漏，因此救援队需要密切关注该类设施是否泄漏及其危险可控程度，如确实发生场外泄漏则需按预案做好撤离该区域准备。另一方面，随着辐照技术在食品消毒、医学检测以及工业勘探等领域的普及应用，全国拥有放射源的单位已超过1万家（放射源超过14万枚，其中7万多枚在用），在特殊情况下，救援现场内可能会存在小型放射源泄漏，如不及时排查，将会对现场的救援队员造成严重的辐射伤害，最危险的放射源在几小时内就可以造成人员伤亡，因此救援队员进入现场前也要检测是否存在危险辐射源，并依据结果采取有效的防护措施。

八、次生灾害安全评估

地震可能引发次生、衍生灾害，安全评估时同样要考虑以下危险因素。

（一）滚石、山体滑坡和泥石流

地震发生后，震区地质和地形往往发生剧烈变化，山体松动崩塌，地质相对疏松，余震来临时，山上容易滚落石头，沿山路行进的救援队伍和车辆要提防靠山一侧的落石及飞石；地震还将诱发山体滑坡，随着山体斜坡上岩土的平衡被破坏，一部分山体会产生移位、下滑和崩塌，救援队员通常需要关注沿山公路靠山一侧山体与公路路基所在山体，注意观察山体是否开裂或移位，做出安全评估；强震区会比地震前更容易发生泥石流灾害，地震引发的大面积滑坡、崩塌产生的巨量松散岩土体，或堆积在山坡上，或进入冲沟，遇上强降雨，泥沙、石块等松散碎屑物质和降水很容易发展成泥石流，加上现在许多城镇都是依山而建，更加剧了泥石流灾害的破坏程度，因此救援队在靠近山体一侧的区域救援时，要根据天气、地形、地质情况综合评估发生灾害的可能性，并提前做好防范准备。

（二）堰塞湖

地震引发的山体大滑坡有时会堵塞山谷或水道，贮水后便形成湖泊，称之为堰塞湖，由于堰塞湖均为山中"悬湖"，天然岩土形成围堰容易被冲刷、侵蚀、溶解或崩塌，从而发生决口导致重大洪灾，演变成特大山洪袭击下游，破坏力不亚于地震。因此救援队员若发现上游形成堰塞湖时要及时报告，同时密切关注堰塞湖排险处置情况，做好疏散和避险准备。

（三）海啸

滨海地区的地震可能引发海啸，其危害可能超过地震本身。例如日本"3·11"大地震死亡人群中，有92.5%的人因溺水而亡，因此驻地救援队先期救援时需考虑海啸威胁，在有预警的情况下要根据预警信息做好避险准备，如果未接到预警信息，也需要提前规划好撤离线路，尽量选择地势较高处作为紧急避险地点。

九、行动安全评估

除对以上外部因素进行排查评估外，人为原因造成的伤害也不占少数，同样需要及时评估。

（一）人员

进入现场的救援队员应经过严格的训练，尤其是安全防护和操作方面的训练，从而具备洞察与应对危险的能力并能严格执行安全纪律及规程，如判断进入现场的队员无法做到此类要求，应及时更换人员，防止发生危险；进入现场的救援队员心理上应承受得住各种压力，从而保证其行为正常，如救援队员要目睹血腥残酷的场面、要在幽暗密闭和局促狭小的空间中单独作业、要面对余震等各种安全威胁、要面对尽最大努力仍无法挽救生命的挫折，如判断进入现场的队员心理产生的负担并影响其行为，应及时调整轮换；进入现场的救援队员由于长时间高强度作业，极易疲劳，会出现注意力下降、反应迟钝、动作走样变形等情况，如判断队员出现此类情况应及时提醒或轮换。以上情况若频繁发生却未被发现和制止时，可能会发生危险事故。

（二）装备

装备应保持良好的战备状态，救援队员携装时应对装备状况进行评估，评估装备可能存在的安全隐患，如质量不佳的锯盘有可能在切割过程中突然碎裂飞溅、受损过的绳索有可能在承重中突然断裂、高压气瓶阀门有可能因撞击而松动、液压油管有可能因折拗而破裂泄漏；发电机有可能电缆松脱漏电。

（三）协同

救援行动协同配合不密切，也可能造成人员伤亡，因此现场指挥员要实时对队员作业情况进行评估，及时发现安全问题并予以纠正，如高空作业时，救援队员未相互提醒，抛投物品或发生坠物，都有可能误伤下方救援队员；危险现场作业时，没有派出安全员，或接应队员未给予作业队员足够的支持保护，从而导致核心区救援队员发生危险，无人察觉；在小空间作业时，器材摆放过于凌乱，容易发生羁绊，尤其高空作业时，羁绊可能导致救援队员从高处跌落；进入复杂现场时，由于通信联络不畅，导致救援队员落单失联；前期进入救援队员没有做好信记号提醒，导致后续进入救援队员在未察觉危险的情况下闯入险地。

十、安全策略

救援队需要采取必要的安全策略以应对上述危险，主要分个人、队伍和行动安全三个层次。

（一）个人安全

救援队员个体所采取的安全策略。养成安全习惯，救援队员应具备安全观，具有良好的安全习惯，听从安全指示和命令，并发自内心地遵循各种安全准则，使个体行为符合救援队的安全要求。掌握安全技能，在进入不同的现场时，救援队员能够发现、预判和识别主要危险源并及时上报，熟悉各种安全信记号规定，同时具备紧急避险和自救能力。正确使用安全防护器材，在进入危险现场时，救援队员应穿好救援服，防止灾害现场的火焰、潮湿、闷热或温差变化给救援队员的身体造成不适甚至带来伤害；佩戴好安全头盔，防止坚硬物体的磕碰及掉落、倾翻和飞溅的物体对救援队员的头部造成伤害；戴好护目镜，防止灾害现场的烟热、火焰、粉尘、碎屑、飞溅物和尖锐物等伤害救援队员的眼睛；戴好防尘面罩，防止废墟现场及作业产生的粉尘通过救援队员的口鼻进入呼吸道；戴好防割手套，防止手在接触尖锐或坚硬的物体时容易被割伤、擦伤、扎伤或砸伤，接触一些高温物体时容易被烧伤或烫伤双手；穿好救援靴，防止灾害现场地面上的尖锐物及掉落、倾翻的物体伤害到救援队员的脚部；根据不同现场的具体情况，适时使用正压式空气呼吸器、防毒衣、正压式排烟机、可燃气体探测仪及闪光标位器等器材进行有效防护。

（二）队伍安全

队伍管理配置方面所采取的安全策略。救援队各级指挥员除组织行动外，还要进行必要的安全督查，随时检查装备与人员情况，掌握现场安全情况，及时纠正安全问题；救援队应设专人负责队伍安全，每个作业现场应设置专门的安全员，负责监控现场安全情况，进行安全提示，提供危险预警，发出紧急撤离信号；任何进入现场的作业班组，至少两人一组，便于互相呼应，绝不允许任何一名队员单独行动；派出救援小组实施纵深作业时，每个小组均要携带通信器材并保持通畅，同时安排接应队员进行近距离支援或协助撤离；救援队应设专门的医疗救护人员，随时可对遇险的救援队员进行紧急救护和转运；救援队还应配备危化品侦检专家和建筑结构专家，对复杂的现场进行专业的安全评估，确保救援行动安全。

（三）行动安全

救援队在行动过程中采取的安全策略。

1. 区域控制

救援队在展开行动前，应对整个任务区进行控制，原则上只允许救援队员及其他救援相关人员进入，对单支救援队而言，任务区内通常包含一个行动基地和若干作业点，行动基地必须开设于安全且方便支援各作业点的位置，与作业点间应有明显进出路，确保人装安全输送；在每个作业点上需划分出清晰的作业区、接近区和装备区，其中作业区指施救的核心区，在该区域内的救援队员危险顾虑最大，必须按安全要求严格防护，装备区为该作业点的装备器材摆放区，应与作业区保持适当距离，避免影响干扰作业，其与作业区距离远近视情而定，原则上为既能快速往作业区输送装备，又能保证装备区自身安全，而作业区与装备区之间的区域为接近区，接近区的危险顾虑小于作业区、大于装备区，所以救援队员离开装备区进入接近区时就应开始防护，转入临战状态，到达作业区时应处于最佳防护状态。

2. 信记号规定

应对各种安全警示和危险信息进行信记号规定，并使全队人员都熟悉该类信记号，确保各种安全预警信息能有效快速覆盖任务区域。区划信记号，用明显信记号划分危险区域和安全区域；人员信记号，用明显信记号标识负责安全的人员，使救援队员在现场能快速识别和找到安全员；警示信记号，能描述各种危险源信息，从而对进入现场的救援队员进行安全提醒，能通过各种约定的声、光、点信号发出预警信息。

以上信记号规定如有通用标准，应按标准规定，便于军、警、地各救援队协同，如无通用标准，可自行规定，信记号规定的原则是简洁易懂、便于传播。

3. 险情监测

在各类现场都必须派出安全员实施险情监测，遇有情况第一时间发出预警。

对余震和建（构）筑物稳定性实施监测时，可采用仪器监测，如在现场附近安放震动报警的仪器设备；也可采用就便器材监测，如将半瓶矿泉水旋紧瓶盖倒立在水平面，当瓶子倾倒时，说明水平面发生震动或倾斜，或者在建筑物开裂墙体的裂缝上粘贴纸张，当裂缝不断扩大时，纸将被逐渐绷紧直至撕裂，如裂缝较大，也可选择尺寸合适的物体卡于裂缝中央，当裂缝发生变化时，卡住的物体可能滑落或变形，这些都说明建（构）筑物稳定性正发生变化。以上方法可以综合使用、多点布设，以避免虚警和误报。

对落石、滑坡和泥石流实施监测时，应注意观察山体斜面，发生落石时，山体斜面通常会先有小石块松动滚落，而后会有大块岩体崩落，在植被较少的山上肉眼可以清晰看到腾起的烟尘；发生滑坡时，滑坡体前缘坡脚通常会出现隆起，临滑时伴有裂缝并急剧扩张，滑坡体周围同样会有石块滚落，山体植被较多时，可看到植被面被扯裂，露出大面积岩土，山体植被少时将出现烟尘。派出的安全员应站在视野良好能观察山体斜面的安全位置，随时发出预警信号。

对泥石流实施监测时，应注意观察沟谷和河床，泥石流携带巨石撞击沟谷会产生沉闷的声音，所以其来临前会出现巨大响声；由于上游有滑坡活动进入沟床，所以沟床可能会出现断流或沟水变浑的现象。安全员应避开沟谷地势于沟谷附近的高地实施观察，同时要尽量往上游方向前出，以便监测到泥石流前兆时，能给下游人员留出尽量多的避险时间。

对堰塞湖、海啸和核生化泄漏等灾害事故的监测，通常由其他专业分队实施，故救援队应与其密切协同，保持联络，实时掌握灾情，同时注意收听电视或广播等媒体发布的预警信息，根据上级和友邻的情况通报，采取安全应对措施。

4. 避险规划

在进入每个现场前都要规划好每名进入队员的进出路线和避险区域，要提前清理好进出路线上的障碍物，不要将器材随意摆放在进出路线上，以免影响撤离速度；听到紧急撤离命令时，所有救援队员应按事先规划好的路线撤离至避险区域，无法及时撤离的救援队员在确保安全的情况下可选择就近避险；警报解除后，现场指挥员应马上清点人数，发现有失踪者，应立即组织搜救。

十一、安全信记号识别

救援队员应能识别安全信记号，从而最大限度掌握现场危险信息，确保能预判危险并根据信号有效避险，常用安全信记号分为视觉、听觉和触觉三类。

（一）视觉信号

视觉信号是指救援队员用眼睛识别的信号。按国际通用的城市搜救标记系统的要求，先期行动的救援队员在对现场进行安全评估后，通常会在现场明显处标记危险源信息，用于提示后续进入的救援队员现场存在哪些危险。国际通用城市搜救标记系统中的搜救工作标记基本符号为边长 0.8 ~ 1m 的正方形方框，危险源信息通常添加在方框顶部（图 6-9），标记的原则为清晰醒目、便于识别。

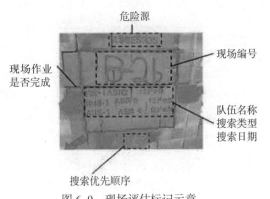

图 6-9 现场评估标记示意

由于英语为国际通用语言，故危险源信息用该危险源的英文简写表示，当现场存在易燃易爆品时，其标记的危险源信息为"EXPL"；存在有毒有害气体时，标记为"GAS"；存在辐射源时，标记为"RAD"；存在漏电情况时，标记为"ELEC"。救援中应尽量识别和使用国际通用的危险源信息标记，表 6-1 为国际通用的危险源信息对应标记。救援队员需学会识别国际常用的危险源信息标记，在没有把握识别该标记时，应谨慎采取行动。根据国际通用现场评估标记的使用原则，救援队在国内遂行救援任务时，也可以使用中文来标记危险源。

表6-1 危险源信息对应标记

危险因素	标记
有毒有害物质	GAS
易燃易爆物质	EXPL
放射性物质	RAD
化学物质	CHEM
石棉瓦物质	ASBESTOS
漏电	ELEC
燃料泄漏	FUEL
可能垮塌	COLL

如现场存在危险源，在未采取相应防护措施的情况下，不允许进入该现场作业。以救援队侦检出某栋建筑同时存在漏电和放射性物质危险因素为例，其评估标记如图6-10所示。

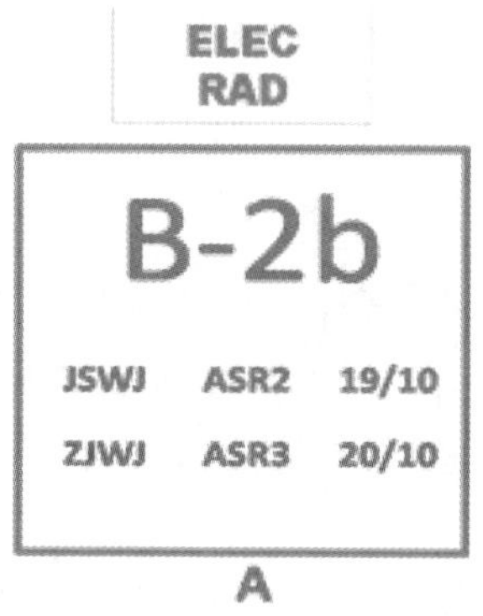

救援队员应根据危险源信息选择采取相应的防护措施。

图6-10 建筑评估标记示例

（二）听觉信号

听觉信号是指救援队员用耳朵识别的信号。声音的传播速度340m/s，而且能够向四面扩散且穿透一定的障碍物，所以利用声音来传播信号，有速度快、受限小、覆盖广的优点。国际通用的城市搜救信号的规定，紧急撤离的声音信号为三声连续的短促哨音（1声1秒），表示作业人员应马上撤出作业区进行避险，为了确保现场的所有人员都能听到哨音，安全员会反复发出此信号，因此救援队员通常听到的哨音信号类似于连续短声，和连队的紧急集合哨很像；警报解除的声音信号为一长一短哨音（长音1声3秒，短音1声1秒），当听到该哨音时，救援队员方可进入现场，重新开始工作。

（三）触觉信号

触觉信号是指救援队员用肢体感触识别的信号。救援现场十分嘈杂，尤其是作业点上的装备操作人员可能会因为救援机具的轰鸣声太大而听不到哨音，还有些救援队员在进行长时间作业时，习惯使用耳塞来保护听力，这同样也会听不到哨音，所以救援队员相互之间还可通过拍打背部来传递信号，通常由距离最近的接应队员或安全员拍打作业队员背部，拍打一下，表示暂停作业，此时作业队员需暂停手上工作并使救援机具处于怠速或关闭状态，从而减小轰鸣声，降低环境噪音，便于接收信息；连续快速拍打两下，表示可以继续作业；连续快速拍打三下，表示紧急撤离。当作业队员佩戴空气呼吸器、躯干浸没于水中或位于接应队员下方，不便拍打背部时，也可通过轻拍头部或头盔来传递信号。

附录 A

工作场地报告表						INSARAG Preparedness – Response

（本表用于报告在工作场地某个特定工作阶段的任务完成情况 移交工作场地）

E1. 工作场地代码		E2. GPS坐标 *十进位格式*		±dd.dddd °	±ddd.dddd °
		E2. GPS坐标 *其他格式*			

E3. 地址	

E4. 工作场地区域描述 n:

工作场地情况报告

行动报告时间段:		G1. 开始日期	dd	mmm	G2. 开始时间	hh	mm
指派救援队伍	G3. 队伍代码	AAA	00	G4. 第二支队伍代码		AAA	00
G5. 执行中ASR级别			G6. 已完成/进行中?				

G7. 报告时间段内营救的幸存者人数	
G8. 报告时间段内挖掘的遇难者人数	

G9. 工作场地其他行动:

G10. 可从工作场地撤离的资源	

G11. 当地安保情况:

G12. 工作场地相关行动联络员:

行动报告时间段:		G13. 结束日期	dd	mmm	G14. 结束时间	hh	mm
G15. 报告编号		G16. 任务是否完成（是/否）:					

工作场地计划信息

G17. 工作场地尚存的失踪者人数	
G18. 尚存活/正在施救的人数	

G19. 下一工作阶段的任务规划纲要:

G20. 后勤需求和其他信息:

任务预计完成时间:		G21. 日期	dd	mmm	G22. 时间	hh	mm

G23. 完成的压埋人员解救情况表编号 -Ref.No.s

填表人	姓名:		职称/职位:	

附录 B

优先等级	压埋人员信息	空间类型	所需的ASR级别
A	确定压埋人员存活	所有空间	级别3快速SAR
B	确定压埋人员存活	所有空间	级别4全面SAR
C	未知或压埋人员可能存活	大空间	级别3快速SAR
D	未知或压埋人员可能存活	小空间	级别3快速SAR
E	未知或压埋人员可能存活	大空间	级别4全面SAR
F	未知或压埋人员可能存活	小空间	级别4全面SAR

66

6.分类依据：

分类依据	定义
大空间	大空间指足够单人爬行的空间。在大空间中受害者存活机会要大于狭小空间。"大"是一个相对的概念，如一个孩子的大空间相对于一个成年人的大空间则要小一些。
小空间	小空间指单人几乎不能活动的空间，几乎必须躺着等待救援。在小空间中，受伤机会较大，因为其中的被困人员没有多少空间可以躲避坠落物体和坍塌建筑物。
稳定	在此情况下，稳定指在救援行动之前对坍塌建筑物不需要（或不能够施以）特别的安全支撑，可直接实施搜救。
不稳定	不稳定建筑物需要进行支撑或以其他措施加固，然后才可以展开搜救行动，这样会拖延行动。
极其不稳定	本条适用于，当USAR队因为没有能力加固建筑物而决定不实施行动，直到现场追加所需资源。
通道	通道的选择由到达受困者或优先空隙的估算时间决定，该估算基于行动的难度，如，建筑材料、使用装备、救援队规模、打通建筑物的工作量等。

7.优先分类树

优先分类树展示了开展优先分类工作的顺序

工作场地优先选择流程树形图

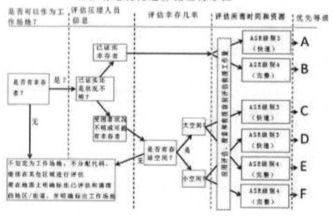

附录 C

GB 18208.2—2001

前　　言

本标准的第 10 章、第 11 章和附录 B 为推荐性的,其余的技术内容为强制性的。

本标准是依据历次地震的震害经验和地震现场安全鉴定的实践经验,以及建筑抗震性能分析和试验研究成果,同时参照现行有关法规和标准制定的。

制定本标准的主要目的,是为了贯彻《中华人民共和国防震减灾法》,在地震现场工作中,切实做好受震房屋建筑的安全鉴定,保障灾区人民的生命和财产的安全,尽快妥善安置灾民,恢复正常的社会秩序,维护社会的稳定。

本标准是《地震现场工作》系列标准的第二部分。该系列标准包括:

第一部分:基本规定(制定中);

第二部分:建筑物安全鉴定;

第三部分:调查规范;(GB/T 18208.3—2000)

第四部分:灾害损失评估规范(制定中)。

本标准由中国地震局提出,由全国地震标准化技术委员会归口。

本标准起草单位:中国地震局工程力学研究所。

本标准主要起草人:杨玉成、孙柏涛、张令心、郭恩栋、孙景江、尚久铨。

中华人民共和国国家标准

地 震 现 场 工 作
第二部分：建筑物安全鉴定

GB 18208.2—2001

Post-earthquake field works—
Part 2:Safety assessment of buildings

---

1 范围

1.1　本标准规定了在较强地震发生后，在地震现场对震区建筑物的安全进行鉴定的原则和方法。

　　本标准适用于震后地震应急期间，在预期的地震作用中，在地震现场对受震建筑进行安全鉴定。

　　本标准不适用于震前和震后根据抗震设防烈度的要求，对建筑物进行抗震鉴定和危房鉴定。

1.2　应着重对下列受震建筑进行安全鉴定：

　　a）抗震救灾重要的建筑；

　　b）人员密集的公共建筑和居住建筑；

　　c）对恢复正常社会秩序有影响的建筑。

1.3　在遭受严重破坏性地震的场区，应首先鉴定下列受震建筑：

　　a）在抗震救灾应急期，急需恢复使用或在使用的建筑；

　　b）用作救灾避难场所和危及救灾避难场所安全的建筑；

　　c）生产、贮藏有毒、有害等危险物品的建筑。

2 引用标准

　　下列标准所包含的条文，通过在本标准中引用而构成为本标准的条文。本标准出版时，所示版本均为有效。所有标准都会被修订，使用本标准的各方应探讨使用下列标准最新版本的可能性。

　　GB 50023—1995　建筑抗震鉴定标准

　　JGJ 125—1999　危险房屋鉴定标准

3 定义

　　本标准采用下列定义。

3.1　地震现场安全鉴定　safety assessment in post-earthquake field

　　在发生较强地震后的应急期间，通过检查受震建筑的震损状况和原建筑的抗震能力，对其在预期地震作用下的安全进行鉴别和评定。

3.2　预期地震作用　expect earthquake effect

　　依据震情分析，预估受震建筑可能再次遭受到的地震影响。它包括：

　　a）影响强度较既发地震作用小的地震影响，简称为小震作用；

　　b）影响强度与既发地震作用大致同等或更大的地震影响，简称为大震作用。

3.3　安全建筑　safe building

　　受震建筑在预期地震作用中可安全使用的建筑。

国家质量技术监督局 2001-02-02 批准　　　　　　　　　　　2001-08-01 实施

GB 18208.2—2001

3.4 暂不使用建筑 temporarily unresidential building

受震建筑在预期地震作用中,可能发生危及生命或(和)导致财产重大损失的震害,不能确保使用安全,或受震建筑的抗震能力和使用安全在地震现场一时难以评定的建筑。

3.5 震损 earthquake damage

在较强地震发生后,对建筑遭受地震破坏、损坏等各种现象的统称,是建筑物安全鉴定的主要依据之一。

4 总则

4.1 基本原则

4.1.1 受震建筑的安全鉴定,应按所处的地震作用、建筑物的使用性质、震损现状和原抗震设防能力,以及场地、地基和毗邻震害的影响,进行综合判断。

4.1.2 预期地震作用的大小,依据现场抗震救灾指挥部对震后地震趋势的判定。当有两种震情分析意见时,依据影响较强烈的地震作用进行。

4.1.3 建筑抗震设防水准的确定。

抗震设防建筑的原设计或抗震鉴定中的设防烈度,可通过检查现状进行核对,并按核对结果采用。

未经抗震设防的建筑,可在地震现场判断原建筑在震前达到抗震鉴定标准(GB 50023)中相应的设防烈度。

4.1.4 建筑物安全鉴定,只对单体建筑进行快速鉴定。现场鉴定以目测其震损情况、查建筑档案和震害预测结果等资料、询问用户该结构的震前状况和以往震害经验为主,必要时采用仪器测试和结构验算。对建筑物上部结构的震损,要判断是否由场地影响和地基失效所致。

4.1.5 建筑物安全鉴定,应在现场调查当即或在现场工作期间给出鉴定意见,填写鉴定意见表(附录A)。复杂的或重要的建筑,应在协议时间内给出鉴定意见。在地震作用改变和(或)再次受震后,建筑的安全应做复查,并需考虑损伤积累,重新给出鉴定意见。

4.2 类别划分

4.2.1 受震建筑安全鉴定的结果,分为两种。

　　a)安全建筑;

　　b)暂不使用建筑。

4.2.2 原建筑的抗震设防状况,分为两级。

　　a)A级:按设防烈度要求建造或符合抗震鉴定标准中设防烈度要求的;

　　b)B级:未经抗震设防的。

　　注:建筑物的抗震设防烈度分为:Ⅵ度、Ⅶ度、Ⅷ度和Ⅸ度。

4.2.3 根据在地震应急期的使用性质,受震建筑分为甲、乙、丙、丁四类。

　　a)甲类建筑:用作救灾避难中心和指挥部的建筑;

　　b)乙类建筑:生产、贮藏有毒、有害等危险物品或地震时不能中断使用的建筑和在地震应急期有大量人员活动的公共建筑;

　　c)丙类建筑:人员密集的公共建筑和居住建筑;

　　d)丁类建筑:除上述三类之外的其他建筑,也称一般建筑。

4.3 安全建筑的基本要求

4.3.1 安全建筑震损现状的基本要求。

4.3.1.1 甲类安全建筑,应无震损,或有个别损伤点,不影响承载能力和稳定性,若该建筑震前已有轻度损坏,但在震时应无扩展。

4.3.1.2 乙类安全建筑,主体结构和非结构构件无震损,或有个别损伤点,但不影响承载能力和稳定性;震损的抹灰层或其他装修装饰,无发生或再发生成片、成块跌落的迹象;若该建筑震前已有轻度损

GB 18208·2—2001

坏,但在震时应无明显扩展。

4.3.1.3 丙类安全建筑,主体结构可出现少量轻度震损,不影响建筑结构的稳定性,承载能力可稍有降低;震损的非结构构件或装修装饰,在采取紧急措施后,不再有发生倾倒、跌落的迹象;震前原已损坏处可有扩展,但不危及建筑整体和局部的安全。

4.3.1.4 丁类安全建筑,受震建筑的整体可为轻度震损,个别震损可较明显,不影响整体和局部稳定性,个别构件承载能力可有下降,整体可稍有降低;非结构构件和装修装饰可有损坏,或已震落震倒,在采取紧急措施后,不再有发生倾倒、跌落的迹象;受震建筑在震前已有的破损,可有扩展,但不危及建筑整体和局部的安全。

4.3.2 安全建筑的抗震设防情况的基本要求。

4.3.2.1 当预期地震作用为小震作用或大致等同于既发地震的地震作用时,各类安全建筑的抗震设防情况可不作考虑。

4.3.2.2 当预期地震作用大于既发地震的地震作用时,各类安全建筑的抗震设防烈度应不低于预估的地震烈度。

4.3.3 安全建筑周围环境的基本要求:

　　a) 场地稳定,无山体崩塌、滑坡、垮岸、液化、水患等危及建筑安全的影响;

　　b) 地基持力土层稳定,无滑移、不均匀沉降、承载力下降等影响;

　　c) 毗邻建筑的震损,不会危及被鉴定建筑的安全。

4.4 暂不使用建筑

　　不符合本标准4.3条各项要求的建筑物,应鉴定为暂不使用建筑。对暂不使用建筑进行应急排险后,可按受震建筑进行安全鉴定。

5 多层砌体房屋

5.1 一般规定

5.1.1 本章适用于砖墙体和砌块墙体承重的多层房屋(含单层平房)的地震现场安全鉴定。

5.1.2 安全鉴定时,应全面检查墙体、墙体交接处的连接、楼屋盖构件、楼屋盖与墙体的连接以及女儿墙和出屋面烟囱等易引起倒塌伤人部件的震损。检查时应着重区分:抹灰层等装修装饰的震损和结构的震损;承重、自承重和非承重构件的震损;震前已有的破损和刚发生的震损。

5.2 各类安全建筑容许的震损

5.2.1 甲类安全建筑,震损部位与程度应不超过下述规定。

　　a) 墙体及其交接处的连接,在墙砌体和抹灰层等面饰上均无裂缝,震前已有的裂缝未扩展;变形缝处的墙体可有损伤,但不影响结构承载能力,缝宽无变化;

　　b) 楼屋盖构件无震损,在墙体上无错动迹象;瓦屋面无下滑掉落,可稍有错动迹象;预制板板间震前已有的裂缝无扩展;

　　c) 出屋面的女儿墙、烟囱、门脸等非结构构件和屋脊屋角的饰物无震损,或个别有损,但不致失稳掉落;

　　d) 与多层砌体房屋相贴的外廊、篷厦、外台级、散水坡、花池、护栏、围墙等,当有明显震损时,不危及被鉴定建筑的安全。

5.2.2 乙类安全建筑,震损部位与程度应不超过下述规定。

　　a) 墙体交接处的连接无裂缝;墙砌体无裂缝,抹灰层等面饰可有裂缝或个别掉落,但不发生也无再发生成片震落的迹象;墙体震前已有的破损可稍有不明显的扩展;变形缝处的震损程度同甲类安全建筑;

　　b) 楼屋盖构件同甲类安全建筑的要求;瓦屋面可有轻微错动下滑,檐瓦个别掉落;预制板板间震前已有的裂缝无明显扩展;天棚与墙体间可有微细裂缝,抹灰层等面饰局部可有裂缝,甚或个别小片掉落;

19

GB 18208.2—2001

c) 出屋面的非结构构件和饰物的震损,同甲类安全建筑;

d) 与房屋相贴的附属建筑和小品的震损影响,同甲类安全建筑。

5.2.3 丙类安全建筑,震损部位与程度应不超过下述规定。

a) 墙体交接处的连接无裂缝,支承大梁、屋架的墙体无裂缝,构造柱和圈梁无震损;承重、自承重的墙体可偶有细裂缝,填充墙可有裂缝,震前已开裂的墙体可有扩展,均不影响稳定性,对整体的承载能力可稍有降低;抹灰层等面饰可有裂缝,甚或成片掉落;

b) 混凝土楼屋盖构件无震损,在墙体上无错动,预制板板间可有裂缝;砖拱楼屋盖无震损,震前已有的裂缝无明显扩展;木楼屋盖构件无震损,节点可稍有松动迹象,瓦屋面可有错动下滑,檐瓦掉落;抹灰层等面饰局部可有裂缝、小片掉落;在采取应急措施后,不再会有掉落发生;

c) 出屋面的非结构构件和饰物,可有裂缝、移位、倾斜等震损现象,在采取应急措施后,不再会有发生倾倒、跌落的迹象;

d) 与房屋相贴的附属建筑和小品的震损,可有伤害被鉴定建筑的现象,但应不危及被鉴定建筑的安全。

5.2.4 丁类安全建筑,震损部位与程度应不超过下述规定。

a) 墙体交接处的连接无裂缝,独立砖柱无震损,支承大梁、屋架的墙体无竖向裂缝;承重、自承重的墙体可有轻微裂缝,偶有个别裂缝较明显,震前已开裂的墙体可有扩展,但均不影响稳定性,对承载能力整体可稍有降低,个别墙段可有明显下降;构造柱无裂缝,墙柱间偶有微裂缝和施工不良所致震损;抹灰层等面饰和填充墙震损同丙类安全建筑;

b) 混凝土楼屋盖构件无震损,偶有个别构件在墙体上有松动迹象;预制板板间和震前已延伸到墙顶部的裂缝可见扩展,但不危及建筑整体和局部的安全;砖拱楼屋盖的拱券无裂缝,拱脚无明显位移,拉杆不松动,震前已有裂缝无明显扩展;木楼屋盖构件不折损,屋架无明显的倾斜,节点可有松动迹象,但不松脱,榫头榫眼不断裂;瓦屋面可有错动、下滑、部分掉落;天棚装修装饰可有裂缝、下垂、掉落;在采取应急措施后,不再会有掉落发生;

c) 出屋面的非结构构件和饰物,可有裂缝、移位、倾斜,甚或震落,在采取应急措施后,不会再发生倾倒、跌落;

d) 与房屋相贴的附属建筑和小品的震损影响,同丙类安全建筑。

6 多层和高层钢筋混凝土房屋

6.1 一般规定

6.1.1 本章适用于现浇及装配式混凝土多层和高层(含超高层)框架(包括填充墙框架)、框架—剪力墙、剪力墙和筒体结构的房屋的地震现场安全鉴定。

6.1.2 安全鉴定时,应全面检查梁、柱、剪力墙、梁—柱节点、楼屋面板等主要结构构件以及隔墙、装饰物等非结构构件的震损。检查时应着重区分:抹灰层等面饰的震损和结构的震损;主要承重构件及抗侧力构件和非承重构件及抗侧力构件的震损;震前已有的破损和刚发生的震损。

6.2 各类安全建筑容许的震损

6.2.1 甲类安全建筑,震损部位与程度应不超过下述规定。

a) 梁、柱、梁—柱节点和剪力墙的混凝土和抹灰层等面饰均无裂缝,震前已有的裂缝未扩展;主体与裙房或副楼间无变形缝的,联结无震损,设变形缝的,缝宽无变化,缝两侧可少许震裂甚或个别掉落;

b) 楼屋盖构件无震损,现浇混凝土楼屋面板无裂缝,装配式楼屋面板板间震前已有裂缝无扩展,缝隙和天棚可有掉灰和少量掉皮现象;

c) 框架结构的填充墙、围护墙和隔墙与框架间无裂缝;砌体和抹灰层等面饰可偶有细微裂缝,震前已有的裂缝无扩展;

d) 室内外的装饰物、幕玻璃、女儿墙、门脸、挑檐、雨篷等非结构构件无震损,或个别有损,但不致失

GB 18208.2—2001

稳掉落；

  c) 与钢筋混凝土房屋相贴的外廊、篷厦、外台级、散水坡、花池、护栏、围墙等，当有明显震损时，不伤害被鉴定建筑的安全。

6.2.2 乙类安全建筑，震损部位与程度应不超过下述规定。

  a) 梁、柱和梁—柱节点及剪力墙的混凝土均无裂缝，震前已有的裂缝无明显扩展；抹灰层等面饰可有裂缝或个别掉落，不发生也无再发生成片震落的迹象；主体和裙房或副楼间无变形缝的，连接处混凝土结构无裂缝，面饰可有细裂缝或个别掉落，设变形缝的，同甲类安全建筑；

  b) 楼屋盖构件的混凝土结构同甲类安全建筑的要求；屋面板抹灰层等面饰可有少许裂缝，装配式楼屋面板板间震前已有的裂缝无明显扩展；天棚抹灰层等面饰局部可有裂缝，甚或个别小片掉落；

  c) 填充墙、围护墙和隔墙与框架间无裂缝，砌体的门窗角可少许有短裂缝；抹灰层等面饰可有少许震损，震前已有的裂缝无明显扩展；

  d) 室内外的饰物与出屋面的非结构构件，可有少许震损，但不失稳掉落；幕玻璃可偶有震裂甚至小块掉落；

  e) 与房屋相贴的附属建筑和小品的震损影响，同甲类安全建筑。

6.2.3 丙类安全建筑，震损部位与程度应不超过下述规定。

  a) 梁、柱和梁—柱节点的混凝土构件均无裂缝；剪力墙的洞口可有细微短缝，震前混凝土构件已有的裂缝可稍有扩展，节点附近梁柱的抹灰层等面饰可有少量裂缝甚或小片掉落，均不影响房屋整体和构件的稳定性，整体承载能力不明显降低；主体和裙房或副楼间的联结，可有轻度损坏，连接构件开裂或变形缝两侧有撞伤，不倾斜，不危及局部安全；

  b) 混凝土楼屋盖现浇板基本无震损，可个别有裂纹，面层可有少量裂缝；预制板在梁、墙上无错动，板间震前已有的裂缝可稍微扩展；天棚可有裂缝或小片掉落，在采取应急措施后，不再会有掉落发生；

  c) 抗侧力的砌体填充墙少数可有轻微裂缝，对整体承载能力可稍有降低；围护墙和隔墙可有裂缝，但不滑移错位，砌体和框架间无通长的贯通裂缝，震前已有的裂缝也可见扩展，墙体不歪闪、不致倾倒；

  d) 幕玻璃可有震裂，少数掉落；室内外的饰物和出屋面的非结构构件可有裂缝、移动、倾斜等震损现象，在采取应急措施后，不再会有发生倾倒、跌落的迹象；

  e) 与房屋相贴的附属建筑和小品的震损，可有伤害被鉴定建筑的现象，但应不危及被鉴定建筑的安全。

6.2.4 丁类安全建筑，震损部位与程度应不超过下述规定。

  a) 柱和梁—柱节点的混凝土均无裂缝，梁构件可偶有细微裂缝；混凝土剪力墙的洞口可有裂缝，震前已有的裂缝及抹灰层等面饰的震损同丙类安全建筑，均不影响房屋稳定性，对整体承载能力可稍有降低；主体和裙房或副楼间的联结可有损坏，连接构件开裂，甚或混凝土崩落、露筋，但不曲屈；变形缝两侧可明显撞伤，小块掉落，但不倾斜；

  b) 混凝土楼屋盖现浇板可少许有裂缝，预制板个别构件在墙体上可有松动迹象，板间震前已有的裂缝可见扩展；天棚装修饰物可有裂缝、下垂、掉落，在采取应急措施后，不再会有掉落发生；

  c) 抗侧力的砌体填充墙部分可有轻微裂缝，对整体承载能力可稍有降低；围护墙和隔墙可有裂缝，轻质砌块隔墙可有较明显裂缝，震前已有的裂缝可见扩展，隔墙砌体与框架间可有裂缝，甚或有歪闪和部分震落现象，在采取应急措施后，不会再有倾倒、歪闪现象；

  d) 幕玻璃可震裂散落；室内外饰物和出屋面非结构构件可有裂缝、移位、倾斜，甚或震落，在采取应急措施后，不会再发生倾倒、跌落；

  e) 与房屋相贴的附属建筑和小品的震损影响，同丙类安全建筑。

7 内框架和底层框架砖房

7.1 一般规定

21

GB 18208·2—2001

7.1.1 本章适用于由粘土砖墙与混凝土柱混合承重的内框架和底层为框架或框架—剪力墙的砖房(含类似的砌块房屋)的地震现场安全鉴定。

7.1.2 安全鉴定时,内框架砖房应着重检查各层纵向外墙(垛)和横向内外墙的震损,钢筋混凝土内柱的柱头和柱根的震损,大梁梁端及支承处墙体的裂缝,楼屋盖板间的裂缝,尤其要注意顶层和上部楼层的震损,观察横向和纵向的弯折倾斜,区分混凝土构造柱和框架柱的震损。检查底层框架砖房时,砖结构和混凝土结构可分别按 5.1.2 和 6.1.2 的要求,并应注意检查这两种结构的结合部位和框架托墙梁的震损,区分底层抗震墙和填充墙的震损。

7.1.3 对内框架和底层框架砖房进行安全鉴定的要求除本章阐明的条款外,还应符合本标准第 5 章和第 6 章中的规定。

7.1.4 在大震作用中,单排柱内框架和顶层全空旷砖房不应作为甲类或乙类建筑使用。

7.2 各类安全建筑容许的震损

7.2.1 甲类安全建筑,震损部位与程度应不超过下述规定。

a) 内框架房屋的砖砌体外墙和内墙均无裂缝,混凝土梁柱无震损,楼屋盖板不开裂,震前墙体和预制板板间已有裂缝无扩展;

b) 底层框架结构中的抗震墙和填充墙及其与梁柱的连接均无裂缝;框架梁及楼板无震损,震前已有裂缝无扩展;上层砖房同 5.2.1 的要求;

c) 内框架和底层框架砖房中,在上述 a)、b)两款中未涉及到的,还应符合 5.2.1 和 6.2.1 的要求。

7.2.2 乙类安全建筑,震损部位与程度应不超过下述规定。

a) 内框架房屋的砖砌体无裂缝,抹灰层等面饰可有少许震损,混凝土梁柱无震损,楼屋盖板不震裂;震前已有裂缝无明显扩展;

b) 底层框架结构中抗震墙和填充墙的砌体无裂缝,墙与梁柱的连接无震损,震前已有裂缝无明显扩展,抹灰层等面饰可有少许震损,框架的梁柱及楼板无震损,震前已有裂缝无明显扩展,抹灰层等面饰可有少许灰皮脱落;上层砖房同 5.2.2 的要求;

c) 内框架和底层框架砖房中,在上述 a)、b)两款中未涉及到的,还应符合 5.2.2 和 6.2.2 的要求。

7.2.3 丙类安全建筑,震损部位与程度应不超过下述规定。

a) 内框架房屋的承重外纵墙体(垛)在窗口上下可偶有不贯通的水平裂缝,山墙和内墙可偶有不通长的短裂缝,抹灰层等面饰可有裂缝甚或个别掉落;梁柱混凝土无裂缝,抹灰层等面饰可在柱头柱根有少数开裂,楼屋盖板基本无震损,震前已有裂缝可稍有扩展;震损墙段和内框架的承载能力可稍有降低,但不丧失局部和整体的稳定性;

b) 底层框架结构中的抗震墙可在洞口偶有短裂缝,墙与梁柱的连接不开裂;填充墙可有裂缝,与梁柱的连接局部可有细裂缝,但不歪闪;框架的梁柱及楼板基本无震损,抹灰层等面饰可在柱头、柱根有个别开裂,震前已有裂缝可稍有扩展;震损抗震墙的底层框架承载能力可稍有降低,但不丧失稳定性;上层砖房同 5.2.3 中的要求;

c) 内框架和底层框架砖房中,在上述 a)、b)两款中未涉及到的,还应符合 5.2.3 和 6.2.3 的要求。

7.2.4 丁类安全建筑,震损部位与程度应不超过下述规定。

a) 内框架房屋的承重外纵墙体(垛)在窗口上下少数可有水平细裂缝,但不错位、不压崩,梁下支承墙体无竖缝,构造柱不开裂;山墙、角墙和内墙少数可有裂缝;梁柱混凝土基本无震损,多排柱的内框架个别柱头柱根混凝土可有水平裂缝,但混凝土不酥松、不崩裂、不露筋,梁垫个别可有松动但支承墙体不松散,梁柱抹灰层等面饰可有开裂甚或小块掉落;震前已有裂缝可有扩展,但不丧失承载能力;震损墙段的抗震承载能力可有降低,但不歪闪倾折,不丧失稳定性;

b) 底层框架结构中的抗震墙,部分可有细裂缝,不错位滑移;墙与梁柱之间可局部有裂缝,不裂通、不歪闪,连接筋不拉脱;填充墙可有明显裂缝,甚至歪闪跌落,在应急处理后不再会发生危及安全的震损;框架的梁柱及楼板基本无震损,个别柱头混凝土可偶有裂缝,托墙框架梁无裂缝;震前已有裂缝可有

22

GB 18208.2—2001

扩展,但不丧失承载能力;梁柱抹灰层等面饰可开裂甚或成片掉落,在应急处理后不再会掉落;震损的框架—抗震墙承载力可有降低,底层整体的承载能力可稍有降低,但不丧失局部和整体的稳定性;上层砖房同5.2.4中的要求;

c) 内框架和底层框架砖房中,在上述a)、b)两款中未涉及到的,还应符合5.2.4和6.2.4的要求。

8 单层钢筋混凝土柱厂房

8.1 一般规定

8.1.1 本章适用于单层钢筋混凝土柱厂房的地震现场安全鉴定。

8.1.2 安全鉴定时,应重点检查柱、屋盖构件、支撑系统及围护墙体的震损,并注意高低跨封墙、山墙山尖、女儿墙、封檐墙、悬墙、天窗等易倒塌部位和辅房的破坏情况。检查时应区分:抹灰层等装修装饰的震损和结构的震损;承重结构和围护结构的震损;震前已有的破损和刚发生的震损。

8.2 各类安全建筑容许的震损现状

8.2.1 甲类安全建筑,震损部位与程度应不超过下述规定。

a) 柱身、柱头、柱肩均无震损,震前已有的破损未扩展;

b) 屋面板、屋架及天窗架构件与其连接均无震损,震前已有的裂缝未扩展;

c) 屋盖支撑系统无变形和失稳现象,纵向柱列柱间支撑无变形;

d) 承重或非承重山墙和封山墙、围护纵墙、封檐墙和高低跨封墙均无震损,震前已有的裂缝未扩展;墙与柱、梁之间的连接无松动迹象;

e) 女儿墙、悬墙、隔墙等部位无震损,或个别有轻微震损,但不致失稳掉落,也不影响观瞻;

f) 与厂房相贴或相连的附属辅房和副跨,按其结构性质,应相应符合5.2.1、6.2.1和9.2.1的要求。

8.2.2 乙类安全建筑,震损部位与程度应不超过下述规定。

a) 柱身、柱头、柱肩均无震损,震前已有的破损无明显的扩展;

b) 屋面系统构件与其连接均无震损,震前已有的裂缝无明显扩展;

c) 屋盖支撑系统无变形和失稳现象,纵向柱列柱间支撑无变形;

d) 承重山墙不开裂,非承重山墙山尖和封山墙可偶有微裂;围护墙不开裂、不外闪,与柱和梁连接无松动迹象,封檐墙可偶有微裂;

e) 女儿墙、悬墙、隔墙等部位的震损限制同甲类安全建筑;

f) 与厂房相贴或相连的附属辅房和副跨,按其结构性质,应相应符合5.2.2、6.2.2和9.2.2的要求。

8.2.3 丙类安全建筑,震损部位与程度应不超过下述规定。

a) 柱基本无震损,个别可有细裂缝,抹灰层裂缝可较明显,震前已有的裂缝可稍有扩展,均不影响柱本身和厂房整体的稳定性,在柱的开裂处截面抗震承载能力可稍有下降;

b) 屋架、屋面板、天窗架基本无震损;构件连接的支座部位个别可有轻微错动的迹象,预埋板偶有松动,致使埋板下混凝土开裂;个别屋架上弦第一节间斜杆及梯形屋架端竖杆可有细裂缝;个别天窗架立柱可有细微裂缝;轻质瓦屋面可有错动下滑,在采取应急措施后不会掉落;

c) 屋盖支撑系统基本无震损,个别天窗架支撑竖杆可有轻度压曲;纵向柱列柱间钢支撑不压曲,混凝土支撑不压崩,个别可有拉裂;

d) 承重山墙顶部可有细微裂缝,不外闪;围护的高低跨封墙、封山墙、山尖、封檐墙等部位可有微裂,不外闪;围护墙体的连接,少数可有细裂缝或松动,不失稳,抹灰层等面饰可有裂缝,甚或小片掉落;

e) 女儿墙、悬墙、隔墙等部位可有裂缝、移位、倾斜现象,在采取应急措施后,不会再发生倾倒或跌落现象;

f) 与厂房相贴或相连的附属辅房和副跨,按其结构性质,应相应符合5.2.3、6.2.3和9.2.3的

23

GB 18208.2—2001

要求。

8.2.4 丁类安全建筑,震损部位与程度应不超过下述规定。

a) 柱基本无震损,少数可出现细裂缝,抹灰层的裂缝可较明显,震前已有的破损可有扩展,均不影响柱本身和厂房整体的稳定性,柱的承载能力可稍有降低;

b) 屋架、屋面板、天窗架基本无震损;少数屋面板在与屋架上弦连接的支座部位可有轻微错动;屋架端头顶面与屋面板焊连的预埋板偶有松动,埋板下混凝土开裂;屋架第一节间弦杆及梯形屋架端竖杆可有细缝;少数天窗架的立柱可有细缝,个别裂缝可较明显;轻质瓦屋面可有错动、下滑,甚至部分掉落,在采取应急措施后,不会再有掉落发生;

c) 屋盖支撑系统基本无震损,少数天窗架支撑竖杆可压曲,但不致失稳掉落;纵向柱列柱间钢支撑可有个别斜杆压曲,个别混凝土支撑开裂,个别杆件与柱连接节点拉裂,不影响厂房整体的纵向稳定性;

d) 承重山墙顶部和门口可有裂缝;围护的高低跨封墙、封山墙、山尖、封檐墙等部位可有裂缝甚或个别掉落,在采用排险后不会再发生跌落;墙体门窗角及与柱、圈梁及屋盖的连接处也可有细缝或松动,有的裂缝可较明显,但均不失稳;抹灰层等面饰可有裂缝,甚或成片掉落;

e) 女儿墙、悬墙、隔墙等部位的震损,可有裂缝、位移、倾斜,甚或局部倾倒掉落,在采取应急措施后,不会再发生倾倒或跌落现象;

f) 与厂房相贴或相连的附属辅房和副跨,按其结构性质,应相应符合 5.2.1、6.2.1 和 9.2.1 的要求。

9 单层砖柱厂房和空旷房屋

9.1 一般规定

9.1.1 本章适用于砖墙垛(或不带壁柱)、砖柱承重的单层厂房(含库房)及剧院、俱乐部、礼堂、食堂等空旷房屋的地震现场安全鉴定。

9.1.2 安全鉴定时,应全面检查砖柱、砖墙垛、山墙、屋盖构件及支撑系统、屋盖构件与墙或柱的连接部位的震损,并应注意变截面柱和不等高排架柱的上柱、空旷房屋的午台口大梁上的砌体和支承墙体,以及山墙山尖、封山墙、封檐墙、女儿墙、门脸等屋面易倒塌部位的破坏。检查时还应着重区分:抹灰层等面饰的震损和结构的震损;承重构件和非承重构件的震损;震前已有的破损和刚发生的震损。

9.2 各类安全建筑容许的震损

9.2.1 甲类安全建筑,震损部位与程度应不超过下述规定。

a) 砖柱、砖墙垛无震损,山墙无裂缝,震前已有的裂缝未扩展;

b) 屋盖构件和支撑系统无震损,瓦屋面无下滑掉落,可稍有错动迹象;混凝土屋面板无错动;天棚可有掉灰和少量掉皮现象;

c) 屋盖构件与柱、墙体(垛)的连接部位无裂缝、无松动迹象;

d) 午台口大梁上的砌体和支承墙体无损伤;封山墙、封檐墙和女儿墙、门脸等出屋面部位的砌体和饰物不开裂;幕玻璃、抹灰层个别可有裂缝,但不致失稳掉落;

e) 与其相贴或相连的砌体结构和混凝土结构房屋以及附属建筑和小品的震损,按其结构性质,应相应符合 5.2.1、6.2.1 和 8.2.1 的规定。

9.2.2 乙类安全建筑,震损部位与程度应不超过下述规定。

a) 砖柱、砖墙垛无震损,山墙无裂缝,震前已有裂缝无明显扩展;

b) 屋盖构件和支撑系统无明显震损;瓦屋面可稍有下滑,个别檐瓦掉落;屋面板无错动;天棚可有少许震损,抹灰层等面饰可开裂;

c) 屋盖构件与柱、墙的连接部位无裂缝,山墙檩端可稍有松动;

d) 午台口大梁上的砌体和支承墙体无损伤;封山墙、封檐墙和女儿墙、门脸等出屋面部位的砌体和饰物基本无损,可偶有开裂;幕玻璃、抹灰层等面饰可有少许裂缝,但均不致失稳和成片掉落;

GB 18208·2—2001

e) 与其相贴或相连的砌体结构和混凝土结构房屋以及附属建筑和小品的震损,按其结构性质,应相应符合 5.2.2、6.2.2 和 8.2.2 的规定。

9.2.3 丙类安全建筑,应符合下列要求。

a) 砖柱无震损,纵墙(垛)可偶有细微水平裂缝,但无压崩,震前已开裂的墙体可稍有扩展,但不影响稳定性,承载能力可稍有降低;山墙不倾斜,门洞角部墙体、非承重山墙的山尖、封山墙可有轻微开裂,但不滑移错位;圈梁无震损,抹灰层等面饰可有裂缝,甚或小块掉落;

b) 混凝土屋盖构件和支撑系统基本无震损,屋面板在屋架或大梁上无错动,重屋盖的天窗两侧竖向支撑和气楼间的竖向交叉支撑可偶有轻微变形;木屋架及其支撑系统的节点可稍有松动,瓦屋面可有错动下滑,檐瓦部分掉落,天棚与墙体间可有微细裂缝,抹灰层等面饰局部可有裂缝、小片掉落,在采取应急措施后,不会再有掉落发生;

c) 屋架和大梁在墙体(垛)和柱头上连接基本无损,偶有错动迹象也无位移;承重山墙上搁置板或檩的压顶圈梁不开裂,板或檩在圈梁上或在无圈梁的砖墙顶可有错动迹象,无明显位移;

d) 午台口大梁上的砌体无震损,支撑墙体无明显裂缝;封檐墙及女儿墙、门脸等出屋面墙体可有裂缝,甚或局部掉落,在采取应急措施后,不会再有倾倒、跌落的现象发生;

e) 与其相贴或相连的砌体结构和混凝土结构房屋以及附属建筑和小品的震损,按其结构性质,应相应符合 5.2.3、6.2.3 和 8.2.3 的规定。

9.2.4 丁类安全建筑,应符合下列要求。

a) 砖柱无震损,纵墙(垛)可有细微水平裂缝,但无压崩,门窗角可有短裂缝,震前已开裂的墙体可有扩展,均不影响墙体及整个建筑的稳定性,承载能力可稍有降低;山墙门洞口可有细微裂缝,非承重山墙的山尖和封山墙可有裂缝,甚或局部掉落,装配式圈梁个别接头可有裂缝;抹灰层等面饰的震损要求同丙类安全建筑;

b) 混凝土屋盖构件和支撑系统基本无震损,屋面板个别偶有松动,重屋盖的天窗两侧竖向支撑和气楼间的竖向交叉支撑可有轻微变形;木构件不断裂,木屋架无明显倾斜,木屋架的节点可稍有松动,瓦屋面可有错动、下滑或部分掉落;天棚、装修装饰等可有裂缝、下垂或掉落,在采取应急措施后,不会再有掉落发生;

c) 屋架和大梁在墙体(垛)和柱头上基本无损,个别可有错动,砌体不酥松;承重山墙上搁置板或檩的压顶圈梁不开裂,板或檩在圈梁上或在无圈梁的砖墙顶可稍有错动,但山墙不外倾;

d) 午台口大梁上的砌体无裂缝、不倾斜,支撑墙体无竖向裂缝;女儿墙、门脸、填充隔墙、封檐墙等可有裂缝,甚或局部掉落,在采取应急措施后,不会再发生倾斜掉落;

e) 与其相贴或相连的砌体结构和混凝土结构房屋以及附属建筑和小品的震损,按其结构性质,应相应符合 5.2.4、6.2.4 和 8.2.4 的规定。

10 木结构房屋

10.1 一般规定

10.1.1 本章适用于屋盖、楼盖和支承柱均由木材制作的木结构房屋的地震现场安全鉴定。这类房屋主要包括:穿斗木构架、木柁架(旧式木骨架)、木柱木屋架房屋和康房,以及单层土、石、砖墙(柱)承重的柁木檩架房屋和木柱、砖墙柱混合承重的房屋。

注:混合承重房屋中的砖墙(柱)和土、石墙的安全鉴定可参照本标准第 5 章、第 9 章和第 11 章中的有关规定。

10.1.2 安全鉴定时,应着重检查木构件与其节点的震损,构件的变形、劈裂、折断,节点的松动、拔榫、断裂,构架的歪扭、倾折、移位;围护墙(或承重墙柱)的震损及对木构架稳定性的影响;屋面及屋脊屋角饰物的震损;还应注意查看木结构的构造,腐朽、蛀蚀和庇病;墙体的材料和质量,与木构件的连接;结构的震损是否与场地影响有关。

10.1.3 受震木结构房屋,一般只能作为丁类建筑。

25

GB 18208.2—2001

10.2 穿斗木构架房屋

10.2.1 南方地区的穿斗木构架房屋,受震后无损伤,且用料和构造规正,围护墙用砖砌或为木板木格栅轻质抗震墙,在预估大震作用的烈度影响不大于既发地震作用的烈度1度以上,可鉴定为丁类安全建筑;若无轻质抗震墙时,在大致等同于既发的地震作用中可鉴定为丁类安全建筑。

10.2.2 瓦屋面松动,个别檐瓦下滑掉落,屋脊屋角饰物偶有震损,墙体局部掉灰皮偶有开裂,木构架无震损。当木构架构造和墙体材质及地震作用同上述10.2.1条时,鉴定为大震作用的丁类安全建筑。若围护墙为土、石时,在小震作用中可鉴定为丁类安全建筑,在大震作用中宜鉴定为暂不使用建筑。

10.2.3 瓦屋面松动,下滑较普遍,檐瓦掉落,屋脊屋角饰物掉落,个别墙体开裂偶有塌落,木构架基本无震损,不歪闪。当木构架构造和墙体材质同上述10.2.1条时,在大震作用中宜鉴定为暂不使用建筑,在小震作用中可鉴定为丁类安全建筑;当墙体为土、石时,在小震作用中宜鉴定为暂不使用建筑。

10.2.4 屋面和饰物震损明显,墙体部分开裂或个别塌落,木构架节点松动,个别柱在石墩上滑移,整体有歪闪,均宜鉴定为暂不使用建筑。

房屋无震损或轻微震损,但木构件腐朽、蛀蚀、庇病和变形明显,或墙体开裂、空臌、酥碱和歪闪严重,亦宜鉴定为暂不使用建筑。

10.3 木柁架房屋

10.3.1 北方地区的木柁架房屋,受震后无损伤,且木柱与大柁(梁)用榫接和铁件加固,檩木下有檩枋或托檩,围护墙用磨砖对缝或砖墙体的砌筑砂浆强度不低于M1,在预估大震作用的烈度影响不大于既发地震作用的烈度1度以上,可鉴定为丁类安全建筑;若无加固铁件,用不低于M0.4砂浆砌砖墙,在大致等同于既发的地震作用中可鉴定为丁类安全建筑。

10.3.2 受震木柁架的震损同10.2.2,构造材质及地震作用同10.3.1时,可鉴定为大震作用中的丁类安全建筑;若围护墙为土、石或低于M0.4砂浆强度砌砖墙,在小震作用中可鉴定为丁类安全建筑,在大震作用中宜鉴定为暂不使用建筑。

10.3.3 瓦或泥屋面松动,檐瓦下滑掉落,屋顶饰物震损偶有掉落,墙体个别开裂偶有塌落,木柁架基本无震损,不歪闪。当构造和材质同10.3.1时,在大震作用中宜鉴定为暂不使用建筑,在小震作用中可鉴定为丁类安全建筑;当墙体砌筑砂浆低于M0.4或为土、石,在小震作用中宜鉴定为暂不使用建筑。

10.3.4 屋面和饰物震损明显,柁架节点轻微松动或稍有歪斜,墙柱间有裂缝,檐头、墙角松动甚或掉落,土、石墙部分塌落,表砖开裂或掉落,均宜鉴定为暂不使用建筑。

毛石、碎砖或表砖里坯墙震损轻微、无震损的墙体酥碱严重或木柁檩腐朽蛀蚀明显,亦宜鉴定为暂不使用建筑。

10.4 木柱木屋架房屋

10.4.1 无震损,且用料规正,木柱木屋架连接设有角撑,屋架支撑完备,围护墙在柱外,砖或石墙体的砌筑砂浆强度分别不低于M2.5和M5,在预估大震作用的烈度不大于既发地震作用的烈度1度,可鉴定为丁类安全建筑;若砖墙和块石墙的砂浆强度分别不低于M1和M2.5或用料石干砌,在大致等同于既发的地震作用中可鉴定为丁类安全建筑。

10.4.2 木构架基本无损,围护墙檐头、山墙尖和门窗角有少量细裂缝,屋面稍有松动,且木构架构造和墙体材质及地震作用同10.4.1,可鉴定为大震作用中的丁类安全建筑;若屋架和柱间无角撑,或围护墙用M0.4和M1砂浆强度砌筑砖墙和块石墙,在小震作用中可鉴定为丁类安全建筑,在大震作用中宜鉴定为暂不使用建筑。

10.4.3 木构架不歪闪,木柱和屋架节点有松动迹象但未损坏,墙柱间有互推迹象,檐头、山墙尖开裂偶有震落,门窗角墙体部分有裂缝,屋面松动、下滑,檐瓦和饰物偶有掉落。当木屋架支撑完备,围护墙用砖或块石砌筑时,在小震作用中可鉴定为丁类安全建筑,在大震作用中宜鉴定为暂不使用建筑;当围护墙为毛石、土坯或表砖里坯墙时,在小震作用中宜鉴定为暂不使用建筑。

10.4.4 柱和屋架间节点损坏,或木构架倾斜,墙柱间碰撞,砖墙体部分开裂或倒塌,檐头、山尖局部掉

26

GB 18208.2—2001

落,山墙外倾,或震损轻微的木构架无角撑、无支撑,围护墙用土、毛石或表砖里坯墙,或无震损的墙体酥碱严重,木构件腐朽蛀蚀明显,均宜鉴定为暂不使用建筑。

10.5 康房

10.5.1 藏族地区的木结构房屋康房,受震后无损伤,且底层木柱间设斜撑或轻质抗震墙,上层柱脚与楼盖有连接,在预估大震作用的烈度影响不大于既发地震作用的烈度1度,可鉴定为丁类安全建筑;当无斜撑、无抗震墙且柱脚未连接时,在大致等同于既发的地震作用中可鉴定为丁类安全建筑,在大于既发地震的大震作用中宜鉴定为暂不使用建筑。

10.5.2 受震康房柱列稍有歪斜,或上层稍有移位,在大震作用中宜鉴定为暂不使用建筑,在小震作用中可鉴定为丁类安全建筑;当柱列明显歪斜或上层明显移位时,在小震作用中宜鉴定为暂不使用建筑。

11 土石墙房屋

11.1 一般规定

11.1.1 本章适用于土石墙承重房屋的地震现场安全鉴定。这类房屋主要包括:土窑洞和土拱房,土坯墙和夯土墙承重的房屋,表砖里坯墙和砖柱土坯墙承重的房屋,毛石、块石和料石墙承重的房屋。

11.1.2 受震土石墙房屋,在地震应急期不宜作为甲类、乙类和丙类建筑,现场鉴定为安全建筑即为丁类安全建筑;大震作用中均宜鉴定为暂不使用建筑。

11.2 土窑洞和土拱房

11.2.1 北方黄土地区的土窑洞(崖窑)和土拱房(拱窑),受震后无震损,仅掉灰皮,在预估地震为小震作用或预估烈度不超过Ⅵ度的地震作用中,可鉴定为丁类安全建筑;在预估烈度达Ⅶ度的地震作用中,宜鉴定为暂不使用建筑。

11.2.2 土窑洞受震后,窑洞基本无损,崖体竖向节理发育或有滑坡崩塌可能,宜鉴定为暂不使用建筑;受震后窑洞土体无损,仅掉灰皮,前脸稍有松动,崖体稳定,土质密实,在小震作用中可鉴定为丁类安全建筑。

11.2.3 土拱房受震后,拱侧墙塌落、或前脸外移与拱体脱开、拱顶拱脚出现通长水平裂缝,均宜鉴定为暂不使用建筑。

11.3 土坯墙和夯土墙房屋

11.3.1 土坯墙和夯土墙承重房屋受震后,内外墙体无明显震损,震前原有裂缝无明显扩展,屋盖构件无明显变形,屋面无明显滑动,檐头、山尖和出屋顶小烟囱基本无损,在小震作用中可鉴定为丁类安全建筑;对硬山搁檩土房,在预估烈度不大于Ⅵ度的地震作用中也可鉴定为丁类安全建筑,在预估烈度大于Ⅵ度的地震作用中宜鉴定为暂不使用建筑;对土搁梁房屋,在预估烈度为Ⅵ度的地震作用中宜鉴定为暂不使用建筑。

11.3.2 受震土房的墙体基本无损,檐头、山尖轻微开裂,偶有小块掉落,原有裂缝稍有扩展,屋盖基本无损,檩木在墙顶稍有错动迹象,无明显滑移,檐瓦下滑偶有掉落,小烟囱可有震损,在烈度不大于Ⅵ度的地震中可鉴定为丁类安全建筑。

11.3.3 受震土房的墙体明显开裂,或墙角、檐头大块掉落,或屋盖构件变形、滑移错动,甚或墙体倾斜,屋盖构件个别跌落,均宜鉴定为暂不使用建筑。

11.4 表砖里坯墙和砖柱土坯墙房屋

11.4.1 表砖里坯墙和砖柱土坯墙房屋受震后,无明显震损,在小震作用中可鉴定为丁类安全建筑;在大震作用中,宜鉴定为暂不使用建筑,当砖柱用不低于M1砂浆强度砌筑时,在预估烈度不超过Ⅵ度的地震作用中,可鉴定为丁类安全建筑。

11.4.2 表砖里坯墙房屋受震后,表砖部分开裂,局部与土坯分层,甚或个别掉落,均宜鉴定为暂不使用建筑。

11.4.3 砖柱土坯墙房屋受震后,柱头松动,或个别柱断裂,墙柱脱开且稍有倾闪,均宜鉴定为暂不使用

GB 18208.2—2001

建筑。

11.5 石墙承重房屋

11.5.1 用泥砂浆构筑或干码的毛石和块石墙房屋均宜鉴定为暂不使用建筑。

11.5.2 用砂浆强度不低于 M2.5 砌筑的石墙房屋,受震后的现场安全鉴定,可参照第 5 章中的规定进行。

11.5.3 用低标号砂浆砌筑的毛石和块石墙房屋,在受震后墙体基本无损,偶有轻微裂缝或个别石块松动,在小震作用中可鉴定为丁类安全建筑;在受震后墙体无损,在大致等同于既发的地震作用中,可鉴定为丁类安全建筑。鉴定为丁类安全建筑的石房,对楼屋盖震损的限制,参照 5.2.4 和 11.3 的规定。

11.5.4 有垫片和无垫片的料石墙房屋,受震后基本无损,石料之间稍有错动迹象,在小震作用和大致等同于既发的地震作用中,均可鉴定为丁类安全建筑。

28

GB 18208.2—2001

附 录 A

（标准的附录）

地震现场建筑物安全鉴定意见表

编号：_____

地点：_____

_____

房主：_____

建筑面积：_____m²，其中安全建筑_____m²

房屋用途：_____

建筑结构：_____

房屋层数：_____

建成年份：_____

震前质量：_____

预期地震作用：（小、大）震作用；（Ⅵ Ⅶ Ⅷ Ⅸ）度

建筑物原抗震设防状况：（A 抗震设防　B 未经抗震设防）；

抗震设防（Ⅵ Ⅶ Ⅷ Ⅸ）度

鉴定结论：（甲 乙 丙 丁）类安全建筑

（整幢 局部）暂不使用建筑

处理意见：_____

_____

说明：_____

_____

鉴定人：_____

单位：_____

日期：_____

注

1　括号中判定的选择项画圈，不属鉴定结论的以斜线划掉。

2　地震作用、抗震设防状况和结论中的黑体字项必须作选择。

29

GB 18208.2—2001

附 录 B
（提示的附录）

地震现场鉴定各类安全建筑的要求简表

建筑类别	地震作用	抗震设防水准		建筑物震损现状				场地、地基和毗邻影响
		级别	烈度	主体	非结构构件	装修装饰	震前已破损	
甲类安全建筑	小震作用	A、B级	均可不要求	无震损，或有个别损伤点，不影响承载能力，不影响稳定性。			无扩展	周围场地稳定，无山体崩塌、滑坡、垮岸、液化、水患等危及建筑安全的影响；地基基础稳定，无滑移、不均匀沉降、承载力下降等导致上部结构破损的影响；不受毗邻建筑震损的危害影响。
	大震作用	A级	不低于大震作用的预估烈度					
乙类安全建筑	小震作用	A、B级	均可不要求	无震损或有个别损伤点，不影响承载能力，不影响稳定性。		可有震损，无发生或再发生成片或成块跌落的迹象	无明显扩展	
	大震作用	A级	不低于大震作用的预估烈度					
丙类安全建筑	小震作用	A、B级	均可不要求	有少量轻度震损，不影响整体和局部稳定性，承载能力可稍有降低。	有震损，在采取紧急措施后，不再有发生倾倒、跌落的迹象。			可有扩展，不危及整体和局部的安全
	大震作用	A级	不低于大震作用的预估烈度					
丁类安全建筑	小震作用	A、B级	均可不要求	总体可有轻度震损，个别震损可较明显，不影响整体和局部稳定性，个别构件承载能力可有下降，总体可稍有降低。	可有震损，或已震落震倒，在采取紧急措施后，不再有发生倾倒、跌落的迹象。			
	大震作用	A级	不低于大震作用的预估烈度					

30

附录 D

ICS 91.120.25
P 15

中华人民共和国国家标准

GB/T 24335—2009

建（构）筑物地震破坏等级划分

Classification of earthquake damage to buildings and special structures

2009-09-30 发布　　　　　　　　　　　　　2009-12-01 实施

中华人民共和国国家质量监督检验检疫总局
中国国家标准化管理委员会　发布

GB/T 24335—2009

目　　次

前言 ……………………………………………………………………………………………… Ⅲ

引言 ……………………………………………………………………………………………… Ⅳ

1 范围 …………………………………………………………………………………………… 1

2 术语和定义 …………………………………………………………………………………… 1

3 基本规定 ……………………………………………………………………………………… 1

4 建筑物破坏等级划分的宏观描述 …………………………………………………………… 2

5 常用构筑物破坏等级划分的宏观描述 ……………………………………………………… 8

参考文献 ………………………………………………………………………………………… 9

Ⅰ

GBT 24335—2009

前　言

本标准由中国地震局提出。

本标准由全国地震标准化技术委员会(SAC/TC 225)归口。

本标准起草单位:中国地震局工程力学研究所。

本标准主要起草人:张令心、孙柏涛、孙景江、郭恩栋、林均岐、戴君武、刘洁平。

Ⅲ

GB/T 24335—2009

引　言

本标准是在国内外各类建(构)筑物破坏等级划分方法及标准研究成果基础上制定的。由于多数构筑物震害经验少,其破坏等级划分方法研究尚不成熟,本标准目前只给出了烟囱和水塔两种构筑物破坏等级划分的规定。

Ⅳ

GB/T 24335—2009

建(构)筑物地震破坏等级划分

1 范围

本标准规定了建(构)筑物地震破坏等级划分的原则和方法。

本标准适用于地震现场震害调查、灾害损失评估、烈度评定、建(构)筑物安全鉴定,以及震害预测和工程修复等工作。

2 术语和定义

下列术语和定义适用于本标准。

2.1
承重构件 structural member

以承受体系的竖向和侧向荷载(如风和地震荷载)为主的构件。

2.2
非承重构件 non-structural member

不承受体系荷载的构件,如(框架结构、钢筋混凝土柱单层厂房的)围护墙、自承重墙、女儿墙、装饰设备等。

2.3
建(构)筑物震害程度 damage degree of buildings(special structures)

地震时建(构)筑物遭受破坏的轻重程度。

3 基本规定

3.1 建(构)筑物类型

3.1.1 建筑物类型包括:砌体房屋;底部框架房屋;内框架房屋;钢筋混凝土框架结构;钢筋混凝土剪力墙(或筒体)结构;钢筋混凝土框架-剪力墙(或筒体)结构;钢框架结构;钢框架-支撑结构;砖柱排架结构厂房;钢、钢筋混凝土柱排架结构厂房;排架结构空旷房屋;木结构房屋;土、石结构房屋。

3.1.2 构筑物类型包括:烟囱、水塔。

3.2 建(构)筑物破坏等级划分原则

以承重构件的破坏程度为主,兼顾非承重构件的破坏程度,并考虑修复的难易和功能丧失程度的高低为划分原则。

3.3 建(构)筑物破坏等级划分步骤

按照下列步骤划分建(构)筑物破坏等级:

a) 将建(构)筑物按结构类型分类;

b) 区分建(构)筑物的承重构件和非承重构件,分别评定它们的破坏程度;

c) 综合各个构件的破坏程度、修复的难易程度和结构使用功能的丧失程度,评定建(构)筑物的破坏等级。

3.4 建(构)筑物破坏等级划分基本标准

3.4.1 Ⅰ级:基本完好。

3.4.2 Ⅱ级:轻微破坏。

3.4.3 Ⅲ级:中等破坏。

3.4.4 Ⅳ级:严重破坏。

1

GB/T 24335—2009

3.4.5　Ⅴ级:毁坏。

3.5　破坏数量用语含义

3.5.1　个别:宜取10%以下。

3.5.2　部分:宜取10%~50%之间。

3.5.3　多数:宜取50%以上。

3.6　破坏程度用语含义

3.6.1　细微裂缝

由地震引起的肉眼能够看得清楚的裂缝,对砌体墙和柱,一般发生在灰缝或抹灰层表面上。对混凝土构件,一般发生在表面上。

3.6.2　轻微裂缝

混凝土构件裂缝宽不大于0.5 mm,砌体构件裂缝宽不大于1.5 mm。这种裂缝对构件的承载能力无明显影响。

3.6.3　明显裂缝

在钢筋混凝土构件上,裂缝宽大于0.5 mm,表层脱落,裂缝已深入到内层,钢筋已外露。在砌体墙上,裂缝宽大于1.5 mm,砌体已濒临断裂或裂缝几乎贯通墙厚。

3.6.4　严重裂缝

在混凝土构件上,裂缝宽大于1.0 mm,钢筋明显外露,表层严重脱落,裂缝已深入到内层或贯通。在砌体墙上,裂缝宽大于3.0 mm,砌体断裂或裂缝已贯通到墙厚。

3.6.5　濒临倒塌

结构中各构件已失去承载能力,处于一触即塌的状态。钢筋混凝土构件破坏处的混凝土已酥碎,钢筋严重弯曲,产生了较大的变形;砌体墙产生了多道明显的贯通裂缝,近于酥散状态;砌体柱受压区的砌块酥碎脱落,或柱体断裂。

4　建筑物破坏等级划分的宏观描述

4.1　砌体房屋

4.1.1　Ⅰ级

主要承重墙体基本完好,屋盖和楼盖完好;个别非承重构件轻微损坏,如个别门窗口有细微裂缝等;结构使用功能正常,不加修理可继续使用。

4.1.2　Ⅱ级

承重墙无破坏或个别有轻微裂缝,屋盖和楼盖完好;部分非承重构件有轻微损坏,或个别有明显破坏,如屋檐塌落、坡屋面溜瓦、女儿墙出现裂缝、室内抹面有明显裂缝等;结构基本使用功能不受影响,稍加修理或不加修理可继续使用。

4.1.3　Ⅲ级

多数承重墙出现轻微裂缝,部分墙体有明显裂缝,个别墙体有严重裂缝;个别屋盖和楼盖有裂缝;多数非承重构件有明显破坏,如坡屋面有较多的移位变形和溜瓦、女儿墙出现严重裂缝、室内抹面有脱落等;结构基本使用功能受到一定影响,修理后可使用。

4.1.4　Ⅳ级

多数承重墙有明显裂缝,部分有严重破坏,如墙体错动、破碎、内或外倾斜或局部倒塌;屋盖和楼盖有裂缝,坡屋顶部分塌落或严重移位变形;非承重构件破坏严重,如非承重墙体成片倒塌、女儿墙塌落等;或整体结构明显倾斜;结构基本使用功能受到严重影响,甚至部分功能丧失,难以修复或无修复价值。

4.1.5　Ⅴ级

多数墙体严重破坏,结构濒临倒塌或已倒塌;结构使用功能不复存在,已无修复可能。

2

133

4.2 底部框架房屋

4.2.1 Ⅰ级

底部框架的梁、柱完好,底部墙体有轻微裂缝;上部砌体承重墙完好,个别非承重构件轻微损坏,如个别门窗口、非承重墙体有轻微裂缝等;结构使用功能正常,不加修理可继续使用。

4.2.2 Ⅱ级

底部框架个别梁、柱有细微裂缝,底部墙体有轻微裂缝;上部个别承重墙有轻微裂缝,部分非承重构件有轻微损坏,或个别有明显破坏,如部分屋檐塌落、坡屋面溜瓦、女儿墙出现裂缝、室内抹面有明显裂缝等;结构基本使用功能不受影响,稍加修理或不加修理可继续使用。

4.2.3 Ⅲ级

底部框架多数梁、柱有轻微裂缝,部分有明显裂缝,个别梁、柱端头混凝土剥落,底部部分墙体有明显裂缝,个别有严重裂缝;上部多数承重墙有轻微裂缝,部分墙体有明显裂缝,个别墙体有严重裂缝,多数非承重构件有明显破坏,如多数非承重墙体有明显裂缝、个别有严重裂缝、女儿墙出现严重裂缝、室内抹面有脱落等;结构基本使用功能受到一定影响,修理后可使用。

4.2.4 Ⅳ级

底部框架梁、柱破坏严重,多数梁、柱端头混凝土剥落,主筋外露,个别柱主筋压屈,底部多数墙体有明显裂缝或外闪;上部承重墙多数出现明显裂缝或外闪,非承重构件破坏严重,如非承重墙体成片倒塌、女儿墙塌落等;或整体结构明显倾斜;结构基本使用功能受到严重影响,甚至部分功能丧失,难以修复或无修复价值。

4.2.5 Ⅴ级

底部框架梁、柱、墙和上部承重墙丧失抗震能力,房屋部分或全部倒塌;结构使用功能不复存在,已无修复可能。

4.3 内框架房屋

4.3.1 Ⅰ级

承重墙体完好;内框架柱、梁完好;个别非承重墙体轻微裂缝;结构使用功能正常,不加修理可继续使用。

4.3.2 Ⅱ级

部分承重墙体轻微裂缝或个别明显裂缝;个别内框架柱、梁出现细微裂缝;部分非承重墙体明显裂缝;其他部分非承重构件有轻微损坏,或个别有明显破坏,如女儿墙出现裂缝等;结构基本使用功能不受影响,稍加修理或不加修理可继续使用。

4.3.3 Ⅲ级

部分承重墙体明显裂缝;部分内框架柱、梁轻微裂缝,个别有明显裂缝;多数非承重墙体有明显裂缝、个别有严重裂缝;其他多数非承重构件有明显破坏,如女儿墙出现严重裂缝、室内抹面有脱落等;结构基本使用功能受到一定影响,修理后可使用。

4.3.4 Ⅳ级

多数承重墙体严重破坏或局部倒塌;部分内框架梁、柱主筋压屈、混凝土酥碎崩落;部分楼、屋盖塌落;非承重构件破坏严重,如非承重墙体成片倒塌、女儿墙塌落等;或整体结构明显倾斜;结构基本使用功能受到严重影响,甚至部分功能丧失,难以修复或无修复价值。

4.3.5 Ⅴ级

多数墙体倒塌,部分内框架梁和板塌落;结构使用功能不复存在,已无修复可能。

4.4 钢筋混凝土框架结构

4.4.1 Ⅰ级

框架梁、柱构件完好;个别非承重构件轻微损坏,如个别填充墙内部或与框架交接处有轻微裂缝,个别装修有轻微损坏等;结构使用功能正常,不加修理可继续使用。

3

GB/T 24335—2009

4.4.2 Ⅱ级

个别框架梁、柱构件出现细微裂缝;部分非承重构件有轻微损坏,或个别有明显破坏,如部分填充墙内部或与框架交接处有明显裂缝等;结构基本使用功能不受影响,稍加修理或不加修理可继续使用。

4.4.3 Ⅲ级

多数框架梁、柱构件有轻微裂缝,部分有明显裂缝,个别梁、柱端混凝土剥落;多数非承重构件有明显破坏,如多数填充墙有明显裂缝,个别出现严重裂缝等;结构基本使用功能受到一定影响,修理后可使用。

4.4.4 Ⅳ级

框架梁、柱构件破坏严重,多数梁、柱端混凝土剥落、主筋外露,个别柱主筋压屈;非承重构件破坏严重,如填充墙大面积破坏,部分外闪倒塌;或整体结构明显倾斜;结构基本使用功能受到严重影响,甚至部分功能丧失,难以修复或无修复价值。

4.4.5 Ⅴ级

框架梁、柱破坏严重,结构濒临倒塌或已倒塌;结构使用功能不复存在,已无修复可能。

4.5 钢筋混凝土剪力墙(或筒体)结构

4.5.1 Ⅰ级

剪力墙构件完好;个别非承重构件轻微损坏,如个别填充墙内部或与主体结构交接处有轻微裂缝,个别装修有轻微破坏等;结构使用功能正常,不加修理可继续使用。

4.5.2 Ⅱ级

个别剪力墙表面出现细微裂缝,甚至局部出现了轻微的混凝土剥落现象;部分非承重构件有轻微损坏,或个别有明显破坏,如部分填充墙内部或与主体结构交接处有明显裂缝,玻璃幕墙上个别玻璃碎落等;结构基本使用功能不受影响,稍加修理或不加修理可继续使用。

4.5.3 Ⅲ级

多数剪力墙出现轻微裂缝,部分出现明显裂缝,个别墙端部混凝土剥落;多数非承重构件有明显破坏,如多数填充墙有明显裂缝,个别出现严重裂缝,玻璃幕墙支撑部分变形较大等;结构基本使用功能受到一定影响,修理后可使用。

4.5.4 Ⅳ级

多数剪力墙出现明显裂缝,个别剪力墙出现了严重裂缝,裂缝周围大面积混凝土剥落,部分墙体主筋屈曲;非承重构件破坏严重,如填充墙大面积破坏,部分外闪倒塌;或整体结构明显倾斜;结构基本使用功能受到严重影响,甚至部分功能丧失,难以修复或无修复价值。

4.5.5 Ⅴ级

多数剪力墙严重破坏,结构濒临倒塌或已倒塌;结构使用功能不复存在,已无修复可能。

4.6 钢筋混凝土框架-剪力墙(或筒体)结构

4.6.1 Ⅰ级

框架梁、柱构件及剪力墙构件完好;个别非承重构件轻微损坏,如个别填充墙内部或与主体结构交接处有轻微裂缝,个别装修有轻微损坏等;结构使用功能正常,不加修理可继续使用。

4.6.2 Ⅱ级

个别框架梁、柱构件或个别剪力墙表面出现细微裂缝,甚至局部出现了轻微的混凝土剥落现象;部分非承重构件有轻微损坏,或个别有明显破坏,如部分填充墙内部或与主体结构交接处有明显裂缝,玻璃幕墙上个别玻璃碎落等;结构基本使用功能不受影响,稍加修理或不加修理可继续使用。

4.6.3 Ⅲ级

多数框架梁、柱构件或剪力墙出现轻微裂缝,部分出现明显裂缝,个别梁、柱或剪力墙端部混凝土剥落;多数非承重构件有明显破坏,如多数填充墙有明显裂缝,个别出现严重裂缝,玻璃幕墙支撑部分变形较大等;结构基本使用功能受到一定影响,修理后可使用。

4

GB/T 24335—2009

4.6.4　Ⅳ级

多数框架梁、柱构件或剪力墙出现了明显裂缝,个别出现了严重裂缝,裂缝周围大面积混凝土剥落,部分墙体主筋屈曲;非承重构件破坏严重,如填充墙大面积破坏,部分外闪倒塌;或整体结构明显倾斜;结构基本使用功能受到严重影响,甚至部分功能丧失,难以修复或无修复价值。

4.6.5　Ⅴ级

多数框架梁、柱构件及剪力墙严重破坏,结构濒临倒塌或已倒塌;结构使用功能不复存在,已无修复可能。

4.7　钢框架结构

4.7.1　Ⅰ级

框架梁、柱构件完好;个别非承重构件轻微损坏,如个别填充墙内部或与框架交接处有轻微裂缝,个别装修有轻微损坏等;结构使用功能正常,不加修理可继续使用。

4.7.2　Ⅱ级

个别框架梁、柱节点连接处出现轻微变形或焊缝处出现细微裂缝;部分非承重构件有轻微损坏,或个别有明显破坏,如部分填充墙内部或与框架交接处有明显裂缝,玻璃幕墙上个别玻璃碎落等;结构基本使用功能不受影响,稍加修理或不加修理可继续使用。

4.7.3　Ⅲ级

部分框架梁、柱构件节点连接处出现永久变形,个别焊接节点处出现贯穿焊缝的明显裂缝或个别螺栓节点连接处出现螺栓断裂或螺栓孔洞增大现象;多数非承重构件有明显破坏,如多数填充墙有明显裂缝,个别出现严重裂缝,玻璃幕墙支撑部分变形较大等;结构基本使用功能受到一定影响,修理后可使用。

4.7.4　Ⅳ级

多数框架梁、柱构件严重破坏,导致结构产生明显的永久变形,部分梁、柱构件翼缘屈曲、焊缝断裂、节点处出现明显的永久变形或节点严重破坏;非承重构件破坏严重,如填充墙大面积破坏,部分外闪倒塌;或整体结构明显倾斜;结构基本使用功能受到严重影响,甚至部分功能丧失,难以修复或无修复价值。

4.7.5　Ⅴ级

多数框架梁、柱构件严重破坏,或部分关键梁、柱构件及节点破坏导致结构出现了危险的永久位移,结构濒临倒塌或已倒塌;结构使用功能不复存在,已无修复可能。

4.8　钢框架-支撑结构

4.8.1　Ⅰ级

框架梁、柱构件及支撑完好;个别非承重构件轻微损坏,如个别填充墙内部或与框架交接处有轻微裂缝,个别装修有轻微损坏等;结构使用功能正常,不加修理可继续使用。

4.8.2　Ⅱ级

个别框架梁、柱节点连接处出现轻微变形或焊缝处出现细微裂缝;个别钢支撑出现轻微的拉伸变形和/或个别细长型支撑构件出现屈曲,螺栓支撑连接处出现轻微变形;部分非承重构件有轻微损坏,或个别有明显破坏,如部分填充墙内部或与框架交接处有明显裂缝,玻璃幕墙上个别玻璃碎落等;结构基本使用功能不受影响,稍加修理或不加修理可继续使用。

4.8.3　Ⅲ级

部分框架梁、柱构件节点连接处出现永久变形,个别焊接节点处出现贯穿焊缝的明显裂缝或个别螺栓节点连接处出现螺栓断裂或螺栓孔洞增大现象;部分钢支撑出现轻微拉伸变形和/或支撑发生屈曲,个别发生支撑屈曲;多数非承重构件有明显破坏,如多数填充墙有明显裂缝,个别出现严重裂缝等,玻璃幕墙支撑部分变形较大;结构基本使用功能受到一定影响,修理后可使用。

5

GB/T 24335—2009

4.8.4 Ⅳ级

多数框架梁、柱构件及支撑破坏严重,导致结构产生了严重的永久变形,部分梁、柱构件翼缘屈曲、焊缝断裂、节点处出现明显的永久变形或节点严重破坏;多数支撑出现了屈曲或断裂现象;非承重构件破坏严重,如填充墙大面积破坏,部分外闪倒塌;或整体结构明显倾斜;结构基本使用功能受到严重影响,甚至部分功能丧失,难以修复或无修复价值。

4.8.5 Ⅴ级

多数框架梁、柱构件及支撑破坏严重,或部分关键梁、柱和支撑构件及节点破坏导致结构出现了危险的永久移位,结构濒临倒塌或已倒塌;结构使用功能不复存在,已无修复可能。

4.9 砖柱排架结构厂房

4.9.1 Ⅰ级

主要承重构件和支撑系统完好;屋盖系统完好;个别非承重构件轻微损坏,如围护墙有细微裂缝,个别屋面瓦松动或滑落等;结构使用功能正常,不加修理可继续使用。

4.9.2 Ⅱ级

柱无破坏或个别有细微裂缝;部分屋面连接部位松动;部分非承重构件有轻微损坏,或个别有明显破坏,如围护墙有轻微裂缝,山墙上部有轻微裂缝等;结构基本使用功能不受影响,稍加修理或不加修理可继续使用。

4.9.3 Ⅲ级

多数柱有轻微裂缝,部分柱有明显裂缝;部分屋面板错动,屋架倾斜,屋面支撑系统变形明显,或个别屋面板塌落;多数非承重构件有明显破坏,如围护墙有严重裂缝,山墙尖部向内或外倾或局部坠落等;结构基本使用功能受到一定影响,修理后可使用。

4.9.4 Ⅳ级

多数砖柱有严重裂缝,部分砖柱有酥碎、错动的破坏;屋盖局部塌落;非承重构件破坏严重,如围护墙或山墙大面积倒塌等;或整体结构明显倾斜;结构基本使用功能受到严重影响,甚至部分功能丧失,难以修复或无修复价值。

4.9.5 Ⅴ级

多数柱根部压碎并倾斜或倒塌;屋面大面积塌落或全部塌落;整个建筑濒于倒塌或已全部倒塌;结构使用功能不复存在,已无修复可能。

4.10 钢、钢筋混凝土柱排架结构厂房

4.10.1 Ⅰ级

主要承重构件和支撑系统完好;屋盖系统完好,或个别大型屋面板松动;个别非承重构件轻微损坏,如个别围护墙有细微裂缝等;结构使用功能正常,不加修理可继续使用。

4.10.2 Ⅱ级

柱完好或个别柱出现细微裂缝;部分屋面连接部位松动,个别天窗架有轻微损坏;部分非承重构件有轻微损坏,或个别有明显破坏,如山墙和围护墙有裂缝等;结构基本使用功能不受影响,稍加修理或不加修理可继续使用。

4.10.3 Ⅲ级

多数柱有轻微裂缝,部分柱有明显裂缝,柱间支撑弯曲;部分屋面板错动,屋架倾斜,屋面支撑系统变形明显,或个别屋面板塌落;多数非承重构件有明显破坏,如多数围护墙有明显裂缝,个别出现严重裂缝等;结构基本使用功能受到一定影响,修理后可使用。

4.10.4 Ⅳ级

多数钢筋混凝土柱破坏处表层脱落,内层有明显裂缝或扭曲,钢筋外露、弯曲,个别柱破坏处混凝土酥碎,钢筋严重弯曲,产生较大变位或已折断,钢柱翼缘扭曲,变位较大;屋盖局部塌落;非承重构件破坏严重,如山墙和围护墙大面积倒塌等;或整体结构明显倾斜;结构基本使用功能受到严重影响,甚至部分功能丧失,难以修复或无修复价值。

6

137

4.10.5　Ⅴ级

多数钢筋混凝土柱破坏处混凝土酥碎,钢筋严重弯曲;钢柱严重扭曲,产生较大变位或已折断;屋面大部分塌落或全部塌落,山墙和围护墙倒塌;整体结构濒临倒塌或已倒塌;结构使用功能不复存在,已无修复可能。

4.11　排架结构空旷房屋

4.11.1　Ⅰ级

承重墙和排架柱完好;屋面系统完好;个别非承重构件轻微损坏,如大厅与前、后厅个别连接处出现轻微裂缝等;结构使用功能正常,不加修理可继续使用。

4.11.2　Ⅱ级

承重墙和排架柱基本完好或个别出现轻微裂缝;部分屋面连接部位松动;部分非承重构件有轻微损坏,或个别有明显破坏,如大厅与前、后厅个别连接处出现轻微裂缝;结构基本使用功能不受影响,稍加修理或不加修理可继续使用。

4.11.3　Ⅲ级

多数承重墙、柱有轻微裂缝,部分出现明显裂缝;部分屋面板错动,屋架倾斜,屋面支撑系统变形明显,或个别屋面板塌落;多数非承重构件有明显破坏,如大厅与前、后厅连接处出现明显裂缝,纵墙出现轻微水平裂缝,山尖墙局部开裂,舞台口承重悬墙出现严重裂缝等;结构基本使用功能受到一定影响,修理后可使用。

4.11.4　Ⅳ级

多数承重墙、柱有明显裂缝,部分有严重裂缝;屋盖局部塌落;非承重构件破坏严重,如纵墙出现明显的水平裂缝,山墙局部倒塌等;或整体结构明显倾斜;结构基本使用功能受到严重影响,甚至部分功能丧失,难以修复或无修复价值。

4.11.5　Ⅴ级

承重墙破坏、散落,柱破坏严重,丧失抗震能力;纵墙外闪倒塌,山墙倒塌;整体结构濒临倒塌或已倒塌;结构使用功能不复存在,已无修复可能。

4.12　木结构房屋

4.12.1　Ⅰ级

木架和墙完好;个别非承重构件轻微损坏,如内间壁墙或出屋顶小烟囱有轻微损坏,屋面溜瓦等;结构使用功能正常,不加修理可继续使用。

4.12.2　Ⅱ级

木架基本完好;部分非承重构件有轻微损坏,或个别有明显破坏,如山墙开裂,屋面瓦滑动等;结构基本使用功能不受影响,稍加修理或不加修理可继续使用。

4.12.3　Ⅲ级

木架轻微损坏或轻度歪斜;部分非承重构件有明显破坏,如山墙严重裂缝,山尖局部倒塌,屋脊装饰物震落,部分屋面瓦滑落等;结构基本使用功能受到一定影响,修理后可使用。

4.12.4　Ⅳ级

木架出现严重变形或歪斜;多数非承重构件有明显破坏,如山墙及后墙严重倒塌,端跨局部塌落等;或整体结构明显倾斜;结构基本使用功能受到严重影响,甚至部分功能丧失,难以修复或无修复价值。

4.12.5　Ⅴ级

木柱榫头拔出,房屋严重倾斜或倾倒;结构已濒临倒塌或全部倒塌;结构使用功能不复存在,已无修复可能。

4.13　土、石结构房屋

4.13.1　Ⅰ级

主要承重墙基本完好;屋面或拱顶完好;个别非承重构件轻微损坏,如个别门、窗口有细微裂缝,屋面溜瓦等;结构使用功能正常,不加修理可继续使用。

7

GB/T 24335—2009

4.13.2 Ⅱ级

承重墙无破坏或个别有轻微裂缝;屋盖和拱顶基本完好;部分非承重构件有轻微损坏,或个别有明显破坏,如部分非承重墙有轻微裂缝,个别有明显裂缝,山墙轻微外闪,屋面瓦滑动等;结构基本使用功能不受影响,稍加修理或不加修理可继续使用。

4.13.3 Ⅲ级

多数承重墙出现轻微裂缝,部分墙体有明显裂缝,个别墙体有严重裂缝,窑洞拱体多处开裂;个别屋盖和拱顶有明显裂缝;部分非承重构件有明显破坏,如墙体抹面多处脱落,部分屋面瓦滑落等;结构基本使用功能受到一定影响,修理后可使用。

4.13.4 Ⅳ级

多数承重墙有明显裂缝,部分有严重破坏,如墙体错动、破碎、内或外倾斜或局部倒塌;屋面或拱顶隆起或塌陷;局部倒塌;或整体结构明显倾斜;结构基本使用功能受到严重影响,甚至部分功能丧失,难以修复或无修复价值。

4.13.5 Ⅴ级

多数墙体严重断裂或倒塌,屋盖或拱顶严重破坏和塌落;结构已濒临倒塌或全部倒塌;结构使用功能不复存在,已无修复可能。

5 常用构筑物破坏等级划分的宏观描述

5.1 烟囱

5.1.1 Ⅰ级

烟囱完好;结构使用功能正常,不加修理可继续使用。

5.1.2 Ⅱ级

烟囱出现细微裂缝;结构基本使用功能不受影响,稍加修理或不加修理可继续使用。

5.1.3 Ⅲ级

烟囱出现多处轻微裂缝,个别有明显裂缝,或轻微错位,或局部酥裂鼓肚;结构基本使用功能受到一定影响,修理后可使用。

5.1.4 Ⅳ级

烟囱筒身有较严重的开裂、错位或酥裂鼓肚等破坏;或顶部虽掉头而余下部分却无明显裂缝和其他破坏;结构基本使用功能受到严重影响,甚至部分功能丧失,难以修复或无修复价值。

5.1.5 Ⅴ级

顶部掉头,筒身折断,或倒塌;结构使用功能不复存在,已无修复可能。

5.2 水塔

5.2.1 Ⅰ级

水塔完好;结构使用功能正常,不加修理可继续使用。

5.2.2 Ⅱ级

筒式水塔在门、窗角处出现轻微裂缝;支架式水塔的支架结构有细微裂缝或变形;结构基本使用功能不受影响,稍加修理或不加修理后可继续使用。

5.2.3 Ⅲ级

筒式水塔的筒身出现水平、斜裂缝,门、窗角处有明显裂缝,无明显错位发生;支架式水塔的支架结构出现明显裂缝或变形;结构基本使用功能受到一定影响,修理后可使用。

5.2.4 Ⅳ级

筒式水塔的筒身出现多道严重环向裂缝和斜裂缝,环缝间砌体错位,或筒身局部倒塌;支架式水塔的支架结构发生较大变形或屈曲,或水柜保温层脱落;结构基本使用功能受到严重影响,甚至部分功能丧失,难以修复或无修复价值。

5.2.5 Ⅴ级

支架或支筒倒塌,水柜落地;结构使用功能不复存在,已无修复可能。

8

GB/T 24335—2009

参 考 文 献

［1］ GB/T 18208.3—2000　地震现场工作　第3部分：调查规范

［2］ 李树桢.地震灾害评估　中国地震灾害损失预测研究专辑（三）.地震出版社，1996

［3］ 尹之潜.地震灾害及损失预测方法　中国地震灾害损失预测研究专辑（四）.地震出版社，1996

［4］ FEMA 356，Prestandard and Commentary for the Sesmic Rehabilitation of Buildings. Federal Emergency Management Agency，Washington，D. C. ，2000

［5］ Risk Management Solutions，Inc. Development of a Standardized Earthquake Loss Estimation Methodology，Volume Ⅱ. Prepared for：National Institute of Building Sciences，September 7，1994

第七章 犬搜索

一、测评内容与要求

犬搜索是当前国内外救援行业内公认的在地震救援现场用于搜寻被埋压人员（无意识或意识微弱者）的最有效手段，是重型地震灾害专业救援队伍必须具备的核心搜索能力，是队伍搜索单元的重要组成部分。

犬搜索是训导员通过对搜救犬的控制和引导，依靠犬只在废墟上良好的行走和通过能力，以及在复杂环境下能够精准识别人体（活人）体味特征的嗅觉能力，在较短时间内对被埋压在废墟下的幸存人员进行搜索、定位与排查的工作方式。

在救援队分级能力测评工作中，考评专家组一方面将对工作场地上犬搜索效果进行评判，另一方面也将会对与开展犬搜索工作相关的环节，特别是搜救犬队的工作能力进行考核。换句话说，犬搜索所涉及到的测评内容既包括了具体的作业能力水平，同时还包括了搜救犬队的管理、训练、保障和任务执行与恢复等综合要素。

（一）现场作业阶段测评内容与要求

犬搜索的现场作业阶段是搜救犬队队长（或分队长）在受领任务后，安排训导员与搜救犬在指定的工作场地上进行搜索、定位或排查，至作业结束。整个作业过程要求相关人员之间体现出明确的指挥关系和任务分工，能够根据现场的信息和具体的人员与犬只配备，制定出合理的犬搜索方案；训导员自身的行为，以及在控制和引导搜救犬工作时要体现出专业的地震救援素养；搜救犬要能充分展现出对废墟复杂环境的良好适应性，以及对被埋压人员所在位置的准确判断与有效反应。该阶段测评内容包括：

- 任务受领；
- 信息收集与判断；
- 犬搜索方案制定；
- 方案下达与实施；
- 实施结果确认与信息上报。

（二）犬搜索相关要素（搜救犬队）测评内容与要求

犬搜索效果的最终实现依托于队伍中搜救犬队的业务能力水平。作为一个相较独立和特殊的单元，搜救犬队所承担的任务，以及在测评工作中需要展示的工作贯穿于救援的 5 个工作阶段。其中涉及到的所有内容、方式和效果，都将用于向测评专家组证明搜救犬队的能力符合重型救援队的标准与要求，例如搜救犬队的规模与所申报的救援队结构相匹配；能够执行任务的训导员与搜救犬的数量符合队伍的冗余计划；搜救犬的档案、犬只的身份证明（芯片），以及装具的携带符合任务要求；健康证明以及装具符合航空运输的要求；搜救犬的训练水平能够达到重型救援队在灾害现场的搜救能力要求等。各阶段测评内容如下。

1. 准备阶段（日常）

- 搜救犬队的人员结构，以及训导员与搜救犬数量；
- 搜救犬训练计划与考核记录；
- 搜救犬档案与健康证明；
- 搜救犬身份识别方式（芯片与扫描仪）；
- 搜救犬装具与训练设施；
- 搜救犬的饲养与管理；
- 搜救犬日常医疗保障。

2. 启动与动员阶段

- 任务信息的接收与下达；
- 训导员与搜救犬的挑选；
- 训导员与搜救犬的医疗筛查；
- 搜救犬档案与健康证明；
- 搜救犬身份识别；
- 装备物资（犬具、犬粮、饮用水、药品和医疗器具等）的准备与携带；
- 搜救犬航空运输准备。

3. 行动阶段

- 搜救犬的随队机动（运输）；
- 行动基地搜救犬区的搭建与管理；
- 犬搜索任务的接收与现场作业；
- 搜救犬的生活与医疗保障。

4. 行动结束与撤离阶段

- 撤离前准备；
- 上报撤离需求；
- 撤离途中运输。

5. 总结与恢复阶段

- 任务总结与档案更新；
- 搜救犬医疗检查与隔离；
- 装备物资的补充。

在以上测评内容中，考评专家组一般着重考察前 3 个阶段的工作情况。

二、测评点分析与解读

按照《中国地震灾害专业救援队能力分级测评工作指南》中"地震灾害专业救援队能力分级测评核查表（重型）"的具体条目，与犬搜索工作直接相关联的有 13 条；有间接关联的有 13 条。其中，直接关联是指在"测评项目"或"项目说明"中明确出现了犬搜索、搜救犬或训导员字样；间接关联则是并没有明确出现上述词汇，但却会影响到犬搜索工作，或被影响的测评内容。

（一）直接关联部分

● 序号：4.4；

测评项目："救援队出发前，搜救犬是否进行了医疗检查？"

项目说明："犬检查应在启动后出发前由专门的兽医来完成。"

分析与解读：为了确保搜救犬能够在身体各项机能正常的情况下参加救援任务，队伍需要安排兽医对被选拔出来的犬只进行医疗检查。在检查过程中，兽医应穿戴和配备专业的服装与器具，再核对犬只身份后，进行相关项目的体检工作，记录并最终进行确认被检查的搜救犬是否能够随队执行任务。该项检查一般应在搜救犬队驻地完成，为了能够更好地展示此环节的工作，在测评演练过程中可安排在一个更方便于测评组专家进行检查的时间及场地进行，如在队员集中进行医疗检查的时间段和相关场地附近。具体安排情况需提前与测评专家组进行沟通。

● 序号：5.1.2；

测评项目："搜索。"

项目说明："能够根据救援场地评估信息选择合适的搜索装备和搜索方法，具备综合运用人工、仪器和搜救犬等搜索手段在倒塌废墟及狭小空间等环境下开展受困人员搜索定位的能力，能够向营救人员提供准确的搜索信息和初步的营救行动建议，完成搜索标记并填写搜索行动情况表。"

分析与解读：该测评项目及内容是对救援队搜索能力的一个整体要求与描述，在项目说明中明确提到了对搜救犬的使用，并描述了作业环境是在倒塌废墟及狭小空间等环境。其次，还要完成提供搜索信息、初步营救行动建议和完成搜索标记并填写搜索行动情况表这四项工作。也就是说训导员除了要能够控制和引导搜救犬完成犬搜索工作外，同样需要掌握相关的知识与技能。作为搜索组的成员，训导员同样有可能会被测评组专家询问相关问题。

● 序号：5.4.1；

测评项目："医疗。"

项目说明："具备有相应的设备配备和医疗人员，能够对营救中的幸存者开展先期处置，并协助转移至当地医疗场所，同时负责搜救队全体队员和搜救犬的卫生健康，有条件的队伍可在灾区开展适当的紧急医疗服务。"

分析与解读：该测评项目及内容是对救援队医疗能力的一个整体要求与描述，在项目说明中明确提到了要具备能够保障搜救犬卫生健康的能力。一般情况下，队伍的医疗单元应对执行完搜索任务的犬只在进入行动基地前进行洗消，并可以对犬只进行简单的医疗处置，如伤口缝合。而搜救犬日常的卫生清洁应由训导员负责，同时训导员应掌握一定的急救知识和方法，能够在作业场地第一时间为受伤或生病（如中暑）的搜救犬开展急救。

● 序号：7.1.3；

测评项目："搜救犬有效健康证明的复印件，保证搜救犬可以安全执行救援任务。"

项目说明："必须完成和检查所有兽医证明和运输相关的文件。"

分析与解读：搜救犬的健康证明一般是指由救援队驻地属地的动物疫病预防控制中心，或有资质代办的动物医疗结构（如动物医院）等，办理的具备法律效力的"动物健康免疫证"。出队时应携带相应犬只的档案以及健康免疫证的复印件，复印内容应包括犬只基本信息页、免疫记录页和健康状况检查页，其中出队犬只的免疫记录必须是在疫苗的有效期内。相关复印件一般准备 3 ~ 4 份，搜救犬队队长管理 1 份，其余为配合运输和检查使用。

● 序号：7.1.4；

测评项目："搜救犬身份识别芯片 / 标识。"

项目说明："如果搜救犬是携带芯片识别的，队伍必须配备并在行动时携带扫描仪。"

分析与解读：搜救犬的身份识别是对犬只相关档案、健康证明和行前体检记录等文本有效性的最直接的证明方式，其中皮下注射芯片的可靠性最强。对于犬只的身份识别，在行前的医疗检查和相关机构要求对犬只进行身份确认时都需要进行展示，而且测评专家组有权随时进行核查。

● 序号：8.2；

测评项目："救援队是否能在规定时间内做好启动前的准备工作。"

项目说明："这是对测评演练的要求，实际工作中应在 4 小时内完成救援队伍集结，包括人员、装备物资、犬只等的集结与准备（0.5 ~ 1 小时发布预号令，1 ~ 2 小时内集结，3 ~ 4 小时内抵达指定出发地点的能力）。"

分析与解读：队伍在集结与准备的过程中，所涉及到的任务下达、信息传递、人员组织、运输集结等环节中，都必须有关于搜救犬队的内容。在队伍整体启动流程的介绍中，以及脚本的编写中，都必须注意这一点。

● 序号：10.2.5；

测评项目："队员和搜救犬医疗区。"

项目说明："救援队的行动基地中应具备一个独立的专用医疗帐篷区，并设立伤员 / 病患的隔离区。"

分析与解读：该项测评内容与上面提到的队伍的整体医疗能力是相关的，在行动基地中医疗区以面向队员的医疗处置为主，同时兼顾搜救犬。专门为犬只准备的药品和医疗器械，一般由搜救犬队携带，并放置在搜救犬区的帐篷内。

● 序号：10.2.8；

测评项目："搜救犬区域。"

项目说明："犬应有独立的帐篷。"

分析与解读：该测评项目涉及到三个方面的内容，首先是搜救犬区在行动基地整体布局中的摆放位置；其次是搜救犬区的搭建，包括帐篷、区域标识和犬笼等装备的使用；第三是要考虑到搜救犬散放的场地，一般来说可以是紧邻行动基地的一块空地。第一项内容一般由队伍的后勤单元负责，第二三项内容由搜救犬队负责。

● 序号：13.1.4；

测评项目："犬搜索。"

项目说明："重型救援队：救援队应能综合应用人工、犬、仪器开展搜索定位，其中：重型救援队应配备搜索犬，没有搜索犬的队伍，也应掌握犬搜索的基本方法。"

分析与解读：该测评项目的说明实际上是描述了人工、犬、仪器能够相互配合使用，以确保搜索定位的准确性。三种搜索方式的综合应用是一个根据现场情况不断调整的过程，是三种搜索方式优缺点互补使用的过程。

● 序号：13.2.1；

测评项目："救援队在幸存者探测阶段是否有能力使用搜救犬？"

项目说明："重型救援队：在测评演练开始前，测评专家和演练控制组代表应就受困者位置达成一致。这个活动应在第一天场地检查时完成。"

分析与解读：这里重点需要理解的是项目说明中的内容，按照项目说明中所描述的情况，也就是说存在在测评演练开始前调换受困者被埋压位置的可能性。为了能够应对好这种要求的提出，队伍在进行废墟搭建和脚本设计的时候，应考虑两个方面的问题，第一是废墟中存在可供选择的多个受困者被埋压位置，而且确保每个位置都是安全的；第二是一旦调换，相对应的营救部分的脚本应如何及时做出调整。当然，考评组专家一般情况下不会提出调换受困者被埋压位置的要求，这也从另一方面要求废墟和脚本设计的合理性要强，要能够较高程度地还原废墟环境的复杂性，预设的难度能够充分体现重型救援队所具备的搜索与营救能力水平。

● 序号：13.2.2；

测评项目："搜救犬是否能在废墟下定位出被埋压的幸存者位置？"

项目说明："重型救援队：搜救犬应在各种倒塌建筑及废墟下找到受困者。在不同情况下（白天／夜晚），要求至少2只搜救犬进行搜索。"

分析与解读：该测评项目与说明，实际是提出了搜救犬作业环境应具备一定的复杂性，尤其是在不同的时间段。一般来说，在夜晚训导员对搜救犬在废墟上进行搜索的有效控制和引导将更有难度，测评组专家将考察训导员对灯光的使用。同时，搜救犬在夜间作业的状态也将受到考验，这就需要搜救犬队在日常训练计划中安排夜间搜索的训练项目。此外，还需要考虑到各种可能出现的天气对犬搜索开展带来的不良影响，如高温、低温、大雨、大风、大雪或者是冰雹等。

● 序号：13.2.3；

测评项目："没有搜救犬的队伍，应掌握犬搜索的基本方法。"

项目说明："重型救援队：可协调利用搜救犬开展搜索。"

分析与解读：一般情况下，不建议申报重型救援队测评的队伍使用该条测评项目中所描述的方法来进行犬搜索能力的展示。如需使用，必须在队伍申报材料中专门提出并说明，并在演练过程中安排其他队伍的搜救犬协同进行。

● 序号：13.8.3；

测评项目："搜救犬急救：由训犬员配合进行犬紧急救护。"

项目说明："该治疗可以由受训过的犬训练员或者救援队医疗人员来操作。队伍若无兽医随行，犬训练员又未受过医疗救护相关训练（如静脉注射），救援队保健医生则必须经过训练才能够进行施救。"

分析与解读：通常情况下，训导员应接受对犬只实施医疗救护的理论学习和实操训练。而该条测评项目最终需要说明的是，队伍中必须有人员具备相关医疗救护能力。上述文字中也提到了此方面的要求。

（二）间接关联部分

在教材的第一章节中，已经阐述了围绕犬搜索能力的展示与实现，还有许多相关环节和要素，其中很大一部分是体现在搜救犬队的建设与能力上。此外与队伍整体结构和各项能力水平也要求能够符合及得以体现。反之，队伍在开展相关工作时，同样需要考虑到对犬搜索的影响，或者是需要使用相应的信息和需求。这也就是在测评中间接关联的部分，对于间接关联的测评点，本教材不进行一一对应的分析和解读，队伍中相关人员在开展相关工作时，对犬搜索或者是搜救犬队有所考虑即可。以下是间接关联的测评点：

- 序号：3.3；

测评项目："救援队是否有队伍出队结构体系的相关管理文件？"

- 序号：4.1；

测评项目："救援队是否有调动足够的队员参与救援行动的机制？"

- 序号：4.2；

测评项目："救援队是否具备人员短缺的补充机制？"

- 序号：4.3；

测评项目："救援队是否确保队员在出队前身体健康，能够胜任艰苦环境下的救援行动？"

- 序号：6.1.1；

测评项目："培训计划。"

- 序号：7.2.2；

测评项目："救援队概况表。"

- 序号：7.2.4；

测评项目："装备清单。"

- 序号：8.3；

测评项目："救援队概况表是否完成？是否准备了多份纸质复印件方便在灾区使用？"

- 序号：10.3；

测评项目："基地运维与管理。"

- 序号：12.6；

测评项目："救援队是否正确使用标识系统？"

- 序号：13.1.5；

测评项目："救援队是否根据以上信息携带合适的搜索装备到工作场地？"

- 序号：14.1；

测评项目："救援队是否正确使用地震救援信号系统？"

- 序号：14.2；

测评项目："救援队员是否根据实际需求穿戴适当的个人防护装备？"

此外，作为救援队的一员，普通队员需要掌握的关于地震救援的理论知识，以及具体的任务信息和要求等，训导员都需要储备与了解。

三、现场作业技术要点

现场作业是体现犬搜索能力的核心阶段，主要包括到达现场和展开作业两个部分，以下的技术要点节选自《搜救犬训导员教材》，也是目前国家地震灾害紧急救援队搜救犬队在现场工作时的主要理论依据。

（一）到达现场

在到达灾区现场后首先选择环境安静、通风良好的地点构建简易营地，使训导员与搜救犬得到充分休息，同时做好执行任务前的准备。这时首先由搜救大队长和一名安全员对现场进行灾害了解、现场勘察、制定搜索方案等。

1. 灾害了解

在自然灾害救援的过程中，搜索与救援人员会碰到当地基础建设（如房屋、公路、公共场所、通信和公共设施）受到大量破坏的情况。这些破坏，例如电网中断、饮用水被污染、食物因不能冷冻而变质等，会对环境安全和生命带来危害；一次地震灾害发生后，余震会造成次生灾害，如火灾、海啸、滑坡、洪水、有害物质的泄漏、恶劣天气等，将会使问题更加复杂化，对灾民和搜救人员都会构成极大的威胁。在某种情况下，搜救人员还会冒着暴乱、恐怖主义活动和罪犯等带来的危险。

2. 现场勘察

搜救犬队长和一名安全员对灾害现场进行初步的勘察并做出评估，找出下列各项信息：

- 建筑物的用途；
- 建筑物内的人数；
- 被困幸存者的人数和他们的具体位置；
- 是否存在下列危险情况：
    - 煤气及其有关的设备是否安全；
    - 有无易燃、易爆品；
    - 电源是否安全；
    - 主要水管是否有破裂的危险。
- 建筑物（临近建筑物）结构的稳定性；
- 是否有未经训练的人员或当地灾民正在营救，如有应立即加以阻止；
- 全力救援那些看得见或听得着的受害者；
- 同时营救那些虽然看不见或听不着却容易接近的幸存者。

3. 制定搜索方案

根据搜索队长和安全员勘察后获得灾害现场的各项信息，对下一步展开作业制定相关的搜索方案：

第一种方案：根据灾害现场的面积大小和环境复杂的程度，可定为3只犬为一组的搜索方案——其中的第1只犬进行搜索；第2只犬准备进行确认定位；第3只犬待命注意休息替换；

第二种方案：根据灾害现场的面积大小和环境复杂的程度，可定为多犬同时进行搜索的方案——2只犬以上，根据实际灾害现场的情况，在不同的切入口对同一灾害现场进行共同搜索，但要保证最少1只犬进行确认定位；

第三种方案：根据灾害现场的面积大小和环境复杂的程度，可定为单犬与搜索设备相配合的搜索方案——根据实际灾害现场的情况，利用单犬或搜索设备进行搜索，两者可以相互进行搜索与确认定位。

（二）展开作业

只有当灾害现场没有任何危险时，根据制定的搜索方案，才能展开搜索与救援行动（根据搜救工作的实际情况，应不断调整搜救计划）。开展作业主要包括训导员的行为、犬搜索能力及工作报告。

1. 训导员的行为

（1）引导

根据灾害现场环境的复杂程度，训导员按照评估结果确认没有任何危险时，引导搜救犬投入工作。引导主要包括切入口的引导、安全路线的引导、怀疑幸存者位置的引导和变换在现场的引导等四种引导方法。

➢ 切入口的引导是指训导员在灾害现场能够帮助犬找到就近或相对安全的入口。

➢ 安全路线的引导是指犬在灾害现场进行搜索时会遇到复杂而且不安全的路段，这时犬需要训导员的正确指引。

➢ 怀疑幸存者位置的引导是指犬在对灾害现场进行搜索时，训导员根据现场提供的信息怀疑某处可能有幸存者，而后对犬进行的引导。

➢ 变换现场的引导是指在一处灾害现场搜索一定时间后，确认没有幸存者的存在，训导员引导犬对另一处灾害现场继续搜索。

（2）配合

根据灾害现场环境复杂的程度，训导员按照评估结果确认没有任何危险的情况下，命令搜救犬投入工作。在执行搜救任务和平时训练中的完美配合是至关重要的。配合主要包括训导员与犬的配合、训导员与指挥员的配合、训导员与队友的配合、训导员与知情者（目击者、家属）的配合等。

➢ 训导员与犬的配合是指训导员要充分了解犬的行为表现，知道犬想什么、需要什么，同时犬也明白训导员的指导意图和基本想法，并能够完美地做到。

➢ 训导员与指挥员的配合是指训导员要及时分阶段地向指挥官汇报灾害现场的搜救情况和进展，同时要请示、询问、了解相关灾情的发展变化。

➢ 训导员与队友之间的配合是指训导员向队友介绍自己的搜索过程和具体情况以及遇到的各种复杂环境与危险情况等。队友注意观察有无余震和其他危险，并及时提醒。

➢ 训导员与知情者（目击者、家属）的配合是指训导员向知情者询问现场情况，并在其中得到丰富的灾情（幸存者）信息，这样能够减少不必要的搜救时间。还要对知情者进行心理疏导，使知情者能够顺利配合进行搜救工作。

（3）观察

根据灾害现场环境的复杂程度，训导员按照评估结果确认没有任何危险的情况下，命令搜救犬投入工作，并且仔细观察现场情况的改变和犬的各种行为。观察主要包括现场观察、对犬的观察、风向的观察和危险情况的观察。

➢ 现场观察是指训导员通过对灾害现场的观察，能够充分了解灾害现场的安全部分和危险区域，同时制定搜索方案，给犬选择安全的入口。犬发现幸存者后，对发现的地点进行观察，确定幸存者的具体位置并做好标记。

➢ 对犬的观察是指训导员在犬执行搜索任务的过程中，应仔细观察犬的各种行为反应。如：摆尾、重嗅、扒、吠叫，犬是否需要帮助、是否受伤、搜索积极性等。

➢ 对危险情况的观察是指训导员对火情、化学药品、电源线路、废墟建筑等危险源的观察。地震灾害发生后，会有很多次的余震发生，犬在废墟搜索中训导员对余震的观察很重要，当余震发生时应及时命令犬停下来或迅速将犬找回。

➤风向的观察是指在每次开始对灾害现场进行搜索之前，训导员应利用简便的方法测定风向，而后令搜救犬迎着风向对灾害现场的幸存者进行搜索与定位。

2. 犬的搜索能力

● 搜救犬在灾害现场应具备良好的搜索意识、主动的搜索积极性并能够兴奋地独立工作。犬的搜索能力主要包括搜索动力、通过性、独立性、吠叫穿透力等。

● 搜索动力是指犬在灾害现场搜索积极性的高低、时间的长短、多处废墟的连续作业能力等。犬要在搜索作业中高标准地完成任务，其较强的搜索动力是一重要的环节。

● 通过性是指犬能够顺利通过灾害现场的复杂废墟和各种不同的障碍物。灾害现场的实际情况多种多样且不断变化，犬能否在这种复杂环境下顺利作业，通过性能力的高低将直接影响任务的完成。

● 独立性是指犬能够单独顺利地通过灾害现场各种复杂的废墟和障碍物等，不回头看主人，不依赖主人能够单独行动。在一些复杂或危险的现场，训导员不能离犬太近对犬进行直接指挥，所以犬的独立性作业尤为重要。

● 吠叫穿透力是指犬在发现幸存者后能够果断反应，并主动吠叫报警，吠叫的声音要洪亮，具有一定的爆发力和穿透力。现场具有幸存者气味的同时也存在着其他复杂的附属气味，所以犬能否对气味做出果断反应以及迅速报警将直接影响下一步的救援行动。

3. 工作报告

在每处灾害现场的搜索工作结束后，训导员要向指挥官进行搜索总结报告，报告的基本内容包括搜索结果、额外的搜索定位要求（通过其他搜索犬或技术搜索装备）、立即的急救措施、现场对幸存者的护理、根据搜索计划进行下一步的工作、搜索犬的状态等情况。

● 搜索结果：训导员每一处现场作业完毕后，要对自己在行动中的搜索情况向指挥官报告，其报告的内容有搜索的时间、幸存者的人数、遇难者人数等。

● 额外的搜索定位要求：当训导员带犬对所搜索区域有不确定的幸存者位置时，是否利用其他搜救犬进行重新确认或技术搜索装备进行确认等情况向指挥官报告。

● 立即的急救措施：训导员对搜救出伤情严重的幸存者进行急救处理的基本情况向指挥官报告。

● 现场对幸存者的护理：训导员对搜救出幸存者的伤情有所了解，并进行必要的护理措施，向指挥官报告并提出是否需要医疗救助。

● 根据搜索计划进行下一步的工作：充分了解下一步行动的内容，并就下一步搜索制订详细计划向指挥官报告。

● 搜索犬的状态等情况：搜索完毕后训导员仔细检查犬的身体情况和精神状态，就犬能否继续工作等情况向指挥官汇报。

4. 注意事项

● 在搜索作业前，训导员要仔细勘察现场情况，制定进入作业区域和应急撤离作业区域的安全路线；

● 时刻观察犬的作业行为，禁止犬捡食现场内的各种食物和水；

● 在犬与犬进行轮换作业时，选择犬合适的休息区域，禁止现场人员逗引和接触犬，保证轮换下来的犬具有充足的休息时间；

● 仔细观察犬的工作状态，在搜索过程中或搜索结束后，根据犬的实际情况及时给予补充水分，保证犬的良好工作状态。

第八章　吊装技术

一、吊装作业管理规范

起重机和挖掘机是现今建筑工程中的常用施工机械，也是比较容易在地震灾区获得的现场救援资源之一。如果大量的瓦砾或重型构件阻碍了救援队的行动，救援队可将其作为重型清除装备来使用，但应考虑是否会伤害到埋压在瓦砾中的幸存者。在已知幸存者被全部救出或判定受困者基本无生还可能的情况下，利用它们可快速地清除废墟瓦砾及搜寻遇难者尸体。

（一）起重作业人员行为规范

（1）起重吊装作业前，应根据现场要求，划定人员作业危险区域，设置醒目的警示标志，防止无关人员进入。

（2）必须要有指挥人员，作业半径内不得站人停留。

（3）必须经技术培训考核合格后，持有效的特种作业证上岗。

（4）起重机操作人员严禁擅离工作岗位，无吊装人员指挥不得起吊重物。

（5）吊装作业人员不得擅离岗位，工作中必须集中精神，注意指挥信号。

（6）每班交接班前后应对作业面进行一次全面检查，接班者未能明白交班内容，不得交班作业。

（7）每班下班前应仔细检查一遍钢丝绳，发现异常现象要及时报告，达到报废标准的钢丝绳要拆除。

（8）吊装人员在作业过程中如发现不正常现象或听到不正常声音时，应停机检查，未查出原因，禁止司机开机。

（9）在有6级强风的环境下，严禁吊装人员进行吊装作业。

（10）吊装作业时，应明确指挥人员，指挥人员应佩戴安全帽，安全帽应符合《安全帽》（GB 2811—2007）的规定。

（11）利用两台或多台起重机械吊运同一重物时，升降、运行应保持同步；各台起重机械所承受的载荷不得超过各自额定起重能力的80%。

（12）正式起吊前应进行试吊，试吊中检查全部机具、地锚受力情况，对接替工作的人员，应告知设备存在的异常情况及尚未消除的故障。

（13）对吊装作业审批手续齐全，安全措施全部落实，作业环境符合安全要求的，作业人员方可进行作业。

（二）起重吊具使用规范

（1）吊具及其与起重机械的连接方法应安全可靠；必要时，应有保证吊具安全作业的保护装置或措施。

（2）施工现场所用的吊具，如卸扣、钢丝绳套、吊带等，平时由专人组织维护与检查，使其保持良好工作状态。

（3）露天使用的吊具，其结构应避免积水。

（4）起重吊具必须有合格证明，方可投入使用。使用的所有吊索必须具有生产厂家证书，并在琵琶头上打出安全工作负荷。

（5）施工现场使用的所有吊具包括吊绳、吊耳和30吨以上卸扣等，至少每年进行一次第三方检验，并做好标识。

（6）吊具存在重大事故隐患，无改造、维修价值或者超过规定使用年限时，应及时申请报废。

（7）严禁利用管道、管架、电杆、机电设备等做吊装锚点。

（8）不准用吊钩直接缠绕重物，不得将不同种类或不同规程的索具混在一起使用。

（9）起重机械工作时，不得对起重机械进行检查和维修；有载荷的情况下，不得调整起升变幅机构的制动器。

（10）起吊重物就位前，严禁解开吊装索具。

（三）吊装作业信号使用规范

（1）吊装指挥人员信号使用必须准确、符合要求，严格按照信号规定安全指挥工作。

（2）指挥人员身体状况不好者（如有恐高症、近视、花眼等有碍正常作业），不得进行指挥作业。

（3）对吊装作业信号规定不清楚者，不得进行现场指挥作业。

（4）司机必须熟练掌握标准的通用手势信号和有关的各种指挥信号，并与指挥人员密切配合。

（5）夜间指挥作业信号必须清楚、正确，必须在现场可视的环境下进行。

（6）信号不明或可能引起事故时，应暂停作业，待处置完情况后方可继续作业。

（7）对紧急停车信号，不论由何人发出，均应立即执行。

二、吊装作业安全操作规程

（一）作业前的准备

（1）起重机进入现场，应检查作业区域周围有无障碍物。起重机应停放在平坦坚硬的地面上，伸出全部支腿。地面松软不平时，支腿应用垫木垫实，使起重机处于水平状态。

（2）各操纵杆应置于空挡位置，并锁住制动踏板。

（3）发动机在中速下接合输出动力，使液压油及各齿轮箱的润滑油预热15～20分钟，寒冷季节可适当延长预热时间。

（4）禁止起重机支腿在半伸出状态下进行吊装作业。

（5）放支腿时，应先放后支腿，后放前支腿；收支腿时，必须先收前支腿，后收后支腿。

（6）作业时，不要扳动支腿操作机构。如需调整支腿时，必须将重物放至地面，臂杆转至正前方或正后方，再进行调整。

（二）吊臂延伸和收存

（1）吊臂变幅应平稳，严禁猛然起落臂杆。

（2）变幅角度或回转半径应与起重量相适应。

（3）回转前要注意周围（特别是尾部）不得有人和障碍物。必须在回转运动停止后，方可改变转向。当不再回转时，应锁紧回转制动器。

（4）起吊作业应在起重机的侧向和后向进行，向前回转时，臂杆中心线不得越过支腿中心。

（5）第四节臂杆只有在第二、第三节全部伸出后才允许伸到需要的长度。

（6）带副杆的臂杆外伸时，要取出副杆根部销轴，并把它插入第一节下的固定销位。

（7）臂杆向外延伸，当超过限制器发生警报时，应立即停止，不得强行继续外伸。

（8）当臂杆外伸或降到最大工作位置时，要防止过负荷。

（9）在缩回时，臂杆角度不得太小，先缩回第四节，然后再将第二三节缩回。

（10）收存时应根据指挥信号，拆卸或存放副吊钩。收存时应特别注意不可将钢丝绳绞得太紧。

（三）提升和降落

（1）起吊前，应查表确定臂杆长度、臂杆倾角、回转半径及允许负荷间的相互关系，每一数据都应在规定范围以内。绝不许超出规定，强行作业。

（2）应定期检查起吊钢丝绳及吊钩的完好情况，保证有足够的强度。

（3）起吊前，要检查蓄能器压力矩限制器、过绕断路装置、报警装置等是否灵敏可靠。

（4）正式起吊时，先将重物吊离地面 20 ～ 50cm，然后停机检查重物绑扎的牢固性和平稳性、制动的可靠性，以及起重机的稳定性，确认正常后，方可继续操作。

（5）作业中如突然发生故障，应立即卸载，停止作业，进行检查和修理。禁止在作业时对运转部位进行修理、调整、保养等工作。

（6）当重物悬在空中时，司机不得离开操作室。

（7）起吊钢丝绳从卷筒上放出时，剩余量不得少于 3 圈。

（四）安全注意事项

（1）在提升或降落过程中，重物下方严禁人员停留或通过。

（2）严禁非操作人员进入起重机操作室。

（3）严禁斜吊、拉吊和起吊被其他重物卡压与地面冻结，以及埋设在地下的物件。

（4）开始工作前，必须仔细检查各操作手柄的位置，操作前一定要先发出信号。

（5）雨雪天气，为了防止制动器受潮失灵，应先经过试吊，确认可靠后，方可作业。

（6）起吊重物时，重物重心与吊钩中心应在同一垂直线上，绝不可偏置。回转速度要均匀，重物未停稳前，不准做反向操作。

（7）起吊重物越过障碍物时，重物底部至少应高出所跨越障碍物最高点 0.5m 以上。停机时，必须先将重物落地，不得将重物悬在空中停机。

（8）停工和休息时，不得将吊物、吊笼、吊具和吊索吊在空中。

三、吊装作业主要装备

（一）汽车起重机

汽车起重机是装在普通汽车底盘或特制汽车底盘上的一种起重机，其行驶驾驶室与起重操纵室分开设置。这种起重机的优点是机动性好，转移迅速。缺点是工作时须支腿，不能负荷行驶，也不适合在松软或泥泞的场地工作。汽车起重机的底盘性能等同于同样整车总重的载重汽车，符合公路车辆的技术要求，因而可在各类公路上通行。此种起重机一般备有上下车两个操纵室，作业时必需伸出支腿保持稳定。起重量的范围很大，从 8 ~ 1000t，底盘的车轴数，从 2 ~ 10 根，是产量最大，使用最广泛的起重机类型。

（二）挖掘机

挖掘机进行吊装作业，应确认吊装现场周围状况，使用高强度的吊钩和钢丝绳，吊装时要尽量使用专用的吊装装置；作业方式应选择微操作模式，动作要缓慢平衡；吊绳长短适当，过长会使吊物摆动较大而难以精确控制；要正确调整铲斗位置，防止钢线丝滑脱；施工人员尽量不要靠近吊装物，防止因操作不当发生危险。

四、吊装钢丝绳的使用

（一）钢丝绳选用及计算方法

1. 钢丝绳类型

常用钢丝绳根据绳股与绳的捻向可分为交捻绳、顺捻绳和混合捻绳。

（1）交捻绳：钢丝捻成股方向与股捻成绳的方向相反。特点是钢丝绳不会扭转和松散，吊装重物后不会转动。起重吊装作业中优先使用交捻绳。

（2）顺捻绳：钢丝捻成股与股捻成绳的方向相同。特点是比较柔软，但容易自行松散和具有扭转的倾向，在自由悬挂重物的吊装作业中不宜采用。

（3）混合捻绳：综合顺捻和交捻的综合捻法，钢丝绳中相邻两股或两层股的钢丝捻绕方向相反，具有顺捻和交捻两种钢丝绳的优点，因制造困难、价格高，使用较少。

交捻绳

顺捻绳

混合捻绳

2. 钢丝绳常用规格

起重吊装作业常用钢丝绳有 6×19+1、6×37+1、6×61+1 三种。其中数字"6"表示钢丝绳由 6 股组成，数字"19"、"37"、"61"表示每股由"19"、"37"、"61"根钢丝组成（同直径钢丝绳，钢丝越多绕性越好，但耐磨性下降），数字"1"表示 1 股麻芯或钢芯。6×19+1：绕性差，常用作拉索、缆风绳及制作起重索具。6×37+1：绕性比 6×19+1 钢丝绳好，适用于要求绳索严

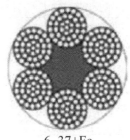

6-37+Fc

重受弯情况下使用。常用于起重吊装作业中捆扎、设备及穿绕滑车组及制作起重吊。制作吊索应采用交捻 6×37+1 型麻芯钢丝绳。

6×61+1：绕性好，易于弯曲，用于绑扎各类物件。但耐磨性差，常见于受载不大的情况下使用。

钢丝绳标记：例 6×37-20-1700 表示 6 股、每股 37 丝、钢丝绳直径为 φ20mm、钢丝绳抗拉强度为 1700MPa。起重吊装作业中，一般采用 GB/T 8918—1996《钢丝绳》中 6×19 和 6×37 钢丝绳，常用规格及性能参数见表 8-1 和表 8-2。

表 8-1 6×19 钢丝绳破断拉力

直 径		钢丝绳的抗拉强度 /MPa				
钢丝绳 /mm	钢丝 /mm	1400	1550	1700	1850	2000
		钢丝破断拉力总和 /kN				
6.2	0.4	20.00	22.10	24.30	26.40	28.60
7.7	0.5	31.30	34.60	38.00	41.30	44.70
9.3	0.6	45.10	49.60	54.70	59.60	64.40
11.0	0.7	61.30	67.90	74.50	81.10	87.70
12.5	0.8	80.10	88.70	97.30	105.50	114.50
14.0	0.9	101.00	112.00	123.00	134.00	114.50
15.5	1.0	125.00	138.50	152.00	165.50	178.50
17.0	1.1	151.50	167.50	184.00	200.00	216.50
18.5	1.2	180.00	199.50	219.00	238.00	257.50
20.0	1.3	21150	234.00	257.00	279.50	302.00
21.5	1.4	245.50	271.50	298.00	324.00	350.50
23.0	1.5	281.50	312.00	342.00	372.00	402.50
24.5	1.6	320.50	355.00	389.00	423.50	458.00
26.0	1.7	362.00	400.50	439.50	478.00	517.00
28.0	1.8	405.50	499.00	492.50	536.00	579.50
31.0	2.0	501.00	554.50	608.50	662.00	715.50
34.0	2.2	606.00	671.00	736.00	801.00	—
37.0	2.4	721.50	798.50	876.00	953.50	—
40.0	2.6	846.50	937.50	1025.00	1115.00	—
43.0	2.8	982.0	1080.5	1190.0	1295.0	—
46.0	3.0	1125.0	1245.0	1365.0	1490.0	—

表 8-2 6×37 钢丝绳破断拉力

直　径		钢丝绳的抗拉强度 /MPa				
		1400	1550	1700	1850	2000
钢丝绳 /mm	钢丝 /mm	钢丝破断拉力总和 /kN				
8.7	0.4	39.00	43.20	47.30	51.50	55.70
11.0	0.5	60.00	67.50	74.00	80.60	87.10
13.0	0.6	87.80	97.20	106.50	116.00	125.00
15.0	0.7	119.50	132.00	145.00	157.50	170.50
17.5	0.8	156.00	172.50	189.50	206.00	223.00
19.5	0.9	197.50	218.50	239.50	261.00	282.00
21.5	1.0	243.50	270.00	296.00	322.00	348.50
24.0	1.1	295.00	326.50	358.00	390.00	421.50
26.0	1.2	351.00	388.50	426.50	464.00	501.50
28.0	1.3	412.00	456.50	500.50	544.50	589.00
30.0	1.4	478.00	529.00	580.50	631.50	683.00
32.5	1.5	548.50	607.50	666.50	725.00	784.00
34.5	1.6	624.50	691.50	758.00	825.00	892.00
36.5	1.7	705.00	780.50	856.00	931.50	1005.00
39.0	1.8	790.00	875.00	959.50	1040.00	1125.00
43.0	2.0	975.50	1080.00	1185.00	1285.00	1390.00
47.5	2.2	1180.00	1305.00	1430.00	1560.00	—
52.0	2.4	1405.00	1555.00	1705.00	1855.00	—
56.0	2.6	1645.00	1825.00	2000.00	2175.00	—
60.5	2.8	1910.0	2115.0	2320.0	2525.0	—
65.0	3.0	2195.0	2430.0	2665.0	2900.0	—

3. 作业中，钢丝绳破断拉力 T 计算

$$T = (P \times K_1 \times K_2 \times K) / \Psi$$

式中，T 为钢丝绳破断拉力（查表），P 为钢丝绳实际需要承受的吊装载荷；K_1 为动载系数，取 $K_1=1.1$；K_2 为不均衡系数，单吊点取 $K_2=1$，双吊点以上取 $K_2=1.2$；Ψ 为钢丝捻制不均折减系数，对 6×19 绳，$\Psi=0.85$；对 6×37 绳，$\Psi=0.82$；K 为安全系数。

不同用途钢丝绳安全系数 K 选用见表 8-3。

表 8-3　钢丝绳安全系数 K 选用

钢丝绳用途	缆风绳	缆索起重机承重绳	电动起重设备跑绳	手动起重设备跑绳	无弯曲吊索	捆绑吊索	载人升降机及吊笼
安全系数	3.5	3.75	5 ~ 6	4.5	7	8 ~ 10	14

在实际工作中进行钢丝绳选用时，可根据实际计算所需要的钢丝绳破断拉力，在钢丝绳标准参数表中选用合适规格的钢丝绳，选用钢丝绳规格的同时，必须明确钢丝绳的抗拉强度。

在作业现场缺少图表资料时，可采用下式（仅为数据估算用，非规范公式）估算钢丝绳的破断拉力

$$SP = 500d^2$$

式中，SP 为钢丝绳的破断拉力，N；d 为钢丝绳的直径，mm。

（二）吊装作业中钢丝绳使用一般规定

起重吊装作业中，常见的被吊物捆绑方式是使用 2 根吊索，为减小吊索载荷及对被吊物的水平轴向压力，应将吊索与被吊物之间的水平夹角控制在 45°～ 60° 之间。夹角超过 90° 时，可使用平衡梁过渡，以减小吊索之间夹角。使用吊索直接捆绑被吊物时，被吊物存在棱边、棱角时，吊索与被吊物之间必须使用软物或半边管隔离保护。不同吊索、不同的水平夹角及不同载荷条件下，钢丝绳选择参照表 8-4 ～表 8-6。

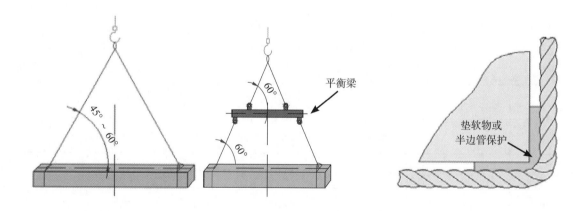

表 8-4　吊索与吊物水平夹角为 90° 不同载荷条件下钢丝绳规格选择参考

吊索根数	1		2		4	
吊索与吊物水平夹角	90°					
吊物重量 /10kN	所需钢丝绳破断拉力 /10kN	选用钢丝绳直径 /mm	所需钢丝绳破断拉力 /10kN	选用钢丝绳直径 /mm	所需钢丝绳破断拉力 /10kN	选用钢丝绳直径 /mm
1.0	10.7	15.0	5.4	11.0	3.2	11.0
2.0	21.5	21.5	10.7	15.0	6.4	13.0
3.0	32.2	26.0	16.1	19.5	9.7	15.0
4.0	42.9	30.0	21.5	21.5	12.9	17.5
5.0	53.7	32.5	26.8	24.0	16.1	19.5
6.0	64.4	36.5	32.2	26.0	19.3	21.5
7.0	75.1	39.0	37.6	28.0	22.5	21.5
8.0	85.9	43.0	42.9	30.0	25.8	24.0
9.0	96.6	43.0	48.3	32.5	29.0	26.0
10.0	107.3	47.5	53.7	34.5	32.2	26.0
12.5	134.1	52.0	67.1	36.5	40.2	28.0
15.0	161.0	56.0	80.5	43.0	48.3	32.5
17.5	187.8	60.5	93.9	43.0	56.3	34.5
20.0	214.6	65.0	107.3	47.5	64.4	36.5
22.5	—	—	120.7	52.0	72.4	39.0
25.0	—	—	134.1	52.0	80.5	43.0
27.5	—	—	147.6	56.0	88.5	43.0
30.0	—	—	161.0	56	96.6	43.0
35.0	—	—	187.8	60.5	112.7	52.0
40.0	—	—	214.6	65	128.8	52.0
45.0	—	—	—	—	144.9	56.0
50.0	—	—	—	—	161.0	56.0

表 8-5　使用 2 根吊索时，吊索与吊物不同水平夹角及不同载荷条件下，钢丝绳规格选择参考

（正常条件下，不宜使用 30° 夹角）

吊索根数	2					
吊索与吊物水平夹角	60°		45°		30°	
吊物重量 /10kN	所需钢丝绳破断拉力 /10kN	选用钢丝绳直径 /mm	所需钢丝绳破断拉力 /10kN	选用钢丝绳直径 /mm	所需钢丝绳破断拉力 /10kN	选用钢丝绳直径 /mm
1.0	7.4	13.0	9.1	15.0	12.9	17.5
2.0	14.9	19.5	18.2	19.5	25.8	24.0
3.0	22.3	21.5	27.3	24.0	38.6	28.0
4.0	29.7	26.0	36.4	28.0	51.5	32.5
5.0	37.2	28.0	45.5	30.0	64.4	36.5
6.0	44.6	30.0	54.6	34.5	77.3	39.0
7.0	52.0	52.5	63.7	36.5	90.1	43.0
8.0	59.5	34.5	72.8	39.0	103.0	47.5
9.0	66.9	36.5	82.0	43.0	115.9	47.5
10.0	74.4	39.0	91.1	43.0	128.8	52.0
12.5	92.9	43.0	113.8	47.5	161.0	56.0
15.0	111.5	47.5	136.6	52.0	193.2	65.0
17.5	130.1	52.0	159.4	56.0	—	—
20.0	148.7	56.0	182.1	60.5	—	—
22.5	167.3	60.5	204.9	65.0	—	—
25.0	185.9	60.5	—	—	—	—
27.5	204.5	65.0	—	—	—	—

表 8-6　使用 4 根吊索时，吊索与吊物不同水平夹角及不同载荷条件下，钢丝绳规格选择参考

（正常条件下，不宜使用 30° 夹角）

吊索根数	4					
吊索与吊物水平夹角	60°		45°		30°	
吊物重量 /10kN	所需钢丝绳破断拉力 /10kN	选用钢丝绳直径 /mm	所需钢丝绳破断拉力 /10kN	选用钢丝绳直径 /mm	所需钢丝绳破断拉力 /10kN	选用钢丝绳直径 /mm
1.0	3.7	11.0	4.6	11.0	6.4	13.0
2.0	7.4	13.0	9.1	15.0	12.9	17.5
3.0	11.2	17.5	13.7	17.5	19.3	21.5
4.0	14.9	19.5	18.2	19.5	25.8	24.0
5.0	18.6	19.5	22.8	21.5	32.2	26.0
6.0	22.3	21.5	27.3	24.0	38.6	28.0
7.0	26.0	24.0	31.9	26.0	45.1	30.0
8.0	29.7	26.0	36.4	28.0	51.5	32.5
9.0	33.5	26.0	41.0	30.0	58.0	34.5
10.0	37.2	28.0	45.5	30.0	64.4	36.5
12.5	46.5	30.0	56.9	34.5	80.5	43.0
15.0	55.8	34.5	68.3	36.5	96.6	47.5
17.5	65.1	36.5	79.7	43.0	112.7	47.5
20.0	74.4	39.0	91.1	43.0	128.8	52.0
22.5	83.6	43.0	102.4	47.5	144.9	56.0
25.0	92.9	43.0	113.8	47.5	161.0	56.0
27.5	102.2	47.5	125.2	52.0	177.1	60.5
30.0	111.5	47.5	136.6	52.0	193.2	65.0
35.0	130.1	52.0	159.4	56.0	—	—
40.0	148.7	56.0	182.1	60.5	—	—
45.0	167.3	60.5	204.9	65.0	—	—
50.0	185.9	60.5	—	—	—	—

（三）钢丝绳使用期间折减系数及报废标准

1. 钢丝绳使用折减系数

钢丝绳一个节距内断丝折减系数见表8-7。

表8-7　钢丝绳一个节距内断丝折减系数

钢丝绳破断力的折减系数	钢丝绳的断丝数					
	6×19 + 1		6×37 + 1		6×61 + 1	
	交捻	顺捻	交捻	顺捻	交捻	顺捻
0.95	5	3	11	6	18	9
0.90	10	5	19	9	19	14
0.83	14	7	28	14	40	20
0.80	17	8	33	16	43	21
0	>17	>8	>33	>16	>43	>21

钢丝绳表面磨损或腐蚀量折减系数见表8-8。

表8-8　钢丝绳表面磨损或腐蚀量折减系数

钢丝绳表面磨损或腐蚀占直径的百分比	10%	15%	20%	25%	30%	30% 以上
折减系数	0.8	0.7	0.65	0.55	0.50	0

2. 钢丝绳报废标准

钢丝绳出现如下情况之一时禁止使用，应予以报废：

（1）钢丝绳无规律损坏，在6倍钢丝绳直径的长度范围内可见断丝总数超过钢丝总数的5%时；

（2）磨损或锈蚀严重，钢丝的直径减小到其直径的40%时；

（3）钢丝绳失去正常状态，产生严重变形时；

（4）出现严重磨损，在任何部位实测钢丝绳直径不到原公称直径的90%时；

（5）因打结、扭曲、挤压造成的钢丝绳畸变、压破、芯损坏，或钢丝绳压扁超过原公称直径的20%。

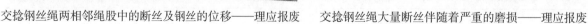

交捻钢丝绳两相邻绳股中的断丝及钢丝的位移——理应报废　　交捻钢丝绳大量断丝伴随着严重的磨损——理应报废

严重弯折——理应报废

钢丝绳大面积变形——理应报废

局部被压裂造成绳股间不平衡加之断丝的——理应报废

钢芯挤出，严重破损的——理应报废

五、吊装带的使用

（一）吊装带的种类及选用

1.吊装带的分类

合成纤维吊装带简称吊装带，由聚酰胺、聚酯和聚丙烯合成纤维材料制成。可分为扁平吊带和圆形吊带，两端可带环状扣，目前多用吊带为扁平吊带。扁平吊带为柔性吊装带，由缝制织带部件组成，带或不带端配件，用于将载荷连接到起重机的吊钩或其他起重设备上。圆形吊带是由无级环绕平行排列的多股集束强力纱而组成的闭合承载芯，多股集束强力纱起承载作用，其外部织成的保护套包住，此保护套只起保护作用，而不起承载作用，能使吊装带使用寿命延长。

2.吊装带的特点

（1）能很好地保护被吊物品，使其表面不被损坏；

（2）使用过程中有减震、不腐蚀、不导电，在易燃易爆的环境下不产生火花；

（3）重量只有金属吊具的20%，便于携带及进行吊装准备工作；

（4）弹性伸长率较小，能减少反弹伤人的危险。

3.吊装带以颜色来区分额定载荷

紫色1吨、青色2吨、黄色3吨、灰色4吨、橘红色5吨、咖啡色6吨、蓝色8吨、10吨以上为橘黄色。

（二）合成纤维吊装带

为防止吊装带极限工作载荷标记磨损不清发生错用，吊装带本身以颜色区分：紫色为1000kg，青色为2000kg，黄色为3000kg，灰色为4000kg，10000kg以上位橘黄色。

（三）吊装带使用的安全注意事项

（1）不允许超负荷使用吊装带，如同时使用几条时，应尽可能是负荷均布在几条吊装带上。

（2）不允许将软环同可能对其造成损坏的装置连接起来，

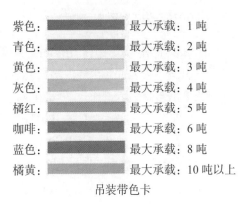

紫色：	最大承载：1吨
青色：	最大承载：2吨
黄色：	最大承载：3吨
灰色：	最大承载：4吨
橘红：	最大承载：5吨
咖啡：	最大承载：6吨
蓝色：	最大承载：8吨
橘黄：	最大承载：10吨以上

吊装带色卡

软环连接的吊挂装置应是平滑、无任何尖锐的边缘，其尺寸和形状不应撕开吊装带缝合处。

（3）移动吊装带和货物时，不要拖曳。

（4）不要使吊装带打结、打拧，不允许吊装带悬挂吊物时间过长。

（5）不允许使用没有护套的吊装带承载有尖角、棱边的货物。

（6）如果在高温场合或吊运化学物质等非正常环境下使用吊装带，应按照制造商的指导、建议进行使用。

（7）吊装带弄脏或在有酸碱倾向的环境中使用后，应立即用凉水冲洗干净。

（8）吊装带应在避光和无紫外线辐射的条件下存放，不应把吊装带存放在明火旁或其他热源附近。

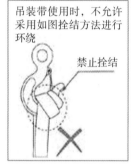

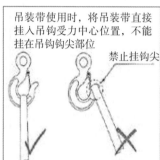

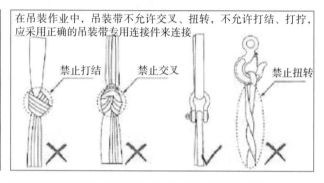

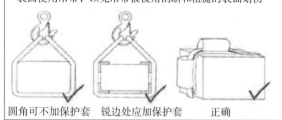

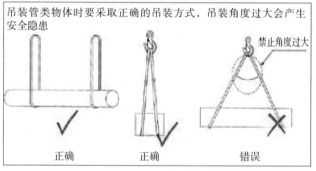

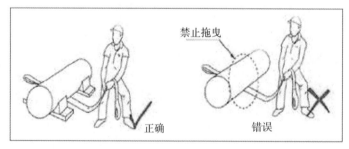

（四）吊装带报废标准

出现以下情况之一时，吊装带应予以报废：

（1）吊装带表面（含外保护套）不应有横向、纵向擦破或割断，出现类似情况应予以报废；

（2）吊装带表面纤维严重磨损，局部绳径变细或任一绳股磨损达原绳股的1/4；

（3）吊装带内部绳股间出现破断，有残存碎纤维或纤维颗粒；

（4）吊装带纤维出现软化或老化，表面粗糙，纤维极易剥落，弹性变小，强度减小；

（5）编接处破损，绳股拉出，索眼损坏；

（6）吊装带出现死结，承载接缝绽开，缝线磨断，带有红色警戒线吊装带的警戒线裸露。

（五）吊钩使用注意事项

（1）吊钩使用时，不允许吊钩用于侧载荷、背载荷和尖部载荷；

（2）使用吊钩时，应将索具端部件挂入吊钩受力中心位置，不能直接挂入吊钩钩尖部位；

（3）当将两个吊索放入吊钩时，从垂直平面至吊索拉开的角度不能大于45°，且两个吊索之间的夹角不许超过90°。

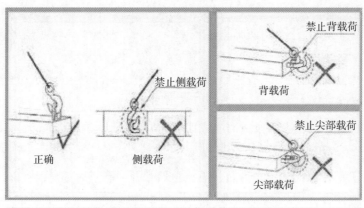

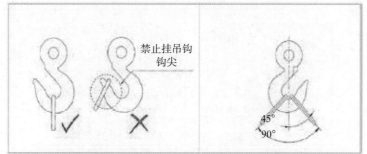

吊钩出现以下情况之一时，禁止使用，应予以报废：

①表面有裂纹及破口；

②钩尾部和螺纹部分等危险断面及钩筋有永久性变形时；

③挂绳处断面磨损量超过原高度的10%时；

④心轴磨损量超过其直径的5%时；

⑤开口度比原尺寸增加15%时；

⑥扭转变形超出10%；

⑦吊钩曾有过焊补或有焊补痕迹的。

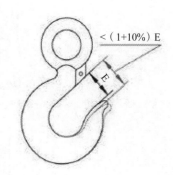

六、吊装指挥信号识别与应用

吊装机械（含特种车辆）进行救援作业有其特殊性，一是机械操作手所处的位置不便于近距离观察，二是机械操作噪声大。因此大型工程机械通常采用统一的指挥信记号进行联络通信。

（一）吊车作业的手语指挥

GB 5082—1985国家标准对国内吊车作业的手语指挥信号做出了统一规范，其常用手语如下。

动作说明：预备（注意）。手臂伸直置于头上方，五指自然张开，手心超前保持不动（图8-1）。

图 8-1　预备（注意）　　　　图 8-2　要主钩　　　　图 8-3　要副钩

要主钩。单手自然握拳，轻触头顶（图 8-2）。要副钩。单手握拳，小臂向上不动，另一只手手心轻触握拳手肘部（图 8-3）。

　　动作说明：吊钩上升。小臂向侧上方伸直，五指自然张开，高于肩部，以腕部为轴转动（图 8-4）。吊钩下降。小臂向侧下方伸直，与身体夹角约为30°，五指自然张开，以腕部为轴转动（图 8-5）。

图 8-4　吊钩上升　　　　　　图 8-5　吊钩下降

　　动作说明：吊钩水平移动。小臂向侧上方伸直，五指并拢手心朝外，朝负载运行的方向，向下挥动到与肩平齐的位置（图 8-6）。

图 8-6　吊钩水平移动

动作说明：吊钩微微上升。小臂向侧前上方，手心朝上高于肩部，以腕部为轴，重复向上摆动手掌（图8-7）。吊钩微微下降。手臂伸向侧下方伸直，与身体夹角约为30°，手心朝下，以腕部为轴，重复向下摆动手掌（图8-8）。吊钩水平微微移动。小臂向侧上方自然伸出，五指并拢手心朝外，朝负载运行的方向，重复做缓慢的水平运动（图8-9）。

图8-7 吊钩微微上升　　图8-8 吊钩微微下降　　图8-9 吊钩水平微微移动

动作说明：升臂。手臂向一侧水平伸直，拇指朝上，余指握拢，小臂向上摆动（图8-10）。

动作说明：降臂。手臂向一侧水平伸直，拇指朝下，余指握拢，小臂向下摆动（图8-11）。

图8-10 升臂　　　　　　　　　图8-11 降臂

动作说明：微微升臂。右小臂置于胸前，五指伸直，手心朝下，保持不动，左手的拇指对着右手手心，余指握拢，做上下往复运动。根据现场作业需要，此动作可左右手互换，如选择将左小臂置于胸前，右手照此法动作（图8-12）。

动作说明：微微降臂。右小臂置于胸前，手心朝上，保持不动，左手的拇指对着右手心，余指握拢，做上下运动。如选择将左小臂置于胸前，右手照此法动作（图8-13）。

动作说明：伸臂。两手分别握拳，拳心朝上，拇指指向两侧，做反向运动（图8-14）。

动作说明：缩臂。两手分别握拳，拳心朝下，拇指对指，做相向运动（图8-15）。

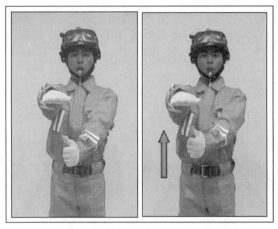

图 8-12　微微升臂

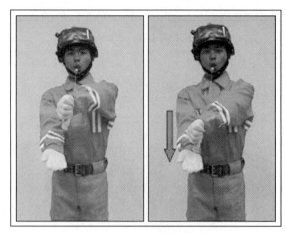

图 8-13　微微降臂

图 8-14　伸臂

图 8-15　缩臂

　　动作说明：吊车前进。通常指挥员站于吊车前方，双臂向前伸，小臂曲起，五指并拢，以肘部为轴，手心朝向自己，前后反复摆动（图 8-16）。

　　动作说明：吊车后退。通常指挥员应站于吊车前方，双臂向前伸，小臂曲起，五指并拢，以肘部为轴，手心朝向吊车，前后反复摆动（图 8-17）。

图 8-16　吊车前进

图 8-17　吊车后退

动作说明：指示降落位置。五指并拢伸直，指尖朝向方向为负载应降落的位置（图 8-18）。

动作说明：停止。小臂水平置于胸前，五指张开，手心朝下，水平挥向一侧（图 8-19）。

图 8-18　指示降落位置　　　　　　　　　　图 8-19　停止

动作说明：紧急停止。两小臂水平置于胸前，五指张开，手心朝下，同时水平挥向两侧（图 8-20）。

动作说明：工作结束。双手张开，五指并拢，掌心朝外，在额前交叉（图 8-21）。

图 8-20　紧急停止　　　　　　　　　　　图 8-21　工作结束

（二）吊车的旗语指挥

GB 5082—1985 国家标准同样对吊车作业的旗语指挥信号也做出了统一规范，其常用旗语如下。

动作说明：预备（注意）。单手持红旗上举（图 8-22）。要主钩。单手自然握拳持红绿旗，旗头轻触头顶（图 8-23）。要副钩。单手握拳，小臂向上不动，另一只手拢红绿旗，旗头触握拳手肘部（图 8-24）。

动作说明：吊钩上升。绿旗上举，红旗自然下放（图 8-25）。吊钩下降。绿旗拢起下指，红旗自然下放（图 8-26）。

动作说明：吊钩微微上升。绿旗上举，红旗拢起横在绿旗上，两旗互相垂直（图 8-27）。吊钩微微下降。绿旗拢起下指，红旗横在绿旗下，两旗互相垂直（图 8-28）。

图 8-22　预备（注意）

图 8-23　要主钩

图 8-24　要副钩

图 8-25　吊钩上升

图 8-26　吊钩下降

图 8-27　吊钩微微上升

图 8-28　吊钩微微下降

动作说明：升臂。红旗上举，绿旗自然放下（图 8-29）。降臂。红旗拢起下指，绿旗自然放下（图 8-30）。

动作说明：微微升臂。红旗上举，绿旗拢起横在红旗上方，两旗互相垂直（图 8-31）。微微降臂。红旗拢起下指，绿旗横于红旗下方，两旗互相垂直（图 8-32）。

图 8-29　升臂

图 8-30　降臂

图 8-31　微微升臂

图 8-32　微微降臂

动作说明：伸臂。两旗分别拢起横在身体两侧，旗头外指 (图 8-33)。缩臂。两旗分别拢起，横于胸前，旗头对指 (图 8-34)。

动作说明：指示降落位置。单手拢绿旗，旗头转动，指向负载应降落的位置 (图 8-35)。

图 8-33　伸臂　　　　　　图 8-34　缩臂　　　　　图 8-35　指示降落位置

动作说明：吊车前进。指挥员通常站于吊车前，两旗分别拢起，向前上方伸出，旗头朝上并向后 (朝身体方向) 摆动 (图 8-36)。

动作说明：吊车后退。指挥员通常站于吊车前，两旗分别拢起，向前伸出，旗头朝前 (朝吊车方向) 并向下摆动 (图 8-37)。

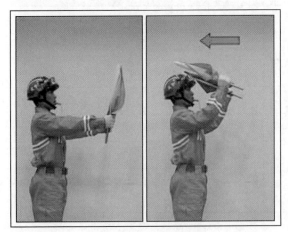
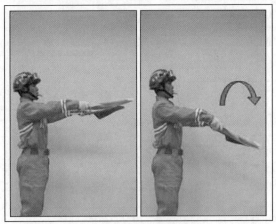

图 8-36　吊车前进　　　　　　　　　图 8-37　吊车后退

动作说明：停止。单旗水平左右往复摆动，另一面旗自然放下 (图 8-38)。

动作说明：紧急停止。双手持旗，同时水平左右往复摆动 (图 8-39)。

动作说明：工作结束。双手持旗于额前交叉 (图 8-40)。

图 8-38 停止

图 8-39 紧急停止

图 8-40 工作结束

（三）工程机械通用的简易信号

在进行工程机械旗语指挥时，左手持绿旗，右手持红旗，不发信号时自然下垂。手语主要用于近距离的指挥，灯语用于夜间和能见度较差情况下的指挥。指挥信号规定见表 8-9。

表 8-9 工程机械指挥简易信号

信号内容	旗 语	信号灯	手 势
注意	红旗高举不动	红 -	右手握拳高举不动
明白	红、绿旗向右上方伸出，绿旗衔接于红旗之下	红 · · ·	右手向右上方伸出，左手扶于右肘部
不明白	红、绿旗向左上方伸出，红旗衔接于绿旗之下	红 ---	左手向左上方伸出，右手扶于左肘部
全体集合	红旗高举，在头顶上画圆圈	红 --	右手高举，在头顶上画圆圈
换班	红、绿旗高举，在头顶交叉摆动 3 次	红 ---	左、右手高举，在头顶交叉摆动 3 次
上机	红、绿旗先向右、左平伸再同时高举 3 次	红 · ·	两手先左、右平伸，再同时高举 3 次
下机	红、绿旗同时右、左平伸突然放下，连做 3 次	红 · - ·	两手同时右、左平伸，突然放下，连做 3 次
启动发动机	红旗在胸前画大圈	红 - · ·	右手在胸前画大圈
熄火	红、绿旗在前下方交叉摆动	红 · ---	左右手在前下方交叉摆动
纵队前进	绿旗高举，转向前进方向，红旗向前摆 3 次	绿 · -	左手先高举，转向前进方向，右手向前摆动 3 次
停止前进	红、绿旗高举头顶，交叉不动	红 - ·	两手高举，交叉不动
倒机	绿旗高举，红旗指向倒机方向摆动，机械到位后将红绿旗高举交叉不动	绿 · ---	左手高举，右手指向倒机方向，到位后两手交叉不动
调头	绿旗指向调头机械，红旗收拢旗尖向下，在身前画圆圈	绿 ---	左手指向调头机械，右手在腹前水平画圆圈
加速前进	绿旗伸出驾驶室左侧门外旗尖向上前后摆动	绿 · - ·	左手伸出驾驶室，掌心向前，手臂向上，前后摆动
减速前进	红旗伸出驾驶室左侧门外旗尖前后摆动	绿 · - ·	左手伸出驾驶室，掌心向下，手臂上下摆动
加大距离	红旗伸出驾驶室左侧门外不动	绿 · --	左手伸出驾驶室不动

续表

信号内容	旗　语	信号灯	手　势
缩小距离	绿旗伸出驾驶室左侧门外上下摆动	绿 - · ·	左手伸出驾驶室，掌心向上手臂向上摆动
准许"超车"	前面的机械将绿旗伸出驾驶室左侧门外前后摆动	绿 · · · -	左手伸出驾驶室左侧门外前后摆动
机械故障	红旗高举，绿旗在胸前画圈	红 · · - ·	右手高举，左手在胸前画大圈
检查机械	红、绿旗同时向左右平伸，上下摆动	绿 · · --	两手同时向左右平伸，上下摆动
出场	绿旗平伸，红旗指向机械行驶方向，红旗先指向机械再平摆指向前进方向	绿 · -	左手指向机械行驶方向，右手先指机械，再平摆指向前进方向
休息（停机检查）	左手持红、绿旗高举不动	红 · --	两手握拳，高举不动
开始驾驶（作业）	绿旗高举，在头上画圆圈随后突然放下	绿 · ·	左手高举，在头上画圆圈，随后突然放下
备注	灯光图解含义："· ·"为短，"-"为长，"…"为短连续，"---"为长连续；在发信号前，应先用小喇叭哨音提醒人员注意；长纵队行军或广阔作业场训练施工，接到指示信号后，应向远处传递信号		

七、吊装作业分级和人员职责

（一）吊装作业分级

吊装作业按吊装重物的重量分为四级。

（1）吊装重物的重量大于 80 吨时，为一级吊装作业；

（2）吊装重物的重量大于等于 40 吨，小于等于 80 吨时，为二级吊装作业；

（3）吊装重物的重量大于 5 吨，小于等于 40 吨时，为三级吊装作业；

（4）吊装重物的质量小于 5 吨时，为四级吊装作业。

（二）人员职责

1. 指挥人员职责

（1）掌握起重、吊装任务的技术要求，解吊装物的情况；

（2）参加编制吊装作业方案制定、危险辨识和安全措施制定；

（3）组织起重吊装作业人员进行安全技术交底，确认指挥信号；

（4）选择和确定吊点及吊装器具；

（5）对作业现场进行地貌踏勘，排除起重吊装的障碍物，检查高压线路是否对作业有影响，是否需要迁移，检验地面平整程度及时耐压程度，确定起重机在作业时的位置，实地察看吊物，核算重量，估出重心，确定是否使用牵引绳等。

2. 吊装机械司机职责

（1）司机必须听从指挥人员的指挥，当指挥信号不明时，司机应发出"重复"信号询问，明确指挥意图后，方可启动；

（2）对起重机及作业现场进行检查，确定达到安全作业条件；

（3）司机必须熟练掌握标准中规定的通用手势信号和有关的各种指挥信号，并与指挥人员密切配合；

（4）司机在开车前必须鸣笛示警，必要时在吊装中应当鸣笛，通知受负载威胁的地面人员撤离；

（5）在吊装过程中，司机对任何人发出的"紧急停止"信号都应服从。

3. 司索人员职责

（1）必须穿戴好劳动防护用品，明确工作任务，检查作业现场是否合乎要求；

（2）司索人员交接班时，应对吊装索具及起重设备进行检查，发现不正常时，必须在操作前排除；

（3）根据吊装物件正确选用吊装工具和吊装方法，选择绑扎点，绑扎牢固，尖锐边角处用软物垫好；

（4）工作时应事先清理吊装地点及运行通道上的障碍物，清理无关人员，选择安全位置；

（5）严格按照作业方案和作业规程进行作业；

（6）工作结束后，将可用工具擦净油垢做好维护保养。

4. 安全人员职责

（1）熟悉作业区域的环境、作业活动危险有害因素和安全控制措施，具备吊装监护经验，具备判断和处理异常情况的能力，掌握急救知识；

（2）作业前核实安全措施落实情况，并随时进行监督检查，发现安全措施不完善时，有权提出停止作业；

（3）配备必要的救护用具，严禁擅自离岗，不得做与监护无关的工作；

（4）认真检查吊装作业使用的安全防护用品、器具，并符合安全标准，监督作业人员正确使用；

（5）作业过程中及时制止吊装作业人员的违规行为；

（6）及时制止与作业无关的人员进入吊装区域，制止所有人员在吊物下通行或逗留。

八、附录

（一）吊装带载荷图表

单根吊装带工作载荷（最大）kg

				$7°<\beta<45°$
扁平吊装带				
圆形吊装带				
成套软索具				
方式系数	1.0	0.8	2.0	1.4
1000kg	1000	800	2000	1400
2000kg	2000	1600	4000	2800
3000kg	3000	2400	6000	4200
4000kg	4000	3200	8000	5600
5000kg	5000	4000	10000	7000

续表

6000kg		6000	4800	12000	8400
8000kg		8000	6400	16000	11200
10000kg		10000	8000	20000	14000
12000kg		12000	9600	24000	16800
15000kg		15000	12000	30000	21000
20000kg		20000	16000	40000	28000
25000kg		25000	20000	50000	35000
30000kg		30000	24000	60000	42000
40000kg		40000	32000	80000	56000
50000kg		50000	40000	100000	70000
60000kg		60000	48000	120000	840000
80000kg		80000	64000	160000	112000
100000kg		100000	80000	200000	140000
200000kg		200000	160000	400000	280000
300000kg		300000	240000	600000	420000
400000kg		400000	320000	800000	560000
500000kg		500000	400000	1000000	700000
600000kg		600000	480000	1200000	840000
700000kg		700000	560000	1400000	980000
800000kg		800000	640000	1600000	1120000
900000kg		900000	720000	1800000	1260000
1000000kg		1000000	800000	2000000	1400000

注：$M=$ 对称承载方式系数，吊装带或吊装带零件的安装公差：垂直方向为6°；

吊装带的最大工作载荷与吊装方式有很大的关系，吊装角度不同，其吊装最大工作载荷也不相同。

	单根吊装工作载荷（最大）/kg			双根吊装工作载荷（最大）/kg			
	$45°<\beta<60°$	$7°<\beta<45°$	$45°<\beta<60°$	$7°<\beta<45°$	$7°<\beta<45°$	$45°<\beta<60°$	$45°<\beta<60°$
扁平吊装带							
圆形吊装带							
成套软索具							

续表

方式系数		单根吊装工作载荷（最大）/kg			双根吊装工作载荷（最大）/kg			
		1.0	0.7	0.5	1.4	1.12	1.0	0.8
1000kg		1000	700	500	1400	1120	1000	800
2000kg		2000	1400	1000	2800	2240	2000	1600
3000kg		3000	2100	1500	4200	3360	3000	2400
4000kg		4000	2800	2000	5600	4480	4000	3200
5000kg		5000	3500	2500	7000	5600	5000	4000
6000kg		6000	4200	3000	8400	6720	6000	4800
8000kg		8000	5600	4000	11200	8960	8000	6400
10000kg		10000	7000	5000	14000	11200	10000	8000
12000kg		12000	8400	6000	16800	13440	12000	9600
15000kg		15000	10500	7500	21000	16800	15000	12000
20000kg		20000	14000	10000	28000	22400	20000	16000
25000kg		25000	17500	12500	35000	28000	25000	20000
30000kg		30000	21000	15000	42000	33600	30000	24000
40000kg		40000	28000	20000	56000	44800	40000	32000
50000kg		50000	35000	25000	70000	56000	50000	40000
60000kg		60000	42000	30000	84000	67200	60000	48000
80000kg		80000	56000	40000	112000	89600	80000	64000
100000kg		100000	70000	50000	140000	112000	100000	80000
200000kg		200000	140000	100000	280000	224000	200000	160000
300000kg		300000	210000	150000	420000	336000	300000	240000
400000kg		400000	280000	200000	560000	448000	400000	320000
500000kg		500000	350000	250000	700000	560000	500000	400000
600000kg		600000	420000	300000	840000	672000	600000	480000
700000kg		700000	490000	350000	980000	784000	700000	560000
800000kg		800000	560000	400000	1120000	896000	800000	640000
900000kg		900000	630000	450000	1260000	1008000	900000	720000
1000000kg		1000000	700000	500000	1400000	1120000	1000000	800000

（二） 吊装作业许可证（样本）

吊装地点		吊装工具名称	
吊装人员		特种设备操作证	
安全监护人员		吊装指挥（负责人）	
吊装内容		起吊重物质量 /t	
作业时间	自 年 月 日 时 分至 年 月 日 时 分		

安全条件确认（一般安全条件在背面）√

	危险因素辨识	对应安全措施	确认
1			
2			
3			
4			
5			
6			
7			
8			
9			
10			

作业负责人安全条件确认签字	
作业所在单位负责人意见	
作业单位安全负责人审核签字	
作业单位负责人审批签字	
业务主管部门审核	
业务分管负责人审批	

（三）起升高度曲线表

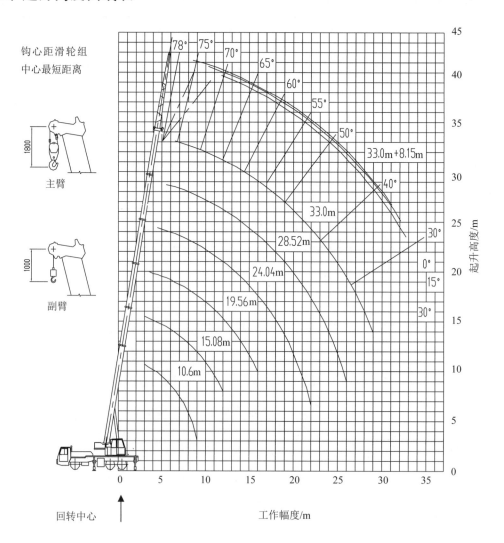

第九章 　工程机械救援技术

一、推土机

（一）用途与分类

1.用途

推土机是以履带或轮胎式牵引车或拖拉机为主机，在其前端装有推土装置，依靠主机的顶推力，对土石方、散状物料进行切削或推运的铲土运输机械。一般适用于100m运距内进行开挖、推运、回填土壤或其他物料作业，还可用于完成牵引、松土、压实、清除树桩等作业。在军事工程中主要用于：

①清除作业地段内的小树丛、树墩和石块等障碍物；

②构筑路基，维护和抢修道路；

③构筑技术兵器掩体、工事平底坑和防坦克障碍；

④填塞壕沟、弹坑，修筑机场，平整场地及对工事进行覆土作业；

⑤构筑急造军路和在沾染地域内开辟通路；

⑥完成灾害抢险救援中工程作业任务。

2.分类

推土机的种类较多，可从以下几个方面分类。

（1）按用途分为普通型和专用型推土机

普通型推土机通用性好，可广泛用于各类土方工程作业，是目前使用较多的推土机。

专用型推土机有军用推土机、湿地推土机和水陆两用推土机等。军用推土机主要用于国防建设，平时用于战备施工，战时可快速清除障碍，开辟通路。湿地推土机为低比压履带式推土机，适宜沼泽地作业。水陆两用推土机主要用于浅水区或沼泽地带作业，也可在陆上使用。

（2）按发动机功率大小分为小型、中型、大型和特大型推土机

小型推土机的功率在44kW以下；中型推土机的功率在44～103kW之间；大型推土机的功率在103～235kW之间；特大型推土机的功率在235kW以上。

（3）按主机行走方式分为履带式和轮胎式推土机

履带式推土机重心低，稳定性好，接地面积大，接地比压小，附着性能和通过性能好，适于在松软土壤和复杂地段作业。但重量大，行驶速度低，机动性差，对路面破坏较为严重，行军和转场时需要专用车辆载运。

轮胎式推土机行驶速度快，机动性能好，适于随伴部队机动。但轮胎的接地面积小，接地比压大，通过能力差，在松软地段上作业时易打滑和下陷，作业效率低。

（4）按传动方式分为机械式、液力机械式和全液压式推土机

机械传动式推土机采用机械式传动，具有工作可靠，制造简单，传动效率高，维修方便等优点。但操作费力，传动装置对负荷的自适应能力差，容易引起柴油机熄火，降低了作业效率。目前大中型推土机已很少采用机械式传动。

液力机械传动式推土机采用液力变矩器与动力换挡变速器组合的传动装置，具有自动无级变扭，自动适应外负荷变化的能力，柴油机不易熄火，可带载换挡，减少了换挡次数，操作轻便灵活，作业效率高等优点。其缺点是液力变矩器在工作中容易发热，降低了传动效率，同时传动装置结构复杂，制造精度高，增加了制造成本，也给维修带来了不便和困难。目前大中型推土机用这种传动形式的较为普遍。

全液压传动式推土机由液压马达驱动，驱动力直接传递到行走机构。因取消了主离合器、变速器和后桥等传动部件，所以结构紧凑，大大方便了推土机的总体布置，使整机质量减轻，操纵轻便，并可实现原地转向。但其制造成本较高，耐用度和可靠性较差，维修困难。目前只在中等功率的推土机上采用全液压传动。

（5）按铲刀操纵方式分为钢索式和液压式推土机

钢索式推土机工作装置的动作是通过绞盘、钢绳和滑轮组实现，并用绞盘的离合器和制动器控制其运动状态。它的结构虽然复杂，但传动效率高，工作可靠。但作业效率低、质量差。这种操纵方式现已很少见。

液压式推土机的铲刀在液压缸作用下动作。铲刀一般有固定、上升、下降和浮动四个位置。液压式推土机的铲刀能强制入土，铲推较硬的土壤，作业性能优良，平整场地的质量好。

（6）按铲刀安装形式分为固定式和活动式推土机

推土机铲刀在作业空间中通常有平面角（α）、倾斜角（β）和铲土角（γ）三个基本角度，如图 9-1 所示。

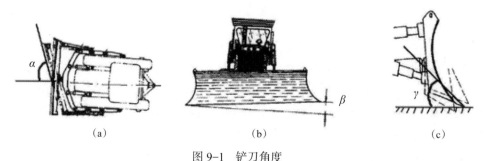

(a)　　　　　　　　　　(b)　　　　　　　　　　(c)

图 9-1　铲刀角度

(a) 平面角；(b) 倾斜角；(c) 铲土角

在水平面内，铲刀的推土板与推土机纵轴线所夹的锐角或直角叫作平面角。推土机根据铲刀平面角是否能够变化，分为固定铲推土机和活动铲推土机。

固定铲推土机的铲刀平面角为90°，且固定不变，其作业的稳定性好。一般来说，从铲刀的坚固性和经济性考虑，小型及经常重载作业的推土机都采用这种铲刀安装形式。

活动铲推土机的铲刀平面角在一定范围内可调整，铲刀推土板与主机纵向轴线可以安装成固定直角，也可安装成与主机纵向轴线呈非直角。当铲刀推土板在水平面内向左或向右调整一定角度后，可实现侧向卸土称为斜铲（也称斜铲推土机）；斜铲用于平整场地、在横坡地段构筑半挖半填路基或进行

其他切土作业。当铲刀推土板与推土机纵轴线所夹的角为直角时称为正铲（也称正铲推土机）；正铲主要适合构筑军用道路、平整场地或构筑野战机场、壕沟或开挖平底坑、填塞弹坑等。

在垂直平面内，推土板与地面所夹的锐角叫作倾斜角。推土机铲刀处于斜铲及侧倾位置时，主要用于道路拱型路基的整形，"V"形边沟的开挖或坚硬的土壤疏松等。

铲刀支于地面，推土板的刀片与地面所夹的锐角叫作铲土角。改变铲土角的大小，可改变铲刀的切土阻力，适应不同等级的土壤，提高作业效率。推铲Ⅰ级土壤时应把铲土角调大，推铲Ⅱ级、Ⅲ级土壤时应把铲土角适当调小。

（二）TY230型推土机

TY230型推土机（图9-2）是由徐州工程机械厂按照日本系列D80A-18图纸及生产工艺生产的大功率的推土机，具有履带接地面积大、良好的附着性能和通过性能，作业效率较高和防滚翻安全保护等特点，是武警部队工化救援中队装备的一种新型抢险救援工程装备。该机与TY220型推土机结构基本相同，故参照TY220型推土机（图9-3）进行介绍。

图9-2　TY230型推土机

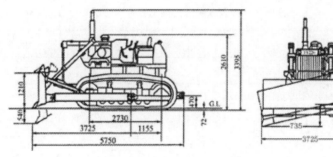

图9-3　TY220型推土机外形示意图（单位：cm）

1.结构特点与配置

（1）TY230型推土机结构特点

①配用康明斯NT855-C280第三代涡轮增压柴油发动机，动力强劲、性能卓越。安装采用三点弹性支承结构。

②单相三元件液力变矩器、液压结合强制润滑式行星齿轮变速箱。飞溅润滑的中央传动和最终传动。

③新颖的六面体空调驾驶室，造型美观，视野开阔、密封减震、乘坐舒适。

④具有声光报警功能的电子监控系统，灵敏度高，监测更为直观，并有先进的电子监控声光报警，保证整机系统可靠运行，便于故障诊断和维护。

⑤自动调节角度高度的司机座椅与更符合人机工程设计的操作系统，使操作方便，轻松。

⑥独立的防滚翻保护装置，强工作中的安全保障。

⑦高压、大流量，具有伺服助力先导式操纵的液压系统，操纵灵活准确。

⑧行走系统采用八字梁摆动式，平衡梁半刚性悬挂结构，同时增加履带接地长度，保证高速行走时具有良好的缓冲作用，行走平稳，操作舒适，附着性好。

⑨可配置直倾铲、U形铲、角铲、单齿、三齿松土器，满足不同工况需要。

（2）TY230型推土机主要配置（表9-1）

表9-1　TY230型推土机主要总成配置

序　号	部件名称	备　注
1	发动机	康明斯 NT855-C280
2	电子监控系统	济宁智能 D23110-00000
3	液力变矩器	中船重工 TY220
4	齿轮泵	长治 CBJ70-E160、40-B63 、35-B40
5	转向控制阀	丹东 154-40-00082
6	伺服阀	丹东 D85A-18702-12-14000

2. TY230型主要技术参数（表9-2）

表9-2　TY230履带式推土机技术参数

序　号	项　目		单　位	技术参数
1	推土铲最大提升高度		mm	1210
2	推土铲最大切入深度		mm	540
3	推土铲最大侧倾量		mm	735
4	最大牵引力		kN	221
5	整机质量		kg	28460（含直倾铲、松土器）
6	使用重量		kg	24300
7	坡行角度		度	30°
8	松土器最大松土深度		mm	665
9	松土器最大提升高度		mm	555
10	接地比压		MPa	0.076
11	履带板中心距		mm	2000
12	外形尺寸（长×宽×高）		mm	6790×3725×3472（带松土器）
				5459×3725×3380（不带松土器）
13	发动机参数	发动机型号	康明斯	NT855-C280
		标定功率	kW	169
		额定转速	r/min	2200
		燃油消耗量		

续表

序 号	项 目		单 位	技术参数
14	行驶速度	前进Ⅰ挡	km/h	3.8
		前进Ⅱ挡	km/h	6.8
		前进Ⅲ挡	km/h	11.3
		倒退Ⅰ挡	km/h	4.9
		倒退Ⅱ挡	km/h	8.2
		倒退Ⅲ挡	km/h	13.6

3. 组成结构

TY230 型推土机与山东工程机械厂生产的 TY220 型推土机结构基本相同，总体结构都是由动力装置、传动系、行驶系、工作装置、液压操纵系统、电气设备等组成。

（1）动力装置

动力装置采用重庆康明斯 NT855-C280 型直列、水冷、四冲程、直接喷射、涡轮增压式柴油机。

（2）传动系

传动系为液力机械传动式。主要由变矩器、变速器和驱动桥等组成（图 9-4）。

变矩器为三元件单级单相式液力变矩器。

变速器为行星齿轮、多片离合器、液压结合、强制润滑式变速器。

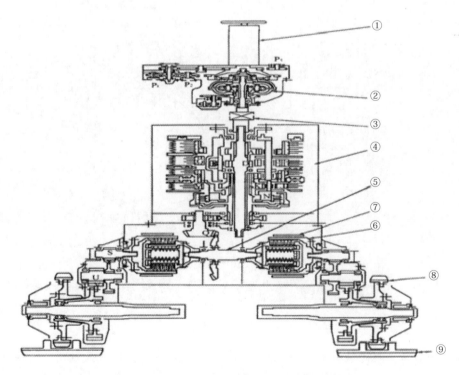

图 9-4 TY220 型推土机传动系示意图

①发动机；②变矩器；③联轴节；④变速器；⑤主传动装置；⑥右转向离合器；⑦右制动器；⑧侧传动装置；⑨行走系统

驱动桥由主传动装置、转向制动装置和侧传动装置等组成。主传动装置为螺旋锥齿轮、一级减速式传动；转向装置为湿式、多片弹簧压紧、液压分离、手动液压操作式转向离合器（图9-5）。

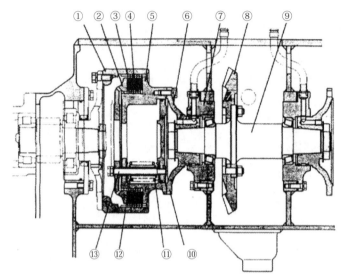

图9-5　TY220型推土机主传动装置及转向离合器
①外壳；②压盘；③摩擦片；④主动齿片；⑤内壳；⑥连接盘；⑦轴承壳；⑧大锥形齿轮；
⑨中央传动轴；⑩活塞；⑪大弹簧④；⑫小弹簧；⑬螺栓

制动装置为湿式、浮式、直接离合、液压助力联动操作式转向制动器（图9-6）；侧传动装置为二级直齿轮减速、飞溅润滑式。

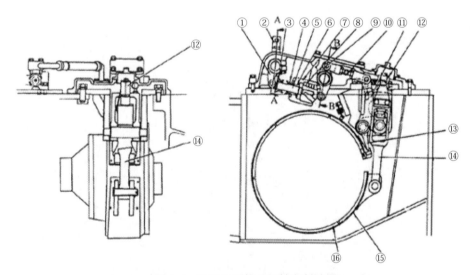

图9-6　TY220型推土机转向制动器
①左右摇臂；②转向摇臂；③套座；④压缩弹簧；⑤滑阀；⑥活塞；⑦活塞体；⑧活塞；⑨滚轮摇臂；
⑩双头螺栓；⑪双头拉臂；⑫调整螺钉；⑬棘爪；⑭调整杆；⑮制动带；⑯摩擦片

（3）行驶系

行驶系由行驶装置、悬架装置和车架等组成。行驶装置包括负重轮、托带轮、引导轮、履带及缓冲装置等。缓冲装置主要用于保持履带具有一定的紧度，并在引导轮前遇有障碍物或履带中卡入硬物而使履带过紧时，起保护作用，以防损坏行驶装置。其履带松紧度的调整采用油压式，调整方便省力。

悬架装置为半刚性悬架，主要由轮架和弹性平衡机构组成。机械前部重量经弹性平衡机构传给轮架，后部重量则通过半轴传给轮架。车架为半梁式，主要用于安装发动机和传动系等。

（4）工作装置

工作装置包括活动式铲刀和平行四边形可调式松土器。松土器安装在推土机的后部，其作用是当遇到较硬土壤用铲刀难以作业或作业效率较低时，先用松土器将土壤疏松，然后再用铲刀作业。

铲刀由推土板、推架和上下撑杆等组成（图9-7）。推土板为一弧形板，下部装有 5 块可翻转使用的刀片，中间用球铰与推架连接，两侧通过撑杆和销轴与推架上的销孔连接。"U"形推架的前端与推土板通过球铰铰接，两后端分别与左右轮架的球形销铰接，推架上左右各有三个销孔，改变销轴在销孔中的位置，即可改变铲刀的平面角。上下撑杆可以改变长度，根据作业需要调整铲刀的倾斜角和铲土角。

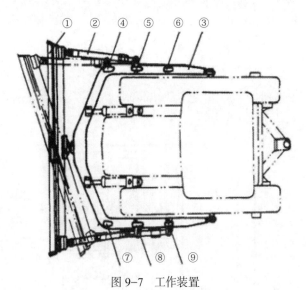

图 9-7　工作装置
①铲刀；②撑杆；③推架；④~⑨撑杆支座

铲刀角度的调整方式为机械式。倾斜角的调整方式为液压式，为方便调整和保证安全，在调整前应先将铲刀推架用垫木支起，使铲刀离地面高约 400mm，再根据需要进行实施。

松土器是一个安装在机架后面的四连杆机构，分别由左右支架、左右上连杆、下连杆和横梁铰接而成（图9-8）。因为四个铰点正好是一个平行四边形的顶点，故不论松土器油缸伸长或缩短、带动齿条上升或下降，齿尖入土的切削角都能保持最佳值 54° 30′。

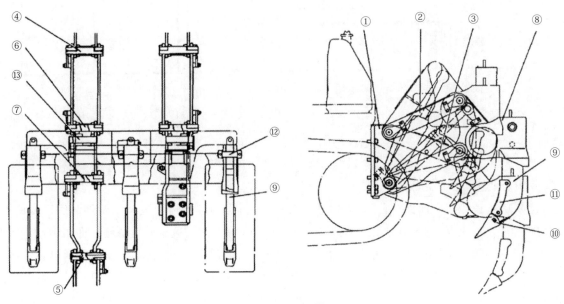

图 9-8　松土器
①支架；②上连杆；③下连杆；④~⑦、⑫、⑬销；⑧横梁；⑨齿条；⑩齿尖；⑪齿套

齿条上有两个上下相距为 200mm 的销孔，用销把它固定在横梁上。更换齿上的销孔，可得到 200mm 的调整量，齿尖最大上升量 555mm，最大下降量为 666mm。齿条在使用一段时间后，可翻转 180° 安装，以延长其使用寿命。针对较坚硬的土质，为提高松土能力，可相应拆去中间一个齿条，或拆去两边两个齿条，使松土器在双齿或单齿状态下工作。长期不用松土器时，可从车身上卸下，但一定要用木塞把后桥箱上的安装螺孔堵好。

（5）液压系统

推土机变矩变速、转向制动液压系统为统一的液压系统，全部液压油均来自后桥箱。液压系统的组成如图 9-9 所示。

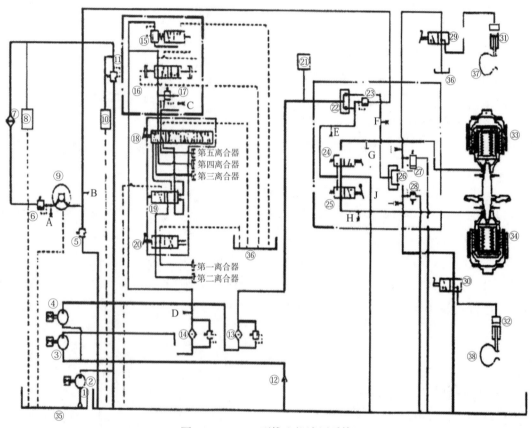

图 9-9　TY220 型推土机液压系统

①回油液压泵过滤器；②回油液压泵；③变速液压泵；④转向液压泵；⑤安全阀；⑥背压阀；⑦冷却器；⑧分动箱润滑；⑨变矩器；⑩变速器润滑；⑪润滑背压阀；⑫粗滤器；⑬转向细滤器；⑭变速细滤器；⑮调压阀；⑯快回阀；⑰减压阀；⑱变速阀；⑲安全阀；⑳方向阀；㉑侧压阀；㉒分流阀；㉓溢流阀；㉔右转向阀；㉕左转向阀；㉖平衡阀；㉗右锥阀；㉘左锥阀；㉙右制动阀；㉚制动阀；㉛右制动活塞；㉜左制动活塞；㉝右转向台器；㉞左转向离台器；㉟变矩器壳体；㊱后桥箱；㊲右制动带；㊳左制动带

①变矩、变速液压回路工作原理。

变速泵从后桥箱吸入油液，首先经过粗滤器过滤，排出的油液再经过细滤器过滤后进入调压阀，调压后的油液进入变矩器溢流阀（设定压力 0.85MPa），溢流出的油液流回后桥箱，而压力油进入变矩器，变矩器背压阀（设定压力 0.44MPa）维持变矩器中的油液具有足够的工作压力。通过背压阀的油液经冷却后在润滑用背压阀的作用下，使其具有 0.12MPa 的压力，一部分去润滑分动箱，润滑后的油液流进变矩器壳内，回油泵保证变矩器壳内的油液不断地送回到后桥箱，另一部分油液去润滑变速器，润滑后的油液流回后桥箱（图 9-10）。在调压阀的作用下，具有 2.45MPa 压力的油液在推土机启动时流经快回阀后流向方向阀、变速阀，实现推土机的行走。

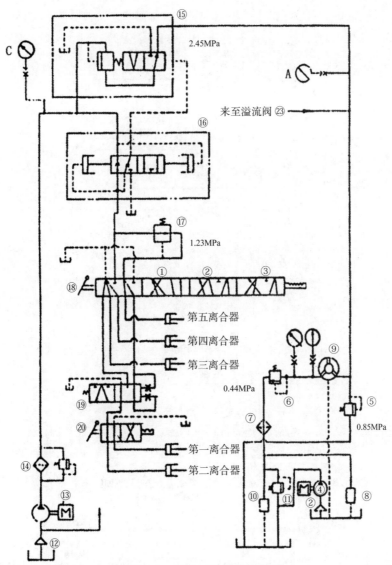

图 9-10　变矩、变速系液压回路

①回油液压泵过滤器；②回油液压泵；③变速液压泵；④转向液压泵；⑤安全阀；⑥背压阀；
⑦冷却器；⑧分动箱润滑；⑨变矩器；⑩变速箱润滑；⑪润滑背压阀；⑫粗滤器；⑬转向细滤器；
⑭变速细滤器；⑮调压阀；⑯快回阀；⑰减压阀；⑱变速阀；⑲安全阀；⑳方向阀

②转向、制动液压回路工作原理。

转向、制动液压回路主要由转向液压泵、粗滤器、细滤器、转向阀总成、冷却器、安全阀、背压阀、助力器等部件组成（图 9-11）。转向液压泵通过粗滤器，从后桥箱吸油，然后经过细滤器进入分流阀，分流阀将油分成两路，一路流向转向回路，另一路流向转向制动回路。从细滤器还分出一路，流入操纵工作装置的伺服阀。

流向转向回路的液压油，进入转向操纵阀，通过阀杆的作用，使液压油流入转向离合器的左缸或右缸，推动活塞使离合器分离而转向。转向阀的回油通过装在发动机右侧的冷却器，用水进行冷却，冷却后的油流入变速器，润滑变速器运动件和变速器操纵机构。

转向回路的油压，是由溢流阀控制的，其压力为 1.25MPa。背压阀控制流向变矩器的油液压力不超过 0.87MPa。在油流入冷却器前的管路中装有回油安全阀，控制流入冷却器的油压不超过 0.68MPa。转向液压回路如图 9-12 所示。

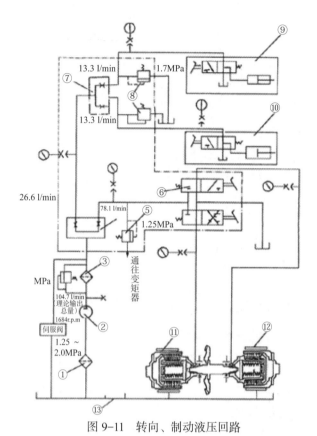

图 9-11　转向、制动液压回路

①粗滤器；②转向液压泵；③细滤器；④分流阀；⑤溢流阀；⑥转向阀；⑦同步阀；
⑧安全阀；⑨右助力器；⑩左助力器；⑪左制动带；⑫右制动带；⑬后桥箱

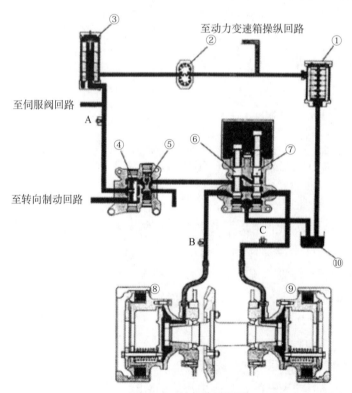

图 9-12　转向液压回路

①粗滤器；②转向液压泵；③细滤器；④分流阀；⑤溢流阀；⑥左转向阀杆；
⑦右转向阀杆；⑧左离合器；⑨右离合器；⑩后桥箱 。A、B、C 为测压口

流向转向制动回路的液压油进入同步阀，同步阀将油平均分为两路，分别流入左、右转向制动助力器，通过转向杆或制动踏板操纵转向助力器，可以获得较大的转向制动力矩。系统压力由安全阀控制压力为1.7MPa。转向制动液压回路如图9-13所示。

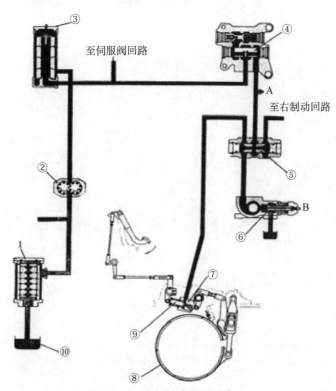

图 9-13　转向制动液压回路
①粗滤器；②转向液压泵；③细滤器；④分流阀；⑤同步阀；⑥安全阀；
⑦活塞；⑧制动带；⑨滑阀；⑩后桥箱

③工作装置液压系统。

工作装置液压系统主要包括工作液压泵、工作油箱总成（装有铲刀提升阀、铲刀倾斜阀、松土器阀、主安全阀、流量单向阀、补油阀、松土器安全阀等）、铲刀提升液压缸（带有快坠阀）、铲刀倾斜液压缸、松土器液压缸和伺服阀等。其工作原理见图9-14。

工作液压泵从工作油箱中吸油，把液压油输送到工作装置的铲刀提升阀、铲刀倾斜阀和松土器阀（这三个阀串联在工作装置油路中）。通过对这三个阀的操纵，可使液压油分别流入铲刀提升液压缸，铲刀倾斜液压缸和松土器液压缸，从而使铲刀与松土器按工作要求动作。各液压缸的回油经过各操纵阀进入滤清器，最终流回工作油箱。整个工作装置液压系统的压力由主安全阀控制，控制压力为13.7MPa。

铲刀提升油路中配有补油阀和快坠阀，其作用是使铲刀快速下降，提高工作效率。松土器回路中配有补油阀和过载阀，起提高工作效率与保护松土器液压缸及油管的作用。铲刀倾斜回路中配有流量单向阀，限制倾斜速度过快。铲刀提升阀和松土器阀内装有各单向阀，防止在阀杆移动过程中（主要是铲刀和松土器上升时）因进油腔与回油腔接通，由于工作装置自重而使铲刀与松土器瞬时下降。

除快坠阀外，以上各阀均安装在工作装置油箱内，结构紧凑。

工作装置液压系统的放气是通过安装在滤油器上方的放气塞（A）来实现的。

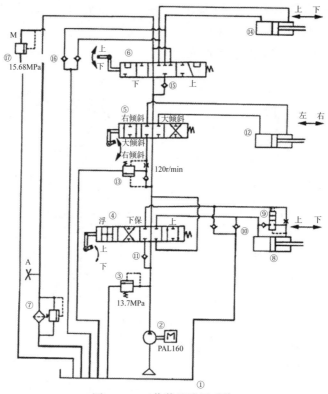

图 9-14　工作装置液压系统

①工作装置油箱；②工作液压泵；③主安全阀；④铲刀提升阀；⑤铲刀倾斜阀；⑥松土器阀；⑦滤油器；
⑧铲刀提升液压缸；⑨快坠阀；⑩补油阀；⑪、⑮单向阀；⑫铲刀倾斜液压缸；⑬流量单向阀；
⑭松土器液压缸；⑯补油阀；⑰松土器过载阀。A 为放气塞

（6）电气设备

电气设备使用 24V 直流电，负极接铁；主要由蓄电池、发电机、启动机、电磁开关、电压灵敏继电器和照明设备等组成。如图 9-15 所示。

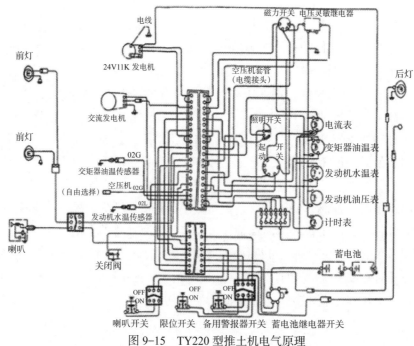

图 9-15　TY220 型推土机电气原理

4. 操纵杆、仪表和开关的识别与使用

各种操纵杆、仪表和开关的识别与使用见图 9-16 ～图 9-18 和表 9-3。

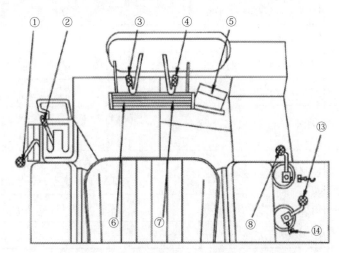

图 9-16　TY220 型推土机操纵杆安装位置

表 9-3　TY220 型推土机操纵杆、仪表和开关的名称、功用及使用方法

图 号	名　称	功　用	使用方法
①	油门操纵杆	控制发动机转速	前推：油门减小，后拉：油门加大
②	变速杆	控制推土机行驶速度、方向	Fl、F2、F3：前进Ⅰ、Ⅱ、Ⅲ挡，R1、R2、R3：后退Ⅰ、Ⅱ、Ⅲ挡，N：空挡
③、④	左、右转向操纵杆	控制左、右转向离合器及左、右制动器（二者为联动机构）	后拉：向左（右）大转弯，拉到底：向左（右）小转弯
⑤	减速踏板	行车速度突然加快时，踩下踏板降低发动机转速，保证安全工作	第一行程：800 ～ 850r/min，第二行程：怠速
⑥、⑦	左、右制动踏板	控制左、右制动器	踏下：制动（即应先拉转向操纵杆，再制动）
⑧	铲刀操纵杆	操作铲刀各动作	里拉：上升，中间：固定，外推：下降，推到底：浮动；左拉：左倾，右推：右倾
⑨	变速杆闭锁手柄	停车后闭锁，保证安全	停车前将变速杆推至 N（空挡）位置，然后闭锁
⑩	制动器闭锁手柄	停放时闭锁制动踏板	踩下制动踏板，再进行所需操作（在发动机运转状态下进行）
⑪	喇叭按钮	警示	按下：喇叭发响
⑫	铲刀操纵闭锁手柄	作业后闭锁，保证安全	操纵后：锁紧，操纵前：释放
⑬	松土器操纵杆	操作松土器各动作	前推：上升，后推：下降
⑭	松土器闭锁手柄	作业后闭锁，保证安全	
⑮	发动机油压表	指示发动机机油压力	绿区：正常，红区：故障或应预温
⑯	发动机水温表	指示发动机水温情况	工作时，绿区：正常，红区：应降温或故障
⑰	变矩器油温表	指示变矩器油温情况	工作时，绿区：正常，红区：应降温或故障

续表

图　号	名　称	功　用	使用方法
⑱	电流表	指示蓄电池充放电情况	工作时，绿区：充电，红区：放电
⑲	顶灯开关	控制顶灯电路	
⑳	乙醚启动手柄	寒冷时启动发动机用	前后拉动，乙醚即喷入发动机进气管内
㉑	风扇开关	控制风扇电路	
㉒	仪表灯、照明灯开关	供夜间行驶和作业时仪表照明	外拉：Ⅰ挡：仪表灯亮，Ⅱ挡：仪表灯、前后照明灯均亮
㉓	启动钥匙	控制启动电路接通或断开	断开（OFF）：切断，接通（ON）：接通，启动（START）：启动，预热（HEAT）：预热
㉔	灰尘指示器	指示空气滤清器脏污情况	灯亮：堵塞（应立即清洁空气滤清器）
㉕	暖风开关	控制暖风机电路	

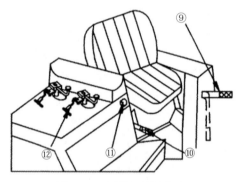

图 9-17　操纵杆安装位置

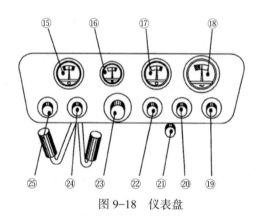

图 9-18　仪表盘

5.发动机启动与熄火

（1）启动前的检查

①进行日常检查（检查项目参照每班保养）。

②制动踏板是否已经锁紧。

③变速杆是否在 N（空挡）位置或锁紧位置。

④铲刀降到地面后，其操纵杆是否锁紧。

⑤油门操纵杆推到最小位置。

⑥如果手动燃油截止阀（如有的话）是关闭的，打开燃油截止阀。

（2）启动

1）电启动机启动

①将启动钥匙旋转到"启动"位置（START），启动发动机（启动时，启动机带动发动机运转中，观察发动机油压表指针是否摆动，能否建立起润滑油压）。

②启动后，钥匙应退至"接通"(ON) 位置（自动退回）；钥匙停在"启动"(START) 位置的连续时间不要超过 10s；启动失败后，再次启动需间隔 2min。

2）特殊启动

①电磁阀发生故障时的启动。旋入关闭阀顶丝，打开关闭阀后启动。用此种方法启动后，若使发动机停止，需将顶丝旋回，关上关闭阀。

②关闭启动钥匙后的重新启动。运转中，误把启动钥匙关闭时，待发动机完全停止后，重新打开启动钥匙，才能再启动。

3）用乙醚冷启动

①启动要领

a. 启动前先将乙醚液注入乙醚罐内；

b. 将油门调到怠速位置；

c. 启动前，先拉动乙醚喷射泵手柄等待 2～3s；

d. 把启动钥匙旋转到启动（START）位置，曲轴旋转的同时推拉乙醚喷射泵手柄，直至发动机进入稳定运转为止；

e. 没能启动时，应隔 2min 后再重复进行上述操作；

f. 启动后立刻把钥匙旋回到"接通"（ON）的位置；

g. 启动后，当发动机转速变慢快要停止时，应进行乙醚喷雾。但是，操作时发动机的转速不要超过 1000r/min；

h. 对发动机喷入过量的乙醚，会引起异常爆燃，所以须避免乙醚使用过多。

②使用乙醚罐注意事项：

a. 绝对禁止靠近烟火，避免日晒；

b. 使用后不得投入火中，也不得开孔等；

c. 人体不得接触或吸入乙醚气。夏季不使用乙醚时，乙醚罐内不得存有乙醚。

（3）启动后的检查

发动机启动后，不要立即进行操作，应遵守以下事项：

①使发动机低速空载运转，检查发动机油压表是否指到绿色的范围之内。

②向后拉油门操纵杆，使发动机进行约 5min 的无负载中速运转。

③待水温表指到绿色的范围内，进行负载运转。

④预热运转后，检查各仪表、指示灯是否正常。

⑤检查排气颜色是否正常，是否有异常声音和异常振动。

⑥检查是否有漏柴油、机油、水现象。

步骤①～③的运转叫预温运转。另外，启动后当发动机油压表超过了绿色范围时，应等下降到绿色范围内，再继续进行预温运转。在预温过程中，应避免急剧地加速发动机。当空载 20min 以上时，发动机应加上负荷，否则会使发动机在低温下运转，燃烧不良，导致运动件磨损加剧，还可能产生涡轮增压器内积油，造成涡轮底部漏油。

（4）熄火

发动机低速空载运转 5min 左右后，再把启动钥匙旋回"断开"位置（OFF），发动机即停止。

每日工作结束时，需关闭手动燃油截流阀（如有的话）或油箱底部的燃油阀。

（三）推土机驾驶

1. 基础驾驶

（1）起步

①启动发动机后，向后拉油门操纵杆，提高发动机的转速；

②松开铲刀操纵杆的锁紧手柄，把铲刀升距地面 40 ～ 50cm 的高度；

③松开松土器操纵杆的锁紧手柄，把松土器提升到最高位置；

④踏下左右制动踏板的中间部位，把制动器闭锁手柄推到释放位置，然后放开制动踏板；

⑤把变速杆闭锁手柄推到释放位置；

⑥把变速杆推入所需的挡位，使推土机起步。

注意：起步时，要踏下减速踏板，调整发动机的转速，以便缓和冲击。在陡坡上坡起步时，应使发动机全速运转，使制动踏板保持在踏下不动的状态，把变速杆推入Ⅰ挡，慢慢地松开制动踏板，使推土机缓缓起步。变速杆在没有脱开挡位时，这时由于安全阀的作用，即使启动发动机，推土机也不会起步；这种情况下，应先把变速杆推入"空挡"（N），然后再进入所需的挡位，推土机才能起步。

（2）变速

把变速杆移向所需挡位，进行变速（由于能够在行走中变速，所以变速时，没有必要停机）。

（3）换向

进行前进、后退换向时，应踏下减速踏板，待减速后再进行换挡，以免产生冲击而损坏机械。

（4）转向

在行走中把需要转弯侧的转向操纵杆向后拉至行程的一半时，转向离合器就分离，推土机缓缓地转向。若把转向操纵杆拉到底，并使同侧的制动器制动，推土机就原地转向。

在靠推土机自重下滑下坡或牵引铲运机下坡转向时，应特别注意转向操纵杆拉到一半时，机身往相反方向转向，此时，转向应后拉相反侧的转向操纵杆。在坡道上转向容易产生横向滑动，所以应尽可能避免在坡道上转向。在软质地或黏土地应特别注意禁止转向，更不要原地高速转向。

（5）停机

①往前推动油门操纵杆，使发动机转速降低；

②把变速杆推到"空挡"（N）位置；

③从中间同时踩下左右制动踏板，使制动器制动之后，用制动器锁紧手柄锁紧；

④把变速杆用闭锁手柄锁紧；

⑤把铲刀、松土器水平地放在地面上；

⑥把推土铲、松土器操纵杆用闭锁手柄锁紧；

⑦发动机熄火，按发动机操作规定进行。

2. 在复杂地形上的驾驶

（1）推土机越过障碍物

推土机在越过高土堆等障碍物时，应先低速驶上，等驶到顶上其重心已越过障碍物顶点时，减小油门，同时稍微分离主离合器或两边的转向离合器，让机械在极低速或失去动力的情况下，以本身重量从顶上慢慢滑下。当横坡≥25°时，不可斜向越过障碍物。在越过铁路、壕沟时均须垂直对准，慢驶过去，切防熄火。

（2）在多岩石地方行驶

先将履带稍调紧一些，以减轻履带板的磨伤。避免急转弯与频繁转向，以免履带脱轨和急剧磨损。

（3）上下坡行驶

上下坡行驶尽量避免中途停车和变速。如需要停车时，应在分开主离合器的同时迅速踩下制动踏板。如要长时间停车时，应将制动踏板锁死在制动位置，最好再在履带下塞进石块。在坡度较大时下坡转向，应注意操纵相反一侧的转向离合器，并不得使用制动器。

（4）在泥泞或水中行驶

在泥泞或水中驶过后，要将各部泥水冲净，检查各齿轮箱有无漏油和油面过高现象。若油面过高，证明可能已进水，可将油放出检查，并须更换后才能继续使用。

（5）在狭窄、危险地段行驶

在山区作业时，经常在山梁、山顶、崖边和密林等地形上行驶，环境复杂、情况多变，除要正确地操纵外，还要注意：

①推土机各部技术状况应保持良好。

②沿崖边行驶，应尽量靠里，同时要注意是否有坍塌及石块滚落的现象发生。

③在山梁狭窄路段行驶，应避免急转向和禁止原地回转。遇有不能通过的地方不要强行通过；必要时下车查明道路情况，先推平而后通过。

3. 推土机上、下平板车的驾驶

（1）上下平板车时，驾驶员必须按指挥信号准确地驾驶推土机。在夜间，指挥人员必须用发光信号指挥，并确定看清履带和平板车的边缘后，才许指挥推土机运动。当指挥信号不清时，驾驶员可自行停车。根据推土机与平板车的宽度，计算出每边履带超出平板车边缘的尺寸。指挥人员应站在平板车一侧的适当位置指挥。指挥时只需观察一侧履带即可，不要两边来回观察。

（2）上下平板车驾驶时，均应用Ⅰ挡或低速倒挡，并保持发动机较低的稳定转速；起步、停车、转向必须平稳；推土机在跳板上时应避免转向；驶上平板车时，必须将推土机的中心线恰好与平板车中心线相重合，并停放在所标定的位置上。

（3）推土机驶上平板车的驾驶。推土机在上跳板时，应先低速驶上，等驶到跳板顶上，其重心已越过跳板与平板车转角点时，应减小油门，同时稍微分离主离合器或两边的转向离合器，让机械在极低速或失去动力的情况下，以本身重量从跳板顶上慢慢落在平板车上，然后低速驶到所标定的位置上。若推土机的中心线与平板车中心线不重合，应在平板车上修正方向，但每次只能稍微转向。

（4）推土机驶下平板车的驾驶。从平板车驶下时，指挥方法和驾驶与驶上平板车的方法相同。

（5）夜间上下平板车用发光信号指挥时，不能来回摆动。为了能看到履带和平板车的边缘，可在适当的位置上挂一工作灯。

（6）推土机停放在平板车上，应按规定固定好，挂上Ⅰ挡或倒挡，固定制动踏板。推土机在平板车上的固定方法如下：

①推土机平稳停放在平板车上后，按标示位置将前边两块固定方木或三角木放好。

②指挥推土机前进，待履带或第1负重轮驶上固定方木（第1负重轮轴与固定方木内边缘垂直）时，立即指挥推土机停车，并制动住推土机。

③把后端的两块固定方木或三角木放置在履带最后的履带板下方。

④指挥推土机平稳倒车（可稍松制动器使推土机慢慢后滑），使固定方木或三角木卡紧前后履带或负重轮（不使前后负重轮起来）。

⑤挂上 I 挡或倒挡，固定制动器踏板。

⑥每块固定方木用两个两爪钉成"八"字形与平板车固定好。必要时，应用铁丝分别穿过主动轮或引导轮连同履带与平板车捆绑在一起，并用绞棒绞紧。

4. 履带推土机安全驾驶规则

为了保质保量地完成作业任务，操作手除需正确掌握驾驶操作要领外，还要熟悉安全驾驶规则，切实按安全驾驶规则进行操作，确保安全。

①推土机开动前，应仔细地检查各部机件技术状况，发现问题及时排除。

②柴油机水温一般在 50℃以上时，才允许起步，但一开始不要高速行驶。

③在行驶时，将铲刀提高到离地面 400mm 左右即可，使前方视线清晰。

④行驶中驾驶人员不得离开机械，不准和地上的人传递物件，推架上不许站人。

⑤夜间行驶，照明设备应良好。

⑥当牵引机械时，应随时注意与被牵引机械上的人员取得联系；倒退时，应注意后方有无行人和障碍物。

⑦推土机通过桥梁时，应预先了解桥梁的承载能力，确认安全后才能低速平稳通过。

⑧推土机通过铁路和交通路口时，应注意火车、汽车与行人等，确认安全后方可通过；通过铁路时，应垂直于铁路，并以低速行驶。禁止在铁路上停留或转向。

⑨履带式推土机的行驶路线应避开沥青、水泥路面；非通过不可时，应在履带下铺垫胶带、木板等保护路面的材料。

⑩推土机上下坡行驶时，纵坡不应超过 30°，横坡不应超过 20°。

⑪推土机上下坡一般不许换挡；在坡道上禁止用制动踏板进行急刹车。

⑫在斜坡上遇到柴油机熄火时，应首先放下铲刀，将机械停妥，再把变速杆置于空挡位置，然后重新启动柴油机。

⑬驾驶中，应注意各部件有否异常响声，并留意是否有异常焦臭味，如发现应及时停机，检查排除。

（四）推土机技术运用

1. 基础作业

（1）基本作业方法

推土机在作业中，按铲土、运土、卸土和回程构成一个工作循环。而具体的作业方法，则因土壤性质、作业场地形和作业方式的不同而异。正常情况下，推土机的合理运距为（40±10）m，最大不超过 100m；运行坡道的坡率小于 30%。按作业方式的不同可分为正铲作业、斜铲作业、侧铲作业和拖刀作业四种。

正铲作业是铲刀平面角为 90°，纵向正面铲切土壤至前方卸土点的作业方法；多用于铲土和运土方向相同时的作业，如横向构筑挖深小于 1m 的挖土路基，或填高小于 1m 的填土路基、移挖作填路基及其他同向铲运土壤的作业。

斜铲（切土）作业是铲刀平面角约为 65°，纵向行驶铲切铲刀前角土壤，并随铲刀斜面将土壤卸于铲刀后角一侧的作业方法；多用于铲土和运土方向有一定夹角时的作业，如构筑半挖半填路基、铲除积雪、加宽原有小路、在受染地域开辟通路、回填较长且宽度不大的壕沟等作业。

侧铲作业是铲刀倾斜角在3°~5°（一侧铲刀角升高100~300mm）时正铲或斜铲作业时的作业方法；主要用于构筑半挖半填路基，以及纵向开挖"V"形槽的作业。

拖刀作业是铲刀浮动于地面且机械倒行的作业方法；用于路基或场地构筑最后阶段的平整作业。

此外，在特定条件下，推土机还可以进行顶推作业和拖载作业。顶推作业是正铲铲刀在空中保持一定高度的作业方法；多用于顶推铲运机以助铲、推运直径不大的孤立块石、铲除树木及伐余根、推倒单薄且高度不大的地面建筑物的作业和实施机械互救。拖载作业是带有拖平车的轮式推土机拖载重物的作业方法；多用于拖载转运履带式机械和钢材、木材及水泥等建筑材料。推土作业时的基本作业过程如图9-19所示。

图9-19　基本作业过程

(a) 铲土；(b) 运土；(c) 卸土；(d) 回程

1）正铲作业

①铲土

铲土作业要求尽量在最短时间和最短距离内使铲刀铲满土壤。铲土时，一般用Ⅰ速前进（铲松土时开始也可以用Ⅱ速），将铲刀置于下降或浮动位置，随机械的前进铲刀入土逐渐加深。铲土的深度通常是：Ⅰ级土壤为200mm左右；Ⅱ~Ⅲ级土壤为100~150mm；Ⅳ级土壤为100mm以下。

铲土开始时，为了便于掌握，可不将油门操纵杆或踏板置于最大供油位置。开始铲土后，把油门操纵杆或踏板置于最大供油位置，使柴油机经常处于额定转速附近的调速特性范围运转。然后，集中精力控制铲刀操纵杆，通过观察铲土情况、车头升降趋势和倾听发动机的声音来判断升降铲刀的时机与幅度。这样可使推土机在遇到较大的阻力时，由于发动机具有一定的扭矩和转速储备给提升铲刀减轻负荷提供较多的时间，也可减少铲刀升降次数，避免操纵中忙乱，减轻劳动强度及推土机的磨损。在作业中，每次升铲刀不可过多，否则会在推土机前留下土堆。当推土机驶上土堆时，铲刀会卸土，越过土堆后，铲刀可能铲土过深。如此多次反复，会使铲刀铲不上土，并使铲土地段形成波浪形，影响继续铲土作业。不同的地形和不同的工程要求，应采用不同的铲土方式，以提高作业效率。

a. 直线式铲土：是推土机在作业过程中，铲刀保持近似同一铲土深度，作业后的地段平直状态的铲土方法，又称等深式铲土。其铲土纵断面如图9-20所示。采用此种铲土方法作业，铲土距离较长，铲刀前不易堆满土壤，发动机功率不能被充分利用，作业效率较低，但能在各种土壤上有效作业。多用于作业的最后几个行程，以使作业后的地段平坦。

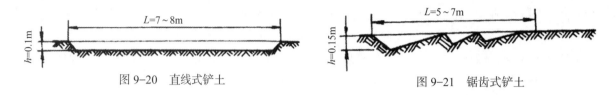

图 9-20　直线式铲土　　　　　　　　　图 9-21　锯齿式铲土

　　b.锯齿式铲土：是推土机以不断变化的深度铲土，铲土纵断面近似于锯齿状的铲土方法，又称起伏式或波浪式铲土（图 9-21）。采用这种铲土方法作业，开始时尽量使铲刀入土至最大深度，当发动机超负荷时，再逐渐升起铲刀至自然地面；待发动机运转正常后又下降铲刀进行铲土，经多次降落与提升，直至铲刀前积满土壤为止。锯齿式铲土适于在Ⅱ级、Ⅲ级土壤上作业时使用。此种铲土方法，铲土距离较短，作业效率比直线式铲土高，但铲刀频繁的升降，会加重操纵及工作装置的磨损。

　　c.楔式铲土：是铲土纵断面为三角形的铲土方法，又称三角形铲土（图 9-22）。采用这种铲土方法时，首先使铲刀迅速入土至最大深度，而后根据发动机负荷和铲刀前的积土情况，逐渐提升铲刀，使铲刀一次入土就能铲满土壤而转入运土。此种铲土方法，铲土距离最短，能充分发挥发动机功率，作业效率高。适于在稍潮湿的Ⅰ级、Ⅱ级土壤上作业时使用。

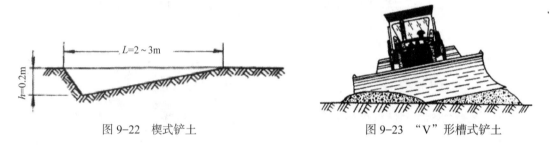

图 9-22　楔式铲土　　　　　　　　　图 9-23　"V"形槽式铲土

　　d."V"形槽式铲土：是推土机铲土横断面为"V"形的铲土方法（图 9-23）。其作业全过程包括标定、加深和修整三个阶段。此种作业方法，机械的开挖方向与工程的构筑方向一致，机械倒行次数极少或不倒行，作业效率高。适于构筑不挖不填路基、开挖道路边沟或其他"V"形沟槽。

　　e.接力式铲土：是分次铲土，叠堆运送的铲土方法。其铲土的次数依土壤的种别和铲土的厚度及铲土长度而定（图 9-24）。从靠近弃土处的一段开始铲土，第一次将土壤运至弃土处；第二次铲出的土壤不向前推送，而是暂且留在第一次铲土时的开挖段；第三次把所铲的土壤向前推运时，把第二次所留下的土堆一起推至弃土处。这种铲土方法，适用于土质坚硬的条件下作业，可明显地提高作业效率。

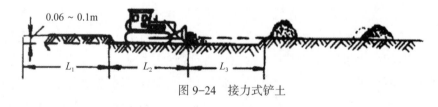

图 9-24　接力式铲土

　　如在较长的地段采用接力铲土的方法时，可选用两台或三台推土机，从取土处距弃土处最远一端开始铲土，以流水作业方式进行，后一台推土机给前一台推土机铲土，而前一台推土机把土运至弃土处。

　　②运土

　　运土时，铲刀位置于浮动位置，使铲刀能沿地面向前推运。在运土作业过程中要始终保持铲刀满载，并以较快的速度运送到卸土地段。此时，既要防止松散土壤从铲刀两侧流失过多，又不应经常利用铲土来使铲刀满载，以影响运土的行驶速度。运土方式可分为分段式运土、堑壕式运土和并列式运土。

a. 堑壕式运土：推土机在土垄或沟槽内移运土壤的方法，又称槽式运土，如图9-25所示。土垄或沟槽是推土机每次运土都沿同一条路线行进而逐渐形成的。其内宽略大于铲刀宽度，高度或深度小于铲刀的高度，长度一般为30～50m。两条沟槽之间的土垄宽度，视土壤性质而定，以不坍塌为准。

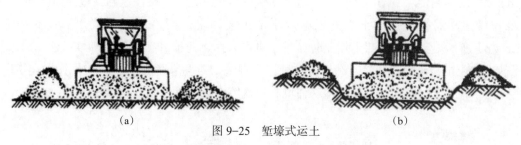

(a)　　　　　　　　　　　　　　　　　　(b)

图9-25　堑壕式运土

(a) 地上堑壕式运土；(b) 地下堑壕式运土

堑壕式运土的优点是可减少运土过程中的土壤漏失，提高工效约15%～20%；缺点是推土机回程不便。因此，在运距较长、沟槽较深的情况下作业时，推土机多从槽外回程。

b. 分段式运土：推土机进行长运距作业时，将运土路线分成若干段，然后由前至后分批次铲掘、堆积，并集中推运土壤至卸土点的作业方式，又称多刀式运土，如图9-26所示。通常，推土机推运土壤前进10～15m时即开始漏失，随着运距和行驶速度的加大，漏失愈加严重。这种运土方式，是将长运距分成20m左右的数段，多次铲土并逐段实施运土，在未形成土壤大量漏失的情况下，就从取土点补充新土，因而，不仅可增加铲土次数，还可避免和减少土壤漏失量，充分发挥机械效能，使作业率提高10%～15%。但是，分段不宜过多，否则会因增加阶段转换时间而降低工效。分段式运土，适于运土路线需改变方向，或运距较大时使用。多用于填筑较高的路基和开挖从路基缺口弃土的路堑。

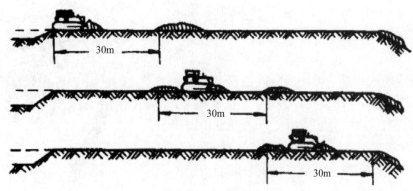

图9-26　分段式运土

c. 并列式运土：两部以上同一类型推土机，用同一速度并排向前运土的作业方法，又称并肩式运土，如图9-27所示。采用这种方法运土，推土机两铲刀间隔在黏土地约为30cm，沙土地约为15cm；可以减少铲刀两侧土壤的漏损，在50～80m的运距内运送土壤时，能提高工效15%～20%。并列式运土，适于在运土正面宽、运土量大、操作手的操作技术水平较高的情况下，横向填筑路基、堆积土壤、铲除土丘和开挖大宽度的沟形构筑物。

③卸土

根据工作性质不同，卸土一般采用平铺卸土和堆积卸土两种方法。

a．平铺卸土：推运土壤至卸土点时，推土机在行进过程中将土壤缓慢卸出，并同时予以铺散和平整的卸土方法，如图9-28（a）所示。实施平铺卸土作业时，要根据卸土要求的厚度，使铲刀与地面保持适当的高度，以便推土机在行进过程中将卸出的土壤以相应的厚度平铺于地面。此种作业方法能较好地控制铺土厚度，利于以后的压实作业。适于在构筑填土路基、平整作业和铺散路面材料时应用。

b．堆积卸土：将推运至卸土点的土壤成堆地迅速卸出，而不进行铺散和平整的卸土方法，如图9-28（b）所示。实施堆积卸土作业时，推土机可采用迅速提升铲刀的速举堆积法，或不提升铲刀而挤压前次卸土的挤压堆积法将土卸出。此种作业方法，卸土速度快，土壤集中，对操作手的技术要求不高，适于在弃土、集土、填塞壕沟、弹坑和构筑填土路基时应用。

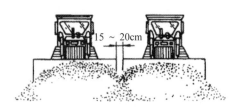

图9-27　并列式运土

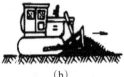

（a）　　　　　　　　（b）

图9-28　卸土方法

（a）平铺卸土；（b）堆积卸土

④回程

推土机卸土后，应以较高速度倒行驶回铲土地段。在驶回途中如有不平地段，可放下铲刀拖平，为下次运土创造条件。如果回程较长或在壕内不便倒车，可调头驶回取土点。

2）斜铲作业

斜铲作业又称切土作业，是推土机用一侧刀角铲切坡坎的土壤，并将其移运到另一侧或侧前方的作业方法，如图9-29所示。进行切土作业前，应将铲刀调到所需位置。以横向运土为主时，铲刀平面角需调到最小角度位置（上海120A为（65°±1°）；以纵向运土为主时，平面角应调到90°，刀角亦应向切土的一侧倾斜5°左右。正铲推土机进行切土作业时，应在靠坡的一侧下铲刀切土，并适时校正方向或后倒，以减小切土阻力。推土机在山腹地进行旁坡切土作业需首先修筑平台。平台的宽度和长度，一般要大于推土机的宽度和长度。平台靠推土机自行铲土构筑，切土始点离坡角较远时，可自上而下地铲土；切土始点离坡角较近时，可自下而上的铲土。活动铲推土机可调整倾斜角和平面角，使之铲切内坡并填筑外坡，因而可

图9-29　斜铲作业

以减少构筑平台的作业量，并能侧向移运土壤，其作业效率较正铲推土机的作业效率高。此种作业方法在纵向铲土的同时，完成横向或斜向的运土和卸土；适于在山腹地构筑半挖半填路基、防坦克断崖和崖壁时应用。作业注意事项：刀角入土不宜过多，避免因一侧受力过大而使机尾向坡外滑移；侧前方卸土时，铲刀不应超过松软土的坡沿，以免因重心靠前和土质松软而使机械滑坡或滚翻；倒退行驶时，应尽量靠坡的内侧运动，以免坡外侧的松软土壤支撑不住机械而使其滑坡；在开挖深度大于2m的

地段作业，要避免坡顶一侧土壤坍塌。

3）拖刀作业

拖刀作业是推土机用铲刀拖拉地面凸起的松散土壤，将其填于地面低凹处，使地面平整的作业方法。作业时，推土机从积土较高、较多地段起步，直线倒退行驶，并使铲刀处于浮动状态，在拖行中将凸起的松散土壤收集在刀背前，遇低凹处土壤即自行滑落，予以填充。拖刀平整每次行程的宽度与上次行程应重叠30～50cm，经过拖刀平整的地段，无轮胎或履带碾压痕迹。这种作业方法适于堆积不高的，并经过预先铲填平整后的松散土地的平整作业。

（2）作业运行方法

1）直线运行

直线运行是推土机在作业时，铲土、运土、卸土和回程基本在同一直线上进行的运行方法，如图9-30所示。此种作业方法，行驶路程短，前次运行可为后次运行创造好的作业条件，多同堑壕式运土配合运用。适于集土、构筑移挖做填的路基、防坦克壕和填塞大型弹坑时。

2）曲线运行

曲线运行是推土机在作业时，除铲土外，运土、卸土和回程都沿曲线进行的运行方法，如图9-31所示。此种作业方法，卸土方向灵活，卸土面大，可避免推土机因倒驶换向而延长作业时间。适于纵向开挖路堑并将挖出土壤运至道路两侧，或由侧取土坑取土填筑高为1.5m以上的路基，以及挖掘防坦克壕的下半部分时应用。曲线运行作业时，推土机因转向一侧受力较大，特别是转向制动装置操纵频繁而磨损严重，所以，在作业时要不断地变换卸土方向，以使推土机两侧机件磨损平衡。

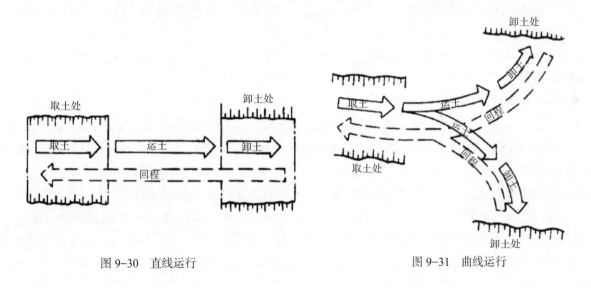

图9-30　直线运行　　　　　　　　　　　　　　图9-31　曲线运行

3）阶梯运行

阶梯运行是推土机在作业时，沿直线铲土、运土和卸土，沿曲线回程的运行方法，如图9-32所示。此种作业方法取土位置能灵活选择，便于铲土、运土作业，又因是沿直线铲土、运土和卸土，推土机各部受力均匀，适于由侧取土坑取土，横向运土，填筑高为1.5m以下的路基，横向开挖较大断面且深度为1.5m以内的壕沟、路堑或填塞壕沟、弹坑时应用。

4）穿梭运行

穿梭运行是推土机在作业时，沿开挖工程轴线或其平行线来回行驶，并在每次单行程行驶中，完成由工程一端向另一端铲土、运土和卸土程序的运行方法，如图9-33所示。此种运行方法无空驶行程，作业效率较高，适于宽度不大而成垂直形，两端便于推土机调头的小型平底坑和掩体的纵向开挖，也适于大型挖土路基和防坦克壕上部工程的横向开挖。

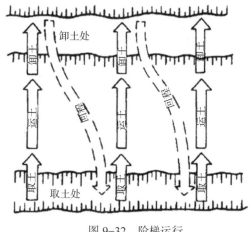

图 9-32　阶梯运行

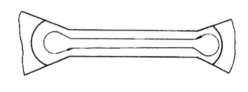

图 9-33　穿梭运行

（3）作业安全规则

要充分发挥机械的性能，确保安全，必须严格遵守操作规程和有关规定，并应根据当时当地的情况采取适当的安全措施，除遵守安全驾驶规则外，还必须遵守以下规则：

①作业人员必须在作业前清楚了解作业地区的地形情况、机械的技术状况和对工程的要求。

②根据操作规程和作业地区的具体情况，必要时制定切实可行的安全措施，作业时必须严格遵守。

③非驾驶员不得驾驶推土机（训练时，应有教练员指导）。

④作业中，人员不得站在工作装置上；行进中，禁止上下车，停车后应将铲刀降于地面。

⑤推土机切土作业时，应注意预防崖壁坍塌，并注意履带脱轨。

⑥禁止在横坡度超过30°的地形上作业，禁止在纵坡度超过25°时上坡，禁止在纵坡度超过35°时下坡；如必须在超过爬坡性能允许的斜坡上作业或行驶时，应先进行辅助作业或采取相应的安全措施。

⑦遇有推土机陷车时，应用钢丝绳前后拖拉的办法驶出，禁止用另一部推土机的铲刀前后直接推顶，以防同时陷车。

⑧在较高地形上向边缘推土或填塞深的弹坑、壕沟时，应不使铲刀伸出坡缘。

⑨夜间作业应有良好的照明装置。如情况不允许时，车下应有人指挥，并在危险地段设置明显标志。

⑩推土作业中，如遇有较大阻力而不能行进时，应及时提升铲刀。不得在发动机高速运转的情况下，用猛然结合主离合器的方法来克服土壤阻力；在铲切冻土、推运大石块或伐树作业时，不得用铲刀撞击。

⑪82式军用推土机在作业中，切记将负重轮闭锁器调整到闭锁位置。

⑫作业时，不准在机械行驶中进行维修工作。

2. 应用作业

（1）构筑路基作业

1）构筑填土路基

①构筑方法

构筑填土路基，又称填筑路堤，是将预筑路基外的土壤，移填于设计标高以下的地段，以达到道路断面设计要求的作业方法。分为横向填筑和纵向填筑两种。由路基两侧或一侧取土，沿路基横断面填筑为横向填筑，多用于平坦路段；由路基高处或路基外取土，沿路基纵轴线填筑为纵向填筑，多用于山丘坡地。实施构筑填土路基作业时，除应遵循构筑填土路基的一般要求外，还应根据运距、取土位置和填筑高度确定作业、行驶方法。

横向填筑路基的方法应视铲刀的宽度、路基的高度、取土坑允许的宽度及其位置而定。如用综合作业法施工时，最好是分段进行。这样可增大工作面，便于管理，从而加速工程进度。分段距离一般为20～40m。

一侧取土或填土高度超过0.7m时，取土坑的宽度必须适当增大，推土机铲土的顺序应从取土坑的内侧开始逐渐向外。推土作业的线路可采用穿梭作业法进行，如图9-34所示。在施工过程中，推土机铲土后，可沿路堤直送至路基坡脚，卸土后仍按原线路返回到铲土始点。这样同一轨迹按堑壕运土法送两三刀就可达到0.7～0.8m的深度。此后推土机做小转弯倒退，以便向一侧移位，中间应留出0.5～0.8m的土垄。然后，仍按同一方法推运侧邻的土。如此向一侧转移，直到一段路堤筑完。最后，推土机反向侧移，推平取土坑上遗留的各条小土堤。

最大运距不超过70m、填筑高为1m以下路基时，应采用横向填筑作业。作业时，可在取土坑的全宽上分层铲土、分段逐层铲土。两侧取土时，每段最好用两台推土机并以同样的作业方法，面对路中心线推土，但双方一定要推过中心线一些，并注意路堤中心的压实，以保证质量。图9-35为双侧取土的作业线路。

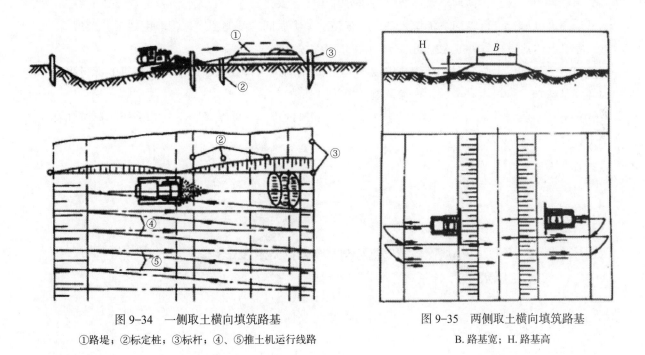

图9-34　一侧取土横向填筑路基　　　　　　　图9-35　两侧取土横向填筑路基
①路堤；②标定桩；③标杆；④、⑤推土机运行线路　　　　　　B.路基宽；H.路基高

填土路基的填筑高度超过1m时，推土机作业困难，为减小运土阻力，应设置运土坡度便道，如图9-36所示。便道的纵坡坡度不大于1:2.5，宽度应与工作面宽度相同，坡长约为5～6m，便道的间隔应视填土高度和取土坑的位置而定，一般不应超过100m。

在水网稻田地构筑填土路基时，首先要挖沟排水，清除淤泥；填筑长 50m 以内、高 1m 以下的路基，且两端有土可取时，可用推土机从两端分层向中间填筑。填筑高 1m 以上、长 50m 以上的路基时，用铲运机或装载机、挖掘机配合运输车，铲运渗水性良好的沙性土壤或碎石，自路中心线逐渐向两侧分层填筑。必要时用碎石、砾石、粗沙等材料，构筑厚约 7～15cm 透水路基隔离层；用推土机进行平整作业。

②注意事项

a. 作业前，要查桩和移桩，必要时进行放大样，以保证按设计要求作业。

b. 作业时，应分层有序地铲土、填筑和压实。每层新填土的厚度约为 20～30cm，一般不超过 40cm，如图 9-37 所示。

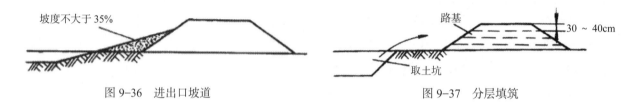

图 9-36　进出口坡道　　　　　　　　图 9-37　分层填筑

c. 采用一侧取土进行横向填筑作业时，须先从内侧开始，逐渐向外延伸，分段逐层铲运土壤，并从另一侧的路基坡角开始依次填筑，要注意填筑和压实外侧。

d. 采用两侧取土进行横向填筑作业时，双方卸土一定要过路基中心线，并注意路基中心线的压实。

e. 采用远处取土进行纵向填筑作业时，须按先从两侧后向中间的顺序，依坡度要求分层填筑。

f. 待填土达到标高后再填充中间部分，以形成路拱。

g. 填筑高 1m 以上路基时，应构筑坡度不大于 35% 的进出口坡道，以减小推土机的运行阻力和避免损坏路基边坡；待填土完毕后，推除坡道，填补路基缺口。

⑧路基填筑到设计标高后，须再运送 30～40cm 厚的土壤于路基顶面上，作为压实落沉和补充路肩缺土，如图 9-38 所示。

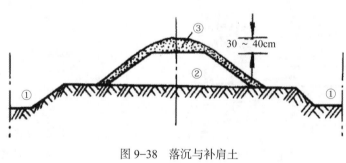

图 9-38　落沉与补肩土
①取土坑；②路基；③补肩土

h. 最后须平整路面、修筑路拱并压实，修整路肩、边坡和取土坑。从两侧取土时，先取低的一侧，后取高的一侧。

i. 雨季施工时，应先取容易积水的一侧。冬季上冻期前，应尽量将取土层薄的地段施工完毕，留下土层厚的地段进行冻期施工。

2）构筑挖土路基

①构筑方法

构筑挖土路基，又称开挖路堑，是铲除预筑路基标高以上的余土，以形成路基的作业，分为横向开挖和纵向开挖两种。当路堑深度较大，不能进行路侧弃土时，采用纵向开挖；当路堑深度不大，且能将土运到路侧弃土堆时，采用横向开挖。推土机构筑挖土路基时，应根据作业地段挖土深度和弃土位置确定作业方法。当挖深在1m以内时，推土机采用穿梭法进行横向分层开挖；当挖深大于1m且无移挖做填任务时，上部尽量采用横向开挖，底部纵向开挖；当挖深大于1m且有移挖做填任务时，推土机采用堑壕式运土法作业。

采取横向开挖路基时，作业可分层进行，其深度一般在2m以内为宜。如路基较宽，可以路中心为起点，采用横向推土"穿梭"作业法进行，从路堑中开挖的土壤推到两边弃土堆，当推出一层后应调头向另一侧推运，直到反复调头挖完为止，如图9-39所示。若开挖的路基宽度不大，作业时可将推土机与路基中线垂直，或与路基中线成一定角度，沿路基开挖顶面全宽铲切土壤，并将土壤推运到对面的弃土处，再将推土机退回取土处，直至将路基开挖完毕。如开挖深度超过2m的深坑道路时，则需与其他机械配合施工。采用任何开挖路基的作业方法，都必须注意排水问题。在将近挖至规定断面时，应随时复核路基标高和宽度，避免超挖或欠挖。通常在挖出路基的粗略外形后，再用平地机和推土机来整修边坡、边沟和整理路拱。

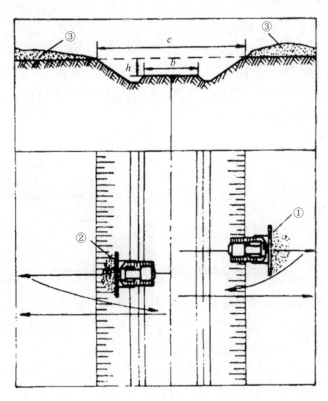

图9-39 横向构筑挖土路基

①、②第一台、第二台推土机穿梭作业法；③弃土堆。h.路堑深；b.路面宽；c.路堑宽

山坡地面较陡时，上坡一侧不能弃土，应向下坡一侧弃土。挖到一定深度后，可改用缺口法，如图9-40所示。缺口间距一般为50～60m，推土机将缺口位置左右的挖除土方顺路的纵向推运，再经缺口通道推向弃土堆。

图 9-40 缺口法弃土

采取纵向开挖路基时，一般是以路堑延长在 100m 范围内，常用推土机做纵向开挖。为便于排水和提高作业率，可采用斜坡推土。一般推土机做横向推土的运距为 40 ~ 60m，做纵向推土可到 80 ~ 120m。开挖时的程序和施工方法仍按深槽运土法，从两侧向中间进行，并根据工程要求，留出侧坡台阶。

②注意事项

a. 作业前，要查桩和移桩，确定取、弃土位置和开辟机械、车辆的行驶路线。

b. 横向开挖时，推土机铲刀不得伸出坡缘。

c. 纵向开挖时，应按先两边后中间的顺序进行，以保持路堑边坡的整齐。

d. 路堑开挖面须经常保持两侧低中间高的断面，以利于排水。

e. 在不能保证路堑外雨水不流入路堑内的情况下，应按设计要求回填弃土缺口。

f. 作业后，修整弃土堆和翻松临时占用的农田。

3）构筑半挖半填路基

①构筑方法

半挖半填路基是从预筑路基的高侧挖土，填至低侧而形成的路基。构筑半挖半填路基时，应根据作业地段横坡度的大小，确定机械的作业、行驶方法。当横坡度小于 15° 时，可采用固定铲推土机阶梯运行法横向作业；当横坡度大于 15° 或地形复杂时，最好用活动铲推土机旁坡切土法纵向作业。作业时应将铲刀的平面角调到 65°，倾斜角调到适当程度，然后，从路基内侧的边缘上部开始，沿路的纵向铲切土壤，并逐次将土铲运到填土部位，如图 9-41 所示。挖填断面接近设计断面

图 9-41 构筑半挖半填路基

时，应配以平地机修整边坡，开挖边沟，平整路面，修筑路拱，并用压路机压实路基和路面。作业地段多为山坡丘陵地，机械不宜全线展开作业或遇有岩石时，还须配以爆破作业。

如山腹坡度较陡或地形条件复杂时，应设法构筑平台，而后以平台为基地，沿路线纵向铲切土壤进行填筑。作业时，靠山坡内侧应比外侧铲土稍深，使推土机向内倾，并注意留出边坡，减少超挖。

②注意事项

a. 作业前，要查桩和移桩，必要时进行放大样，以保证能按设计要求作业。

b. 在丛林地作业时，应先清除杂草、树木、伐余根和其他障碍物。

c. 若采用活动铲推土机作业，应事先调整好铲刀平面角和倾斜角。

d. 若采用挖掘机作业，应先用推土机构筑起挖平台。

e. 作业时，应分层有序地铲土、填筑和压实。

f. 向坡下填土时，铲刀不应伸出边缘。

g. 注意预防坡顶方向的落石、坡壁坍塌及坡角方向的陷落。

4）构筑移挖做填路基

①构筑方法

填土路基是将预筑路基超高地段的土壤纵向铲挖移运并填于低凹地段，而构筑形成的路基。构筑移挖做填路基时，应根据运距确定机械的作业方法。当运距在 50～100m 时，推土机采用重力助铲法铲土，堑壕式或并列式运土法运土，直线或穿梭法运行。如在移挖做填的地段上构筑路基，应先做好准备工作，即将未来路堑的顶端和填挖衔接处，以及在路的两侧用标杆或用就便器材进行标示；铲除挖土地段的障碍，设好填土地段的涵管等。在挖土地段上构筑路基，下坡铲运弃土少，最为经济。作业时，应分层开挖，分层填筑，每层厚度在 0.4m 左右，如图 9-42 所示。

图 9-42 构筑移挖做填路基

②注意事项

a. 作业前，要查桩和移桩，标示未来路堑的顶端终点和填挖衔接处。

b. 必要时，清除作业地段的障碍物，设置填土地段的涵管。

c. 作业中，应注意分层有序地进行纵向开挖和填筑，每层填土厚度为 30～40cm。

d. 开挖土质坚硬或含有大量砾石的路段，需用松土器疏松。

e. 遇有岩石，可用凿岩机穿孔后实施爆破。

f. 当挖、填接近达到设计断面时，应用平地机铲刮侧坡、开挖边沟、修整路面，用压路机压实路基和路面，必要时平整弃土场的弃土。

（2）铲除障碍物作业

1）清除树木和树墩

进行土方作业时，常会遇到树木、树墩等妨碍作业的障碍物，作业前应将其推除。由于树木、树墩的粗细和大小各不相同，推除时应根据具体情况，采用以下不同的作业方法。树木直径在 10～15cm 时，铲刀应切入土 15～20cm，以 Ⅰ 速前进，可将其连根铲除，如图 9-43 所示。伐除直径为 16～25cm 的独立树木时，应分两步伐除：先将铲刀提升到最大高度（铲土角调整为最小），推土机以 Ⅰ 速进行推压树干；当树干倾倒时，将推土机倒回，而后将铲刀降于地面，以 Ⅰ 速前进，当铲刀切入树根后，提升铲刀，将树木连根拔除，如图 9-44 所示。

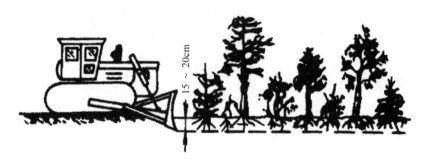

图 9-43　铲除小树和灌木

图 9-44　伐除直径为 16 ~ 25cm 的树木

伐除直径为 26 ~ 50cm 的树木，其作业程序基本与上述相同。为便于推除，可采用借助土堆和切根两种方法。借助土堆法如图 9-45 所示，即在树根处构筑一坡度在 20% 以下的土堆，推土机在土堆上将树干推倒，此时，铲刀应提升到最大高度。切断树根法如图 9-45（b）所示，即用推土机先将树根从三面切断（铲刀应入土 15 ~ 20cm），然后，将铲刀提升到最大高度，将树向树根没有切断的一面推倒。土堆法和切断树根法若结合起来使用，还可推除直径更大的树木。

（a）　　　　　　　　　　　　　　　　　（b）

图 9-45　伐除直径为 26 ~ 50cm 的树木

（a）借助土堆法；（b）事先切断树根法

推除树墩比推除树木要困难一些，因为树墩短，铲刀的推压力臂小。推除树木直径为 20cm 以下的树墩时，使铲刀入土 15 ~ 20cm 处，以最大推力推压，如图 9-46（a）所示。然后，使铲刀入土 15 ~ 20cm，在推土机前进中提升铲刀，将树根推除，如图 9-46（b）所示。若推除较大的树墩时，可先将树墩的根切断，而后再按上述方法推除。

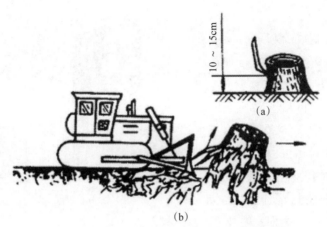

图 9-46 铲除直径超过 20cm 的伐余根

2）清除积雪、石块和其他障碍物

清除道路上的积雪或在雪地上开辟通路，均可用推土机进行。作业时，若使用活动铲推土机，则应从路中心纵向推运（平面角调至 65°），把积雪推移到路的一侧。若使用固定铲推土机纵向推运时，则需在推运过程中多次转向和倒车，将积雪推到路的一侧或两侧。条件许可的情况下，应将铲刀加宽和加高，进行横向推运。根据雪层的厚度和密度，作业时应以尽量高的速度进行。

在构筑道路时，若遇有需推除的孤石，可先将孤石周围的土推掉，使孤石暴露；推时先用铲刀试推，若推不动，就继续铲除周围的土，当石块能摇动后，将铲刀插到石块底部，平稳结合离合器（TY120 型），根据负荷逐渐加大油门，并慢慢提升铲刀，即可推除孤石。

如使用推土机推运石渣和卵石时，最好使刀片紧贴地面，履带（或轮胎）最好也在原地面上行驶。如石渣较多，推土机应从石渣堆旁边开始，逐步往石渣的中心将石渣推除。推石渣时，不论前进或倒车都要特别注意防止油底壳及变速器壳体被石头顶坏。

3）推除硬土层

推土机在较硬的土壤上推土作业时，如有松土器可先将硬土耙松；如没有松土器，也可用推土机直接开挖。用推土机铲除硬土时，须将铲刀的倾斜角调大，利用一个刀角将硬土层破开；然后，将铲刀沿地面破口处纵向或横向开挖。推土机一边前进一边提升铲刀，掀起硬土块，逐步铲除硬土层。

（3）在受染地段开辟道路

在受沾染、污染地段构筑供人员、装备安全通行道路的作业方法有覆盖法和铲除法两种。

1）覆盖法

用未受染土壤覆盖受染地段，以形成通路的方法，称为覆盖法。作业时，新土厚度不得小于8 ～ 10cm。取土场应选择在通路的就近处，并须事先用推土机铲除运土便道和取土场表层的受染土壤。然后，用推土机、铲运机或者以装载机、挖掘机与运输车配合实施运送。最后用推土机摊平土壤。

2）铲除法

将受染土壤铲除至通路外的方法，称为铲除法。作业时，先应将铲刀平面角调到 65° 左右。然后，沿路中心线靠上风的一侧开始铲土。铲土的深度一般为 15 ～ 20cm，并将铲出的土壤运到通路的下风一侧。推土机返回后，在中心线的另一侧进行铲土，并与上次铲土应重叠 40 ～ 50cm，直到铲出道路的全宽。

若开出的道路沾染程度超过容许标准时，则以上述方法再铲除一层，并使这层土壤覆盖在第一次铲出的土壤上。

如用两部活动铲推土机联合作业时，应前后梯次配置进行，如图9-47所示。行驶在前面的推土机必须在上风方向。

如以正铲推土机作业，可从道路的上风方向开始，依次进行横向铲土。将铲出的受染土壤推至道路外，必要时还可以未受染土层覆盖。为防止推土机在作业时扬起尘土，作业前可用洒水车洒水；为保证作业安全，人员应按规定穿戴防护装具，并根据受染程度以及人员在受染地区内的允许安全停留时间，及时组织换班和进行作业后的洗消。

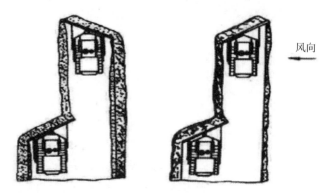

图9-47 以两部活动铲推土机开辟道路

（4）开挖平底坑

通常将构筑掘开式工事时掘开的除土坑部分称为平底坑。推土机是开挖平底坑的重要机械。用推土机开挖工事的平底坑时，作业前应用标桩或就便材料标出平底坑的中心线及进出斜坡的起止点。标示物应设在机械作业活动界限之外。在作业时，应根据地形条件、土壤性质、天候情况、平底坑尺寸及开挖后安装支撑结构的时间，灵活采用最有效的作业方法。

在晴天、密实的土壤上，以及在平底坑挖掘好后，随即安装支撑结构时，平底坑可挖成垂直形（即全深的宽度一样）；在雨天、沙性土壤上以及预先挖掘时，通常挖成阶梯形。如果平底坑的宽度不大（仅比铲刀宽些），且成垂直形，两端能便于机械调头时，可采用穿梭作业法进行作业。即机械先向坑的一端铲运土壤，并将土运到弃土堆，而后调头向另一端铲运土壤。如此反复，逐层铲到标定深度为止，如图9-48所示。若平底坑长度不大或两端不便于机械调头，可采用分次进退的作业方法进行开挖，如图9-49所示。作业时，先在平底坑的一半处，以进退的方法纵向开挖（图9-49（a）），然后，调头在另一半上进行开挖（图9-49（b））。如此反复，达到全深为止。最后，进行平整（图9-49（c））。

若平底坑较宽，长度又较大或带有侧坡时，应采用纵横开挖法。即首先在平底坑的全宽上横向铲运土壤，将土推到一侧或两侧（依地形和需要而定），达到1.2～1.4m时，再以穿梭法或分次进退法进行纵向开挖，达到全深为止，如图9-50所示。这种方法的特点是：在平底坑周围都有积土，便于回填

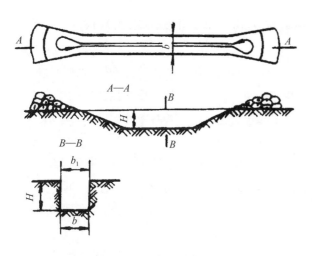

图9-48 以穿梭法开挖平底坑

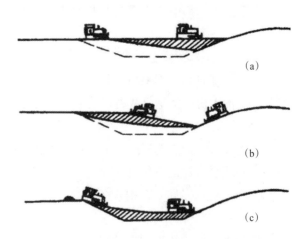

图9-49 以分期进退法开挖平底坑

掩盖工事。但在作业中应注意留出安装工事支撑结构作业所需的位置。构筑掩体时，由于周围构成环形胸墙，可减少开挖深度，使作业量减少 1/3 ~ 1/2，便于提高工效。

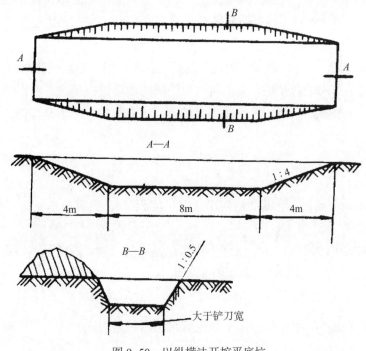

图 9-50　以纵横法开挖平底坑

（5）平整场地

推土机在行驶中铲凸填凹，使地面平整的作业方法分为铲填平整法和拖刀平整法。主要用于修整路基、平整地基、回填沟渠和铺散筑路材料。平整作业，通常开始时多采用铲填平整法，只有推土机在最后的几个行程，才采用拖刀平整法。

1）一般场地平整

对于面积不太大的场地或一般地基，往外运土已接近完成，标高也基本符合设计要求时，即开始进行平整。作业时应注意以下几点：

①平整的起点应是平坦的，并自地基的挖方一端开始。若地基的挖方位置不在一端，则应由挖方处向四周进行平整。平整从较硬的基面上开始，容易掌握铲刀的平衡，不易出现歪斜。

②平整时，将铲刀下缘降至与履带支承面平齐，推土机以Ⅰ速前进，铲去高出的土壤，填铺在低凹部，如图 9-51 所示。一般要保持铲刀的基本满负荷进行平整，可以保证铲刀平冲，不致使地面上再现波浪形状。

图 9-51　平整场地

③平整应保持直线前进，并按一定顺序逐铲进行，每一行程，均应与已平整的地面重叠 0.3 ~ 0.5m。对于进行平整所形成不大的土垄，可用倒拖铲刀的方法使之平整。此时，铲刀应置于浮动状态。

④在平整时，除起推点外，尽量不要铲起过多的土，因此时除起推位置稍高外，其他处的标高基本合适。若不慎出现波浪或歪斜，可退回起推点，重新铲土经过该处后即可消除。

2）大面积地基的平整

对大面积地基的平整，操作方法与一般地基的平整基本相同，但还应注意以下几点：

①在狭长地基上可横向进行平整，太宽时可由中间向两边进行平整，方形的地基可由中心向四周进行平整，这样能缩短平整的距离。平整距离太长时，铲刀前的松土不易保持到终点，容易使铲刀切入土中，不利于平整。

②大面积平整可分片进行，特别是多台推土机参加作业时，更宜如此。这样既可以提高效率，又能保证平整质量。

③平整时，不应交叉进行（单机平整其路线也不应交叉），应沿场地一边开始，向另一边逐次进行，或由中间逐次向两边进行平整。

④平整经过石方较多的地段时，应注意不要将地基内的石块铲起（可适当提升铲刀稍离开地面），否则，不易使地基迅速达到平整程度，而影响质量。

（6）开挖"V"形沟槽

在没有平地机的情况下，推土机可用来开挖道路两侧的边沟或其他"V"形沟槽。在开挖前应先标定好沟槽的中心线和边线。

先将推土机铲刀的平面角调至65°，倾斜角调到最大，然后，按几个行程进行开挖，如图9-52所示。开始作业时，应使铲刀长度的1/4对准所开挖沟槽的中心线，以直线铲土法将表面土层略加平整或铲除，推土机行驶 30m 左右后退回。此时，可将推土机外侧履带置于前一行程所形成的土垄上，铲刀较低的一角对正中心线继续以直线进行铲土，完成沟槽的一半。最后再开挖另一半，即将机械调头，使内侧的履带置于已挖出的沟槽内，前进开挖。必要时，再往返一次，清除沟内的松土和加深沟槽，并将挖出的土整平于路基中心，形成拱形路面。

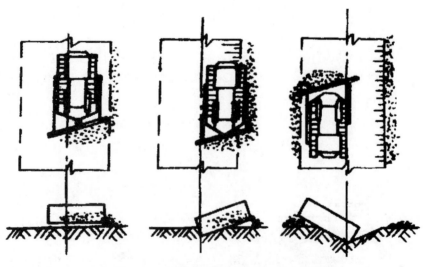

图9-52　用活动铲推土机开挖"V"形沟槽

（7）在泥泞地段的推土作业与自救

1）在泥泞地段的推土作业

在含水量较大的地方或雨后泥泞地上推土时，容易发生陷车现象，故每次推土量不要过大，同时每次都要推到指定卸土地点。在行驶中应避免停车、换挡、转向和制动等。每次土要一气推出，有时还要以较高的挡（Ⅱ挡）进行推土，依靠机械的惯性力避免陷车。推土机履带轨迹不要重复，免得越陷越深。在推土过程中要注意不让履带产生打滑现象，如发生打滑应立即提升铲刀，减少铲刀前面的推土量。若此时推土机仍旧不能前进，则应立即挂倒挡后退，并注意不要提升铲刀和转向。因提升铲刀时，推土机前边受力，机身向前倾，促使推土机履带前半段下沉，后半段翘起。若转向时，只有一边履带受力，这些都会造成推土机陷入泥泞。

2）自救方法

遇到推土机陷车时，最好不要再动，应立即采取措施，将推土机驶出或拖出，否则将会愈陷愈深。

自救的方法是：将钢绳的一端固定在木桩上或树的靠根部，钢绳的另一端固定在推土机一边或两边的履带上，如图9-53所示。若在平地陷得不太深，将钢丝绳固定在任何一边的履带上即可；若只有一边履带陷车，则钢丝绳仅固定在所陷的履带上；若两边履带都陷得比较深，则要用两根钢丝绳固定在两边的履带上，然后，挂上低速挡转动履带，将钢丝绳卷在履带上而拖出。钢丝绳固定在履带上的方法是：将钢丝绳从履带一端的两块履带板之间的空隙处穿过去，用销子固定住；也可拆去一块履带板，将钢丝绳固定在链节上。

图9-53　推土机自救示意

（五）维护保养

1. 每班保养

（1）高压油管的接头、液压缸、浮动油封、散热器片、水管接头等是否泄漏，如有应及时排除。

（2）空气滤清器、消声器、负重轮支架、履带、工作装置等各部螺栓是否松动，如发现应予以紧固。

（3）电器系统有无断线、短路、接线柱是否松动，若有应及时排除。

（4）补加冷却水应在发动机停转后进行。先注满水箱（至水溢出），然后启动发动机，空转5min后再检查。如发现水位下降应继续补充至规定的高度为止（加水口滤网沉浸水中10～15mm）。天气寒冷时，工作完须把冷却水放出（机体放水阀、油冷器两处放水阀及水泵进水管上的放水阀），以防止冻结。

（5）检查燃油箱油量，若油量不足应及时补充。要经常检查通气口是否通畅。

（6）检查发动机油底壳油量。

（7）检查后桥箱油量。

（8）排出柴油箱的杂质及积水。

（9）检查各操纵杆或踏板活动是否正常。

（10）如空气滤清器滤芯堵塞（灰尘指示器灯亮），应取出滤芯进行清洗（干净滤芯装入后，启动发动机，指示器的灯不应再亮）。

注意：外芯每清洗一次即撕去内芯标牌上的一个字码片，清洗了 6 次或用到 1 年的外滤芯应加以更换，同时也要更换内滤芯。

（11）工作后把车体上附着的泥土和污水清除，停放在混凝土或坚固干燥的地面上。

2. 最初 250 小时的检查保养

除完成每班保养外，还应进行下列保养。

（1）更换燃料过滤器。

（2）更换机油粗、细过滤器。

（3）更换后桥箱（包括变速器、变矩器）油。

（4）更换工作液压油。

（5）更换工作液压油过滤器芯。

（6）更换侧传动装置的油。

（7）清洗变速转向滤芯和变矩器回油滤芯。

（8）紧固喷油器安装螺钉。

（9）检查和调整发动机气门间隙。

3. 一级保养

一级保养指的是每工作 250 小时进行的保养。

除完成每班保养外，还应进行下列保养。

（1）检查侧传动装置油量。机械停放于水平位置，拧下上螺塞，如发现油面未达加油口边缘，应补加规定油品。

（2）检查及补加工作液压油箱油量。机械停放于水平位置，发动机停转约 5min，从油窗处检查油面是否在红圈范围内，如发现油量不足，注入规定的油品。

（3）更换发动机油底壳机油。

（4）检查蓄电池液面，未达到规定高度时（高出极板 10 ~ 12mm 以上），应补充蒸馏水；若电解液因损失而减少时，应补入相同浓度的稀硫酸溶液，并清洁蓄电池的通气孔。

（5）清洗或更换曲轴箱通风器。

（6）检查和调整发电机皮带。以约 60N 的力可按下 10mm 为标准，否则应予以调整，并应检查皮带轮是否损坏。

（7）更换后桥箱（包括变矩器和变速器）滤清器精滤芯。方法是：取下左盖板，拧下螺栓，卸下盖板，取出滤芯，清理壳体内部；更换滤芯及润滑油后，启动发动机，松开放气阀，待有油溢出时予以拧紧。

（8）检查并紧固履带板连接螺栓。

（9）更换燃料滤清器。方法是：拧下旋装式燃油滤清器滤芯并将其丢弃；向新滤清器中注满干净的燃油；安装滤清器，用手拧紧直到密封垫接触到滤清器盖时为止，然后再拧紧 1/2 ~ 3/4 圈。

（10）更换粗、细过滤器。方法是：拧下旋装式机油滤芯；向新滤芯中注满润滑油；将新滤芯安装到滤清器头上，用手拧紧直到密封垫与滤清器盖头相接触时为止，然后再拧紧 1/2 ～ 3/4 圈。

4. 二级保养

二级保养指的是每工作 1000 小时进行的保养。

除完成一级保养外，再做如下保养。

（1）更换防腐剂储存器。

方法是：关闭防腐剂储存器上部两个阀门；往左拧下滤筒式滤芯；在密封面上涂发动机油，换上新元件；安装时，在密封面与盖接触后再紧固 1/2 ～ 3/4 圈，更换后打开阀门。

（2）检查清洗水箱散热器片，更换冷却水。用防冻液时，每年春、秋季各更换一次；不使用防冻液时，每工作 1000 小时更换一次。更换方法：

①停止发动机，关闭防腐蚀剂储存器阀门（两处）打开水箱盖；

②打开放水阀（散热器、发动机后部、油冷却器共四处）排水；

③排水后，用清洗剂清洗；

④排出清洗液；

⑤注满清水；

⑥发动机空转，打开放水阀将水放尽，然后关闭放水阀，重新加水；

⑦更换防腐蚀剂储存器过滤筒。

（3）清理后桥箱、侧传动装置通气孔，更换后桥箱（变矩器和变速器）、工作液压油、侧传动装置的油和滤芯。

（4）行走装置（托带轮、负重轮、引导轮）注油润滑。将推土机停放在平坦地面上，拧松螺塞，若未见油从螺纹处漏出，则应加注新油，然后拧紧螺塞。

（5）检查调整喷油器调整螺钉，紧固安装螺钉。

（6）检查调整发动机气门间隙。

5. 三级保养

三级保养指的是每工作 4000 小时进行的保养。

除完成二级保养外，还应按下列保养。

（1）紧固吸气管及排气管。

（2）洗洁、检查、调整喷油器。

（3）清洗涡轮增压器叶轮。

（4）检查和调整涡轮增压器转子间隙。

（5）检查和调整 PT 泵。

（6）更换 PT 泵过滤器网和磁铁。

（7）检查和调整曲轴末端间隙。

（8）检查水泵。

6. 润滑

按表 9-4 实施润滑。

表 9-4 TY220 型推土机润滑表

周期 /h	润滑部位	点 数	方 法	润滑剂
8	发动机油底壳	1	检、加	SAE10W-30 或 SAE15W-40
	后桥箱（变矩器、变速器）	1		SAE10W-30 或 SAE15W-40
250	侧传动装置	2		SAE30 或 SAE40
	工作液压油箱	1		SAE10W-30 或 SAE15W-40
	风扇皮带轮	1	油枪注入	2 号或 3 号锂基润滑脂
	张紧轮及张紧轮托架	2		
	铲刀斜撑球头	1		
250	液压缸支座	4	油枪注入	2 号或 3 号锂基润滑脂
	倾斜液压缸球头	1		
	铲刀液压缸接头	2		
	铲刀臂球头	2		
	斜撑臂球头	7		
	松土器	18		
	发动机油底壳	1	更换	SAE10W-30 或 SAE15W-40
500	托带轮、负重轮、引导轮		检、加	SAE140
1000	半轴瓦	2	油枪注入	2 号或 3 号锂基润滑脂
	万向节	8		
	导轮张紧杆	2		
	后桥箱（变矩器、变速器）	1	更换	SAE10W-30 或 SAE15W-40
	工作液压油箱	1		SAE10W-30 或 SAE15W-40
	侧传动装置	2		SAE30 或 SAE40
2000	平衡梁轴	1	油枪注入	2 号或 3 号锂基润滑脂
	减速踏板轴	2		
	变速操纵杆轴	3		
	转向操纵杆轴及制动踏板轴	6		
	燃料调整杆轴	3		
	铲刀操纵杆轴	6		

二、挖掘机

（一）用途与分类

1. 用途

挖掘机是用来挖掘和装载土石的一种主要施工机械。在建筑、筑路、水利、采矿等工程以及天然气管道铺设等国民经济建设和现代军事工程中，挖掘机被广泛地运用。据统计，工程施工中约有60%以上的土石方量是靠挖掘机来完成的。挖掘机主要用于Ⅰ～Ⅳ级土壤上进行挖掘作业，也可用于装卸土壤、沙、石等材料。更换不同的工作装置后，如加长臂、伸缩臂、液压锤、液压剪、液压爪、尖长形挖斗等（图9-54），挖掘机的作业范围更大。挖掘机在军事工程中主要用于：

①挖掘各种指挥所和观察所的平底坑；

②挖掘防坦克壕、防坦克陷阱、断壁和崖壁；

③构筑技术装备掩体和火炮发射阵地；

④挖掘堑壕、交通壕；

⑤挖、装土方和沙、石料；

⑥构筑道路；

⑦完成抢险救援工程作业任务。

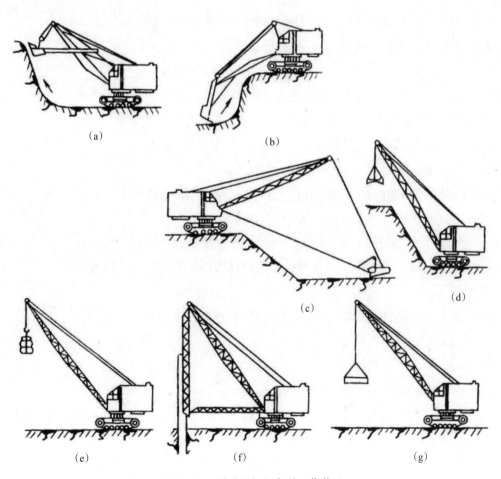

图9-54 单斗挖掘机各种工作装置

（a）正铲；（b）反铲；（c）拉铲；（d）抓斗；（e）吊钩；（f）桩锤；（g）夯板

2. 分类

挖掘机的种类较多，可从以下几个方面来分类。

（1）按作用特征分为多斗和单斗挖掘机

多斗挖掘机为连续性作业方式。

单斗挖掘机为周期性作业方式。其中单斗挖掘机较为常见，下面所述均为此种挖掘机。

（2）按动力装置分为电驱动式和内燃机驱动式挖掘机

电驱动式挖掘机是借用外电源或利用机械本身的发电设备供电工作，使挖掘机作业和行驶，大型挖掘机多采用这种动力形式。

内燃机驱动式挖掘机是以柴油机或汽油机为动力，目前大都采用柴油机。

（3）按传动装置分为机械传动式、全液压传动式和混合传动式挖掘机

机械传动式挖掘机工作装置的动作是通过绞盘、钢绳和滑轮组实现，动力装置通过齿轮与链条等带动绞盘及其他机构工作，并用离合器和制动器控制其运动状态。目前，国内大型采矿型挖掘机采用机械传动仍较普遍，它的结构虽然复杂，但传动效率高，工作可靠。

全液压传动式挖掘机的工作装置及各种机构的运动均由液压马达和液压缸带动，并通过操纵各种阀控制其运动状态。由液压泵向液压马达和液压缸提供动力。目前，国内中小型挖掘机逐渐向液压传动方式发展。

混合传动式挖掘机，一部分机构采用机械传动，一部分机构采用液压传动。

（4）按行走装置分为履带式和轮胎式挖掘机

履带式挖掘机越野性强，稳定性好，作业方便，但行驶速度低，机动性能差，适宜配置在工程量大而集中的地域作业。

轮胎式挖掘机行驶速度高，机动性能好，但作业时需要设置支腿支撑，结构复杂，作业费时，适宜配置在工程量较少而分散的地域作业。

（5）按工作装置分为刚性连接和挠性连接挖掘机

刚性连接挖掘机又分为正铲、反铲挖掘机。正铲挖掘机的挖斗口向上，主要挖掘停机面以上的物料。反铲挖掘机的挖斗口向下，主要挖掘停机面以下的物料。

挠性连接挖掘机又分为拉铲、抓斗挖掘机。拉铲挖掘机适宜挖掘停机面以下的物料，特别适合水下作业。抓斗挖掘机可在其提升高度及挖掘深度范围内挖掘停机面以上或以下的物料，适宜挖掘边坡陡直的基坑和深井。

（6）按工作装置在水平面可回转范围分为全回转式和非全回转式挖掘机

全回转式挖掘机的转盘旋转角度为 360°。

非全回转式挖掘机的转盘旋转角度一般小于 270°。

（7）按挖斗容量分为小型、中型和大型挖掘机

小型挖掘机的挖斗容量为 $0.75m^3$ 以下，中型挖掘机的挖斗容量在 $0.75 \sim 4m^3$ 之间，大型挖掘机的挖斗容量在 $4m^3$ 以上。

3. JY633-J 型履带挖掘机主要技术性能

（1）JY633-J 加强型挖掘机整机外形尺寸（图 9-55）

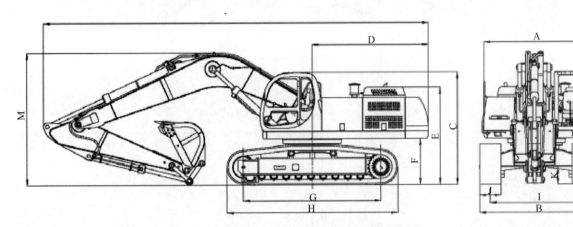

图 9-55　JY633-J 加强型挖掘机整机外形尺寸

表 9-5　JY633-J 型挖掘机外形主要参数

类　别	单　位	6.2m 动臂 2.85m 斗杆
机罩宽	mm	2960
总宽	mm	3180
总高（至司机室顶部）	mm	3110
尾部旋转半径	mm	3215
机罩高	mm	2650
配重离地间隙	mm	1235
履带接地长度	mm	3780
履带长度	mm	4690
轨距	mm	2580
履带板宽	mm	600
最小离地间隙	mm	470
总长	mm	10610
总高（至动臂顶端）	mm	3540

表 9-6　动臂尺寸（图 9-56）

类　别	单　位	6.2m
长度	mm	6460
高度	mm	1820
宽度	mm	850

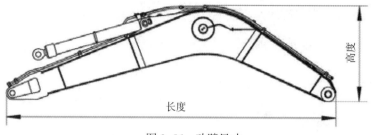

图 9-56　动臂尺寸

表 9-7　斗杆尺寸（图 9-57）

类　别	单　位	2.85m
长度	mm	4200
高度	mm	930
宽度	mm	510

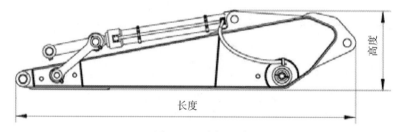

图 9-57　斗杆尺寸

（2）工作范围和挖掘力（图 9-58）

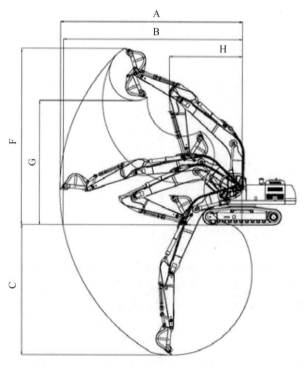

图 9-58　JY633-J 加强型挖掘机工作范围（包括铲斗）

表 9-8 JY633-J 加强型挖掘机工作范围（包括铲斗）

类　别	单　位	6.2m 动臂
		2.85 m 斗杆
A 最大挖掘范围	mm	10775
B 最大地面挖掘距离	mm	10580
C 最大挖掘深度	mm	7110
F 最大挖掘高度	mm	10530
G 最大卸载高度	mm	7240
H 最小回转半径	mm	4355
铲斗顶部半径	mm	1680
铲斗挖掘力	kN	208
斗杆挖掘力	kN	172
铲斗转动角度	度	177

（3）整机质量：33t

（4）铲斗容积：1.6m³

（5）发动机

制造商：康明斯

型号：C8.3-C

总功率：205 kW

额定转速：2000r/min

缸数：6

排气量：8.3L

缸径：114mm

冲程：135mm

（6）电气系统

电压：24V

蓄电池：2×12V（两组）

蓄电池容量：2×50Ah

交流发电机：24V/35A

（7）冷却及润滑油容量

燃料箱：610L

液压油箱：260L

发动机油：22L

回转减速箱：10L

行走减速箱：2×10L

（8）驱动

最大牵引力：300kN

最大行走速度：5.1/2.9km/h

爬坡能力：70%（35°）

接地比压：0.07MPa

（9）行走部分

履带板数目：2×49

链板节距：203.2mm

履带板宽度：600mm

支重轮数量：2×8

拖链轮数量：2×2

（10）回转系统

最大回转速度：11 r/min

（11）液压系统

工作压力：30 MPa

行走压力：34.3 MPa

伺服压力：4MPa

主泵：

类型：两台可变量轴向柱塞泵

最大流量：2×260 L/min

辅助泵：

类型：齿轮泵

最大流量：20 L/min

液压马达：

行走：两台可变轴向柱塞马达

回转：带机械制动的轴向柱塞液压马达

液压油缸：

动臂：2个

缸径 × 杆径 × 行程：$\phi140mm \times \phi100mm \times 1385mm$

斗杆：1个

缸径 × 杆径 × 行程：$\phi160mm \times \phi100mm \times 1550mm$

铲斗：1个

缸径 × 杆径 × 行程：$\phi140mm \times \phi100mm \times 1110mm$

（12）JY633-J 型履带挖掘机液压附属装置技术参数

1）液压剪 HYC80 参数

表 9-9　液压剪 HYC80 参数

名　　称		规格（或型号）
液压剪		HYC80 360°旋转
重量	kg	2630
全长	mm	2700
最大张口宽度（L1 最大）	mm	1100
切割长度	mm	200
破碎力	t	138×2
剪切力	t	355×2
剪切驱动流量	L/min	250～300
剪切工作压力	MPa	30
旋转驱动流量	L/min	15～60
旋转工作压力	MPa	16～18
旋转速度	r/min	10～18
适配挖掘机	t	27～36

2）液压破碎器参数

表 9-10　液压破碎器参数

名　　称		规格（或型号）
液压破碎器		HY3500
总重	kg	2561
外形尺寸	mm	2510×1270×590
油流量	L/min	170～240
工作压力	MPa	16～18
打击频率	bpm	320～450
钎杆直径	mm	ϕ155
适配挖掘机	t	28～33
适配挖斗容量	m³	1.1～1.6

3）快速连接器 HYL5500 参数

表 9-11　快速连接器 HYL5500 参数

名　称		规格（或型号）
快速连接器		HYL5500
重量	kg	470
外形尺寸	mm	924×574×660
驱动流量	L/min	10 ~ 20
驱动压力	MPa	4 ~ 34

（二）JY633-J 加强型挖掘机

JY633-J 加强型挖掘机是武警部队工化救援中队装备的第一代单斗全回转履带式挖掘机。（图 9-59），为 JY633-J 加强型挖掘机全貌，是抢险救援的主要工程装备之一。它具有越野性强，稳定性好，操作灵活，作业方便，作业效率高等特点。由动力装置、传动装置、行走装置、转向系统、工作装置及液压操纵系统和电气设备等组成。采用全液压传动式挖掘机的工作装置与各种机构的运动均由液压马达和液压缸带动，并通过操纵各种阀控制其运动状态。由液压泵向液压马达和液压缸提供动力。

图 9-59　JY633-J 加强型挖掘机

JY633-J 型履带挖掘机与 PC200（系列）型履带挖掘机结构、操作使用基本相同。

1. 总体结构特点

单斗液压挖掘机是采用液压传动并以一个铲斗进行挖掘作业的机械。它是在机械传动单斗挖掘机的基础上发展而来的，是目前挖掘机械中重要的品种。单斗液压挖掘机的作业过程是以铲斗的切削刃（通常装有斗齿）切削土壤并将土装入斗内，装满后提升、回转至卸土位置进行卸土，卸空后铲斗再转回并下降到挖掘面进行下一次挖掘。当挖掘机挖完一段土方后，机械移位继续工作，因此是一种周期作业的自行式土方机械。单斗液压挖掘机为了实现上述周期性作业动作的要求，设有下列基本组成部分：工作装置、回转装置、动力装置、传动系统、行走装置和辅助设备等。常用的全回转式（转角大于 360°）挖掘机，其动力装置、传动系统的主要部分、回转装置、辅助设备和驾驶室等都装在可回转的平台上，简称上部转台。这类机械由工作装置、上部转台和行走装置三大部分组成（图 9-60）。挖掘机的基本性能取决于各组成部分的构造和性能。

（1）单斗液压挖掘机组成

1）动力装置

单斗液压挖掘机的动力装置多采用直立式多缸、水冷、以小时功率标定的柴油机。JY633-J 加强型挖掘机使用康明斯发动机，型号为 C8.3-C，总功率 205kW。

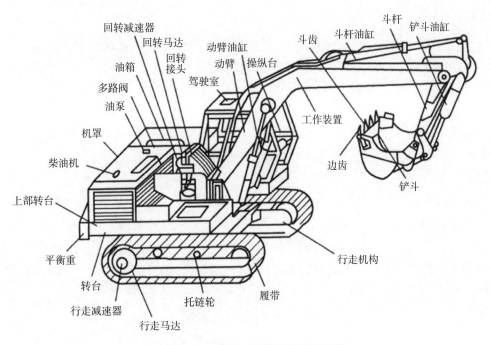

图 9-60 单斗反铲液压挖掘机结构

2）传动系统

单斗液压挖掘机的传动系统是将柴油机的输出动力传递给工作装置、回转装置和行走装置等。单斗液压挖掘机用液压传动系统的类型很多，习惯上按主泵的数量、功率调节方式和回路的数量进行分类，有单泵或双泵单回路定量系统、双泵双回路定量系统、多泵多回路定量系统、双泵双回路分功率调节变量系统、双泵双回路全功率调节变量系统、多泵多回路定量或变量混合系统六种；按油液循环方式分为开式系统和闭式系统；按供油方式分为串联系统和并联系统。

凡主泵输出的流量是定值的液压系统为定量系统；反之，主泵输出的流量通过调节系统进行改变的则称为变量系统。在定量系统中，各执行元件在无溢流情况下按油泵供给的固定流量工作，油泵的功率按固定流量和最大工作压力确定；在变量系统中，最常见的是双泵双回路恒功率变量系统，该系统又有分功率变量与全功率变量之分，分功率调节系统是用一个恒功率调节器同时控制系统中所有油泵的流量变化，从而达到同步变量。

开式系统中执行元件的回油直接流回油箱，其特点是系统简单、散热效果好，但油箱容量大，低压油路与空气接触机会多，空气易渗入管路造成振动。单斗液压挖掘机的作业主要是油缸工作，而油缸大、小油腔的差异较大，工作频繁，发热量大，因此绝大多数单斗液压挖掘机采用开式系统。闭式系统中执行元件的回油不直接返回油箱，其特点是系统结构紧凑，油箱容积小，进、回油路中均有一定的压力，空气不容易进入管路，运转比较平稳，避免了换向时的冲击，但系统较复杂，散热条件差。在单斗液压挖掘机的回转装置等局部系统中，有采用闭式回路的液压系统。为补充因液压马达正反转的油液漏损，在闭式系统中往往还设有补油阀。

3）回转装置

回转装置使工作装置及上部转台向左或向右回转，以便进行挖掘和卸料。单斗液压挖掘机的回转装置必须能把转台支承在机架上，不能倾斜，回转轻便灵活。为此，单斗液压挖掘机都设有回转支撑装置（起支撑作用）和回转传动装置（驱动转台回转），这两种装置统称为回转装置。

①回转支撑

单斗液压挖掘机采用回转支撑的结构形式，分为转柱式和滚动轴承式两种。

②回转传动

全回转液压挖掘机采用回转传动的传动形式，分为直接传动和间接传动两种。

a. 直接传动

在低速大扭矩液压马达的输出轴上安装驱动小齿轮，与回转齿圈啮合。国产 WY100、WY40、WLY25、WY60、WLY60C 等型挖掘机的回转传动均采取这种传动形式。

b. 间接传动

由高速液压马达经齿轮减速器带动回转齿圈的间接传动结构形式（图 9-61）。国产 WY60A、WYl00B、WYl60、WLY50 等型挖掘机均采用这种传动形式。其结构紧凑，具有较大的传动比，且齿轮的受力情况较好，轴向柱塞马达与同类型液压油泵的结构基本相同，许多零件可以通用，便于制造及维修，从而降低了成本，但必须装设制动器，以便吸收较大的回转惯性力矩，缩短挖掘机作业循环时间，提高生产率。

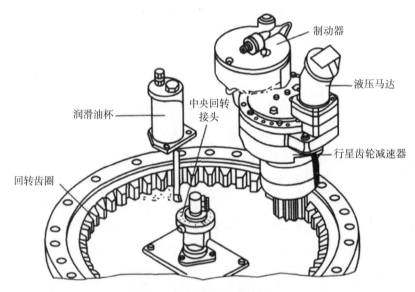

图 9-61　间接传动的回转传动

4）行走装置

行走装置支撑挖掘机的整机重量并完成行走任务，多采用履带式或轮胎式行走机构。

①履带式行走机构

单斗液压挖掘机的履带式行走机构的基本结构与其他履带式行走机构大致相同，但它多采用两个液压马达各自驱动一条履带。与回转装置的传动相似，可用高速小扭矩马达或低速大扭矩马达。两个液压马达同方向旋转时挖掘机将直线行驶；若只给一个液压马达供油，并将另一个液压马达制动，挖掘机则绕制动一侧的履带转向；若使左、右两液压马达反向旋转，挖掘机将做原地转向。

履带式行走机构的各零部件都安装在整体式行走架上。液压泵输出的压力油经多路换向阀和中央回转接头进入行走液压马达。该马达将压力能转变为输出扭矩后，通过齿轮减速器传给驱动轮，最终卷绕履带实现挖掘机行走。

单斗液压挖掘机大都采用组合式结构履带和平板形履带板（没有明显履刺），虽附着性能差，但坚固耐用，对路面破坏性小，适用于坚硬岩石地面作业或经常转场的作业。也有采用三筋履带板，接地面积较大，履刺切入土壤深度较浅，适宜于挖掘采石作业。实行标准化后规定挖掘机采用重量轻、强度高、结构简单和价格较低的轧制履带板。三角形履带板专用于沼泽地，可降低接地比压，提高挖掘机在松软地面上的通过能力。

单斗液压挖掘机的驱动轮均采用整体铸件，能与履带正确啮合，并且传动平稳。挖掘机行走时驱动轮应位于后部，使履带的张紧段较短，减少履带的摩擦、磨损和功率消耗。

每条履带都设有张紧装置，以调整履带的张紧度，减少履带的振动、噪声、摩擦、磨损及功率损失。目前单斗液压挖掘机都采用液压张紧装置（图9-62）。其液压缸置于缓冲弹簧内部，减小了外形尺寸。

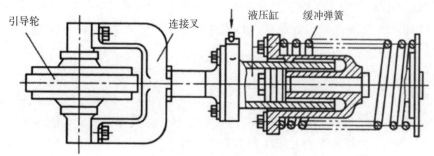

图9-62 履带液压张紧装置

②轮胎式行走机构

轮胎式挖掘机的行走机构有机械传动和液压传动两种。液压传动的轮胎挖掘机的行走机构如图9-63所示，主要由车架、前桥、后桥、传动轴和液压马达等组成。行走马达安装在固定于机架的变速箱上，动力经变速箱、传动轴传给前、后驱动桥。有的挖掘机再经过轮边减速器驱动车轮。采用高速液压马达的传动方式使用可靠，省掉了机械传动中的上、下传动箱及垂直轴，结构简单且布置方便。

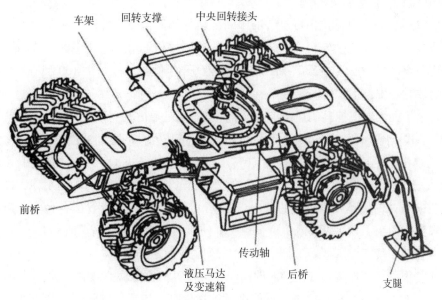

图9-63 液压传动的轮胎挖掘机的行走机构

轮胎式单斗液压挖掘机的行驶速度不高，后桥常采用刚性悬架，结构简单。前桥悬挂多为摆动式。车架和前桥中部铰链连接，而活塞杆与前桥连接。控制阀有两个位置：挖掘机作业时，控制阀将两个液压缸的工作缸与油箱的油路切断，液压缸将前桥的平衡悬挂锁住，阻止其摆动，以提高挖掘机的作业稳定性；挖掘机行走时，控制阀使两个悬挂液压缸的工作腔相通，并与油箱接通，前桥便能适应路面情况，并使左右车轮随时着地，保持足够的附着性能，使挖掘机有足够的附着力，提高挖掘机的通过性能。

5）工作装置

工作装置是液压挖掘机的主要组成部分之一。因用途不同，工作装置的种类繁多，其中最主要的有反铲装置、正铲装置、挖掘装置、起重装置和抓斗装置等。同种装置也可以有多种结构形式的多达数十种，以适应各种不同的作业条件。

（2）液压挖掘机的特点

1）液压挖掘机的优点

单斗液压挖掘机采用液压传动，在结构、技术性能和使用效果等方面与机械传动的单斗挖掘机相比具有许多特点。其优点综合如下。

①技术性能提高、工作装置品种范围扩大

单斗液压挖掘机与同级机械挖掘机相比，挖掘力提高约30%，如1m³斗容量的液压挖掘机斗齿挖掘力19～49kN，而机械式只有98kN，因此在整机参数不变时，可适当加大铲斗容量，提高生产率。抓斗可以强制切土和闭斗，使切土力和闭斗力都提高。液压挖掘机的行走牵引力与机重之比大大高于机械挖掘机，行驶速度、爬坡能力都大有提高，还可换装宽大履带，使机械接地比压大大降低。当液压挖掘机陷于淤泥或土坑中时，可以利用工作装置进行自救或逾越沟渠等障碍物，两履带可独立驱动，实现就地转向，使通过能力大大提高。工作装置由于采用了液压传动，使构造布置方便、灵活，而且工作装置的种类不断增加，新的结构不断出现，如组合动臂、加长斗杆、双瓣铲斗、底卸式装载斗以及伸缩式动臂等，小型液压挖掘机带有三四十种工作装置，以适应各种作业（最多达150种）要求，而且工作装置调换方便，从而扩大了机械的使用范围。

②简化结构、减少易损件、机重小

采用液压传动后省去了机械挖掘机复杂的中间传动零部件，简化了机构并减少了易损件，由于传动装置紧凑，重量减少，从而使转台、底架等结构件的尺寸和重量都相应降低，故同级的液压挖掘机可比机械挖掘机总重减轻30%～40%，如WY100型液压挖掘机重25t，W-100型机械挖掘机重41t。

③传动性能改善、工作平稳、安全可靠

采用液压传动后能无级调速且调速范围大（最高与最低速度之比可达1000：1）；能得到较低的稳定转速（采用柱塞式液压马达，稳定转速可低到1r/min）；液压元件的运动惯性较小并可做高速反转（电动机运动部分的惯性力矩比其他驱动装置大50%，而液压马达则不大于5%，加速中等功率电动机需1s以上，而液压马达只需0.1s）。因此，在挖掘机工作中换向频繁的情况下动作平稳，冲击很小，而且液压油还能吸收部分冲击能量减少机械的冲击、振动。液压系统中还设置了各种安全溢流阀，在机械工作过载或误操作时不至于发生事故或机械损坏，并使机械结构件受力情况改善。

④机构布置合理、紧凑

由于液压传动采用油管连接，各机构部件之间相互位置不受传动关系的影响、限制，布置较灵活，设计时可使机构的布置既满足传动要求，也能满足结构件受力均衡、维修方便及附加平衡重尽可能减少的条件，做到结构紧凑、外形美观，同时也易于改进、变型。

⑤操作简便、灵活

液压传动比机械传动操纵轻便而灵活，尤以现在采用液压伺服（先导阀）操纵，手柄操纵力（不管主机多大）小于30kN，而机械挖掘机（如W1001型）操纵力达8～20kgf；采用先导阀后操纵杆数大为减少，故作业中司机的劳动强度大大减轻，驾驶室与机棚完全隔开，噪声减小，视野良好，振动减轻，改善了司机的工作条件。

⑥易于实现"三化"、提高质量

液压元件易于实现标准化、系统化、通用化，便于组织专业化生产，进一步提高产品质量和降低成本。

⑦易于实现自动化

便于与电、气动联合组成自动控制和遥控系统。

2）液压挖掘机的缺点

①对液压元件加工精度要求高，装配要求严格，制造较为困难。使用中系统出现故障时，现场进行排除较困难，维修条件和维修调整的技术都要求较高。

②液压油的黏稠度受温度影响较大，总效率较低，同时液压系统容易漏油，渗入空气后产生噪声和振动，使动作不稳，并对液压元件产生腐蚀作用。

2.挖掘机的工作装置

（1）工作装置的类别

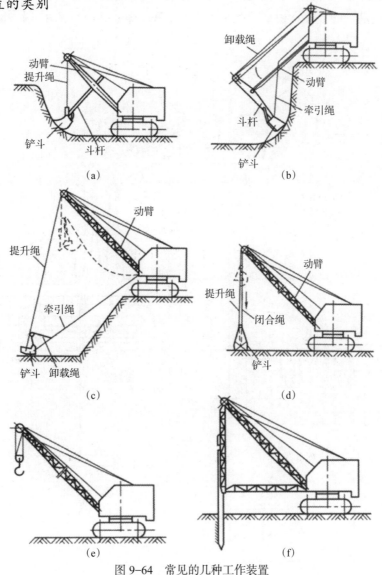

图 9-64　常见的几种工作装置

（a）正铲；（b）反铲；（c）拉铲；（d）抓铲；（e）起重装置；（f）打桩装置

227

（2）反铲工作原理

液压挖掘机的所有动作都是由液压系统驱动的。其驱动过程是柴油机带动两个油泵，把高压油输送到两个分配阀——操纵分配阀，然后由操纵分配阀再将高压油送往有关液压执行元件（油缸或液压马达），以便驱动相应的机构进行工作。其液压传动系统原理如图 9-65 所示。

液压挖掘机的工作装置采用连杆机构原理，而各部分的运动则通过油缸的伸缩来实现。反铲工作装置各部件之间的联系都采用铰接，并通过各油缸行程的变化实现挖掘过程中的各种动作。

①动臂的动作过程：动臂的下铰点与转台上的连接耳相铰接，利用动臂油缸支撑，改变此油缸的行程即可使动臂绕其下铰点转动而升降。

②斗杆的动作过程：斗杆与动臂的上端相铰接，利用装在动臂梁上平面的斗杆油缸的行程变化，可使斗杆绕动臂上端的铰点转动。

③铲斗的动作过程：铲斗与斗杆前端相铰接，并通过装在斗杆上的铲斗油缸的伸缩，使铲斗绕斗杆前端的铰点转动。为了增大铲斗的转角，铲斗油缸通常采用连杆机构与铲斗相连。

整个工作装置的动作是利用动臂油缸的伸缩，使动臂（即整个工作装置）绕动臂下铰点转动，依靠斗杆油缸使斗杆绕动臂的上铰点摆动。铲斗铰接于斗杆前端，并通过铲斗油缸和连杆使铲斗绕斗杆前铰点转动。

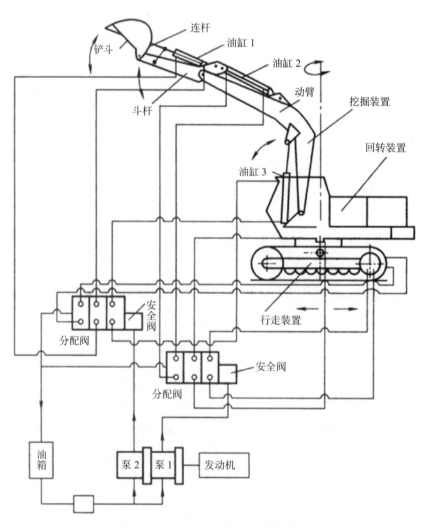

图 9-65　液压挖掘机基本组成及传动

挖掘作业时，接通回转机构液压马达，转动上部转台，使工作装置转到挖掘地点，同时操纵动臂油缸；油缸小腔进油时，油缸回缩，动臂下降至铲斗接触挖掘面，然后操纵斗杆油缸和铲斗油缸；油缸大腔进油时，油缸伸长，铲斗进行挖掘和装载。斗装满后，将斗杆油缸和铲斗油缸关闭并操纵动臂油缸大腔进油，使动臂升离挖掘面，随之接通回转马达，使铲斗转到卸载地点，再操纵斗杆和铲斗油缸回缩，使铲斗反转进行卸土。卸载完后，将工作装置转至挖掘地点，进行第二次循环挖掘作业。

实际挖掘工作中，由于土质情况、挖掘面作业条件及挖掘机液压系统等不同，反铲装置三种油缸在挖掘循环中的动作配合是多种多样的，但也受到一定的限制，如能否复合动作等，上述仅为一般的工作过程。

液压挖掘机采用三组油缸使铲斗实现有限的平面运动，加上液压马达驱动回转装置产生回转运动，使铲斗运动扩大到有限的空间，再通过行走液压马达驱动行走（移位）装置，使整个挖掘机沿地面移动，可使挖掘空间沿水平方向得到间歇扩大（即坐标中心可水平移位），从而可以满足挖掘作业的要求。

（3）反铲装置的组成及作用

1）反铲装置的组成

反铲装置是中、小型液压挖掘机的主要工作装置，广泛应用于斗容量在 1.6m³ 以下的机型中。

液压挖掘机反铲装置由动臂、斗杆、铲斗以及动臂油缸、斗杆油缸、铲斗油缸和连杆机构等组成（图 9-66）。

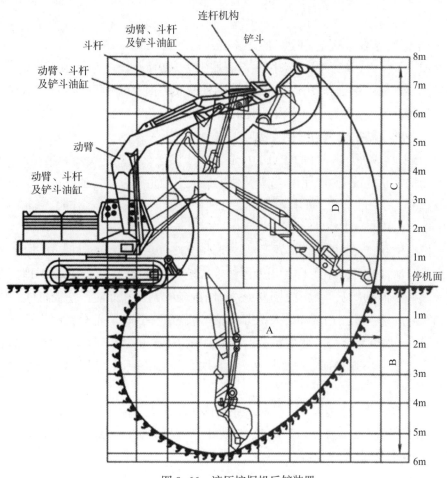

图 9-66 液压挖掘机反铲装置

其构造特点是各部件之间的联系全部采用铰接，通过油缸的伸缩来实现挖掘过程中的各种动作。反铲主要用于挖掘停机面以下的土层（基坑、沟壕等），挖掘轨迹决定于各油缸的运动及其相互配合的情况。铲斗斗齿的运动轨迹取决于各油缸单独与组合运动的状况。

2）工作装置工作时的动作

①仅采用动臂油缸工作来进行挖掘

当仅采用动臂油缸工作来进行挖掘时，铲斗斗齿的运动轨迹是以动臂的下铰点为中心做的弧，所以可得到最大的挖掘半径和最长的挖掘行程（从最大高度 C 至最大深度 B 之间的弧长），而且易于杆机构使挖掘的土层较薄，故适用于挖掘较坚硬的土层。

②仅采用斗杆油缸工作来进行挖掘

当仅采用斗杆油缸工作来进行挖掘时，则铲斗斗齿的运动轨迹是以斗杆与动臂的铰接点为中心所做的弧（从最大深度 B 至停机面之间的弧）。这种挖掘方式在动臂位于最大下倾角时能达到最大的挖掘深度，而且也有较大的挖掘行程，在较坚硬的土壤条件下工作时，能保证装满铲斗。在实际工作中，常采用这种挖掘方式。

③仅采用铲斗油缸工作来进行挖掘

当仅采用铲斗油缸工作来进行挖掘时，铲斗斗齿的运动轨迹则是以铲斗与斗杆的铰点为中心，该铰点至斗齿尖的距离为半径所做的弧。同理，弧线的包角（铲斗的转角）及弧长决定铲斗油缸的行程。显然，以铲斗油缸工作进行挖掘时的挖掘行程较短，但可使铲斗在挖掘行程结束时装满土，有较大的挖掘力以保证能挖掘较大厚度的土质，所以一般挖掘机的斗齿最大挖掘力都在采用铲斗油缸工作时实现。

3）挖掘机的挖掘轨迹图

当仅以动臂油缸工作进行挖掘时，铲斗的挖掘轨迹是以动臂下铰点为中心，斗齿尖至该铰点的距离为半径而做的弧，其极限挖掘高度和挖掘深度（不是最大挖掘深度）即弧线的起、终点，分别决定动臂的最大上倾角和下倾角（动臂对水平线的夹角），亦即决定动臂油缸的行程。这种挖掘方式所需挖掘时间长，且稳定条件限制挖掘力的发挥，实际工作中基本上不采用。当仅以斗杆油缸进行挖掘工作时，铲斗的挖掘轨迹是以动臂与斗杆的铰点为中心，斗齿尖至该铰点的距离为半径所做的弧，同样，弧线的长度与包角决定斗杆油缸的行程。当动臂位于最大下倾角并以斗杆油缸进行挖掘工作时，可以得到最大的挖掘深度，并且也有较大的挖掘行程，在较坚硬的土质条件下工作时，能够保证装满铲斗，故在实际工作中常以斗杆油缸工作进行挖掘。

当液压反铲挖掘机反铲装置的结构形式及结构尺寸已定（包括动臂、斗杆、铲斗尺寸、铰点位置、相对的允许转角或各油缸的行程等），即可用做图法求得挖掘机挖掘轨迹的包络图，即挖掘机在任一正常工作位置时，所能控制到的工作范围（图 9-66），图中各控制尺寸即液压挖掘机的工作尺寸。反铲装置主要的工作尺寸为最大挖掘深度和最大挖掘半径。包络图中可能有部分区间靠近甚至深入到挖掘机底下，这一范围的土层虽能挖到，但可能引起土层崩塌而影响机械稳定和安全工作，除有条件的挖沟作业外，一般不可使用。有的在挖掘机工作尺寸图上标明有效工作范围，或以虚线标明此段挖掘轨迹。

4）挖掘时的挖掘力

挖掘机反铲装置的最大挖掘力除决定于液压系统的工作压力、油缸尺寸，以及各油缸间作用力的影响（斗杆、动臂油缸和闭锁压力及力臂）外，还决定于整机的稳定和地面附着情况，因此工作装置不可能在任何位置都能发挥其最大挖掘力。

5）挖掘速度与卸土

反铲挖掘速度在结构尺寸已定的条件下，决定于液压系统对工作油缸的供油量。动臂油缸和斗杆油缸为提高其单独工作时的挖掘速度，在液压系统中可采用合理供油措施来保证。液压反铲采用转动铲斗卸土，其优点是卸载较准确、平稳，便于装车工作。

（4）铲斗的更换与安装

1）铲斗的更换

铲斗通过斗杆销轴和连杆销轴与斗杆和连杆相连更换铲斗，实际上就是拆下斗杆销轴和连杆销轴，卸下原来使用的铲斗，然后把其他铲斗或工作装置用斗杆销轴和连杆销轴与斗杆和连杆连接起来，即为安装斗杆销轴和连杆销轴的过程。

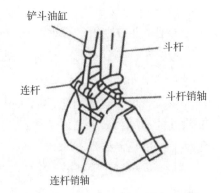

图9-67　铲斗与斗杆和连杆的连接方式

更换铲斗的步骤如下：

①铲斗下放在平坦的地面上。在下放铲斗的过程中，要使铲斗刚好与地面接触，这样在拆卸销轴时的阻力最小。连杆销轴和连杆的连接方式如图9-67所示；

②拆卸斗杆销轴和连杆销轴。把斗杆销轴和连杆销轴上锁紧螺栓的双螺母拆下，然后卸下斗杆销轴和连杆销轴，并卸下铲斗。在此过程中，注意卸下的斗杆销轴和连杆销轴不要被泥沙弄脏，轴套两端的密封不要被损坏；

③安装准备使用的铲斗或其他工作装置。改变斗杆的位置，使斗杆上的孔与铲斗上的孔对正，连杆上的孔与铲斗上的孔对正（图9-68），然后涂上润滑脂，并安装斗杆销轴和连杆销轴。销轴的安装过程与拆卸的顺序相反。安装斗杆销轴时，应在图9-69所示的与斗杆的连接孔和连杆的连接孔位置上，安装一个"O"形环，插入斗杆销轴后，再把"O"形环装入合适的槽中。安装连杆销轴时，先把"O"形环装入合适的槽中，再插入连杆销轴；

④安装各销轴的锁紧螺栓和螺母，然后在销轴上涂润滑脂。

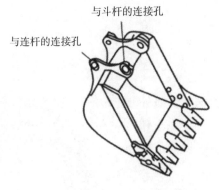

图9-68　铲斗上的连接孔

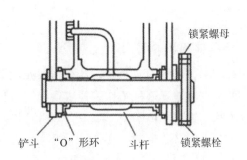

图9-69　斗杆销轴安装时"O"形环的位置

更换铲斗过程应注意的事项如下：

①用锤子敲击销轴时，金属屑可能会飞人眼中，造成严重伤害。当进行这种操作时，要始终戴上护目镜、安全帽、手套和其他防护用品；

②卸下铲斗时，要把铲斗稳定地放好；

③用力打击销轴，销轴可能会飞出并伤害周围的人员。因此，再打击销轴之前，应确保周围人员

的安全；

④拆卸销轴时，要特别注意不要站在铲斗下面，也不要把脚或身体的任何部位放在铲斗的下面，拆卸或安装销轴时，注意不要碰伤手；

⑤对正孔时，不要把手指放入销孔；

⑥更换铲斗前，要把机器停在坚实平整的地面上。进行连接工作时，为安全起见，与进行连接工作的有关人员之间，要彼此弄清信号并仔细工作。

2）铲斗的反装

①把铲斗放在平坦的地面上。

②从斗杆与连杆每个销轴的锁紧螺栓上拆下双螺母，拆下螺栓，然后拆下斗杆销轴与连杆销轴，并卸下铲斗（图9-70（a））。

③反装铲斗，按图9-70（a）中箭头所示的转动方向转动铲斗，一直转动到图9-70（b）所示的位置。铲斗反转后应使铲斗和连杆与销轴孔对正，使斗杆与连杆安装孔对正，然后把连杆与斗杆安装孔对正，并安装铲斗。

④使斗杆与孔①对正，连杆与孔②对正，然后涂上润滑脂，并安装斗杆销轴和连杆销轴。反装时，不安装"O"形环，要把"O"形环放在安全的地方备用。

⑤每个销轴要安装锁紧螺栓和螺母，然后在销轴上涂润滑脂。

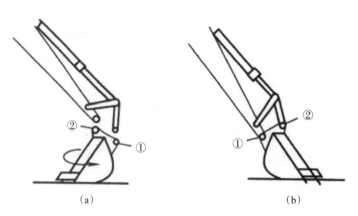

（a）　　　　　　　　　　　（b）

图9-70　铲斗的反装过程

（5）液压破碎器的使用

液压破碎器，又称为液压锤，是利用液压能转化为机械能，对外做功的一种工作装置。这种工作装置主要用于进行打桩、开挖冻土和岩层、破坏路面表层、捣实土层等。它由带液压缸的壳体、换向控制阀、活塞与撞击部分，以及可换的作业工具（如凿子、扁铲、镐等）等部分组成（图9-71）。液压破碎器通过附加的中间支座与斗杆连接。为了减振，在锤壳体和支座的连接处常装设橡胶缓冲装置。

1）液压破碎器的工作过程

液压破碎器的撞击部分在双作用油缸作用下在壳体内做直线往复运动，撞击作业工具，从而进行破碎或开挖作业。

液压破碎器的工作过程（图9-72）。由压力油路 H_P 来的液压油进入活塞 P 下端的小室 C_1 中。由于活塞上端 C_2 腔与回油路 B_P 相

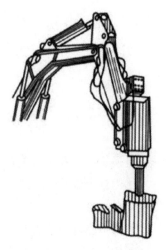

图9-71　液压破碎器

通，因而活塞上升，并推动换向控制阀上升，如图 9-72（a）所示。当阀上升到上部极限位置时，如图 9-72（b）所示，关闭了 C_2 腔回油路的通道，而接通了压力油路（处在活塞与控制阀之间），使压力油进入 C_2 腔。这时由于活塞上、下端受压力油作用面积的差异，使活塞向下运动，并撞击撞击器。在活塞向下运动的过程中打开了通道 O，如图 9-72（c）所示，于是 C_2 腔中的压力油进入控制阀的上端，迫使阀体下降，随之关闭 C_2 腔与压力油的通路，打开它与回油路的通道，完成一次循环。蓄能器 M 可以缓和工作循环中油路内压力的波动，并加快活塞与撞击部分的下降速度。液压破碎器每分钟撞击次数一般可达 160 ~ 600 次或更多。此外，还有机械式液压破碎器和气动式液压破碎器。

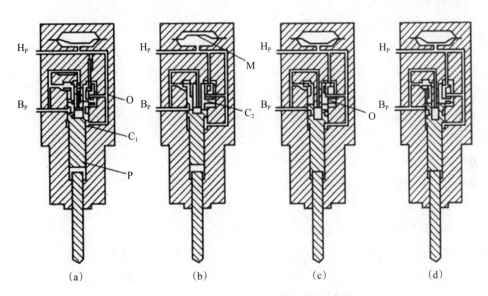

图 9-72　液压破碎器的工作过程示意图

机械式液压破碎器的工作过程是：液压油的压力使锤的撞击部分提升，而加速下降则靠螺旋弹簧（当撞击部分提升时处于压缩状态）的能量和重力。这种液压破碎器的结构复杂，并且为了提高撞击的能量，往往不得不在很大程度上加大液压破碎器的尺寸和重量，因而限制了它的发展。

气动式液压破碎器是靠液压油的压力使锤的撞击部分提升，而加速下降则靠压缩空气的气动弹簧。由于在使用中必须增设压缩空气供给装置，造成很多不便。

2）液压破碎器的选用

①液压破碎器的选用原则

越来越多的用户在购买液压挖掘机时选择了液压破碎器（锤）配套装置，以便在挖掘建筑物基础的工作中，更有效地清理浮动的石块和岩石缝隙中的泥土。

选用液压破碎器的原则是根据挖掘机的作业稳定性、工作装置液压回路的工作压力及功率消耗等，选择合适的液压破碎器。

使用前应仔细阅读液压挖掘机的使用说明书，或向挖掘机生产厂家、销售商进行技术咨询。液压破碎器与挖掘机合理匹配，可使液压破碎器更好地发挥效率，保障液压破碎器和挖掘机的使用寿命。一般情况下，主要从主机工作重量、安装液压破碎器的备用阀的输出流量和压力等方面进行考虑。

②液压破碎器的选择及校核

一般情况下可根据液压挖掘机主机的总重选择液压破碎器。与主机主要匹配参数有两个：主机液压泵的压力和流量；主机的总重。

选用时，可按下列公式校核

$$G<0.9（W+rq）$$

式中，W——标准铲斗的重量；r——沙土的容重；q——标准铲斗的容量；G——液压破碎器总重，$G=G_1+G_2+G_3$；G_1——中间支座的重量；G_2——破碎器的重量；G_3——作业工具（如凿子、扁铲、镐等）的重量。

若液压破碎器总重（G）为标准铲斗的重量（W）和铲斗中沙土的重量（rq）总和的90%以下时，则可以认为液压破碎器的选用是正确的。

3）液压破碎器的使用技术

现以国产 YC 系列液压破碎器为例，说明液压破碎器的正确使用方法。

①仔细阅读液压破碎器的操作手册，防止损坏液压破碎器和挖掘机，并有效地进行操作。

②操作前检查螺栓和连接头是否松动，以及液压管路是否有泄漏现象。

③不要用液压破碎器在坚硬的岩石上凿洞。

④不要在液压缸的活塞杆完全伸出或收缩状况下操作破碎器。

⑤当液压软管出现剧烈振动时，应停止破碎器的操作，并检查蓄能器的压力。

⑥防止挖掘机的动臂与破碎器的钻头之间出现干涉现象。

⑦除钻头外，不要把破碎器浸入水中。

⑧不要把破碎器作为起吊机具使用。

⑨不要在挖掘机履带两侧操作破碎器。

⑩液压破碎器与液压挖掘机或其他工程建设机械安装连接时，其主机液压系统的工作压力和流量必须符合液压破碎器的技术参数要求，液压破碎器的 P 口与主机高压油路连接，O 口与主机回油路连接。

⑪液压破碎器工作时，液压油的最佳温度为 50～60℃，最高不得超过 80℃。否则，应减轻液压破碎器的负载。

⑫液压破碎器使用的工作介质，通常可以与主机液压系统用油一致。一般地区推荐使用 YB-N46 或 YB-N68 抗磨液压油，寒冷地区使用 YC-N46 或 YC-N68 低温液压油。液压油过滤精度应不低于 50μm。

⑬新的和修理后的液压破碎器启动时必须重新充氮气，其压力为（2.5±0.5）MPa。

⑭钎杆柄部与缸体导向套之间必须用钙基润滑脂或复合钙基润滑脂进行润滑，且每台班加注一次。

⑮液压破碎器工作时必须先将钎杆压在岩石上，并保持一定压力后才开动破碎器，不允许在悬空状态下启动。

⑯不允许把液压破碎器作为撬杠使用，以免折断钎杆。

⑰使用时液压破碎器及钎杆应垂直于工作面，以不产生径向力为原则。

⑱被破碎对象正出现破裂或开始产生裂纹时应立即停止破碎器的冲击，以免出现有害的"空打"现象。

⑲液压破碎器若长期停止使用应放尽氮气，并将进出油口密封，切忌在高温和 -20℃以下的环境下放置。

3. 挖掘机的回转装置

液压挖掘机的回转装置由转台、回转支撑和回转机构等组成（图 9-73）。回转支撑的外座圈用螺栓与转台连接，带齿的内座圈与底架用螺栓连接，内外座圈之间设有滚动体。挖掘机工作装置作用在转台上的垂直载荷、水平载荷和倾覆力矩通过回转支撑的外座圈、滚动体和内座圈传给底架。回转机构的壳体固定在转台上，用小齿轮与回转支撑内座圈上的齿圈相啮合。小齿轮既可绕自身的轴线自转，又可绕转台中心线公转。回转机构工作时转台相对底架进行回转。

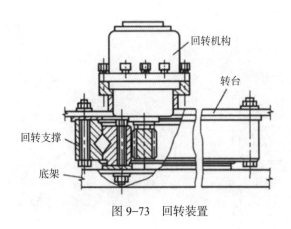

图 9-73　回转装置

（1）回转机构

根据转台转动的角度不同，可分为半回转的回转机构和全回转的回转机构。

1）半回转的回转机构

悬挂式液压挖掘机通常采用半回转的回转机构，回转角度一般等于或小于180°。按液动机的结构形式可分为油缸和叶片式液压马达两类。

①油缸驱动的回转机构

图 9-74 所示为油缸驱动的回转机构。图 9-74（a）所示为链条或钢绳式；图 9-74（b）、（c）所示为齿条齿轮式；图 9-74（d）所示为杠杆式。这几种传动方式均采用油缸做动力，通过链条链轮或钢绳滑轮、齿条齿轮、杠杆系统驱动工作装置绕回转轴回转。前两者转角较大，转矩稳定，油缸不摆动，因而易于布置，但结构复杂。齿条齿轮传动机构有单齿条和全齿条油缸两种系列，转角一般为90°、120°和180°，个别可到270°。杠杆式传动方式结构简单，但转角较小，在回转过程中转矩是变化的，且油缸处于摆动状态，因而不便布置。

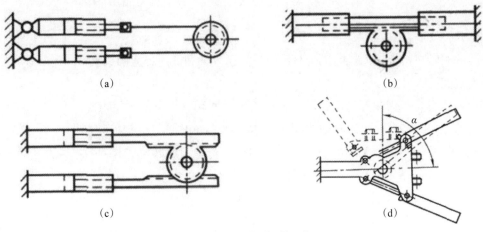

图 9-74　油缸驱动的回转机构

（a）链条或钢绳式；（b）齿条齿轮式；（c）齿条齿轮式；（d）杠杆式

②叶片式液压马达驱动的回转机构

图 9-75 所示为叶片式液压马达驱动的回转机构，此种回转机构结构简单，转角大，转矩稳定，空间尺寸小，但液压马达加工精度要求较高，工作效率低。图 9-76 所示为叶片式液压马达驱动的回转机构液压油路系统。

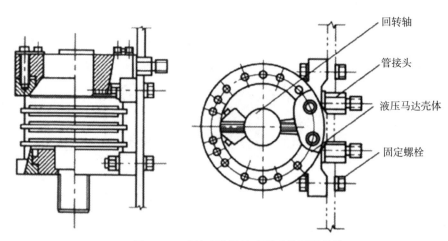

图 9-75　叶片式液压马达驱动的回转机构

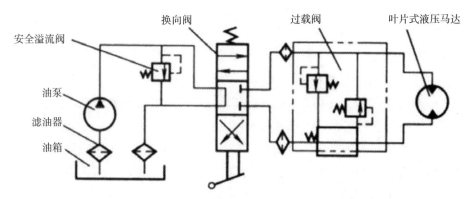

图 9-76　叶片式液压马达驱动的回转机构液压油路系统

2）全回转的回转机构

全回转的回转机构按液动机的机构形式分为高速方案和低速方案两类。

①高速方案

由高速液压马达经齿轮减速箱带动回转小齿轮绕回转支撑上的固定齿圈滚动促使转台回转的方案称为高速方案。图 9-77 所示为斜轴式高速液压马达驱动的回转机构传动简图，图 9-77（a）采用两级正齿轮传动，图 9-77（b）采用一级正齿轮和一级行星齿轮传动，图 9-77（c）采用两级行星齿轮传动，图 9-77（d）采用一级正齿轮和两级行星齿轮传动。因此，减速箱的速比以图 9-77（a）最小，以图 9-77（d）最大，在高速轴上均装有机械制动器。

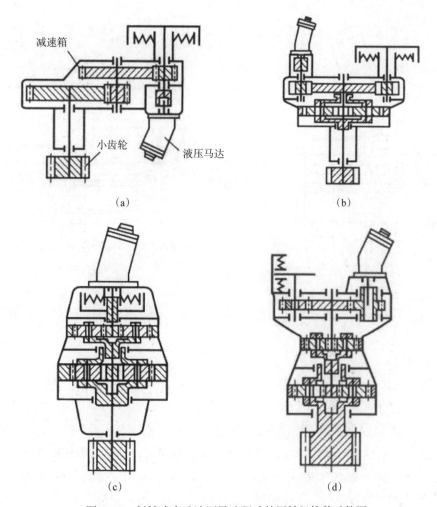

图 9-77　斜轴式高速液压马达驱动的回转机构传动简图

(a) 两级正齿轮传动；(b) 一级正齿轮和一级行星齿轮传动；(c) 两级行星齿轮传动；(d) 一级正齿轮和二级行星齿轮传动

图 9-78 所示为一种新型的具有行星摆线针轮减速器的斜轴式液压马达驱动的回转机构。其特点是机构紧凑，速比大，过载能力强。德国 Liebherr 公司生产的挖掘机和我国生产的 WYl60、WY250 型挖掘机，其回转机构均采用行星摆线针轮减速器的高速方案。

②低速方案

由低速大扭矩液压马达直接带动回转小齿轮促使转台回转的方案称为低速方案。这种方案采用的液压马达通常为内曲线式、静力平衡式和行星柱塞式等。图 9-79 所示为内曲线多作用液压马达驱动的回转机构传动。由于低速大扭矩液压马达的制动性能较好，故未采用另外的制动器。法国 Poclain 公司生产的挖掘机和我国生产的 WY40、WLY40、WY60、WLY60 和 WYl00 型挖掘机，其回转机构均采用低速大扭矩液压马达直接驱动的低速方案。

③高速方案和低速方案各有特点

高速液压马达具有体积小，效率高，不需背压补油，便于设置小制动器，发热和功率损失小，工作可靠，可以与轴向柱塞泵的零件通用等优点；低速大扭矩液压马达具有零件少，传动简单，启动、制动性能好，对油污染的敏感性小，使用寿命长等优点。据国外统计，约有 80% 的产品采用轴向高速液压马达，而有 20% 左右的产品由于买不到经济合理的减速箱而采用低速液压马达。在高速方案中采用弯轴式轴向柱塞液压马达者占大多数。

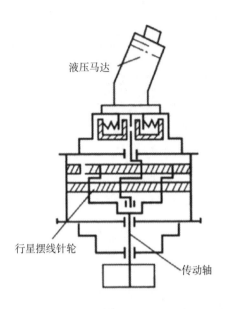

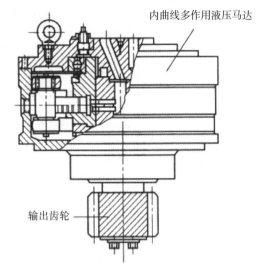

图 9-78　行星摆线针轮减速器回转机构传动　　　图 9-79　内曲线多作用液压马达驱动的回转机构传动

3）回转机构的传动方式

①回转机构传动方式的种类

a. 传动方式 A

如图 9-80 所示，定量泵向高压管路供油，当压力过高时可由安全阀溢流。操纵换向阀，高压油经管路进入回转马达，马达出口的低压油经管路和换向阀流回油箱，马达从而转动起来。回转方向由换向阀控制，当操纵杆向前时（图中的换向阀芯向上移），转台向右转，当操纵杆向后时（图中的换向阀芯向下移），转台向左转，当操纵杆处于中位时（图中的位置），液压马达进出油路被切断，在转台上部惯性力矩作用下，液压马达变为泵而工作，压腔的油压升高，如果仍低于过载阀的压力，液压马达在反力矩作用下立即制动，过载阀起制动作用，惯性能为液压油所吸收，如果超过过载阀的压力，部分油经过载阀流回油箱，液压马达继续回转，直到低于过载阀的压力，液压马达才停止转动，过载阀起缓冲保护作用。液压马达吸腔由于压力减小，低压油经单向阀及时进行补油，以防止吸空而损坏液压马达。由此可见，纯液压制动的制动力矩取决于过载阀的调定压力。

b. 传动方式 B

传动方式 B（图 9-80）与方式 A 的不同之处增设了一个附加机械制动器（图中虚线）。因此，转台的制动是通过液压制动和机械制动的共同作用来实现的。为了取得良好的制动效果，可以再加一个节流阀。图 9-81 所示为 R961 液压挖掘机采用的带节流孔的 Y 形换向阀。节流孔 1、2 大于节流孔 3，当换向阀处于中位时，液压马达的进出口油路并未完全切断，液压马达压腔的液压油除很少一部分经节流孔 3 流入油箱外，余者流入吸腔。由于节流孔 1 和 2 大于节流孔 3，压腔仍具有一定的压力，因而有制动作用，相应的发热量也不致太大。

c. 传动方式 C

如图 9-82 所示，换向阀处于中位时（即图中的状态），液压马达的进出口油路互相接通，在转台上部惯性力矩作用下，液压马达可自由回转而不产生液压制动力矩。转台的制动仅靠机械制动器来实现。

②回转机构传动方式的特点

制动方式的选择与挖掘机工作情况与回转液压马达的结构形式有关，纯液压制动结构简单紧凑，

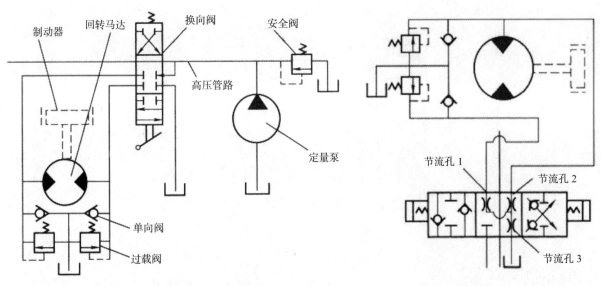

图 9-80 传动方式 A、B 的油路   图 9-81 带节流孔的 Y 形换向阀

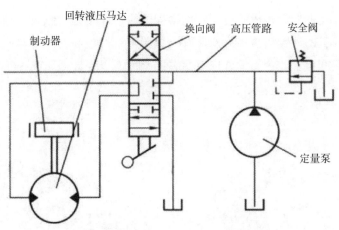

图 9-82 传动方式 C 的油路

制动过程平稳，但转台转角和制动位置不易控制，制动所产生的油温较高，回转时间也较长。如采用反接液压制动（即先将换向阀置于另一个方向再回到中位）时，固然能改善上述缺点，但会进一步导致油温升高，并加剧换向时的液压冲击。纯液压制动的回转机构，一般在转台和底架之间设置一个插销式机械锁，以保障机械在长期停车、长距离行驶或在坡道上停止时不会因液压马达的泄漏而自行转动。

液压制动加机械制动可加大制动力矩，减少制动时间，定位准确，制动油温不高。与纯机械制动相比，在制动力矩相同的情况下，可减小机械制动器的尺寸。

纯机械制动，转台位置容易控制，制动力矩大，制动时间短，工作比较可靠，制动时转台的转动惯量几乎全部转变为机械制动器的摩擦能，而不像前两种制动方式那样，即转台的转动惯量变为液压系统中油的热量，但其结构复杂，也不像液压制动那样可以吸收冲击。

据统计，液压制动加机械制动应用最为广泛，而纯液压制动则限于低速大扭矩液压马达驱动的回转机构中。还有的液压挖掘机回转机构采用闭式油路系统（图 9-83），液压马达的回油直接返回油泵，为了弥补系统的漏损，附设一个补油泵。这种闭式油路系统不仅可减少启动、制动过程的发热损失，

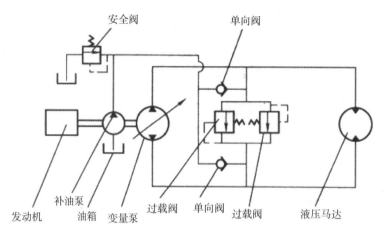

图 9-83　回转机构闭式油路系统

还可在制动时回收能量。

（2）转台

1）转台结构

转台的主要承载部分是钢板焊接成的抗弯刚度很大的箱形框架结构纵梁。动臂及其液压缸就支在主梁的凸耳上。大型挖掘机的动臂支承多用双凸耳。纵梁下有衬板和支承环与回转支撑连接，左右侧焊有小框架作为附加承载部分。转台支承处应有足够的刚度，以保证回转支撑正常运转。转台结构如图 9-84 所示。

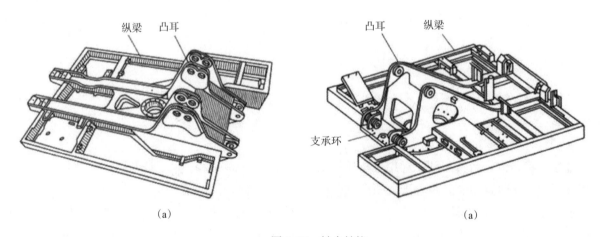

图 9-84　转台结构

（a）双凸耳式；（b）单凸耳式

2）转台布置

液压挖掘机作业时，转台上部自重和载荷的合力位置是经常变化并偏向载荷方面。为平衡载荷力矩，转台上的各个装置需要合理布置，并在尾部设置配重，以改善转台下部结构的受力，减轻回转支撑的磨损，保证整机的稳定性。

图 9-85 所示为国产 WY160 型全液压挖掘机的转台布置，发动机横向布置在转台尾部。图 9-86 所示为日产 HC-300 型半液压挖掘机的转台布置，发动机纵向布置在转台尾部。

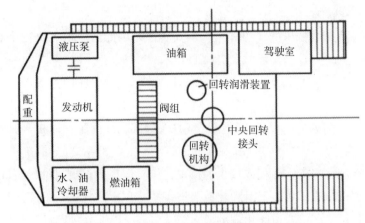

图 9-85　国产 WY160 型挖掘机的转台布置

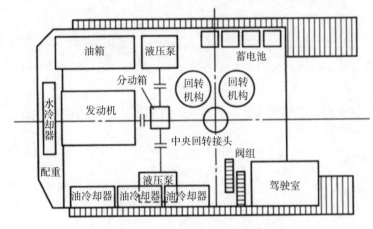

图 9-86　HC-300 型挖掘机的转台布置

　　液压挖掘机转台布置的原则是左右对称，尽量做到质量均衡，较重的总成、部件靠近转台尾部。此外，还要考虑各个装置工作上的协调和维修方便等。有时转台布置受结构尺寸限制，重心偏离纵轴线，致使左右履带接地比压不等而影响行走架结构强度和挖掘机行驶性能。此时可通过调整配重的重心来解决以上问题。图 9-87 中 x 与 x' 分别为转台重心与配重重心偏离纵轴线值。

　　确定配重布置位置的原则，是使挖掘机重载、大幅度作业时转台上部分合力 F_R 的偏心距 e 与其空载、小幅度作业时的合力 F'_R 的偏心距 e' 大致相同。如图 9-88 所示。

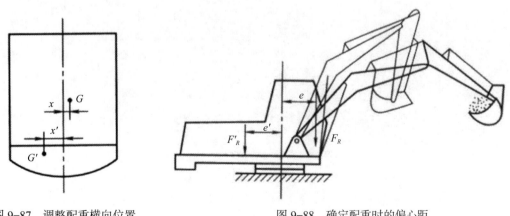

图 9-87　调整配重横向位置　　　　　　　　图 9-88　确定配重时的偏心距

4. 挖掘机的行走装置

由于行走装置兼有液压挖掘机的支撑和运行两大功能，因此液压挖掘机行走装置应尽量满足以下要求。

①应有较大的驱动力，使挖掘机在湿软或高低不平等不良的地面上行走时具有良好的通过性能、爬坡性能和转向性能。

②在不增大行走装置高度的前提下使挖掘机具有较大的离地间隙，以提高其在不平地面上的越野性能。

③行走装置应具有较大的支撑面积或较小的接地比压，以提高挖掘机的稳定性。

④挖掘机在斜坡下行时应不发生下滑和超速溜坡现象，以提高挖掘机的安全性。

⑤行走装置的外形尺寸应符合道路运输的要求。

液压挖掘机的行走装置，按结构可分为履带式和轮胎式两大类。履带式行走装置的特点是驱动力大（通常每条履带的驱动力可达机重的 35% ~ 45%），接地比压小（40 ~ 50kPa），因而越野性能及稳定性好，爬坡能力大（一般为 50% ~ 80%，最大可达 100%），且转弯半径小，灵活性好。履带式行走装置在液压挖掘机上使用较为普遍，但其制造成本高，运行速度低，运行和转向时功率消耗大，零件磨损快，因此挖掘机长距离运行时需借助其他运输车辆。

轮胎式行走装置与履带式行走装置相比，优点是运行速度快，机动性好，运行时需要用专门支腿支撑，以确保挖掘机的稳定性和安全性。

（1）组成与工作原理

如图 9-89 所示，履带式行走装置由"四轮一带"（即驱动轮②、导向轮⑦、支重轮③、托轮⑥、

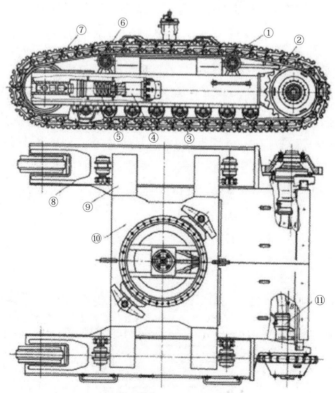

图 9-89 履带式行走装置
①履带；②驱动轮；③支重轮；④张紧装置；⑤缓冲弹簧；⑥托轮；
⑦导向轮；⑧履带架；⑨横梁；⑩底架；⑪行走机构

履带①）、张紧装置④、缓冲弹簧⑤、行走机构⑪、行走架（包括底架⑩、横梁⑨和履带架⑧）等组成。

挖掘机运行时驱动轮在履带的紧边——驱动段及接地段（支撑段）产生一拉力，如图9-36把履带从支重轮下拉出，由于支重轮下的履带与地面间有足够的附着力，阻止履带的拉出，迫使驱动轮卷动履带，导向轮再把履带铺设到地面上，从而使挖掘机借助支重轮沿着履带轨道向前运行。

液压传动的履带行走装置，挖掘机转向时由安装在两条履带上、分别由两台液压泵供油的行走马达（用一台油泵供油时需采用专用的控制阀来操纵）通过对油路的控制，很方便地实现转向或就地转弯，以适应挖掘机在各种地面、场地上运动。图9-90所示为液压挖掘机的转弯情况，图9-90（a）为两个行走马达旋转方向相反、挖掘机就地转向，图9-90（b）为液压泵仅向一个行走马达供油，挖掘机则绕着一侧履带转向。

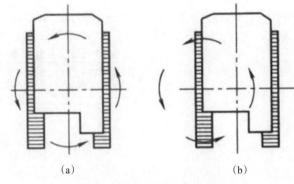

图 9-90　履带式液压挖掘机的转向
（a）就地转向；（b）绕一侧履带转向

（2）结构

1）行走架

行走架是履带式行走装置的承重骨架，它由底架、横梁和履带架组成，通常用16Mn钢板焊接而成。底架连接转台，承受挖掘机上部的载荷，并通过横梁传给履带架。行走架按结构可分为组合式和整体式两种。

①组合式走架

如图9-91所示，组合式行走架的底架为框架结构，横梁是工字钢或焊接的箱形梁，插入履带架孔中。履带架通常采用下部敞开的Ⅱ形截面，两端呈叉形，以便安装驱动轮、导向轮和支重轮。

组合式行走架的优点是当需要改善挖掘机的稳定性和降低接地比压时，不需要改变底架结构就能加宽横梁和加长履带架，从而安装不同长度和宽度的履带。它的缺点是履带架截面削弱较多，刚度较差，并且截面削弱处易产生裂缝。

②整体式行走架

为了克服上述缺点，越来越多的液压挖掘机采用

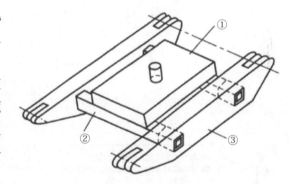

图 9-91　组合式行走架
①底架；②横梁；③履带架

整体式行走架（图9-89），它结构简单，自重轻，刚度大，制造成本低。支重轮直径较小，在行走装置的长度内，每侧可安装5～9个支重轮。这样可使挖掘机上部重量均匀地传至地面，便于在承载能力较低的地面使用，提高行走性能。

2）四轮一带

由履带和驱动轮、导向轮、支重轮、托轮组成的四轮一带，直接关系到挖掘机的工作性能和行走性能，其重量及制造成本约占整机的1/4。

①履带

挖掘机的履带有整体式和组合式两种。

整体式履带是履带板上带啮合齿，直接与驱动轮啮合，履带板本身成为支重轮等轮子的滚动轨道。整体式履带制造方便，连接履带板的销子容易拆装，但磨损较快，标准化、系统化、通用化性能差。

目前液压挖掘机广泛采用组合式履带。如图9-92所示，它由履带板①、链轨节⑨和⑩、履带销轴④和销套⑤等组成。左右链轨节与销套紧配合连接，履带销轴插入销套有一定间隙，以便转动灵活，其两端与另两个链轨节孔紧配合。锁紧履带销⑦与链轨节孔为动配合，便于整个履带的拆装。组合式履带的节距小，绕转性好，使挖掘机行走速度较快，销轴和销套硬度较高、耐磨，使用寿长。

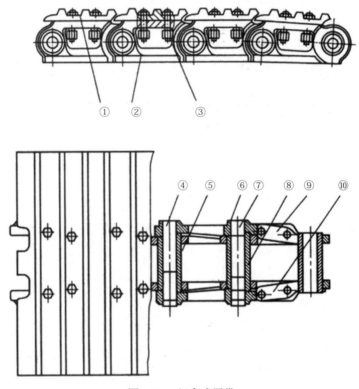

图 9-92　组合式履带

①履带板；②螺栓；③螺母；④履带销轴；⑤销套；⑥锁紧销垫；⑦锁紧履带销；⑧锁紧销套；⑨、⑩左右链轨节

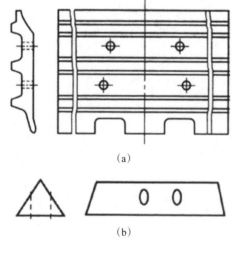

（a）

（b）

图 9-93　轧制履带板

（a）三筋履带板；（b）三角形履带板

液压挖掘机用履带板多为重量轻、强度高、结构简单和价格便宜的轧制履带板（图9-93（a）），它有单筋、双筋和三筋等数种。单筋履带板的筋较高，易插入土壤，产生较大的附着力；双筋履带板使挖掘机转向方便，且履带板刚度加大；三筋履带板筋的高度小，使履带板的强度和刚度提高、承载能力大，履带运动平顺、噪声小，故挖掘机多用。

三筋履带板上有四个连接孔，中间有两个清泥孔，链轨绕过驱动轮时可借助轮齿自动清除黏附在链轨节上的泥土。相邻两履带板制成有搭接部分，防止履带板之间夹进石块而造成履带板损坏。

沼泽、湿软地带使用的液压挖掘机可采用三角形履带板（图9-40（b）），其横断面为三角形，纵断面呈梯形，相邻两三角形板的两侧面将松软土壤挤压，使其密度增大，同时接地比压也较小（20～35kPa），因而提高了行走装置的支撑能力。

②支重轮

利用支重轮将挖掘机重量传给地面，挖掘机在不平路面上行驶时支重轮经常承受地面冲击力，因此支重轮所受载荷较大。此外，支重轮的工作条件也较恶劣，经常处于尘土中，有时还浸泡在泥水中，故要求密封良好。支重轮体常用35Mn或50Mn钢铸造而成，轮面淬火硬度为48～57HRC，以获得良好的耐磨性。支重轮多采用滑动轴承支撑，并用浮动油封防尘。

支重轮的结构如图9-94所示，通过两端轴座固定在履带架上。支重轮的轮边凸缘，起夹持履带的作用，以免履带行走时横向脱落。为了在有限的长度上多安排几个支重轮，往往把支重轮中的几个做成无外凸缘的，并把有无凸缘的支重轮交替排列。

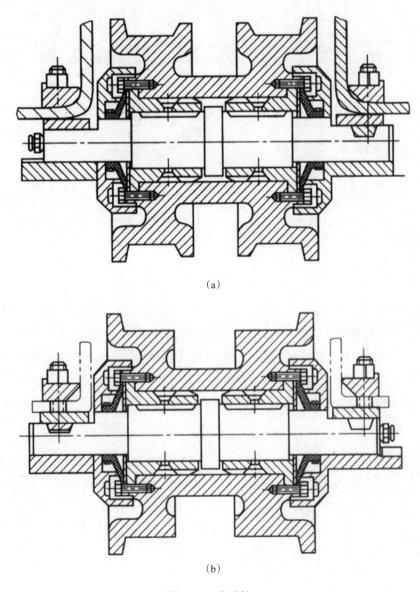

（a）

（b）

图 9-94　支重轮

（a）双轮缘；（b）单轮缘

润滑滑动轴承及油封的润滑脂从支重轮体中间的螺塞孔加入，通常在一个大修期间只加注一次，简化了挖掘机的平时保养工作。

托轮与支重轮的基本相同。

③导向轮

用导向轮来引导履带正确绕转，防止其跑偏和越轨。多数液压挖掘机的导向轮同时起到支重轮的作用，这样可增加履带对地面的接触面积，减小接地比压。导向轮的轮面制成光面，中间有挡肩环做导向用，两侧的环面则支撑轨链。导向轮与最靠近的支重轮的距离愈小，则导向性能愈好，其结构如图 9-95 所示。

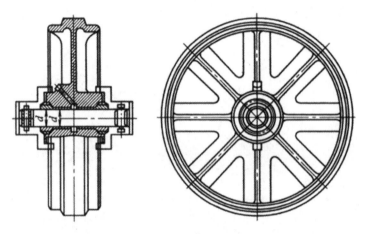

图 9-95　导向轮

导向轮通常用 40Mn、45Mn 钢或 35Mn 钢铸造，调质处理，硬度为 230～270HB。

为了使导向轮充分发挥作用并延长其使用寿命，其轮面对中心孔的径向跳动应不大于 3mm，安装时要正确对中。

④驱动轮

液压挖掘机发动机的动力是通过行走马达和驱动轮传给履带的，因此驱动轮应与履带的轨链啮合正确、传动平稳，并且当履带因销套磨损而伸长时仍能很好啮合。

驱动轮通常位于挖掘机行走装置的后部，使履带的张紧段较短，以减少其磨损和功率消耗。

驱动轮的结构按轮体构造可分为整体式和分体式两种。分体式驱动轮（图 9-96）的轮齿被分为 5～9 片齿圈，这样部分轮齿磨损时不必卸下履带便可更换，在施工现场修理方便且降低挖掘机的维修成本。

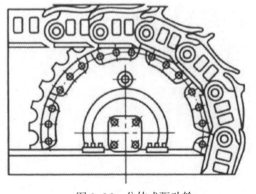

图 9-96　分体式驱动轮

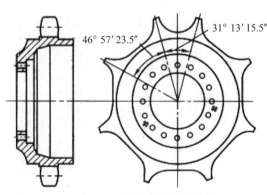

图 9-97　不等节距的驱动轮

按轮齿节距的不同，驱动轮有等节距和不等节距两种。其中等节距驱动轮使用较多，而不等节距驱动轮则是新型结构，其齿数较少，且有两个齿的节距较小，其余齿的节距均相等，如图 9-97 所示。

不等节距驱动轮在履带包角范围内只有两个轮齿同时啮合，并且驱动轮的轮面与链轨节表面相接触，因此一部分驱动扭矩便由驱动轮的轮面来传递，同时履带中最大的张紧力也由驱动轮轮面承受，这样就减少了轮齿的受力，减少了磨损，提高了驱动轮的使用寿命。

因驱动轮的轮齿工作时受履带销套反作用的压应力，并且轮齿与销套之间有磨料磨损，因此驱动轮应采用淬透性较好的钢材，如 50Mn、45SiMn 等，并经中频淬火、低温回火，使其硬度达 55 ～ 58HRC。

3）张紧装置

液压挖掘机的履带式行走装置使用一段时间后由于链轨销轴的磨损会使节距增大，并使整个履带伸长，导致摩擦履带架、履带脱轨、行走装置噪声增大等，从而影响挖掘机的行走性能。因此，每条履带必须装设张紧装置，使履带经常保持一定的张紧度。

目前在液压挖掘机的履带式行走装置中广泛采用液压张紧装置。如图 9-98 所示，带有辅助液压缸的弹簧张紧装置借助于润滑用的黄油枪将润滑脂压注入液压缸，使活塞外伸，一端移动导向轮，另一端压缩弹簧。预紧后的弹簧留有适当的行程，起缓冲作用。图 9-98（a）所示为液压缸直接顶动弹簧，结构简单，但外形尺寸较长；图 9-98（b）所示为液压缸活塞置于弹簧当中，缩短了外形尺寸，但零件数多。

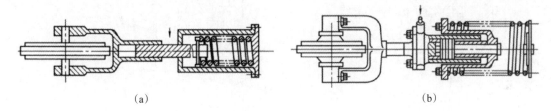

(a)   (b)

图 9-98 液压张紧装置

导向轮前后移动的调整距离略大于履带节距的 1/2，这样便可以在履带因磨损伸长过多时去掉一节链轨后仍能将履带连接上。履带松紧度调整应适当，检查方法如图 9-99 所示。先将木楔放在导向轮的前下方，使行走装置制动，然后缓慢驱动履带使其接地段张紧，此时上部履带便松弛下垂。下垂度可用直尺搁在托轮和驱动轮上测得，通常应不超过 3 ～ 4cm。

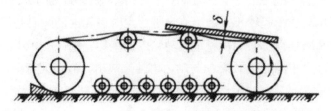

图 9-99 履带松紧度检查方法

（3）传动方式

液压挖掘机的履带式行走装置采用液压传动，它可以使履带行走架结构简化，并省略了机械传动的一系列复杂的锥齿轮、离合器及传动轴等零部件。履带式行走装置液压传动的方式是每条履带各自有驱动的液压马达及减速装置，由于两个液压马达可以独立操纵，因此，挖掘机的左右履带除可以同时前进、后退或一条履带驱动、一条履带停止的转弯外，还可以两条履带相反方向驱动，使挖掘机实现就地转向，提高了灵活性。

履带式行走装置的传动方式与回转机构的相似，可分为高速液压马达驱动和低速液压马达驱动两种方案。高速方案通常是采用定量轴向柱塞式或叶片式或齿轮式液压马达，通过多级正齿轮或正齿轮和行星齿轮组合的减速器，最后驱动履带的驱动轮。

采用高速液压马达驱动，由于液压马达转速可达 2000 ~ 3000r/min，因此，减速装置需要一对或两对正齿轮与一列或两列行星齿轮组合成减速器，并与液压马达和制动器组成一个独立、紧凑的整体。

图 9-100（a）所示为单列行星齿轮减速器。轴向柱塞式液压马达①经两对正齿轮②、③驱动行星轮系的太阳轮，由于内齿轮圈⑤和机壳④固定，因此，太阳轮运转时便驱动行星轮⑦绕内齿圈转动，此时与行星架连接的履带驱动轮⑥也随之转动，其转向与太阳轮相同。

图 9-100（b）所示为双列行星齿轮减速器，速比较大。液压马达的高速输出轴上直接安装盘式制动器，因此结构紧凑、制动效果较好。

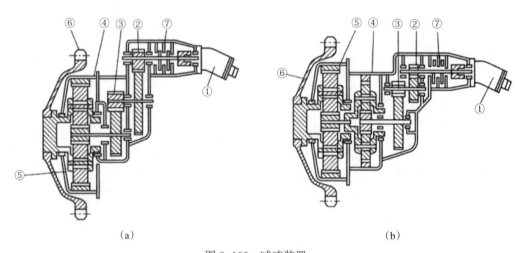

图 9-100　减速装置

(a) 单列行星式；(b) 双列行星式

行走装置的制动器有常闭和常开两种，常闭式制动器平时用弹簧力紧闸，工作时用分流油压力松闸；常开式制动器用液压或手动操作紧闸。为了防止润滑油侵入制动器的摩擦面，在制动器和减速器之间装有密封圈。

上述减速装置由于采用了行星轮系，速比大，体积小，使挖掘机的离地间隙较大，通过性能好。其缺点是减速器连同液压马达一起较长，倒车或越野行走时遇较大的障碍物可能会碰坏液压马达。近年来，有一种液压马达和减速器都安装在履带驱动轮内的结构，如图 9-101 所示。液压马达外壳④固定在履带架上，液压马达①供油后缸体转动，动力由轴②输出，经两列行星齿轮⑤、⑥后驱动减速器外壳⑦以及与其相固定的驱动轮⑨。驱动轮的载荷通过减速器外壳⑦、轴承③由马达壳体④来支持。液压马达的输出轴另一端装有制动器⑧，以保证安全工作。在马达外壳和减速器外壳之间装有浮动油封，防止灰尘侵入。这种驱动装置结构紧凑，外形尺寸不超过履带板宽度，因此挖掘机的离地间隙大，通过性能好，但液压马达装在中间，散热条件差，且修理不太方便。

有些液压挖掘机采用低速大扭矩液压马达驱动，可省去减速装置，使行走机构大为简化，但往往因挖掘机爬坡或转向时阻力很大，使液压马达低速运转的效率很低，故一般还是采用一级正齿轮或行星齿轮减速，以减小低速液压马达的输出扭矩和径向。

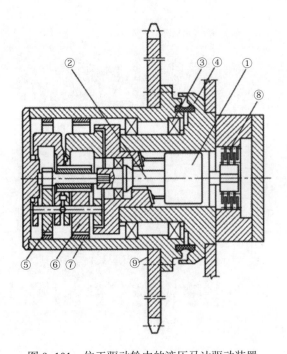

图 9-101 位于驱动轮内的液压马达驱动装置

①液压马达;②轴;③轴承;④马达外壳;⑤、⑥行星齿轮;⑦减速器外壳;⑧制动器;⑨驱动轮

5. 挖掘机的操纵杆、仪表的识别与使用

本节以系列 PC200/220—7 机型为例,简要介绍挖掘机控制及操纵部件的位置、作用及使用。

(1)挖掘机总图(图 9-102)

本书中提到的方向,是指图 9-102 中箭头所示的方向。

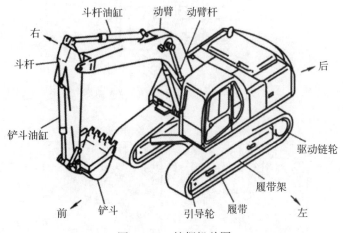

图 9-102 挖掘机总图

(2)控制部件和仪表总图

图 9-103 为挖掘机控制部件在驾驶室中的位置总图。

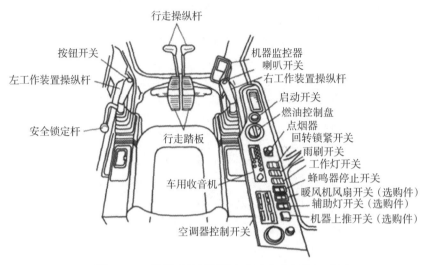

图 9-103 挖掘机控制部件在驾驶室中的位置总图

图 9-104 为机器监控器仪表总图。

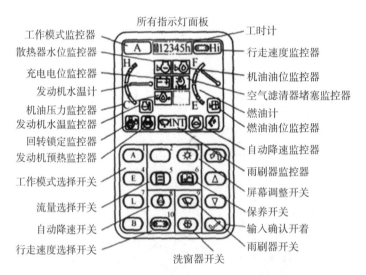

图 9-104 机器监控器仪表总图

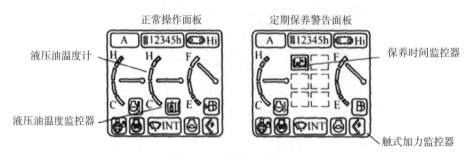

图 9-105 操作与警告面板

（3）机器控制部件与仪表的功能和使用

为了正确、安全、舒适地进行各种操作，应充分掌握挖掘机控制装置的功能和操作方法，以及机器监控器中各种显示的意义（图 9-105）。现以系列 PC 系列液压挖掘机为例，介绍各种操作装置的用途和使用方法。

1）操纵杆和脚踏板

挖掘机主要有安全锁定杆、行走操作杆、左手工作装置操作杆、右手工作装置操作杆、行走脚踏板和辅助装置控制脚踏板等操纵装置。图9-106所示为PC200系列挖掘机的操纵杆和脚踏板在驾驶室中的位置。

①安先导开关。通过电磁阀起作用，用于控制工作装置、回转马达和行走马达的液压油路的接通和关闭。安先导开关的位置，如图9-106所示，它有锁紧和松开两个位置。其主要作用是防止工作装置、回转马达和行走马达产生错误动作，以避免发生安全事故。该杆处于松开位置时，操作工作装置、回转和行走操作杆，工作装置、回转马达和行走马达能够动作。该杆处于锁紧位置时，操作工作装置、回转和行走操作杆，工作装置、回转马达和行走马达均不能动作。此外，启动发动机，安先导开关应处于锁紧位置。若处于松开位置，发动机则不能启动。

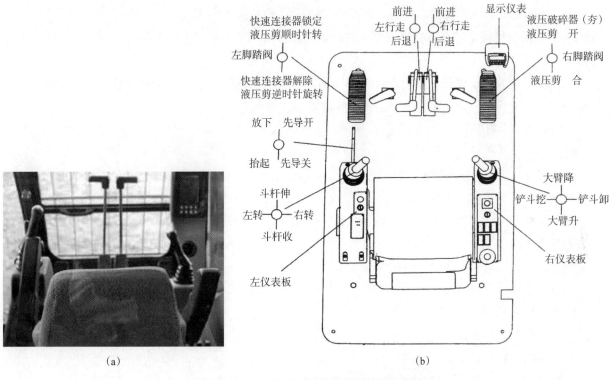

(a) (b)

图9-106 PC200系列挖掘机的操纵杆和脚踏板
(a)驾驶室；(b)位置示意图

注意事项如下：

a.离开驾驶室之前，要确定安先导开关是否处于锁紧位置。如果未处于锁紧位置，误碰左右手操作杆或行走操作杆，而发动机此时又未熄火，会造成机器突然动作，引发严重的伤害事故。图9-107中箭头所示为先导开关打开状态。

b.放下安先导开关时，不要碰触工作装置操作杆或行走操作杆。若安先导开关未被真正的处于锁紧位置，则工作装置、回转马达和行走马达均有突然动作的危险。

c.在抬起安先导开关的同时，不要碰触工作装置操作杆和

图9-107 先导开关

251

行走操作杆。

②行走操作杆。用于控制挖掘机前后行走和左右转弯。一般情况下，行走操作杆带有脚踏板。当手不能用于操纵行走操作杆时，可以用脚踩脚踏板来控制挖掘机的行走。有的挖掘机上行走操作杆带有自动减速装置。当按下自动降速开关按钮，且行走操作杆处于中位时，自动降速装置可自动降低发动机的转速，以减少油耗。正常状态下，应将引导轮在前，驱动轮在后。此时，挖掘机的行走可用行走操作杆和脚踏板进行下述操作：欲使挖掘机前进时，向前推行走操作杆，或使脚踏板向前倾；欲使挖掘机后退时，向后拉行走操作杆，或使脚踏板向后倾；欲使挖掘机停止移动，使操作杆处于中位（N），或松开脚踏板。

注意事项如下：

a. 机器不行驶，不要把脚放在脚踏板上。若把脚放在踏板上，一旦误踩踏板，机器会突然移动，有造成严重事故的可能。

b. 一般情况下，应将驱动轮向后放置。若驱动轮向前，机器则向相反方向移动（即操作杆向前推时，机器向后移动；操作杆向后拉时，机器向前移动），易造成意外事故。

c. 有些挖掘机可能带有行驶警报器，若行走操作杆由中位向前推或向后拉时，警报器会响，表示机器开始执行。

③左手工作装置操作杆。用于操作斗杆和回转，有的挖掘机上带有自动减速装置。按下述动作操作左手操作杆时，斗杆和上车体会产生相应的动作。

a. 向下推：斗杆卸料。

b. 向上拉：斗杆挖掘。

c. 向右拉：上车体向右回转。

d. 向左拉：上车体向左回转。

e. 中位（N）：当左手操作杆处于中位时斗杆不动作，上部车体不回转。

④右手工作装置操作杆。用于操作动臂和铲斗，有的挖掘机带有自动减速装置。按下述动作操作右手操作杆时，动臂和铲斗会产生相应的动作。

a. 向下推：动臂下降。

b. 向上拉：动臂抬起。

c. 向右推：铲斗卸料。

d. 向左拉：铲斗挖掘。

e. 中位（N）：当右手操作杆处于中位时，动臂和铲斗均不动作。

⑤附属装置控制踏板（选配件）

a. 液压破碎器的操作。欲使用破碎器进行作业时，先把工作模式置于破碎作业模式，并使用锁销。踏板的前部分被压下时，破碎器工作。锁销在①位时起锁定作用；锁销在②位时是踏板半行程位置；锁销在③位时是踏板全行程位置（图 9-108）。

b. 一般附属装置的操作。踏下踏板时，附属装置工作。锁销在①位时起锁定作用；锁销在②位时是踏板半行程位置；锁销在③位时是

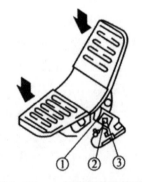

图 9-108　破碎器控制踏板　　图 9-109　一般附属装置控制踏板

踏板全行程位置（图9-109）。

注意事项：

a. 不操作踏板时，不要把脚放在踏板上。

b. 工作时把脚放在踏板上，且无意中压下踏板，附属装置会突然动作（图9-110），有可能造成严重伤害事故。

⑥自动降速功能的作用。是在机器空闲时自动降低发动机的转速，以达到减小燃油消耗的目的。当所有的操作杆都处于中位，发动机转速盘处于中速以上位置时，自动降速装置会在1s内将发动机的转速下降约100r/min，约4s后，会将发动机的转速降至

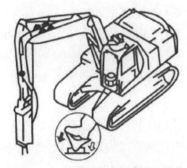

图9-110 附属装置控制踏板的操作

1400r/min左右，并保持不变。如果此时操作任一操作杆，发动机转速会在1s内迅速回升到油门控制盘设定的速度。所以在自动降速状态下，操作任一操作杆，发动机转速会突然升高，故此时操作应小心。

2）开关

山推PC200系列挖掘机的常用控制开关，如图9-111所示。

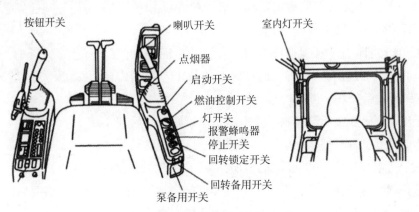

图9-111 挖掘机操作的常用开关

①启动开关。用于启动或关闭发动机（图9-112）。

a. OFF（关闭）位置。在此位置上，可插入或拔出钥匙。此时，除驾驶室灯和时钟外，所有电气系统都处于断电状态，发动机关闭。

b. ON（接通）位置。接通充电和照明电路，发动机运转时，钥匙保留在这个位置。

c. START（启动）位置。启动发动机，则将钥匙放在该位置，发动机启动后应立即松开钥匙，钥匙会自动回到ON位置。

d. HEAT（预热）位置。冬天启动发动机前，应先将钥匙转到这个位置，有利于启动发动机。钥匙置于预热位置时，监控器上的预热监测灯亮。将钥匙保持在这个位置，直至监测灯闪烁后熄灭，此时立即松开钥匙，钥匙会自动回到OFF位置，然后把钥匙转到START位置启动发动机。

图9-112 发动机启动开关

②油门控制盘。用以调节发动机的转速和输出功率。旋转油门控制盘上的旋钮，可调节发动机油门的大小。

a. MIN（低速）向左（逆时针方向）转动此旋钮到底，发动机油门处于最小位置，发动机低速运转。

b. MAX（高速）向右（顺时针方向）转动此旋钮到底，发动机油门处于最大位置，发动机高速（全

速）运转。

③回转锁定开关。用于锁定上部车体，使上部车体不能回转（图9-113）。此开关有如下两个位置。

a. SWING LOCK（上车体锁定）位置。当回转锁定开关处于此位置时，回转锁定一直起作用，此时即使操作回转操作杆，上部车体也不会回转。同时监控器上的回转锁定监控灯亮。

b. OFF（回转锁定取消）位置。当回转锁定开关处于此位置时，回转锁定作用被取消。此时操作回转操作杆，上部车体即可回转。当左右操作杆回到中位约4s后，回转停车制动即自动起作用（即上部车体被自动锁定）。当操作其中任一操作杆时，回转停车制动即自动被取消。

注意事项如下：

a. 机器行走时，或者不进行回转操作时，要将此开关置于SWING LOCK位置。

b. 在斜坡上，即使回转锁定开关在SWING LOCK位置，如果向下坡方向操作回转操作杆，工作装置也可能在自重作用下向下坡方向移动，对此要特别注意。

④灯开关。用于打开前灯、工作灯、后灯及监控器灯（图9-113）。它分为两个位置：ON（打开）和OFF（关闭）。

⑤报警蜂鸣器停止开关。当发动机正在运转，蜂鸣器报警鸣响时，按下此开关可关闭蜂鸣器（图9-113）。

⑥喇叭按钮。此按钮位于右手操作杆顶端，按下此按钮喇叭鸣响。

⑦左手按钮开关（触式加力开关）。此按钮开关位于左手操作杆顶端，按下此按钮开关并按住，可使机器增加约7%的挖掘力。

灯开关　　报警蜂鸣器　　回转
　　　　　停止开关　　锁定开关

图9-113　回转锁定开关

⑧驾驶室灯开关。此开关用于控制驾驶室灯，位于驾驶室后部右上方。该开关处于向上位置时灯亮；位于向下位置时灯灭。启动开关即使在OFF位置，驾驶室灯开关也可接通，注意不要误使驾驶室灯一直亮着。

⑨泵备用开关和回转备用开关。泵备用开关和回转备用开关均位于右控制架后侧，打开盖板，即可见到这两个开关。位于左边的是泵备用开关，位于右边的是回转备用开关。

a. 泵备用开关。挖掘机正常工作时，此开关应处于向下位置。正常工作时，不可将此开关向上。当机器监控器显示E02代码时（泵控制系统故障），蜂鸣器报警。若继续作业，发动机会冒黑烟，甚至熄停。此时可将此开关向上扳（接通），挖掘机仍可临时继续作业。

泵备用开关只是为了在泵控制系统出现异常时能继续进行短期作业。作业后，应马上检修故障。

b. 回转备用开关。挖掘机正常工作时，此开关应处于向下位置。正常工作时，不可将此开关向上。

当机器监控器显示E03代码时（回转制动系统故障），蜂鸣器报警。此时，即使回转锁定开关处于OFF位置，上车体依然不可回转。在此情况下，可将此开关向上拨，上车体即可进行回转，但回转停车制动一直不能起作用，即上车体不能自动被锁定。

回转备用开关是为了在回转制动电控系统（回转制动系统）出现异常时，能进行短期回转作业。作业后，应马上检修故障。

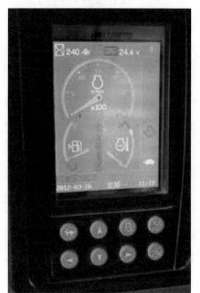

图9-114　挖掘机的机器监控器

（4）机器监控器

PC系列挖掘机采用彩色液晶面板的多功能监控器（图9-114），高质量的EMMS设备管理监测系统具有异常状态情况显示及检测功能、可提示零件交换时间保养模式、保养次数记忆功能、故障履历记忆存储功能，全面监控发动机的转速、冷却液温度、机油压力和燃油油位等，具有自我诊断、故障自动报警显示、维护保养信息自动提示和历史故障记录等。根据需要选择作业优先的快速模式或以节省燃油为优先的经济模式。在快速模式中，由于大功率发动机的采用和系列独有的压力补偿式 CLSS 液压系统，最低限度地减少了发动机功率的损耗，使挖掘机的作业量提高 8%。由于发动机的转速能自动调节减速，可节省油耗 10%，实现了低振动、低噪声，操作舒适性达到了最佳水准。

图 9-115 为 PC 系列挖掘机机器监控器的控制面板及各种检查项目。

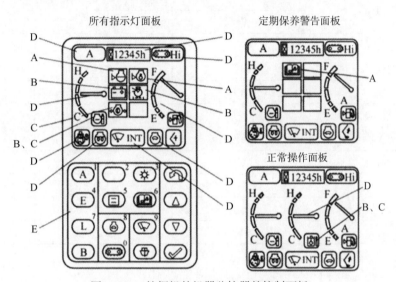

图 9-115　挖掘机的机器监控器的控制面板

A. 基本检查项目；B. 注意项目；C. 紧急停止项目；D. 仪表先导显示部分；E. 监控器开关

1）机器监控器的基本操作

机器监控器的显示面板有启动前的检查面板、正常操作面板、定期保养警告面板、警告面板和故障面板。此时，启动前的检查面板的显示时间为 2s，然后转换到定期保养警告面板、警告面板或故障面板，监控器面板的转换过程如图 9-116 所示。

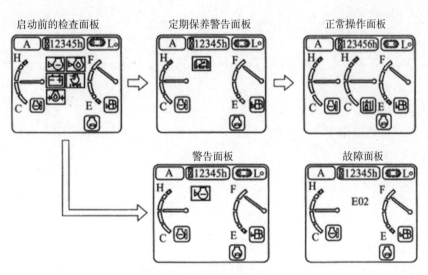

图 9-116　监控器面板的转换过程

监控器用于警告操作人员自上一次进行的保养以来设定的时间已过。监控器面板在 30s 以后熄灭并恢复到正常操作面板。定期保养警告面板的指示灯发亮。

注意事项：警告监控器指示灯亮为红色，要尽快停止操作并进行适当位置的检查和保养。如果忽视警告，会导致故障发生。

各监控灯在不同情况下点亮时的显示颜色见表 9-12。

表 9-12 各监控灯在不同情况下点亮时的显示颜色

监控器类型	监控器灯亮时的颜色		
	正常时	异常时	低温时
散热器水位监控器	OFF	红色	—
机油油位监控器	OFF	红色	—
保养监控器	OFF	红色	—
充电电位监控器	OFF	红色	—
燃油油位监控器	绿色	红色	—
空气滤清器堵塞监控器	OFF	红色	—
发动机水温监控器	绿色	红色	白色
液压油温度监控器	绿色	红色	白色
机油压力监控器	OFF	红色	—

①发动机运转时的检查项目

主要包括充电电位监控器、燃油油位监控器、空气滤清器堵塞监控器、发动机水温监控器和液压油温度监控器的检查。这是发动机在运转时应注意观察与检查的项目，如果出现异常，面板上立即显示需要马上检查与修理的项目，与异常部位有关的监控器指示灯亮为红色。

a. 充电电位监控器

该监控器用于警告发动机运转时充电系统有异常情况。如果发动机运转时蓄电池没有被正常充电，监控器指示灯亮为红色。此时，要检查履带是否松弛。

注意事项如下：

当启动开关在 ON 位置时，指示灯持续发亮。一旦发动机启动，交流发电机即对蓄电池充电，指示灯熄灭。

启动开关在 ON 位置时，当启动或停止发动机时，指示灯会亮，蜂鸣器也会暂时鸣响，但这并不表示有异常。

b. 燃油油位监控器

该监控器用于警告燃油箱中的油位处于低位。如果剩余的燃油量下降到不足 41L，指示灯由绿色变为红色，此时要尽快加油。

c. 空气滤清器堵塞监控器

该监控器用于警告空气滤清器已堵塞。如果监控器指示灯亮为红色，要关闭发动机，检查和清洗空气滤清器。

d. 发动机水温监控器

在低温时，该监控器指示灯亮为白色，此时要进行暖机操作。在监控器指示灯变为绿色前，不要开始作业，应继续进行暖机操作，否则会对发动机造成伤害。

e. 液压油温度监控器

在低温时，该监控器指示灯亮为白色，此时要进行暖机操作。

②紧急停止项目

发动机运转时，注意检查发动机水温监控器、液压油温度监控器和机油压力监控器。如有异常，与异常部分有关的监控器指示灯亮为红色，同时蜂鸣器报警，此时要立刻采取相应的措施。

a. 发动机水温监控器

如果在作业中发动机水温异常，监控器的指示灯变为红色。此时，应停止任何操作，"发动机过热防止功能"会自动作用，直至监控器的指示灯变为绿色才可继续工作，否则将损伤发动机，降低发动机的使用寿命。

b. 液压油温度监控器

如果在操作过程中液压油温度过高，监控器灯亮为红色。此时，应以低怠速运转发动机或关闭发动机，待油温降下来，监控器指示灯变为绿色后才可继续工作。

c. 机油压力监控器

如果发动机润滑油压力降到低于正常水平时，监控器指示灯亮为红色。此时，要关闭发动机并检查润滑系统及油底壳中的油位。

注意事项：当启动开关在ON位置时，此指示灯亮，发动机启动以后，此灯熄灭。当发动机启动时，蜂鸣器暂时鸣响，属于正常现象。

2）仪表显示部位

图9-117所示为监控器的仪表显示部位。

①先导显示

当启动开关在ON位置时为先导项目，其监控灯点亮。

a. 发动机预热监控器

当环境温度低于0℃时，为了能顺利启动发动机，先将启动开关转到HEAT（预热）位置并保持住。此时监控器指示灯亮，并在大约30s后监控器指示灯闪烁，表示预热完成（监控器灯在大约10s后熄灭），然后便可启动发动机。

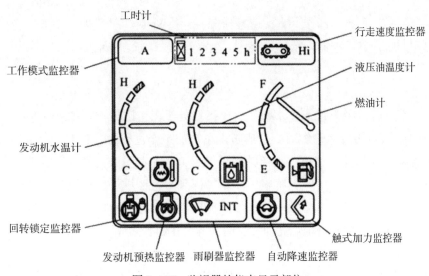

图9-117　监视器的仪表显示部位

b. 回转锁定监控器

该监控器告知驾驶人员回转锁定正在起作用。此时，即使操作回转操作杆，上车体也不能进行回转。当回转锁定开关转到 ON 位置时，监控器指示灯亮，表示回转锁定功能起作用。当回转备用开关向上时，监控器指示灯闪烁。当回转锁定开关处于 OFF 位置时，监控器指示灯灭。

c. 雨刷器监控器

该监控器指示雨刷器的工作状态。当按下列方式操作雨刷器开关时，监控器指示灯指示的状态为：当 INT 灯亮时，雨刷器间歇运动；当 ON 灯亮时，雨刷器连续运动；OFF 为雨刷器停止运动。

d. 自动降速监控器

该监控器显示自动降速功能是否正在起作用。当按下列方式操作自动降速开关时，监控器指示灯显示如下：自动降速监控器 ON 灯亮时，自动降速功能起作用；自动降速监控器 OFF 灯灭时，自动降速功能停止。

e. 工作模式监控器

该监控器用于显示当前选定的工作模式。当按下各工作模式开关（A、E、L、B 工作模式开关）时，监控器显示相应的工作模式。

A：快速作业模式，适用于大负载挖掘与装载作业或快速作业。

E：经济作业模式，适用于着重节约燃油的操作。

L：微操作作业模式，适用于起吊、平整等需要精确控制的操作。

B：破碎作业模式，适用于破碎器的操作。

f. 行走速度监控器

该监控器用于显示当前选定的行走速度。行走速度有低速、中速、高速三挡。当按下行走速度选择开关时，监控器依次显示：Lo（低速）、Mi（中速）、Hi（高速）。

Lo：低速行走，时速 3.0km/h。

Mi：中速行走，时速 4.1km/h。

Hi：高速行走，时速 5.5km/h。

g. 触式加力监控器

该监控器用于显示触式加力功能是否起作用。当触式加力功能起作用时，该监控器的指示灯亮。在 A 模式或 E 模式下，且油门控制盘处于最大位置时，按下左手操作杆末端按钮开关，即可增加挖掘力，此时该监控器指示灯点亮。即使一直按着按钮开关，待 8s 后，触式加力功能也会自动终止。当触式加力功能不起作用时，该监控器指示灯熄灭。

②仪表

a. 发动机水温计

用于指示发动机冷却水的温度。正常操作时，指针处于黑色区域内。如果在操作过程中，指针进到红色区域，过热防止功能自动起作用。过热防止系统的工作过程（图 9-118）：当指针指到位置 A，则发动机水温监控器指示灯亮为红色；当指针指到位置 B，则发动机转速自动降至低怠速，发动机水温监控器指示灯亮为红色，同时蜂鸣器鸣响。在指针回到黑色区域的，过热防止功能保持其作用。当启动发动机时，如果指针在位置 C，发动机水温监控器指示灯亮为白色，此时应进行预热操作，直到指针进入黑色区域，水温监控器指示灯亮为绿色时，才可进行作业。

b. 燃油计

用于显示油箱中的油位。在作业过程中，指针应在黑色 A ～ C 区域内。如果在作业过程中指针

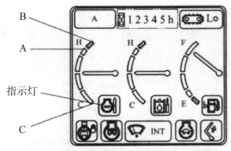

图 9-118　发动机水温计的指示过程

A～B：红色区域；A～C：黑色区域

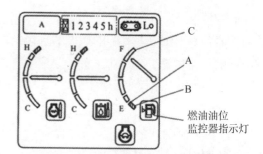

图 9-119　发动机水温计的指示过程

A～B：红色区域；A～C：黑色区域

指到 A 位置，则表示燃油箱内所剩的燃油不足 100L，此时要进行检查并补充燃油。如果指针指到 B 位置，则表示所剩燃油不足 41L。当指针进入红色 A～B 区域时，油位监控器指示灯亮为红色（图 9-119），当把启动开关转到 ON 时，则短时间内不能显示出正确的油位，但这属正常现象。

c. 液压油温度计

用于显示液压油的温度。在操作过程：指针应在黑色区域内，此时液压油温度计监控器指示灯亮为绿如果在作业过程中，指针指位置 A，则表示液压油的温已达到 102℃以上，应关闭发动机或以低怠速运转，等待压油温下降，指针进到黑区域内才能继续作业。当指在 A～B 的红色区域时（图 9-120），液压油的温度如下红色区域位置 A 表示高 102℃；红色区域位置 B 表示高于 105℃。当指针在红 A～B 区域时，液压油温度监控器指示灯亮为红色。启动发动时，如果指针指在位置 C 时，液压油温度在 25℃以下，液压油度监控器指示灯亮为白色，这时要进行预热。

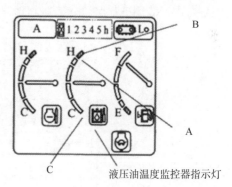

图 9-120　液压油温度计的指示过程

A～B：红色区域；A～C：黑色区域

d. 工时计

如图 9-117 所示，用于显示发动机总的工作时间，与发动机的转速无关。当发动机启动后，即使机器没有工作，工时计也数。每工作 1h，工时计加 1。应根据此工时计进行周期保养工作。

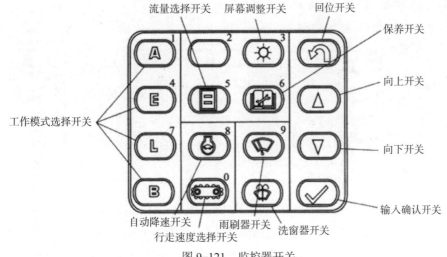

图 9-121　监控器开关

③监控器开关

监控器共有工作模式选择开关、自动降速开关、行走速度选择开关等 12 个控制开关。图 9-121 所示为监控器的开关位置。

a. 工作模式选择开关

该开关用于设定工作装置的功率和运动。通过选择与工作条件相匹配的模式，可以使操作更轻便、更容易。PC 系列挖掘机的工作模式共有 A、E、L、B 四种。发动机启动时，工作模式被自动设定在 A 模式，当按下开关时可选择其他工作模式，此时在监控器显示部位是相应的工作模式符号。

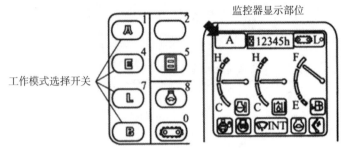

图 9-122　工作模式选择开关及显示部位

图 9-122 中黑色箭头所示为工作模式在显示器中的显示部位，如果按下模式选择开关 E 时，模式在监控器显示器的中心显示，2s 后，屏幕恢复到正常状态，左上角显示部位显示 E（图 9-123）。禁止在 A 模式下使用破碎装置，否则可能导致液压设备损坏。

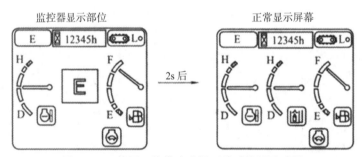

图 9-123　使用工作模式选择开关时的显示过程

b. 自动降速开关

当按下此自动降速开关时，自动降速功能启动。图 9-124 中黑色箭头所指的是自动降速开关在显示器中的显示部位。如果操作杆处在中位，将自动降低发动机转速以减少油耗。监控器显示器 ON 时，启动自动降速功能；监控器显示器 OFF 时，解除自动降速功能。每次按下开关时，自动降速在启动与解除之间转换。当按下自动降速开关时，自动降速启动，在监控器显示器的中心显示出模式，2s 以后，屏幕恢复到正常状态（图 9-125）。

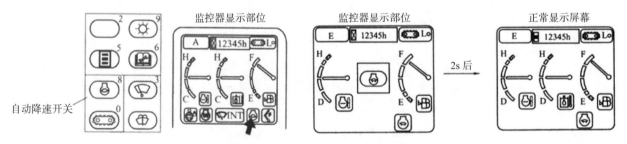

图 9-124　自动降速开关及显示部位　　　　图 9-125　使用自动降速开关时的显示过程

c. 行走速度选择开关

此开关分三级设定行走速度，即行走速度包括低速（Lo）、中速（Mi）、高速（Hi）三挡。启动发动机使行走速度被自动设定在 Lo 挡。图 9-126 中黑色箭头所指为行走速度选择开关的显示部位。每次按下开关显示按照 Lo-Mi-Hi 次序转换。每次操作行走速度选择开关时，模式在监控器显示器的中心，2s 以后，屏幕恢复到正常状态（图 9-127）。当以高速行走如果行走负荷增加，如从平地向斜坡上行走时，速度会自动转换到中速，不需要操作行走速度选择开关，但此时监控器显示仍停留在"Hi"。

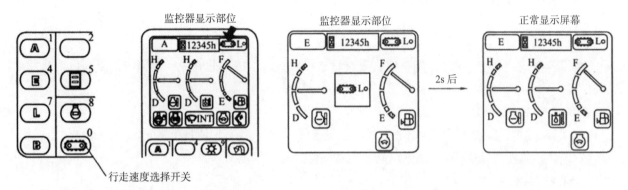

图 9-126　行走速度选择开关及显示部位　　　　图 9-127　使用行走速度选择开关的显示过程

注意事项如下：

从拖车上装卸液压挖掘机时，液压挖掘机一定要低速走。在装卸过程中，不要操作行走选择开关。

机器行走时，如果在高速与低速之间切换行走速度，可会导致直线行走时走偏。因此，要先停住机器，然后再切换行走速度。

d. 雨刷器开关

该开关用于操作前玻璃的雨刷器。每次按开关，雨刷器的工作状态在 INT-ON（OFF）-INT 之间切换，当 INT 亮时，雨刷器间歇运动，ON 亮时，雨刷器连续运动 OFF 为雨刷器停止。每次操作雨刷器开关时，在监控器显示器中心显示该模式，2s 后，屏幕恢复到正常状态。

e. 洗窗器开关

该开关控制车窗洗涤液的喷射。按下该开关车窗洗涤液喷在前挡风玻璃上；松开此开关时，喷射停止。雨刷停止动作时，如果持续按住此开关，将喷出车窗洗涤液，同时雨刷器连续动作；松开该开关时，雨刷器将继续操作两个循环，然后停止工作。如果雨刷器间歇移动并持续地按下该开关，车窗洗涤液出，同时雨刷器连续动作；松开该开关时，雨刷器将继续操作两个循环，然后恢复间歇动作。

f. 保养开关

该开关用于检查距下次保养的时间。按下保养开关时，监控器显示器上的显示转换成图 9-128 的保养屏。保养中各显示项目及其含义（表 9-13）距下次保养的时间通过每个监器指示灯显示的颜色指示。白色表示距下次保养还剩30h 以上，黄色表示距下次保养剩不足 30h，红色表示已过保养期。确保养时间以后，要进行保养。

注意事项如下：

启动发动机或操作机器时，如监控器显示转换成保养警告屏幕，要马上停止操作。发生这种情况时，与保养警告屏幕相关的监控器指示灯将亮为红色。

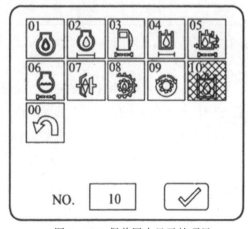

图 9-128　保养屏中显示的项目

261

按下保养开关以显示保养屏，检查其他监控器有无异常，如果另一监控器在保养屏上亮为红色，也要对那一项进行保养。

g. 流量选择开关

该开关用于设定工作模式 A、E 或 B 的流量。注意只有安装了破碎器、液压剪等附件才能进行流量设定。

h. 回位开关

在保养模式、亮度 / 对比度调整模式或流量选择模式时，按下此开关，屏幕将恢复到以前显示的屏幕。

i. 向上开关、向下开关

在保养模式、亮度 / 对比度调节模式成流量选择模式时，按下向上开关或向下开关以便上、下、左、右地移动监控器显示器上的光标（转换所选择监控器的颜色）。

j. 输入确认开关

在保养模式、亮度 / 对比度调节模式或流量选择模式时，按下此开关以确认所选择的模式。

k. 屏幕调整开关

按下此开关以调节液晶监控器显示屏幕的亮度和对比度。

表 9-13　保养屏中显示项目及其含义

监控器号	保养项目	时间 /h
01	更换机油	500
02	更换机油芯	500
03	更换燃油滤芯	500
04	更换液压油滤芯	1000
05	更换液压油呼吸阀	500
06	更换防腐滤清器	1000
07	更换检查减振器油位、加油	1000
08	更换更换终传动箱油	2000
09	更换回转机械箱油	1000
10	更换液压油	5000

（5）蓄能器

蓄能器是用于工作时储存机器控制回路中压力的装置。发动机关闭后，在短时间内通过操作控制杆可释放蓄能器储存的压力，通过操作控制回路，使工作装置在自重作用下降至地面。蓄能器安装在液压回路的六联电磁阀的左端。装有蓄能器的机器控制管路的卸压方法如下。

①把工作装置降至地面，然后关闭破碎器或其他附件。

②关闭发动机。

③把启动开关的钥匙再转到 ON 位置，以使电路中的电流流动。

④把安全锁定杆调到松开位置，然后全行程前、后、左、右操作工作装置操纵杆以释放控制管路

中的压力。

⑤把安全锁定杆调到锁定位置，以锁住操纵杆和附件踏板。

⑥此时压力并不能完全卸掉。若拆卸蓄能器，应渐渐松开螺纹。切勿站在油的喷射方向前。

蓄能器内充有高压氮气，不当操作有造成爆炸的危险，导致严重的伤害或损坏。操作蓄能器时，必须注意以下几点：控制管路内的压力不能被完全排除，拆卸液压装置时，不要站在油喷出的方向前，要慢慢松开螺栓；不要拆卸蓄能器；不要把蓄能器靠近明火或暴露在火中；不要在蓄能器上打孔或进行焊接；不要碰撞、挤压蓄能器；处置蓄能器时，必须排除气体，以消除其安全隐患。处置时应与挖掘机经销商联系。

6. 挖掘机发动机的启动与熄火

使挖掘机能够正常与安全地进行工作，必须按照一定的程序和步骤对发动机进行控制和操作。挖掘机发动机的控制与操作主要有以下几个方面内容：启动发动机前的检查与操作、启动发动机、启动发动机后的操作、关闭发动机及关闭发动机后的检查等。

（1）启动前的检查

1）巡视检查

启动发动机前，要巡视检查机器和机器的下面，检查是否有螺栓或螺母松动，是否有机油、燃油或冷却液泄漏，并检查工作装置与液压系统的情况，还要检查靠近高温地方的导线是否松动，是否有间隙和灰尘聚积。

每天启动发动机前，应认真检查以下项目：

①检查工作装置、油缸、连杆、软管是否有裂纹、损坏。

②清除发动机、蓄电池、散热器周围的灰尘和脏物。检查是否有灰尘和脏物聚积在发动机或散热器周围，检查是否有易燃物（枯叶、树枝、草等）聚积在蓄电池或高温部件（如发动机消声器或增压器）周围。要清除所有的脏物和易燃物。

③检查发动机周围是否有漏水或漏油，冷却系统是否漏水。发现异常要及时进行修理。

④检查液压装置，检查液压油箱、软管、接头是否漏油。

⑤检查下车体（履带、链轮、引导轮、护罩）有无损坏损、螺栓松动或从轮处漏油。

⑥检查扶手是否损坏，螺栓是否松动。

⑦检查仪表、监控器是否损坏，螺栓是否松动。检查驾驶室内的仪表和监控器是否损坏，发现异常，要及时更换部件，清除表面的脏物。

⑧清洁后视镜，检查是否损坏。如果已损坏，更换新的后并调整角度以便从驾驶座椅上看到后面的视镜；要清洁镜面，并调整角度以便从驾驶座上看到后面的视野。

2）启动发动机前的检查

①检查冷却水的水位并加水

a.打开机器左后部的门，检查副水箱中的冷却水是否在L（低）与F（满）标记之间。如果水位低，要通过副水箱的注水口加水到F（满）液位。注意应加注矿物质含量低的软水。

b.加水后，把盖牢固地拧紧。

c.如果副水箱是空的，首先检查是否有漏水，如果漏水马上修理。如果没有异常，检查散热器中的水位，如果水位低，往散热器中加水，然后往副水箱中加水。

注意事项：除非必要，不要打开散热器盖，检查冷却水时，要等发动机冷却后检查副水箱；关闭发动机后，冷却水处在高温，散热器内部压力较高，如果此时拆下散热器盖以排除冷却水，高温的冷却水会喷出，有烫伤的危险，应待温度降下来，慢慢地转动散热器盖以释放内部的压力，再拆下散热器盖。

②检查发动机油底壳内的油位并加油

a. 打开机器上部的发动机罩，拔出油尺，用布擦掉油尺上的油，然后将油尺完全插入检查口，再把油尺拔出，检查油位是否在油尺的 H 和 L 标记之间。

b. 如果油位低于 L 标记，要通过注油口加油（图 9-129）。

c. 如果油位高于 H 标记，打开发动机机油箱底部的排放阀（图 9-130），排出多余的机油。

d. 油位合适后，拧紧注油口盖，关好发动机罩。

注意事项：发动机运转后检查油位，应在关闭发动机至少 15min 以后再进行；如果机器是倾斜的，在检查前要使机器停在水平地面。

图 9-129　机油箱注油口和油尺

图 9-130　机油排放阀

图 9-131　燃油箱注油口

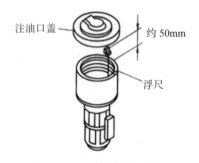

图 9-132　燃油箱的浮尺

③检查燃油位并加燃油

a. 打开燃油箱上的注油口盖（图 9-131），浮尺会根据燃油位上升。浮尺的高低代表油箱内燃油量的多少。当浮尺的顶端高出注油口端平面大约 50mm 时，表示燃油已经注满（图 9-132）。

b. 加油后，用注油口盖按下浮尺（不要使浮尺卡在注油口盖的凸耳上）将注油口盖牢固拧紧。

注意事项：经常清洁注油口盖上的通气孔，通气孔被堵后，油中的燃油将不流动、压力下降，发动机会自动熄火或无法启动。

④排放燃油箱中的水和沉积物

a. 打开机器右侧的泵室门。

b. 在排放软管下面放一容器。

c. 打开燃油箱后部的排放阀，将聚积在油箱底部的水和沉积物与燃油一起排除。

d. 直到流出干净的燃油时，关闭排放阀。

e. 关闭机器右侧的泵室门。

图 9-133　油水分离器的位置

图 9-134　油水分离器的组成

①排放阀；②滤芯壳体；③滤芯；④环形螺母；⑤排气螺塞

⑤检查油水分离器中的水和沉积物并排放

打开机器右后侧的门，检查油水分离器（图 9-133）内部的浮环是否已经升到标记线。油水分离器的组成（图 9-134），按照以下步骤排放水和沉积物。

a. 在油水分离器下部放一个接油用的容器。

b. 关闭燃油箱底部的燃油阀。

c. 拆下油水分离器上端的排气螺塞⑤。

d. 松开油水分离器底部的排放阀①，把水和沉积物排入容器。

e. 松开环形螺母 4，拆下滤芯壳体②。

f. 从分离器座上拆下滤芯③，并用干净的柴油进行冲洗。

g. 检查滤芯，如果损坏，要进行更换。

h. 如果滤芯完好无损，将滤芯重新安装好。安装时注意先将油水分离器的排放阀关闭，然后装上油水分离器上端的排气螺塞。环形螺母的拧紧力矩应为（40±3）N·m。

i. 松开排气螺塞，向滤芯壳体内添加燃油，见燃油从排气螺塞流出时，拧紧排气螺塞。

⑥检查液压油箱中的油位并加油

a. 启动发动机并低速运转发动机，收回斗杆和铲斗油缸，然后降下动臂，把铲斗斗齿调成与地面接触，关闭发动机。

b. 在关闭发动机后的 15s 内，把启动开关切换到 ON 位置，并以每种方向全程操作操纵杆（工作装置、行走装置）以释放内部压力。

c. 打开机器右侧泵室门，检查液压油位计，油位应处在 H 和 L 标记之间。

d. 油位低于 L 标记时，通过液压油箱顶部的注油口加油。不要将油加到 H 标记以上，否则会损坏液压油路或造成油喷出。如果已经将油加到 H 标记以上，要关闭发动机，待液压油冷却后，从液压油箱底部的排放螺塞排出过量的油。在拆卸盖之前，要慢慢转动注油口盖释放内部压力，防止液压油喷出。

⑦检查电气线路

检查保险丝是否损坏或容量是否相符，检查电路是否有断路或短路迹象，检查各端子是否松动并拧紧松动的零件，检查喇叭的功能是否正常。将启动开关切换到 ON 位置，确认按喇叭按钮时，喇叭鸣响，否则应马上修理。注意检查蓄电池、启动马达和交流发电机的线路。

注意事项：如果保险丝被频繁烧坏或电路有短路迹象，找出原因并进行修理，或与经销商联系修理；蓄电池的上部表面要保持清洁，检查蓄电池盖上的通气孔，如果通气孔被脏物或尘土堵塞，应冲洗蓄电池盖，把通气孔清理干净。

3）启动发动机前的操作

确认每次启动发动机前，应认真进行以下检查：

①检查安全锁定杆是否在锁紧位置。

②检查各操作杆是否在中位。

③启动发动机时不要按下左手按钮开关。

④将钥匙插入启动开关，把钥匙转到 ON 位置检查。

a. 蜂鸣器鸣响约 1s，下列监控器的指示灯和仪表（图 9-135）闪亮约 3s：散热器水位监控器、机油油位监控器、充电电位监控器、燃油油位监控器、发动机水温监控器、机油压力监控器、发动机水温计、燃油计、空气滤清器堵塞监控器。如果监控器不亮或蜂鸣器不响，则监控器或蜂鸣器可能有故障，要与经销商联系修理。

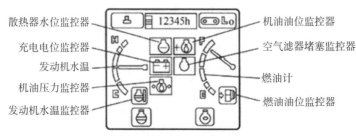

图 9-135　发动机启动前监控器显示的检查项目

b. 大约 3s 以后，屏幕转换到工作模式/行走速度显示监控器，然后转换到正常屏幕，其显示项目包括燃油油位监控器、机油油位监控器、发动机水温计、燃油计、液压油温度计和液压油温度监控器。

c. 如果液压油温度计熄灭，液压油温度监控器的指示灯依然发亮（红色），要马上对所指示的项目进行检查（图 9-136）。

d. 如果某些项目的保养时间已过，保养监视器指示灯闪亮 30s。按下保养开关，检查此项目，并马上进行保养。

e. 按下前灯开关，检查前灯是否亮。如果前灯不亮，可能是灯泡烧坏或短路，应进行更换或修理。

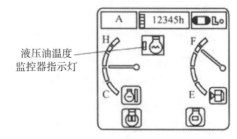

图 9-136　液压油温度监控器指示灯

注意事项：启动发动机时，检查安全锁定杆是否固定在锁紧位置，如果没有锁紧操纵杆，启动发动机时意外触到操纵杆，工作装置会突然移动，可能会造成严重事故；当操作人员从座椅中站起时，无论发动机是否运转，一定要将安全锁定杆设定在锁紧位置。

（2）启动发动机

1）正常启动

①启动前应注意以下内容：

a. 检查挖掘机周围区域性是否有人或障碍物，喇叭鸣响后才能启动发动机。

b. 检查燃油控制旋钮是否处在低速（MIN）位置。

c. 连续运转启动马达不要超过 20s。如果发动机没有启动，至少应等待 2min，然后再重新启动。

②检查安全锁定杆是否处在锁紧位置，安全锁定杆处在自由位置，发动机将不能启动。

③把燃油控制旋钮调到 MIN 位置。如果控制旋钮处在 MAX 位置，一定要转换到 MIN 位置。

④将启动开关钥匙转到 START 位置，发动机将启动。

⑤当发动机启动时，松开启动开关钥匙，钥匙将自动回到 ON 位置。

⑥发动机启动后，当机油压力监控器指示灯还亮时，不要操作工作装置操作杆和行走操作杆（踏板）。

注意事项：如果 4～5s 以后，机油压力监控器指示灯仍不熄火，要马上关闭发动机，检查机油油位是否有机油泄漏，并采取必要的技术措施。

2）冷天启动

在低温条件下按下列步骤启动发动机：

①检查安全锁定杆是否处在锁紧位置。如果安全锁定杆处在自由位置，发动机将不能启动。

②把燃油控制旋钮调到 MIN 位置。不要把燃油控制旋钮调到 MAX 位置。

③将启动开关钥匙保持在 HEAT 位置，并检查预热监控器指示灯是否亮。大约 18s 后，预热监控器指示灯将闪烁，表示预热完成。此时，监控器指示灯和仪表将发亮，这属正常现象。

④当预热监控器指示灯熄灭时，把启动开关钥匙转动到 START 位置，启动发动机。

⑤发动机启动后，松开启动开关钥匙，钥匙自动回到 ON 位置。

⑥发动机启动后，当机油压力监控器指示灯还亮时，表明参照工作装置操作杆和行走操作杆（踏板）正常。

（3）启动发动机后的操作

1）暖机操作

暖机操作主要包括发动机的暖机和液压油的预热两方面工作。只有等暖机操作结束后才能开始作业。暖机操作步骤如下：

①将燃油控制旋钮切换到低速与高速之间的中速位置，并在空载状态下中速运转发动机大约 5min。

②将安全锁定杆调到自由位置，并将铲斗从地面升起。在此过程中注意以下两点：

a. 慢慢地操作铲斗操纵杆和斗杆操纵杆，将铲斗油缸和斗杆油缸移到行程端部。

b. 铲斗和斗杆全行程操作 5min，在铲斗操作和斗杆操作之间，以 30s 为周期转换。

③预热操作后，检查监控器指示灯和仪表是否处于下列状态：

a. 散热器水位监控器：不显示。

b. 机油油位监控器：不显示。

c. 充电电位监控器：不显示。

d. 燃油油位监控器：绿色显示。

e. 发动机水温监控器：绿色显示。

f. 机油压力监控器：不显示。

g. 发动机水温计：指针在黑色区域内。

h. 燃油计：指针在黑色区域内。

i. 发动机预热监控器：不显示。

j. 空气滤清器堵塞监控器：不显示。

k. 液压油温度计：指针在黑色区域内。

l. 液压油温度监控器：绿色显示。

④检查排气颜色、噪声或振动有无异常。

⑤利用机器监控器上的工作模式开关选择将要采用的工作模式。

注意事项如下：

a. 液压油处于低温时，不要进行操作或突然移动操纵杆。一定要进行暖机操作，否则有损机器的使用寿命。

b. 在暖机操作完成之前，不要使发动机突然加速。

c. 不要以低怠速或高怠速连续运转发动机超过 20min，否则会造成涡轮增压器供油管处漏油。如果必须用怠速运转发动机，要不时地施加载荷或以中速运转发动机。

d. 如果发动机水温在 30℃以下，为保护涡轮增压器，在启动之后的 2s 内发动机转速不要提升，即使转动了燃油控制旋钮也是这样。

e. 如果液压油温度低，液压油温度监控器指示灯则显示为白色。

f. 为了能更快地升高液压油温度，可将回转锁定开关转到 SWING LOCK（锁定）位置，再将工作装置油缸移到行程端部，同时全行程操作工作装置操纵杆，做溢流动作。

2）自动暖机操作

在寒冷地区启动发动机时，系统自动进行暖机操作。启动发动机后，如果发动机水温低于 30℃，将自动进行暖机操作。如果发动机水温达到规定的温度 30℃或暖机操作持续了 10min，自动暖机操作将被取消。自动暖机操作后，发动机水温或液压油温度仍低，应按下列步骤进一步暖机。

①将燃油控制旋钮转到低速与高速之间的中速位置。

②将安全锁定杆调到自由位置，并将铲斗从地面升起。

③慢慢地操作铲斗操纵杆和斗杆操纵杆，将铲斗油缸和斗杆油缸移到行程端部。

④依次操作铲斗 30s 和操作斗杆 30s，全部操作需持续 5min。

⑤进行预热操作后，检查监控器指示灯和仪表是否处于下列状态：

a. 散热器水温监控器：不显示。

b. 机油油位监控器：不显示。

c. 充电电位监控器：不显示。

d. 燃油油位监控器：绿色显示。

e. 发动机水温监控器：绿色显示。

f. 机油压力监控器：不显示。

g. 发动机水温计：指针在黑色区域内。

h. 燃油计：指针在黑色区域内。

i. 发动机预热监控器：不显示。

j. 空气滤清器堵塞监控器：不显示。

k. 液压油温度计：指针在黑色区域内。

l. 液压油温度监控器：绿色显示。

⑥检查排气颜色、噪声或振动有无异常。如发现异常，应进行修理。

⑦如果空气滤清器堵塞监控器指示灯亮，要马上清洁或更换滤芯。

⑧把燃油控制旋钮转到 MAX 位置并进行 3 ~ 5min 的第⑤步操作。

⑨重复 3 ~ 5 次下列操作并慢慢地操作：动臂操作提升—下降；斗杆操作收回—伸出；铲斗操作挖掘—卸载；回转操作左转—右转；行走（低速）操作前进—后退。

⑩利用机器监控器上的工作模式开关选择将要采用的工作模式。

注意事项如下：

a.若不进行上述操作，当启动或停止各操作机构时，再反应会有延迟，因此要继续操作，直到正常为止。

b.其他注意事项与暖机操作相同。

3）自动暖机操作的取消

当发动机的水温低于30℃时启动发动机，系统便会自动进行暖机操作。此时燃油控制旋钮虽在低速（MIN）位置，但系统却将发动机转速设定为1200r/min左右。在某些紧急情况下，如果需要时不得不把发动机转速降至低速，应按下列步骤取消自动暖机操作。

①将钥匙插入启动开关，从OFF切换到ON位置。

②把燃油控制旋钮切换到高速（MAX）位置，在该位置保持3s。

③把燃油控制旋钮拨回到低速（MIN）位置。

④再次启动发动机，自动暖机功能已被取消，发动机以低速运转。

4）工作模式的选择

为确保液压挖掘机在安全、高效、节能状态下作业，在发动机控制系统中设定了四种工作模式，以适应不同工作条件下挖掘机进行有效的工作。

利用机器监控器上的工作模式选择开关可选择与工作条件相匹刚的工作模式。

当把发动机开关切换到ON位置时，工作模式被调定在A模式。利用工作模式选择开关可以把模式调到与工作条件相匹配的最有效的模式。山推系列的PC200/200液压挖掘机的工作模式及与之相匹配的操作见表9-14。

表9-14 各种工作模式的适用场合

工作模式	适用场合
A模式	普通挖掘、装载操作（着重于生产率的操作）
E模式	普通挖掘、装载操作（着重于生产率的操作）
L模式	需要精确定位工作装置时（如起吊、平整等精确控制作业操作）
B模式	破碎器操作

在操作过程中，为了增加动力，可以使用触式加力功能来增加挖掘力。选择A模式或E模式时，在作业过程中，按下左手操作杆端部的按钮开关（触式加力开关），可增加约7%的挖掘力。但是，若持续按住按钮开关超过8s，触式加力功能便自动取消，恢复至原来的工作模式。过几秒钟后，可再次使用此功能。

（4）发动机工作中的检查

①检查各仪表指数是否正常。

②发动机是否运转平稳，排烟、声响和气味有无异常。

③检查传动系各主要部件是否有过热、发响、松动和渗漏等现象，离合器有无打滑、冒烟现象。

④检查转向性能。转向应灵敏、平稳，熄火滑行时，挖掘机应能手动液压转向。

⑤检查制动性能。制动应迅速、可靠、不跑偏。

⑥检查工作装置及液压系统的工作情况。液压泵、液压缸、液压马达、回转接头等不得有噪音、高温和渗漏现象，旋转、升降、挖掘、卸土等操纵应灵敏、可靠、无拖滞和抖动。

⑦检查照明、信号设备的工作情况。各照明灯、信号灯、仪表灯和喇叭应接线牢固，工作良好。

（5）关闭发动机

关闭发动机的步骤是否正确，对发动机的使用寿命有极大的影响。如果发动机没冷却就被突然关闭，会极大地缩短发动机的使用寿命。因此，除紧急情况外，不要突然关闭发动机。特别是在发动机过热时，更不要突然关闭，应以中速运转，使发动机逐渐冷却，然后再关闭发动机。正确关闭发动机的步骤如下。

①低速运转发动机约5min，使发动机逐渐冷却。如果经常突然关闭发动机，发动机内部的热量不能及时散发出去，会造成机油提前劣化，垫片、胶圈老化，涡轮增压器漏油、磨损等一系列故障。

②把启动开关钥匙切换到OFF位置，关闭发动机。

③取下启动开关钥匙。

（6）关闭发动机后的检查

为了能及时发现挖掘机可能存在的安全隐患，使挖掘机能保持良好的正常工作状态，关闭挖掘机后，应对挖掘机进行下列项目的检查。

①对机器进行巡视，检查工作装置、机器外部和下部车体，检查是否有漏油或漏水。如果发现异常，应及时进行修理。

②将燃油箱加满燃油。

③检查发动机室是否有纸片和碎屑，若有，应清除纸片和碎屑，以避免发生火险。

④清除黏附在下部车体上的泥土。

（三）挖掘机的驾驶

1. 挖掘机行走的驾驶操作

（1）行走前的准备

1）注意事项

①行走操作之前，先检查履带架的方向，尽量争取挖掘机向前行走。如果驱动轮在前，行走杆应向后操作。

②挖掘机起步前检查环境安全情况，清理道路上的障碍物，无关人员离开挖掘机，然后提升铲斗。

③准备工作结束后，驾驶员先按喇叭，然后操作挖掘机起步。

④如果行走杆在低速范围内挖掘机起步，发动机转速会突然升高，因此，驾驶员要小心操作行走杆。

⑤挖掘机倒车时要留意车后空间，注意挖掘机后面盲区，必要时请专人予以指挥协助。

⑥液压挖掘机行走速度——高速或低速由驾驶员选择。选择开关"0"位置时，挖掘机将低速、大扭矩行走；选择开关"1"位置时，挖掘机行走速度根据液压行走回路的工作压力而自动升高或降低。例如，挖掘机在平地上行走可选择高速；上坡行走时可选择低速。如果发动机速度控制盘设定在发动机中速（约1400r/min）以下，即使选择开关在"1"位置，挖掘机仍会以低速行走。

⑦挖掘机应尽可能在平地上行走，并避免上部转台自行放置或操纵其回转。

⑧挖掘机在不良地面上行走时应避免岩石碰坏行走马达和履带架。泥沙、石子进入履带会影响挖掘机正常行走及履带的使用寿命。

⑨挖掘机在坡道上行走时应确保履带方向和地面条件，使挖掘机尽可能直线行驶，保持铲斗离地20～30cm。如果挖掘机打滑或不稳定，应立即放下铲斗。发动机在坡道上熄火时，应降低铲斗至地面，将控制杆置于中位，然后重新启动发动机。

⑩尽量避免挖掘机涉水行走，必须涉水行走时应先考察水下地面状况，且水面不宜超过支重轮的上边缘。

2）行走前的操作准备

①将回转锁定开关调到SWING LOCK（锁定）位置，并确认在机器监控器上回转锁定监控器指示灯亮。

②把燃油控制旋钮向高速位置旋转，以增加发动机的转速。

（2）向前行走的驾驶操作

①把安全锁定杆调到自由位置，抬起工作装置并将其抬离地面40～50cm。

②按下列步骤操作左右行走操纵杆和左右行走踏板。

a. 驱动轮在机器后部时，慢慢向前推操纵杆，或慢慢踩下踏板的前部使机器向前行走。

b. 驱动轮在机器前部时，慢慢向后拉操纵杆，或慢慢踩下踏板的后部使机器向前行走。

注意事项：在低温条件下，如果机器行走速度不正常，要彻底进行暖机操作；如果下部车体被泥土堵塞，机器行走速度不正常，要清除下部车体上的污泥。

（3）向后行走的驾驶操作

①将安全锁定杆调到自由位置抬起工作装置并将其抬离地面40～50cm。

②按下列步骤操作左右行走操纵杆和左右行走踏板。

a. 驱动轮在机器的后部时，慢慢向后拉操纵杆，或慢慢踩下踏板的后部使机器向后行走。

b. 驱动轮在机器的前部时，慢慢向前推操纵杆，或慢慢踩下踏板的前部使机器向后行走。

（4）停住行走的操作

把左右行走操纵杆置于中位，便可停住机器。

注意事项：避免突然停车，停车处要有足够的空间。

（5）履带挖掘机正确的行走操作

①挖掘机行走时，应尽量收起工作装置并靠近机体中心，以保持机械的稳定性；把终传动放在后面，以保护终传动，如图9-137所示。

要尽可能地避免驶过树桩和岩石等障碍物，以防止履带扭曲（图9-138，图9-139）。若必须驶过障碍物时，应确保履带中心在障碍物上（图9-140）。

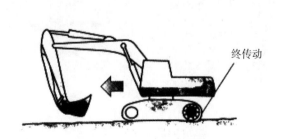

图9-137　正确的行走操作

图9-138　行走时尽量避免驶过树桩、岩石等障碍物

图 9-139　不正确超过障碍物时会造成履带扭曲　　图 9-140　越过障碍物时正确和错误的行走操作
(a) 错误；(b) 正确

②过土墩时，应始终用工作装置支撑住底盘，防止车体剧烈晃动甚至翻倾（图 9-141）。

③应避免长时间停在陡坡上怠速运转发动机，否则会因油位角度的改变导致润滑不良。

④机器长距离行走会使支重轮及终传动内部因长时间回转产生高温，机油黏度下降和润滑不良应经常停机冷却降温，延长下部机体的使用寿命。

⑤禁止靠行走的驱动力进行挖土作业，否则过大的负荷将会导致终传动、履带等部件的早期磨损或破坏。

图 9-141　越过土堆时用工作装置支撑地面　　　　图 9-142　上坡时正确的行走操作

⑥上坡行走时，应使驱动轮在后，以增加触地履带的附着力（图 9-142）。下坡行走时，应使驱动轮在前，使上部履带绷紧，以防止停车时车体在重力作用下向前滑移而发生危险（图 9-143）。

⑦在斜坡上行走时，工作装置应置于前方，以确保安全。停车后，铲斗轻轻地插入地面，并在履带下放置挡块（图 9-143）。在斜坡上停车时，要面对斜坡下方停车，不要随斜坡停车（图 9-144）。

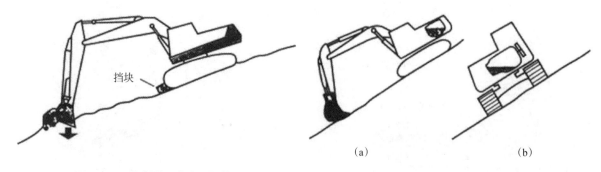

挡块

图 9-143　在斜坡上停车的操作　　　　图 9-144　在斜坡上停车时正确和错误方向
(a) 正确；(b) 错误

⑧在陡坡行走转弯时，应将速度放慢，左转时，向后转动左履带，右转时，向后转动右履带，这样可降低在斜坡上转弯的危险性。

2.挖掘机转向的驾驶操作

（1）机器转向时的注意事项

①操作行走操纵杆前，检查驱动轮的位置。如果驱动轮在前面，行走操纵杆的操作方向相反。

②尽可能避免突然改变方向。特别是进行原地转向时，转弯前要停住机器。

③用行走操纵杆改变行走方向。

④在靠挖掘机自重下滑下坡转向时，应特别注意转向操纵杆拉到一半时，机身往相反方向转向。此时，转向应后拉相反侧的转向操纵杆。在坡道上转向容易产生横向滑动，所以应尽可能避免在坡道上转向。在软质地或黏土地应特别注意禁止转向，更不要原地高速转向。

（2）机器停住时的转向

1）向左转弯

向前行走时，向前推右行走操纵杆，机器向左转向；向后行走时，往回拉右行走操纵杆，机器向左转向。

2）向右转弯

向右转弯时，以同样的方式操作左行走操纵杆。

（3）行走过程中的转向

1）向左转弯

在行进过程中，当向左转向时，将左边的行走操纵杆置于中位，机器将向左转。

2）向右转弯

在行进过程中，当向右转向时，将右边的行走操纵杆置于中位，机器将向右转。

（4）挖掘机原地转向

1）原地向左转弯

使用原地转向，向左转弯时，往回拉左行走操纵杆并向前推右行走操纵杆。

2）原地向右转弯

使用原地转向，向右转弯时，往回拉右行走操纵杆并向前推左行走操纵杆。

3.挖掘机在复杂地形上的驾驶

（1）挖掘机越过障碍物

挖掘机在越过高土堆等障碍物时，应先低速驶上，等驶到顶上其重心已越过障碍物顶点时，减小油门，同时稍微分离主离合器或两边的转向离合器，让机械在极低速或失去动力的情况下，以本身重量从顶上慢慢滑下。当横坡≥25°时，不可斜向越过障碍物。在越过铁路、壕沟时均须垂直对准，慢驶过去，切防熄火。

（2）在多岩石地方行驶

先将履带稍调紧一些，以减轻履带板的磨伤。避免急转弯与频繁转向，以免履带脱轨和急剧磨损。

（3）上下坡行驶

上下坡行驶尽量避免中途停车和变速。如需要停车时，应采取制动。如要长时间停车时，应将制动踏板锁死在制动位置，最好再在履带下塞进石块。在坡度较大时下坡转向，应注意操纵相反一侧的转拉杆，并不得使用制动器。

4. 在泥泞或水中行驶

在泥泞或水中驶过后，要将各部泥水冲净，检查各齿轮箱有无漏油和油面过高现象。若油面过高，证明可能已进水，可将油放出检查，并须更换后才能继续使用。

5. 在狭窄、危险地段行驶

在山区作业时，经常在山梁、山顶、崖边和密林等地形上行驶，环境复杂、情况多变，除要正确地操纵外，还要注意：

①挖掘机各部技术状况应保持良好。

②沿崖边行驶，应尽量靠里侧，同时要注意是否有坍塌及石块滚落的现象发生。

③在山梁狭窄路段行驶，应避免急转向和禁止原地回转。遇有不能通过的地方不要强行通过；必要时下车查明道路情况，先推平后再通过。

4. 挖掘机上下平板车的驾驶

（1）上下平板车时，驾驶员必须按指挥信号准确地驾驶挖掘机。在夜间，指挥人员必须用发光信号指挥，并确保能看清履带和平板车的边缘后，才能指挥挖掘机运动。当指挥信号不清时，驾驶员可自行停车。根据挖掘机与平板车的宽度，计算出每边履带超出平板车边缘的尺寸。指挥人员应站在平板车一侧的适当位置指挥。指挥时只需观察一侧履带即可，不要两边来回观察。

（2）上下平板车驾驶时，均应用Ⅰ挡或低速倒挡，并保持发动机较低的稳定转速；起步、停车、转向必须平稳；挖掘机在跳板上时应避免转向；驶上平板车时，必须将挖掘机的中心线恰好与平板车中心线相重合，并停放在所标定的位置上。

（3）挖掘机驶上平板车的驾驶。挖掘机在上跳板时，应先低速驶上，等驶到跳板顶上，其重心已越过跳板与平板车转角点时，应减小油门，同时稍微分离主离合器或两边的转向离合器，让机械在极低速或失去动力的情况下，以本身重量从跳板顶上慢慢落在平板车上，然后低速驶到所标定的位置上。若挖掘机的中心线与平板车中心线不重合，应在平板车上修正方向，但每次只能稍微转向。

（4）挖掘机驶下平板车的驾驶。从平板车驶下时，指挥方法和驾驶与驶上平板车的方法相同。

（5）夜间上下平板车用发光信号指挥时，不能来回摆动。为了能看到履带和平板车的边缘，可在适当的位置上挂一工作灯。

（6）挖掘机停放在平板车上，应按规定固定好，挂上Ⅰ挡或倒挡，固定制动踏板。挖掘机在平板车上的固定方法如下：

①挖掘机平稳停放在平板车上后，按标示位置将前边两块固定方木或三角木放好。

②指挥挖掘机前进，待履带或第1负重轮驶上固定方木（第1负重轮轴与固定方木内边缘垂直）时，立即指挥挖掘机停车，并制动住挖掘机。

③把后端的两块固定方木或三角木放置在履带最后的履带板下方。

④指挥挖掘机平稳倒车（可稍松制动器使挖掘机慢慢后滑），使固定方木或三角木卡紧前后履带或负重轮（不使前后负重轮起来）。

⑤挂上Ⅰ挡或倒挡，固定制动器踏板。

⑥每块固定方木用两个两爪钉成"八"字形与平板车固定好。必要时，应用铁丝分别穿过主动轮或引导轮连同履带与平板车捆绑在一起，并用搅棒搅紧。

5. 挖掘机一般安全驾驶规则

为了保质保量地完成作业任务，操作手除需正确掌握驾驶操作要领外，还要熟悉安全驾驶规则，切实按安全驾驶规则进行操作，确保安全。

（1）挖掘机开动前，应仔细地检查各部机件技术状况，发现问题及时排除。

（2）柴油机水温一般在50℃以上，才允许起步，但一开始不要高速行驶。

（3）在行驶时，将铲刀提高到离地面400mm左右，使前方视线清晰。

（4）行驶中驾驶人员不得离开机械，不准和地上的人传递物件，推架上不许站人。

（5）夜间行驶，照明设备应良好。

（6）当牵引机械时，应随时注意与被牵引机械上的人员取得联系；倒退时，应注意后方有无行人和障碍物。

（7）挖掘机通过桥梁时，应预先了解桥梁的承载能力，确认安全后才能低速平稳通过。

（8）挖掘机通过铁路和交通路口时，应注意火车、汽车和行人等，确认安全后方可通过；通过铁路时，应垂直于铁路，并以低速行驶。禁止在铁路上停留或转向。

（9）履带式挖掘机的行驶路线，应避开沥青、水泥路面；非通过不可时，应在履带下铺垫胶带、木板等保护路面的材料。

（10）挖掘机上下坡行驶时，纵坡不应超过30°，横坡不应超过20°。

（11）挖掘机上下坡一般不许换挡；在坡道上禁止用制动踏板进行急刹车。

（12）在斜坡上遇到柴油机熄火时，应首先放下铲斗，将机械停妥，再把变速杆置于空挡位置，然后重新启动柴油机。

（13）驾驶中应注意各部件是否异常响声，并留意是否有异常焦臭味，如发现应及时停机，检查排除。

（四）挖掘机的技术运用

1. 挖掘机基础作业

（1）作业前准备

①使用挖掘机进行施工作业前，应认真察看挖掘机周围的情况。

②选择一条较为平坦坚实的停车地面及一条合理的挖掘路线，必要时可用挖掘机加以平整。

③旋转作业时，要观察作业现场周围是否有障碍物。

④对现场地形要做到心中有数，一定要确保作业安全。

⑤使用挖掘机之前，要检查履带和地面的接触情况，保证两条履带和地面完全接触，因为履带下的岩石或其他物体会使履带受力太大，并使挖掘机工作不稳定。

（2）基本作业方法

挖掘机基本作业有断续操作和连贯操作两种方法。挖掘机是循环性作业的机械，每个作业循环由挖土、升动臂、旋转、卸土、回转和降动臂6个动作组成。所谓断续操作是将上述6个动作分开做，即做完一个动作后再做下一个动作。连贯操作是将上述6个动作合并成4个动作做，即将升动臂和旋转合并成一个动作，回转和降动臂合并成一个动作。在挖土过程中，要注意挖斗、斗杆、动臂和转盘操纵杆的协调配合，应尽量在短的时间内完成每一个作业循环，以提高挖掘机的作业效率。正铲和反铲作业的操作方法基本一样，只是挖掘方向不同，这里以反铲作业为例进行介绍。

1）断续操作

①挖土：左手向前推挖斗操纵杆进行挖土；挖斗挖满土时，将操纵杆放回中间位置，挖土过程结束。挖土时，先降动臂使斗齿插入土中，再前推挖斗操纵杆到最大位置，同时把油门踏板踏到底，挖斗即向内转动挖土。此时，要注视挖斗转动速度，如转动很慢或停止，要稍升动臂，以使挖斗能匀速挖土。

②升动臂：左手前推动臂操纵杆，动臂即上升；当挖斗离开地面而不影响旋转时，将操纵杆放回中位，动臂即停止上升。动臂升降速度主要由动臂操纵杆控制，推拉操纵杆的行程越大，升降速度则越快。因此，在升降动臂过程中，要根据动臂当时的升降速度灵活地运用其操纵杆。升动臂时，将动臂操纵杆由慢到快迅速推到底，同时踏下油门踏板到最大位置；当动臂升到需要高度时，将操纵杆由快到慢拉到中间位置。

③旋转：右手前推（或后拉）转盘操纵杆，使转盘向右（或左）旋转（可根据卸土位置和卸土旋转角度的大小来确定向右或向左旋转）；当挖斗转至卸土点时，将操纵杆放回中间位置，旋转即结束。转盘操纵杆操作的关键是既能保证转盘高速旋转，又能使挖斗平稳地停到所需要的位置。操纵时下踏油门踏板，同时缓推（拉）操纵杆，可使转盘平稳启动；随即将操纵杆推（拉）到底，转盘即高速旋转；当挖斗接近卸土点时，放松油门踏板和转盘操纵杆；如感到惯性力较大使挖斗可能越过卸土点时，要反向使用操纵杆，使挖斗停在所需位置。

④卸土：左手后拉挖斗操纵杆，挖斗翻转卸土；当挖斗内的土卸出后，将操纵杆置于中间位置。如果土卸不出来，可操纵斗杆或挖斗操纵杆使挖斗抖动，将土卸出。

⑤回转：右手后拉（或前推）转盘操纵杆，使转盘向左（或向右）旋转；当挖斗转至挖土位置时，将操纵杆放回中间位置，回转结束。

⑥降动臂：左手将动臂操纵杆向后拉，动臂下降；当挖斗斗齿插入土壤后，将操纵杆放回中间位置，动臂下降结束。下降动臂时，先放松油门踏板，再平稳地向后拉动操纵杆，使动臂借自身的重量下降，如感到下降速度过快时，可稍松操纵杆来减速；当挖斗着地前约10cm左右时，下降速度要减慢，挖斗平稳着地后，再使操纵杆回到中立位置。

如果继续操作，又开始了下一个作业循环。

要提高挖掘机的作业率，除正确使用上述各操纵杆外，还与油门踏板的正确使用有关。负载大时，踏得重些；负载轻时，踏得轻些；如使某一机构运动速度快些，踏得要重些，反之踏得要轻些。不作业时，不踏油门踏板，但在作业中，不论负载大小都不能让发动机低速运转。否则，不但影响作业率，还会使发动机过热，增大机械磨损。

2）连贯操作

①挖土（挖斗与动臂、斗杆操纵杆的配合）

动臂下降压住挖斗，使挖斗不因土壤的反弹升起（此时动臂操纵杆处于中位）。挖土后，动臂压力使挖斗深入土壤中，若由于土壤阻力挖土速度出现减慢或停止，可稍升动臂（不放松挖斗操纵杆）缓和；待挖掘速度提高后，再放松动臂操纵杆。如果土壤较软或挖斗切削土层太薄而不能挖满土时，应稍降动臂，以增大挖掘深度。如此反复，使挖斗不停地挖掘，从而在较短的时间内将挖斗装满。

动臂的升降时机、幅度是上述动作配合的关键。

当挖掘距机体较近的土壤时，收回斗杆，降低动臂，使挖斗插入土中；操作手要视挖斗旋转的速度及时收、伸斗杆（如挖斗旋转速度过快，则挖掘的土少，要稍收斗杆；如旋转速度过慢，要及时前伸斗杆），以保证不停地挖掘。

②旋转（动臂与转盘操纵杆的配合）

动臂与转盘操纵杆的配合是在转盘旋转中进行的。在挖土结束后，上升动臂；待挖斗离开地面时，立即使转盘旋转，动臂在旋转中继续升高到所需要的高度（操作手应注意观察挖斗离地高度和前方有无障碍物，如果其高度不能越过障碍物时，可降低旋转速度或停止转动，待动臂进一步升高后继续旋转）。

③卸土（转盘与挖斗操纵杆的配合）

转盘与挖斗操纵杆的配合也是在转盘旋转过程中进行的。操作人员注视挖斗的位置，待挖斗进入卸土区后，立即操纵挖斗操纵杆使之卸土；当挖斗卸土约1/2时，开始推（拉）转盘操纵杆，转盘回转，使挖斗在回转中继续卸土，直到卸完为止。在这一过程中，操作人员注意力要放在卸土上，如果挖斗不能卸完土，要暂停旋转，待挖斗卸完土后再继续转动。如果挖斗已接触土堆，但斗内的土还未全部卸完，此时应升启动臂再卸土，也可边升动臂边卸土。

④回转（转盘与动臂操纵杆的配合）

在挖斗卸完土向挖土区回转的过程中，应迅速下降动臂。待挖斗将要对正挖土区时，缓推转盘操纵杆使之准确、平稳地停在挖土位置，同时下降动臂使挖斗无冲击地插入土壤，开始下一循环的作业。

挖掘机在作业过程中，两个操纵杆可同时工作，四根操纵杆密切配合、协调工作，它们在某一时间内，能使挖掘机不停地工作，可节省时间，减少油料消耗和提高生产率。

（3）基本作业安全规则

①挖掘机作业时，在回转半径和最大高度内不得有任何障碍物，禁止人员停留或通过。多台挖掘机在同一地段作业时，彼此间应留出足够的安全距离。

②挖掘作业时，地下不得有电缆、光缆，油、水、气管道或其他危险物品，否则应事前处置；如遇冻土层、大石块或其他障碍物，应设法清除或采取辅助作业方法（如爆破等），不可硬挖。

③挖掘断崖时，应预先排除险石，以免塌落。在松软地层上挖掘沟坑时，距坑沟边沿要留出足够的安全距离，并随时观察情况，以防崩塌造成挖掘机倾翻。

④装车作业时，应与承装车辆规定联络信号，确定进出路线和停放位置。承装车辆驾驶员应离开驾驶室。挖斗应从车厢两侧或后方进入，禁止从驾驶室上通过。挖斗接近车厢时，应尽量放低，但须确保转斗时不碰撞车厢。

⑤挖斗掘入土层或置于地面时，禁止回转车身（调整回转液压压力除外）。不得以挖机的回转作用力拉动重物或以挖斗冲击物体。

⑥停止作业时，不论时间长短，都应将挖斗置于地面。

⑦不得在横坡度大于5°的地形上作业。

⑧禁止在高压线下作业，必须作业时，工作装置最高点应与高压线保持一定距离，一般10000V以上应相距5m以上，6000V以下相距3m以上；380V应距1.5m以上。

⑨夜间作业照明设备应完备，必要时应有专人指挥，在危险地段设置明显标志及护栏。

2. 液压挖掘机工作装置的控制与运用

液压挖掘机挖掘作业过程中，工作装置主要有铲斗转动、斗杆收放、动臂升降和转台回转四个动作。作业操纵系统中工作油缸的推拉和液压马达的正反转，绝大多数是通过三位轴向移动式滑阀控制液压油流动的方向实现的；作业速度是根据液压系统的形式（定量系统或变量系统）和阀的开度大小等由操作人员控制，或者通过辅助装置控制。

（1）工作装置的控制和操作

工作装置的动作是由左右两侧的工作装置操纵杆控制和操作的。左侧工作装置操纵杆操作斗杆和回转；右侧工作装置操纵杆操作动臂和铲斗。松开操纵杆时，它们会自动地回到中位，工作装置保持在原位。

机器处于静止及工作装置操纵杆中位时，由于自动降速功能的作用，即使燃油控制旋钮调到MAX位置，发动机转速也保持在中速。

（2）回转时的操作

进行回转操作时，应按以下步骤进行：

①在开始回转操作以前，将回转锁定开关置于OFF位置，并检查回转锁定指示灯是否已熄灭。

②操作左侧工作装置操纵杆进行回转操作。

③不进行回转操作时，将回转锁定开关置于SWING LOCK位置，以锁定上部车体。回转锁定指示灯应同时亮。

注意事项如下：

每次回转操作之前，按下喇叭开关，防止意外发生。

机器的后部在回转时会伸出履带宽度外侧，在回转上部结构前，要检查周围区域是否安全。

（3）停放机器

停放机器应按下列步骤进行：

①把左右行走操纵杆置于中位。

②用燃油控制旋钮把发动机转速降至低速。

③水平落下铲斗，直到铲斗的底部接触地面。

④把安全锁定杆置于锁紧位置。

（4）完成作业后的检查

完成作业后，应检查机器监控器上发动机水温、机油压力和燃油油位。

（5）上锁

停止作业后，需要离开机器时，应锁好下列地方：

①驾驶室门，且注意关好车窗。

②燃油箱注油口。

③发动机罩。

④蓄电池箱盖。

⑤机器的左右侧门。

⑥液压油箱注油口。

注意用启动开关钥匙打开或锁好上述位置。

3. 挖掘机在施工工程作业中的运用

（1）挖掘机的基本挖掘方法

开始挖掘作业前，应首先察看挖掘机周围的情况。旋转作业时，要观察作业现场周围是否有障碍物，对现场地形要做到心中有数，一定要确保作业安全。

使用挖掘机之前，要检查履带和地面的接触情况，保证两条履带和地面完全接触。履带下的岩石或其他物体会使履带受力太大，并使挖掘机工作不稳定。

1）保持挖掘机稳定的方法

作业时，挖掘机的稳定性不仅能提高工作效率，延长机器的寿命，而且能确保操作安全。为保证作业过程中挖掘机的稳定性，应注意以下几点。

①保证驱动轮始终在后侧

驱动轮在后侧，稳定性比在前侧好，否则会造成倾翻或撞击。如果驱动轮面对挖掘方向，容易损坏驱动轮旁的液压马达、油管等（图9-145）。

②侧向工作稳定性差

履带在地面上的前后间距A总是大于两条履带之间的间距B，所以朝前工作稳定性好。应始终保持朝前工作，除非条件限制，不能采用朝前工作的方式时才可侧向工作（图9-146）。

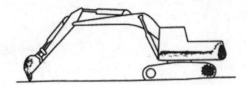

图9-145　驱动轮在后侧时机器的稳定性好

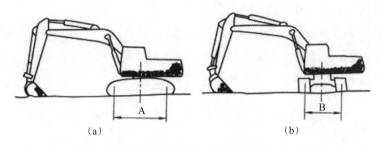

(a) (b)

图9-146　挖掘机的前后方向稳定性高于侧向稳定性

(a) 正确；(b) 错误

③始终保证挖掘机在平坦的地方工作

挖掘作业操作时，应始终保证挖掘机在平坦的地方工作。挖掘机在平坦的地面上工作，不仅有助于操作者的视线、操作时的安全，而且有助于延长挖掘机的使用寿命。图9-147所示为几种不正确的操作方法。作业时挖掘机的稳定性差，禁止以这些方式进行作业。

图9-147　稳定性较差的挖掘方法

④挖掘点对稳定性的影响

挖掘点远离挖掘机，挖掘机的重心会前移，造成不稳定。作业时，应保持挖掘点靠近机器，以提高其稳定性和挖掘力（图9-148）。

图 9-148　挖掘点位置对挖掘机稳定性的影响

侧向挖掘比朝前挖掘稳定性差，如果挖掘点远离挖掘机，挖掘机会更加不稳定。操作时应使挖掘点和挖掘机有一个合适的距离，使操作更加安全、有效（图 9-149）。

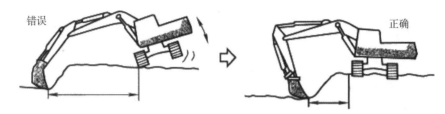

图 9-149　侧向挖掘时挖掘点的控制

移动挖掘机靠近挖掘点时必须仔细检查，以免引起地面坍塌。

⑤车体后部离开地面对稳定性的影响

在不平坦的地方作业，挖掘机在机体后部可能会离开地面，履带会松弛，履带支重轮会脱离链带（图 9-150）。在坚硬的地面（如混凝土地面）上振动会异常增大，对下车体和底盘产生不利的影响。作业时，要始终保持合适的履带张紧度，防止支重轮脱离链带。

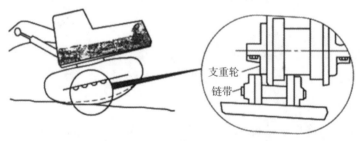

图 9-150　地面不平时挖掘机的稳定性差

2）挖掘作业的基本方法

①高效挖掘方法

当铲斗油缸和连杆、斗杆油缸和斗杆均为 90° 时，每个油缸推动挖掘的力为最大，要有效地使用该角度，以提高工作效率（图 9-151）。

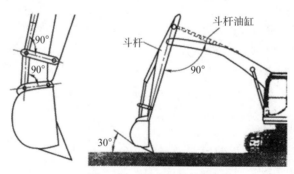

图 9-151　最有效的挖掘角度

斗杆挖掘的范围为斗杆从远侧45°至近侧30°的角度（图9-152）。随着挖掘深度的变化，斗杆的挖掘范围会稍有差异，但大致在该范围内操作大臂及铲斗而不应操作至油缸的行程末端。

②松软土质的挖掘方法

挖掘松软土质时，铲斗角宜设为60°左右（这样比自由角度时约提高20%的工作量），一面降下动臂，一面收斗杆，使铲齿的2/3插入地面，然后用铲斗进行挖掘（图9-153）。

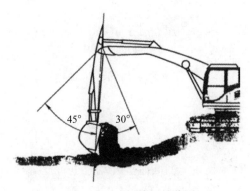

图9-152　斗杆挖掘的范围

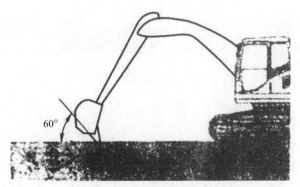

图9-153　松软土质的挖掘方法

③较硬土质的挖掘方法

挖掘天然砂质土地面时，把铲斗角设置为30°左右（图9-154），收斗杆，使铲斗的1/3插入地面，一边进行动臂提升的微操作，一边使铲斗底板与地面保持30°，水平收斗杆（图9-155），根据泥土进入铲斗的状况，用铲斗掘进。

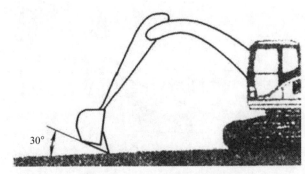

图9-154　较硬土质的挖掘方法

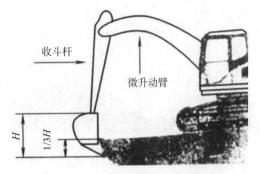

图9-155　较硬土质挖掘时的操作方法

④上方挖掘作业方法

进行上方挖掘作业时，要把铲斗角与铲齿角角度之和差不多为90°，保持该状态，然后收斗杆、下降动臂进行挖掘（图9-156）。

上方挖掘的挖掘顺序如图9-157所示，原则上按图9-157中的①～④顺序挖掘。①和②用斗杆力、铲斗力进行挖掘。这时不要用力猛推，以免挖掘机车体前方翘起（负荷解除时下落冲击力很大）。③和④是用动臂推搋，利用车体重量挖掘。这时，提升动臂操作要控制好，以免挖掘机车体过分翘起。

图 9-156　上方挖掘作业的操作方法

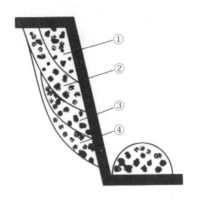

图 9-157　上方挖掘作业的挖掘顺序

⑤挖沟作业方法

a. 挖掘要领

挖掘天然地面时，铲斗底板与作业面保持在 30° 左右，收斗杆的同时提升动臂进行挖掘。斗杆接近垂直时，斗杆力址大，能更多地承载负荷，但要控制好不能让斗杆溢流，也不能让车体前方翘起。开始挖掘时，不要把斗杆伸至最大作用范围，而要从其 80% 左右开始挖掘（图 9-158）。斗杆在最大作用范围时，斗杆的挖掘力最小，挖掘难以进行。另外，为便于挖掘、平整最前端的作业地段，斗杆作用范围要留有余地。挖掘比铲斗宽的沟渠时，要用回转力压住沟的侧面，一边压紧一边挖掘（图 9-159）。

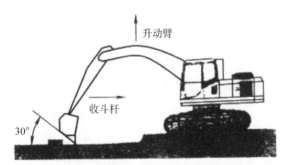

图 9-158　挖沟时的操作要领

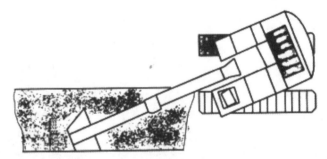

图 9-159　沟侧面的挖掘要领（俯视图）

b. 挖掘顺序

当沟的宽度与斗宽相同时，挖掘顺序如图 9-160 所示。①和②保持 30° 左右的铲斗角，浅浅的铲削。一次挖掘装不满铲斗时，不要回转排土，而要再挖一次装满铲斗。铲斗角为 90° 左右时，一面挖远端的沟壁，一面挖进所定的深度并收斗杆。④～⑥是用一边收斗杆，一边收动臂的力挖掘。沟底要一面挖一面均匀平整，如果沟底高低不平，可用图 9-160 中⑦的方法，用动臂、斗杆进行平整。⑥或⑦完成后，斗杆即已伸至最大作用范围，这时把车机后退少许，使铲刃尖能挖到⑧处，其后的挖掘要领与④～⑥相同，即用斗杆和动臂的力

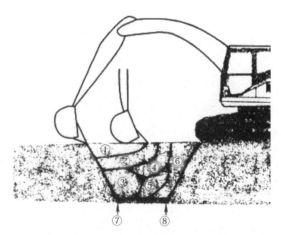

图 9-160　沟的宽度与铲斗宽度相同时的挖掘顺序

282

进行挖掘。

当沟的宽度为斗宽 1.5 倍时，挖掘顺序如图 9-161 所示。一开始把车体位置设定在可用斗杆向正前方挖掘的 A 部，通过回转摁推挖掘 B 部。交替进行 A 和 B 部作业，一面挖一面使沟形成。

c. 挖掘后的排土

挖掘后回转排土，回转角 45°左右，从前方外始顺次向 2 倍于沟宽的区域内排土。排土区域过宽影响复填的效果。排土时，采用回转与动臂提升、回转与动臂、斗杆、铲斗的复合操作，不要停顿，要快速而匀滑动作（图 9-161）。动臂提升量要控制在最小限度，即铲斗排土时不碰到土堆，这样可缩短循环周期，减少燃油消耗。

⑥工作面平整作业方法

工作面平整应使用平刃铲斗。如果工作面是填土，用铲斗底对地面稍加推压，一面保持一定的铲斗角，一面提升动臂收斗杆（图 9-162）。如果工作面是天然地面，平整时用铲刃浅浅地掘削（图 9-163）。如果工作面在挖掘机的上方，应使铲斗底部的角度与工作面的坡度一致，然后一面保持铲斗角 0°，一面降动臂收斗杆，用铲斗刃尖铲削。铲斗角过大时，刃尖会切入工作面，使铲削过度，因此，保持好铲斗角很重要。如果来不及修正铲斗角时，可暂时停止动臂、斗杆的动作，修正好角度后再继续作业（图 9-164）。

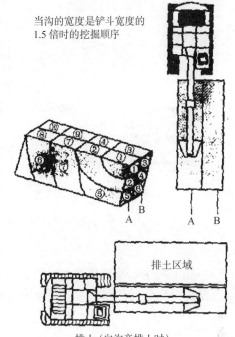

当沟的宽度是铲斗宽度的 1.5 倍时的挖掘顺序

排土（向沟旁排土时）

图 9-161 沟的宽度大于铲斗宽度时的挖掘顺序和挖沟时的排土

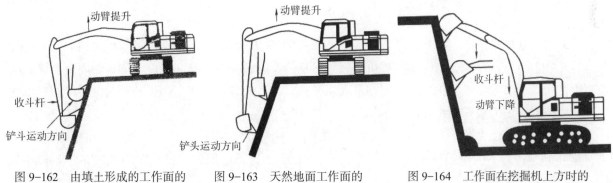

图 9-162 由填土形成的工作面的平整操作

图 9-163 天然地面工作面的平整操作

图 9-164 工作面在挖掘机上方时的平整操作

粗略平整时，斗杆操作杆使用全行程时，作业速度快；精平整时，则用 50% 的行程；细平整时，应使发动机转速控制在全速的 50% ～ 70% 进行超微操作。

⑦翻斗车装载作业方法

翻斗车装载作业过程可分为四道程序挖掘、动臂提升回转、排土、降下动臂回转。挖掘机装载翻斗车方法主要有反铲装载法和回转装载法两种。

a. 反铲装载法：是挖掘机从高于翻斗车的地基上装车（图 9-165）。此种方法效率高，视野好，易装载。采用此法装载时，可设置平台高度与翻斗车车厢相同或略高，平要平整、牢固。翻斗车倒车时，注意铲斗的位置到达易观察的位置后，挖掘机鸣喇叭示意停车（图9-166）。

图9-165 反铲装载法　　　　　　　　　　图9-166 平台高度与翻斗车的位置

b. 回转装载法：挖掘机与翻斗车在同一水平的地基上装车，挖掘机的车体必须回转（图9-114）。这种方法的工作效率低于反铲装载法，只在现场条件受限制时使用。

作业过程中，动臂提升回转时铲斗的升高量应适应90°回转中翻斗车的高度。左回转的视野较好，易装载。装载顺序一般从车厢前部依图9-168中①～⑥顺序装车，这样不仅便于装载，还可确保视野。

图9-167 回转装载法　　　　　　　　　　图9-168 回转装载时的装车顺序

装载时，挖掘机挖掘、铲土后，动臂提升、回转进行待机。让翻斗车一边注意铲斗位置一边倒车，倒至铲斗能够到翻斗车最前部时，挖掘机按喇叭示意停车。翻斗车车身一般应与履带相垂直。确定翻斗车停泊位置时，最初不要把斗杆设定在最大展开位置，以能装入翻斗车的最前部为度，给挖掘机的斗杆伸展留有一定的余量（图9-169）。

挖掘从斗杆最大的作用范围挖起，铲斗要取最佳挖掘角度匀滑作业。铲斗通过车厢侧板的同时，进行铲斗卸料操作，向中间排出。最后一次，用回转＋动臂提升回转，排土采用伸展斗杆与铲斗的复合操作，把车厢内的土扒均匀（图9-170）。以回转＋动臂下降＋铲斗的复合操作，迅速复位至挖掘位置。

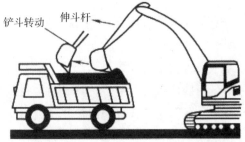

图9-169 回转装载时翻斗车的停泊位置　　　图9-170 回转装载时的操作方法

3）箱形坑的挖掘作业

挖掘机可挖掘坑长宽均为铲斗宽度的两倍，坑深是高度的箱形坑（图9-171）。挖掘时，铲刃尖垂直于地面臂＋斗杆＋铲斗，逐渐往下挖，以保证挖掘面平直。坑的左右两侧面的垂直整平按挖沟的要领实施（图9-172）。

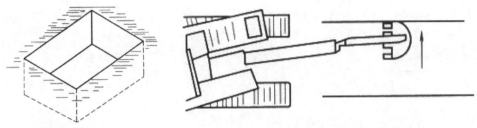

图9-171　箱形坑　　　　　　　图9-172　坑的左右侧面的挖掘要领（俯视图）

整平远离挖掘机的侧面时，铲斗杆伸展至80%左右，而不要从最大伸展范围开始。用铲刃尖接触挖掘面，一面降下动臂，一面收斗杆，同时一点一点地打开铲斗，确保侧面垂直整平（图9-173）。

整平近车身一侧的侧面时，用铲刃尖接触挖掘面，使斗杆与地面垂直，一边下降动臂，一边伸展斗杆，同时逐渐打开铲斗以确保作业面垂直整平（图9-174）。

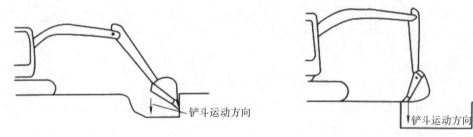

图9-173　坑的外端侧面的整平　　　　　　图9-174　坑的里端侧面的整平

坑底面的整平，先用铲刃尖在坑底扒拢后，再使铲斗底面水平后铲挖。

4）扒拢作业

扒拢作业有铲刃尖扒拢作业和用铲斗底面扒拢作业两种方法。

①用铲刃尖扒拢作业

用铲刃尖在地面上水平移动扒拢土石的作业，如图9-175所示。为保持铲刃尖水平移动，操作时需同时操作动臂和斗杆。

具体操作：先伸展斗杆，降下动臂，使铲刃尖与地面垂直，在斗杆成垂直位置前，一面向近身一侧收斗杆，一面一点一点地提升力臂，斗杆越过垂直位置后，一点一点降下动臂，如图9-176所示。

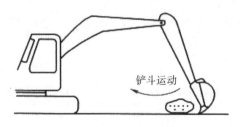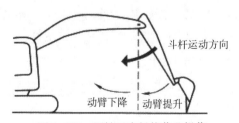

图9-175　用铲刃尖的扒拢作业　　　　　　图9-176　用铲刃尖扒拢作业操作

②用铲斗底面扒拢作业

用铲斗底面在地面上水平移动扒拢土石的作业，如图 9-177 所示。为保持铲斗底面水平移动，操作时需同时操作动臂、斗杆和铲斗。

具体操作：先伸展斗杆，降下动臂，使铲斗底面与地面成水平，然后向近身侧收斗杆，当斗杆达到垂直位置之前，在收斗杆的同时一点一点地提升动臂，以保持铲斗底面水平移动，当斗杆越过垂直位置后，在收斗杆的同时一点一点地降下动臂，且铲斗要一点一点地复位，如图 9-178 所示。

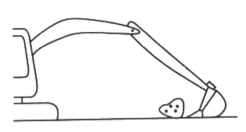 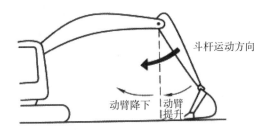

图 9-177　用铲斗底面的扒拢作业　　　　图 9-178　用铲斗底面扒拢作业操作

铲斗底面扒拢作业也适用于农田整地作业。

（2）挖掘机反铲挖掘的基本作业方式

反铲挖掘机的基本作业方式有沟端挖掘、沟侧挖掘、直线挖掘、曲线挖掘、保持一定角度挖掘、超深沟挖掘和沟坡挖掘等。

1）沟端挖掘

挖掘机从沟槽的一端开始挖掘，然后沿沟槽的中心线倒退挖掘，自卸车停在沟槽一侧，挖掘机动臂及铲斗回转 40° ~ 45° 即可卸料。如果沟宽为挖掘机最大回转半径的 2 倍时，自卸车只能停在挖掘机的侧面，动臂及铲斗要回转 90° 方可卸料。若挖掘的沟槽较宽，可分段挖掘，待挖掘到尽头时调头挖掘毗邻的一段。分段开挖的每段挖掘宽度不宜过大，以自卸车能在沟槽一侧行驶为原则，这样可减少作业循环的时间，提高作业效率。

2）沟侧挖掘

沟侧挖掘与沟端挖掘不同的是，自卸车停在沟槽端部，挖掘机停在沟槽一侧，动臂及铲斗回转小于 90° 即可卸料。沟侧挖掘的作业循环时间短、效率高，但挖掘机始终沿沟侧行驶，因此挖掘过的沟边坡较大。

3）直线挖掘

当沟槽宽度与铲斗宽度相同时，可将挖掘机置于沟槽的中心线上，从正面进行直线挖掘。挖到所要求的深度后再后退挖掘机，直至挖完全部长度。用这种方法挖掘浅沟槽时挖掘机移动的速度较快，反之则较慢，但都能很好的使沟槽底部符合要求。

4）曲线挖掘

挖掘曲线沟槽时，可用短的直线挖掘，相继连接而成，为使沟廓有圆滑的曲线，需将挖掘机中心线稍微向外偏斜，挖掘机同时缓慢地向后移动。

5）保持一定角度挖掘

保持一定角度的挖掘方法通常用于铺设管道的沟槽挖掘，多数情况下挖掘机与直线沟槽保持一定的角度，而曲线部分很小。

6）超深沟挖掘

当需要挖掘面积很大、深度也很大的沟槽时，可采用分层挖掘方法或正、反铲双机联合作业。

7）沟坡挖掘

挖掘沟坡时挖掘机位于沟槽一侧，最好用可调的加长铲斗杆进行挖掘，这样可使挖出的沟坡不需要修整。

（3）挖掘机的操作技巧

1）挖掘前的操作

首先要确认周围状况。对周围障碍物、地形做到心中有数，以便安全操作。要确认履带的前后方向，避免造成倾翻或撞击。尽量不要把终传动面对挖掘方向，否则容易损伤行走马达或软管。要保证作业时左右履带与地面完全接触，以提高整机的动态稳定性。

2）有效挖掘方法

当铲斗油缸和连杆、斗杆油缸和斗杆之间互成90°时，挖掘力最大；铲斗斗齿和地面保持30°角时，挖掘力最佳，即切土阻力最小；用斗杆挖掘时，应保证斗杆角度范围在从远侧45°到近侧30°之间。同时使用动臂和铲斗能提高挖掘效率。

3）挖掘岩石作业

使用铲斗挖掘岩石会对机器造成较大的损坏，应尽量避免。必须挖掘时，应根据岩石的裂纹走向调整挖掘机机体的位置，使铲斗能够顺利铲入进行挖掘。把斗齿插入岩石裂缝中，用斗杆和铲斗的掘力进行挖掘（应留心斗齿的滑脱）。未被碎裂的岩石应先破碎，然后再使用铲斗挖掘。

4）坡面平整作业

进行坡面平整作业时，应将挖掘机机体平放在地面上，防止机体摇动，要把握动臂与斗杆之间动作的协调性，控制两者的速度至关重要。

5）装载作业

挖掘机机体应处于水平稳定位置，否则回转卸载难以准确，从而延长作业循环时间；挖掘机机体与卡车之间要保持适当距离，防止进行180°回转时机体尾部与卡车相碰；尽量进行左转装载，这样视野开阔、作业效率高，同时要正确掌握旋转角度以减少用于回转的时间；卡车位置要比挖掘机低，以缩短动臂提升时间，且视野良好；先装沙土、碎石，再放置大石块，这样可以减少对车箱的撞击。

6）松软地带或水中作业

在软土地带作业时，应了解土层的松实程度，并注意限制铲的挖掘范围，防止滑坡、塌方等事故发生，以及车体沉陷较深。

在水中作业时，注意挖掘机机体允许的水深范围（水面应在轮中心以下）。如果水平面较高，回转支撑内部将因水进入导致润滑不良，发动机风扇叶片受水击打会导致折损，电气线路元件受浸则会发生短路。

7）吊装作业

液压挖掘机吊装操作应确认吊装现场周围状况，使用高强度吊钩和钢丝绳，吊装时要使用专用的吊装装置；作业方式应选择操作模式，动作要缓慢平稳；吊绳长短适当，过长会使吊物摆动大而难以准确控制；正确调整铲斗位置，防止钢丝绳滑脱；施工人员不要靠近吊装物，防止因操作不当发生危险。

8）平稳的操作方法

作业时，挖掘机的稳定性不仅能提高工作效率、延长机器寿命，而且能确保操作安全（把机器放在较平坦的地面上）；驱动在后侧比在前侧的稳定性好，并且能够防止终传动遭受外力撞击，履带在地面上的轴距总是大于轮距，所以朝前作业稳定性好，尽量避免侧向操作，保持挖掘点靠近挖掘机，以提高稳定性，如挖点远离挖掘机，因重心前移作业便不稳定，侧向挖掘比正向挖掘定性差，如挖掘点远离挖掘机机体中心，机器会更加不稳定。因此，挖掘点与挖掘机机体中心应保持合适的距离，以使操作平稳、高效。

9）破碎作业

先把锤头垂直放在待破碎的物体上。开始破碎作业时，抬起前部车体大约5cm，破碎时，破碎头要一直压在破碎物上，破碎物被破碎后应立即停止破碎操作。破碎时，振动会使锤头垂直于破碎物体。

当锤头打不进破碎物时，应改变破碎位置，在一个地方持续破碎不要超过1min，否则不仅锤头会损坏，油温也会异常升高。对于坚硬的物体，应从边缘开始逐渐破碎。严禁边回转边破碎、锤头插入后扭转、水平或向上使用液压锤和将液压锤当凿子用。

10）挖掘机操作特别注意事项

①液压缸内部装有缓冲装置，能够在靠近行程末端逐渐释放背压，如果在到达行程末端后受到冲击载荷，活塞将直接碰到缸头或缸底，容易造成事故，因此到行程末端时应尽量留有余隙。

②利用回转动作进行推土作业将引起铲斗和工作装置的不正常受力，造成扭曲或焊缝开裂，甚至销轴折断，应尽量避免此种操作。

③利用挖掘机机体重量进行挖掘会造成回转支撑不正常受力，同时会对底盘产生较强的振动和冲击，会造成液压缸或液压管路较大的损坏。

④在装载岩石等较重的物料时，应靠近卡车车厢底部卸料，先装载泥土，然后装载岩石，禁止高空卸载，以减小对卡车的撞击。

⑤履带陷入泥中较深时，在铲斗下垫上木板，支起履带，然后在履带下垫上木板驶出。

4. 挖掘机在军事工程作业中的运用

（1）壕沟的挖掘

1）直线挖掘

当壕沟宽度和挖斗宽度基本相同时，可将挖掘机置于其挖掘的中心线上，从正面进行直线挖掘；当挖到所要求的深度后，再移动挖掘机，直至全部挖完。

2）曲线部的挖掘

挖掘壕沟曲线部时，可使挖掘的第一直线部分超过第二直线部分中心线，然后，调整挖掘方向，使挖斗与以前挖好的壕沟相衔接。这种挖掘成型的壕沟为折线形，转弯处为死角。如果需要缓角时，挖掘机则需按照曲半径中心线不断调整挖掘方向。此种挖掘方法作业率低，一般不应采用。

3）障碍物之间的挖掘

挖掘障碍物之间的壕沟时，根据地形可从两端或一端按标定线开挖，直到纵向不能继续挖掘为止；然后，将挖掘机开出，再成90°停放在壕沟中心线上，从侧面继续挖掘，如图9-179所示。最后，将挖掘机开离壕沟中心线，从后部挖掘剩余部分，如图9-180所示。用挖掘机挖掘面积大和深的壕沟

图9-179 从侧面挖掘

时，如果条件许可，采用正反铲分层挖掘，如图 9-181 所示，必要时可将斗杆加长。挖掘这类壕沟需要其他机械车辆配合，将挖掘的土壤运走。

图 9-180　从后部挖掘

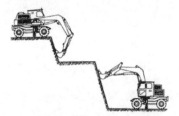

图 9-181　正反铲分层挖掘

（2）平底坑的挖掘

通常将构筑掘开式工事时挖开的除土坑部分称为平底坑。挖掘机是开挖平底坑的重要机械。

1）小型平底坑的挖掘

挖掘小型平底坑可采用端面挖掘和侧面挖掘。

①端面挖掘

端面挖掘是在平底坑的一侧或两侧均可卸土的情况下采用。视地形条件，挖掘机沿平底坑中心线一端倒进或从另一端开进作业位置，从端面开始挖掘（图 9-182）。端面挖掘可采用细挖法或粗挖法。

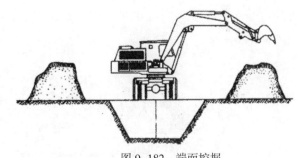

图 9-182　端面挖掘

细挖法是采用两边挖掘，即将挖掘机用倒车的方法停在平底坑的一侧，车架中心线位于平底坑一侧标线的内侧与标线平行，并有一定距离，挖斗外侧紧靠标线，挖掘 1 的土壤时（图 9-183），以扇形面逐渐向平底坑中心挖掘，挖出的土壤卸到靠近标线的一侧，一直挖到平底坑所需深度为止；然后，将挖掘机调到另一侧用同样的方法挖掘 2、3 的土壤；挖完后，再调到第一次挖掘的一侧挖掘 4、5 的土壤。以此多次地调车将平底坑挖完。如果平底坑较窄时，应按照 1、2、3、4 的顺序进行挖掘；如果平底坑的宽度超过 6m 时，可先挖完一侧，即 1、3、5、7、9，再挖另一侧。此种挖掘法的特点是能将绝大部分的土壤挖出，略经人工修整即可。

但由于机械移动频繁，影响作业率。在工程任务不太重和修整人员比较少的情况下，可采用此种挖掘方法。

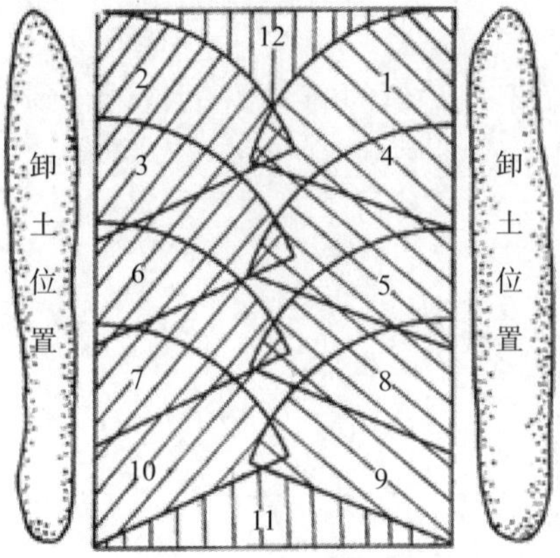

粗挖法是将挖掘机停在平底坑中间，使车架中心线与平底坑中心线相重合，成扇形面向两边挖掘，挖出的土壤卸在平底坑两侧或指定的位置。第一个扇形面挖完后，直线倒车，再挖第二个扇形面，但要注意与第一个扇形面的衔接，直到挖完为止，如图 9-184 所示。此种挖掘方法能充分发挥机械的作业效率，但坑内余土量大，需要较多的人工修整，在工程任务重，而修整人员多的情况下，可采用此种挖掘方法。

端面挖掘因地形条件限制只能在一边卸土时，挖掘机可顺着平底坑中心线靠卸土一侧运行，如图 9-185 所示进行挖掘，这样可以增加卸土场地的面积，利于卸土和提高作业效率。

图 9-183　细挖法

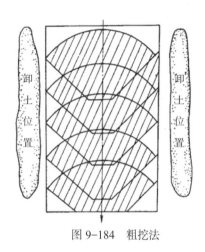

图 9-184 粗挖法

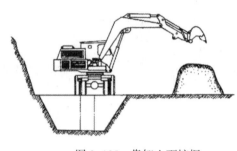

图 9-185 靠卸土面挖掘

②侧面挖掘

挖掘机由平底坑侧面开挖，可在下列情况下采用：一是平底坑的断面小，挖掘机挖掘半径能够一次挖掘出平底坑的断面，而且又只能一面卸土时采用单侧面挖掘法；二是平底坑断面较宽，超过挖掘机挖掘半径，挖掘机只能沿平底坑的两侧开挖时采用双侧面挖掘法。单侧面和双侧面挖掘平底坑如图 9-186 和图 9-187 所示。

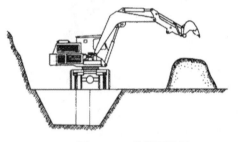

图 9-186 单侧面挖掘

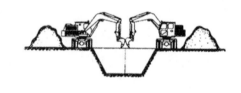

图 9-187 双侧面挖掘

从侧面挖掘平底坑时，挖掘机应停放在坑的一侧边沿上，机械后轮可垂直于或平行于平底坑侧面线放置。

挖掘机垂直于平底坑侧面线进行挖掘作业时（图 9-188），挖斗在 175° 以内进行循环，作业比较可靠，挖掘半径也能得到充分利用。但挖掘机的位移不够方便，卸土被限制在停车位置一侧，容易形成过量的堆土，给以后作业造成不便。

挖掘机平行于平底坑侧面进行挖掘作业时（图 9-189），挖掘机的挖掘半径和卸土位置都能得到充分利用，机械移位又很方便，只是作业时不如垂直放置稳固。但由于有利于提高作业效率，是挖掘机挖掘平底坑常采用的方法。

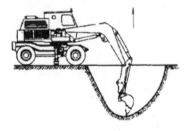

图 9-188 垂直于平底坑侧面挖掘

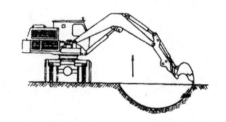

图 9-189 平行于平底坑侧面挖掘

侧面挖掘平底坑作业方法与端面开挖平底坑常采用的作业法相同，但必须注意在开始作业阶段应尽量将土堆放在较远的地方，使其不影响整个土壤的堆放和循环作业。尤其是单侧面开挖，一次即能达到所需断面，在开始挖掘阶段的土应堆放更远一些，才能满足整个土壤的堆放。垂直于平底坑侧面线停车作业，卸土位置不应影响挖掘机的移位。

2）中型平底坑的挖掘

中型平底坑的挖掘可采用反铲工作装置，按图9-190的方法进行，但考虑到挖掘中间第3段时卸土有困难，可配合挖掘机将挖掘机卸出的土壤推出平底坑标线以外，或配备自卸车将土壤运出，以不影响第4段的挖掘。

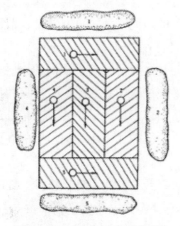

图9-190 中型平底坑的挖掘

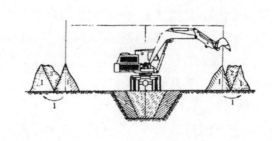

图9-191 多行程的挖掘大型平底坑

3）大型平底坑的挖掘

大型平底坑的挖掘可以根据情况采用多行程和分层挖掘方式达到所需断面。挖掘时可以单机作业，也可以多机同时作业，不管是单机或多机同时作业，均需有其他不同类型的机械车辆配合实施。

①多行程的挖掘

如图9-191所示，要求平底坑两侧堆放土壤的位置要宽，沿平底坑中心1挖掘的土壤必须由推土机或其他车辆配合运至远处，以不影响开挖2、3断面。挖掘作业时，挖掘机依地形条件采取沿平底坑中心向前向后行驶进入作业位置，挖掘出来的土壤堆放在2、3位置上，然后，由推土机推至平底坑两侧较远处。为了提高作业效率，挖掘机和推土机应注意协同，当开始挖掘1的一半土壤堆放在平底坑的右侧，另一半堆放在左侧时，推土机即可在右侧推土，依次交替进行开挖和推运土壤。此种方法作业，挖掘机始终在90°范围内循环工作，缩短了工作循环时间，作业率可得到提高。

②分层挖掘

当大型平底坑过深，挖掘机一次挖掘不能达到所需深度时，可采用分层挖掘的方法达到所需深度，如图9-192所示。分层挖掘的次数根据大型平底坑的深度和挖掘机的挖掘深度而定，一般分1～3层即可满足挖掘平底坑深度的要求。若是分两层挖掘，第1层按照上述多行程挖掘的方法进行。如果坑底需要平整，或由推土机对进出路作业面进行粗略平整时，可根据第2层要开挖的断面，决定分几个行程继续开挖。如果分两个行程挖掘时，挖掘机首先停放在1、2之间，自卸车则停在2、3之间。挖掘机以一个方向前进，并一次挖到4的预定深度和宽度。当沿着4纵断面即将挖到所需长度时，挖掘深度应减小，以便构筑斜坡，利于下一步的作业。继续开挖5的断面时，挖掘机停放在2、3之间，自卸车则停在4的位置上。这种作业方法，挖掘机在90°范围内循环工作，循环时间短、作业效率较高。同时，当挖 5 的断面时，挖斗不需升得很高，即可将土壤装在车内，节省时间，有利于提高作业效率。最后，将 4 的进出路继续挖掘到所需要求。

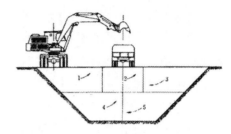

图 9-192 分层挖掘大型平底坑

4）平整平底坑和修刮侧坡

挖掘大型平底坑时，为了减少人工作业量和便于机械车辆在坑内通行，往往要求坑平且硬的地面。此种工程一般由推土机配合完成，当没有推土机配合时，可用挖掘机平整和压实。

①平整和压实

平整平底坑是一种难度较大的作业，平整的关键是动臂和斗杆的密切配合，保证挖斗能沿地面平行移动，使挖斗既能挖除高于坑底面的土壤，又不破坏较硬的地面。其操纵要领是：前伸挖斗，下降动臂，使斗齿向下接触地面，回收斗杆和升降动臂，使挖斗保持水平移动。

回收斗杆的目的，是用挖斗将松散的土壤向挖掘机方向收拢和挖除高于地面的土层。升降动臂的目的，则是保证挖斗能沿平面平行移动，因此，操作手在平整过程中要时刻注意斗齿的位置，当斗齿不易铲刮土壤时，要及时调整挖斗高度。当发现斗齿向地平面以下伸入时，要及时稍升动臂；如斗齿位置高于所需高度时，要及时稍降动臂，使动臂在平整过程中能随斗杆距地面位置的高低而升降，从而保证挖斗沿地平面平行移动。

为了动臂、斗杆能配合及时，在平整过程中，两手不要离开动臂和斗杆操纵杆，随时控制斗杆和动臂的位置。否则，不但会影响配合及时，还会增加操作人员的疲劳，影响平整质量。

在收斗杆的过程中，如发现挖斗前方堆积较多的松土或遇到较厚的土层时，要及时收斗挖除，并注意挖掘的深度，不要破坏硬土面，否则应重新填土压实。

压实土层时，要先收回斗杆使其垂直，并使斗底下面着地，然后下降动臂，借自身的重量压实填土。如填土较厚，要分层填筑、分层压实，一次填土厚度一般不大于 30cm。在压实土层时，切忌用冲击的方法夯实。

②修刮平底坑边坡

修刮大型平底坑边坡，是挖掘大型平底坑中一项必不可少的作业程序。作业前，操作手必须熟悉坡度要求，考虑好施工方案，并构筑坡度样板，或预先制作坡度样板尺，以便在施工中随时检查。

修刮边坡，要根据边坡的深浅和挖掘机数量，来选定挖掘机的停放位置。如用单机修刮较深的边坡时，工作装置（挖斗）不能伸到坑底或边坡的上沿，应将挖掘机停放在边坡的上边，先修刮坡的上半部分；然后，移动挖掘机到坑底，再修刮坡的下半部分，并清除流落到坑内的土壤，使坑底平整。如用两台挖掘机修刮同一个较深的边坡时，两台挖掘机要分别放在边坡的上边沿和坑底，先由上边的挖掘机修刮上半部分，再由下边的挖掘机修刮坡的下半部分，并负责清除坑底内的土壤，保证坑底平整。修刮浅的边坡时，工作装置（挖斗）能伸到边坡的上边沿，挖掘机要停放在坑内，挖斗由上向下修刮。

修刮边坡的要领与平整平底坑基本相同，但更应注意动臂与斗杆的配合，准确目测斗齿的高度，使其能按坡度样板的要求修刮。在修刮过程中遇有较厚的土层时，可快速深挖，清除大的土方；接近坡度要求时，要浅挖、慢挖，以便准确地达到坡度要求。

（3）挖掘装车

1）正铲挖掘装车

挖掘机采用正铲挖掘装车时，通常采用侧面装车和后面装车两种方法。

①侧面装车

挖掘机正铲侧面装车，自卸车位于挖掘机的侧面停放，并与挖掘路线平行（图9-193）。这种挖掘方法，使挖掘机卸土时的回转角度一般小于90°，而且自卸车不必反复倒车，行驶方便。

②后面装车

挖掘机正铲后面装车，自卸车位于挖掘机后方两侧（图9-194）。这种挖掘装车法，自卸车往往需要倒车靠近挖掘机。卸土时挖掘机的回转角度较侧面装车要大，增加了工作循环时间，生产效率低，一般在无法组织侧面装车时使用。

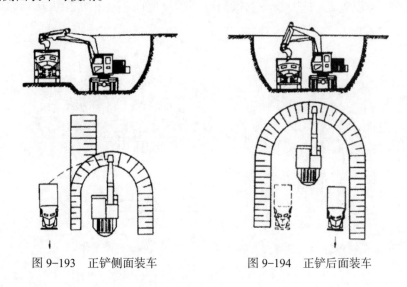

图9-193 正铲侧面装车　　　　　　　图9-194 正铲后面装车

2）反铲挖掘装车

挖掘机用反铲挖掘装车时，应按挖掘平底坑的方法进行。挖掘机与自卸车停放位置如图9-195和图9-196所示。

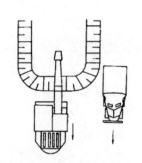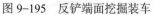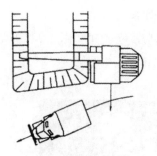

图9-195 反铲端面挖掘装车　　　　图9-196 反铲侧面挖掘装车

3）挖掘装车时注意事项

①合理安排挖土作业面。如果是一侧装车，挖土宽度过大，会使回转角度相应增加；过小会使挖掘机移位次数增多。

②挖掘的土层厚度要适当。过厚时应采用分层挖掘法；土层太薄时，应用推土机集拢成一土堆后再进行装车作业。

③注意安全，避免挖掘机与自卸车发生碰撞。

5. 挖掘机运用作业中的操作安全

（1）作业前的安全准备

1）穿用正规服装、携带资格证（图9-197）

普通保护器具：安全帽、安全鞋、贴身作业服。

特殊保护器具：保护眼镜、防尘罩、耳塞、其他保护器具。

2）身体不适时，严禁从事作业

为了保证安全操作，操作人员因疲劳、疾病或药物反应而不能正常操纵机器时，严禁勉强工作（图9-198）。

图9-197　安全准备　　　　　图9-198　严禁工作

3）认真讨论作业内容

操作人员在作业开始前，应充分讨论作业内容，遵从引导人员的指令信号，提前讨论注意事宜（图9-199）。

4）实施作业开始前的检查（图9-200）

①作业前检查应忠实执行。

②作业灯和刮水器应确实工作。作业灯、后视镜、驾驶室都要保持干净。

③携带工具，发现异常，立即修复。

图9-199　讨论工作内容　　　　　图9-200　作业前检查

5）认清周围环境条件

①落石危险地带作业，应戴安全帽（图9-201）。

②道路的情况应一清二楚。

③视线不明，应准备照明装置。

在危险的环境下作业，必须采取必要措施。

6）实行反馈验证（图9-202）

图9-201 戴安全帽　　　　　　图9-202 反馈工作

①是否充分理解作业内容。

②现场引导作业的具体信号是否确定。

③周围环境条件的安全性是否讨论过。

④机器检查是否有遗漏。

⑤驾驶员健康状态、作业服的穿用等有无问题。

7）作业现场闲人勿入

作业开始前，应确认现场没有人和障碍物。应在现场竖起"闲人勿入"的警告标语，严禁非工作人员接近作业现场（图9-203）。

8）严禁非驾驶人员乘坐挖掘机

驾驶人员应端坐驾驶位执行驾驶任务，严禁非驾驶人员乘坐挖掘机（图9-204）。

图9-203 闲人勿入　　　　　　图9-204 禁止搭载

9）注意上下机器安全

上下机器必须依靠把手、踏台，以防事故（图9-205）。

10）严禁作业外使用

油压铲斗是挖掘、推土用的机器，不要用来升降人员（图9-206）。作业外的使用，会危及人身安全，且易损坏机器。

图 9-205　上下机安全　　　　　　　　　　　图 9-206　禁止作业

11）注意信号和标志

①软松土质的路肩、倾斜地等存在潜在危险的地方，应竖立标志（图 9-207）。

②危险地段，应有引导员发出引导信号。这时，操作人员应注意标志，遵从引导员的引导信号。

（2）进场安全

1）机器启动、操作的注意事项

进行启动、行车、回旋操作时，必须先鸣喇叭作为信号，并确认机器四周无人，再开始操作。视线不清或出现其他意外时，需引导员协助引导（图 9-208）。

图 9-207　竖立警告标志

2）共同作业的注意事项

实施共同作业时，应商定好具体信号（图 9-209）。

图 9-208　引导操作

图 9-209　操作信号

3）城市作业的注意事项

应设置"闲人勿入"的标志，保证安全。在交通拥挤地点，应由引导员引导，避免发生事故（图 9-210）。

4）电线附近作业的注意事项

应事先与电力公司协商作业细节，并请引导员从旁协调，保证安全（图 9-211）。

图 9-210　城市作业

图 9-211　安全协助

5）触电时的注意事项

①应及时警告周围作业人员，不可触及铲斗。

②脱离铲斗时，不要触及踏板，应跳离铲斗（图 9-212）。

6）确认挖掘位置

现场地下可能埋设有污水管道、水管、输气管、电缆等，应在作业开始前勘察地形，了解地下状况，再进行作业（图 9-213）。

7）空载运转

发动机液压油应先充分预热，然后检查机器是否正常运转（图 9-214）。

图 9-212　高压危险　　　　　图 9-213　确认挖掘位置　　　　　图 9-214　禁止空转工作

（3）施工安全

1）挖掘过度会危及机器所处地基

这是非常危险的，应绝对禁止（图 9-215）。采取履带直交路肩、发动机后置的方法，以便机器后退。

2）铲斗不能挥过卸土车驾驶室

为了保证安全，铲斗不能挥过人头顶或卸土车驾驶室（图 9-216）。

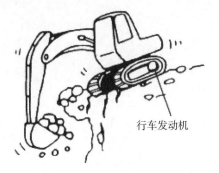

行车发动机

图 9-215　禁止挖掘

图 9-216　装载安全

3）发现异常应立即停机

①操作中发现机器异常，请立即中断作业，并进行必要的维修。

②维修未完，应禁止使用（图9-217）。

4）不允许悬顶挖掘

悬顶挖掘最危险，应绝对禁止（图9-218）。

图9-217　异常停机　　　　　　　　　　　　图9-218　严禁挖掘

5）倾斜地作业的注意事项

①倾斜地作业，应充分考虑机器的稳定性（图9-219）。

②机器地基应尽可能设法铲平，避免铲斗的低位操作。

6）禁止超过机器能力的作业

逾越机器性能极限的作业会危及操作人员的安全，并导致机器的损坏。作业应在机器能力的范围内（图9-220）。

图9-219　保持机器稳定　　　　　　　　　　图9-220　严禁超载

（4）行驶安全

1）确认通过路线

①事先勘察行车路线。

②遇到视线不清晰的地方，应请引导员就地引导。

③需要过桥时，应考虑该桥梁的允许载重（图9-221）。

2）行车操作开始前的注意事项

行车时，应按照驾驶指南，把握好机器的行车方向，再实施行车操作（图9-222）。

图 9-221　行车安全　　　　　　　　　　　图 9-222　行车注意（一）

3）行车的注意事项（图 9-223）

①行车时，应挑选平坦、良好的路面。

②应避开障碍物、电线杆和建筑物。

③雪地行车，应考虑地面土质强度、滑动等因素对行车的影响。

4）斜面行车采用直角方向

坡面上行车，应沿最大倾斜线行车，其他方向行车会增加危险（图 9-224）。

图 9-223　行车注意（二）　　　　　　　　图 9-224　倾斜地转向

5）倾斜地转换方向时的注意事项

倾斜地转换方向很容易导致侧滑，甚至有倾倒的危险。必须转向时，应挑选倾斜较缓、地基坚固的地方进行（图 9-225）。

6）坡道行车

①坡道上行车应低速，铲尖离地 20 ～ 30cm（图 9-226）。

②遇到机体不稳的情况，应立即铲头着地并停车。

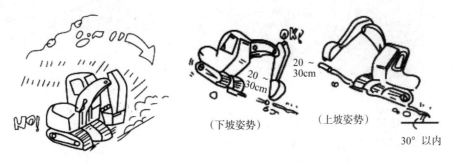

图 9-225　坡道行车　　　　　　　　　　　图 9-226　上下坡注意

299

（5）停车安全

1）停车须知

①应选择地面水平且坚固的地方停车。

②使铲尖着地，停止发动机（图9-227）。

2）斜面驻停车须知

①铲尖着地、杠杆居中，下面的履带应用挡块止动（图9-228）。

②回旋闭锁器实施闭锁。

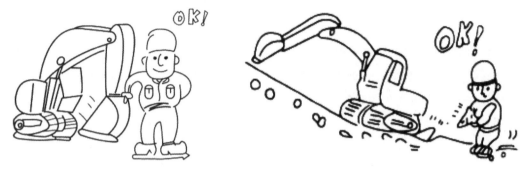

图9-227　正确停车　　　　　　　　　　　图9-228　斜面停车

3）路上停车须知

路上停车时，应竖起标志，并设置栅栏，提醒其他通行车辆注意（图9-229）。

4）离开驾驶室须知（图9-230）

①回旋闭锁器实施闭锁。

②铲尖着地。

③操作杆居中。

④固定杆闭锁。

⑤停止发动机，并拔去钥匙。

⑥闭锁门栏，防止他人驾驶。

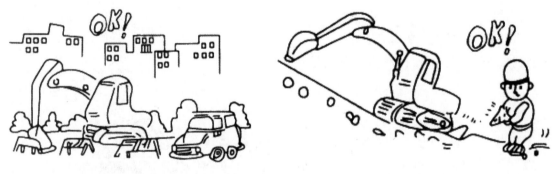

图9-229　路面停车　　　　　　　　　　　图9-230　回转锁定

5）作业完毕后的检查

作业完毕后，应对机器进行认真检查，并冲洗污垢。

①发现异常，应立即进行维修作业（图9-231）。

②补给燃料油。

图 9-231 作业后检查

在海滨、尘埃、寒冷、酷暑、湿地或软地等恶劣条件下作业完毕后，必须格外认真地进行检查和维修。

（6）拖运安全

1）装卸注意事项

①使用拖车或货车时，应利用滑板（图 9-232）。

②严禁利用千斤顶装卸。

2）紧固注意事项

紧固时，应确实绑紧机体，防止机器移动（图 9-233）。

图 9-232 上板安全

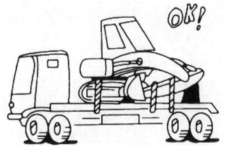

图 9-233 运输坚固

3）脱掉前方附件时的注意事项

①脱掉前方附件会使机器重心后移，行车时应格外注意（图 9-234）。

②利用滑板搬运时，应配备平行锤于斜面上方。

图 9-234 注意重心

（五）维护保养

挖掘机在使用过程中，由于多种因素的影响，机构及零部件会产生不同程度的自然松动和磨损，以及积物结垢与机械损坏，从而使机器的技术性能变差。如不及时对其进行必要的维护保养，不仅使机器的动力性和经济性变坏，甚至还会发生严重的机件损坏和其他事故，以致带来损失及危害。为了使机器始终保持完好的技术状况，做到安全、迅速地完成作业任务，杜绝重大事故发生，挖掘机驾驶员以及相关人员必须掌握挖掘机的维护保养及常见故障的排除等方面的知识。

1. 维护保养的周期

由于挖掘机各总成的结构、负荷、材料强度、工作条件和使用情况的不同，磨损、损坏的程度与技术状况的变化以及需要保养的时间也不同，只有用合理的计量来正确反映挖掘机维护保养周期，才不致使保养次数过多或过少，造成浪费或事故性的损坏。

目前，主要以每台挖掘机工作小时数计量保养周期，通常称为工作台时。另外，还要特别注意特殊工作环境下，应给出特殊性的维护保养要求。

维护保养周期包括每日启动前或收工后。新机 50 小时；50 小时、100 小时、250 小时、500 小时、1000 小时、2000 小时、特殊环境。

2. 维护保养项目及内容

（1）每日启动前的维护保养

每日启动前的维护保养项目及内容见表 9-15。

表 9-15　每日启动前的维护保养项目及内容

检查项目	检查内容	检查项目	检查内容
燃油	检查补加	操纵杆及先导手柄	检查、加油
液压油	检查补加	柴油预滤器及双联精滤	检查、放水
发动机机油	检查补加	风扇带张力	检查、调整
冷却液	检查补加	空气滤清器	检查、清洁
仪表板和指示灯	检查清洁	各润滑点	加润滑脂

（2）新机器工作前 50 小时的维护保养

新机器工作前 50 小时的维护保养项目及内容见表 9-16。

表 9-16　新机器工作前 50 小时的维护保养项目及内容

检查项目	检查内容	检查项目	检查内容
发动机机油	更换	螺栓和螺母	
发动机油滤清器滤芯	更换	驱动轮固定螺栓	
先导油滤清器滤芯	更换	行走马达、回转马达固定螺栓	
液压油回油滤清器滤芯	更换	支重轮、托轮固定螺栓	检查、紧固
液压油出油滤清器滤芯	更换	发动机固定螺栓	
燃油滤清器滤芯	更换	配重固定螺栓	

以上项目仅适用于新机器，以后按正常间隔周期进行维修保养。

（3）每间隔50小时的维护保养

每间隔50小时的维护保养项目及内容见表9-17。

表9-17 每间隔50小时的维护保养项目及内容

检查项目	检查内容	检查项目	检查内容
燃油箱	排放	动臂油缸上下端 斗杆油缸上下连接销轴 斗杆油缸上下端 铲斗油缸上下连接销轴 铲斗油缸上下端 动臂与转台连接部 动臂与斗杆连接部 斗杆与铲斗、摇臂连接部 连杆与铲斗连接部	检查、加油
履带张紧	检查、调整		
回转支撑	检查、加油		
回转减速机油	检查、加油		
空气滤清器	检查、清洁		
蓄电池及电解液	检查、补加		
各销轴及轴套动臂油缸 上下连接销轴	检查、加油		

（4）每间隔100小时的维护保养

每间隔100小时的维护保养项目及内容见表9-18。

表9-18 每间隔100小时的维护保养项目及内容

检查项目	检查内容	检查项目	检查内容
液压油回油滤清器滤芯	更换	先导油滤清器滤芯	更换
液压油出油滤清器滤芯	更换		

连续使用液压破碎锤时才更换上述滤芯。

（5）每间隔250小时的维护保养

每间隔250小时的维护保养项目及内容见表9-19。

表9-19 每间隔250小时的维护保养项目及内容

检查项目	检查内容	检查项目	检查内容
发动机机油	更换	行走马达、回转马达固定螺栓 支重轮、托轮固定螺栓 履带板固螺栓 回转支撑固定螺栓 发动机固定螺栓 主泵固定螺栓 中心回转体固定螺栓 配重固定螺栓	检查、紧固
发动机油滤清器滤芯	更换		
液压油回油滤清器滤芯	更换		
液压油出油滤清器滤芯	更换		
先导油滤清器滤芯	更换		
空滤器内、外滤芯	更换		
螺栓和螺母	检查、紧固		
驱动轮固定螺栓	检查、紧固		

如果燃油含硫量大小 0.5% 或用低级发动机油，应缩短维修时间。

（6）每间隔 500 小时的维护保养

每间隔 500 小时的维护保养项目及内容见表 9-20。

表 9-20　每间隔 500 小时的维护保养项目及内容

检查项目	检查内容	检查项目	检查内容
散热器及冷却器	检查、清洁	回转减速机油	检查、加油
燃油滤清器滤芯	更换	行走减速机油	检查、加油

（7）每间隔 1000 小时的维护保养

每间隔 1000 小时的维护保养项目及内容见表 9-21。

表 9-21　每间隔 1000 小时的维护保养项目及内容

检查项目	检查内容	检查项目	检查内容
回转减速机油	更换	回转支撑及回转齿圈润滑油脂	更换
行走减速机油	更换		

（8）每间隔 2000 小时的维护保养

每间隔 2000 小时的维护保养项目及内容见表 9-22。

表 9-22　每间隔 2000 小时的维护保养项目及内容

检查项目	检查内容	检查项目	检查内容
液压油箱油	更换	回油滤芯	检查、清洁
		冷却液	更换

（9）需要时的维护保养

无论何时机器有问题，都应该对有关的项目进行维护保养（表 9-23）。

表 9-23　需要时的维护保养项目及内容

检查项目	检查内容	检查项目	检查内容
燃油系统 燃油箱 柴油预滤器 双联精滤	排放或清洁 排放或更换 排放或更换	液压系统 液压油 液压油回油过滤器滤芯 液压油出油过滤器滤芯 先导油过滤器滤芯	加油或换油 更换 更换 更换
润滑系统 发动机油 发动机油过滤器	换油 更换	底盘 履带张紧	检查、调整
冷却系统 冷却液 散热器	补加或更换 清洁散热器片	铲斗 斗齿 侧齿 连杆 铲斗总成	更换 更换 调整 更换

（10）特殊情况下的维护保养

在特殊工作环境下作业，除进行正常维修保养外，还必须加以特殊的维护保养（表9-24）。

表9-24 特殊情况下的维护保养

工作环境	特殊维修保养
泥水、雨雪	作业前，检查各接头、螺塞的松紧度；作业后，冲洗机体，及时修复松动或脱落的螺栓、螺母，及时加注润滑油
海边	作业前，检查各接头、螺塞的松紧度；作业后，严格冲洗机体，清除盐分，容易生锈的部位更要擦洗干净，防止腐蚀
多灰尘	空气滤清器：每日清理。 燃油系统：各滤芯每日清洗。 散热器：清洁散热器片。 液压油缸：清洁防尘圈、活塞杆
多岩石	履带：检查履带及轨链节，及时拧紧松动的螺栓、螺母，履带张紧力较平常微松动。 履带架：检查支重轮、张紧轮、驱动轮的安装螺栓并及时拧紧
严冬	燃油、润滑油按规定选用冬季用油，蓄电池完全充电，防止电解液冻结

3. 低温条件下挖掘机的使用与维护

在低温条件下，发动机不容易启动，冷却液会冻结，因而挖掘机的使用和操作与正常条件下的使用和操作有不同的要求。

（1）寒冷天气操作常识

1）燃油和润滑油

应换用低黏度的燃油和润滑油。可查阅挖掘机使用操作手册选择燃油和润滑油的牌号。

2）冷却系统的冷却液

在寒冷天气条件下，应在冷却系统中加防冻液。防冻液加入的混合比可根据防冻液产品说明书确定。使用防冻液的注意事项如下：

①防冻液有毒，不要让防冻液溅入眼睛和溅到皮肤上。假如溅入眼睛或溅在皮肤上，要用大量清水进行冲洗并立即就医。

②处理防冻液时要格外注意。当更换含有防冻液的冷却液时，或修理散热器处理冷液时，请与挖掘机经销商联系或询问当地防冻液销售商。注意不要让液体流入下水道或洒到地上。

③防冻液易燃，不要靠近任何火源。处理防冻液时，禁止吸烟。

④不要使用甲醇、乙醇或丙醇基防冻液。

⑤绝对避免使用任何防漏剂，单独使用或与防冻液混合使用都是不允许的。

⑥不同品牌的防冻液不可混合使用。

⑦在买不到永久型防冻液的地区，寒冷季节只能使用不含防腐剂的乙二醇防冻液。这种情况下，冷却系统要一年清洗两次（春季和秋季）。向冷却系统加注防冻液时，应在秋季添加。

3）蓄电池

①使用蓄电池时的注意事项

a. 蓄电池会产生易燃气体，不要让火源靠近蓄电池。

b. 蓄电池电解液也是危险的。如果电解液溅入眼睛或溅到皮肤上，要用大量清水进行冲洗并立即就医。

c. 蓄电池电解液会溶解油漆。如果电解液洒在机身上，要马上用水冲洗。

d. 如果蓄电池电解液冻结，不要用不同的电源给蓄电池充电或启动发动机，这样做有造成蓄电池爆炸的危险。

e. 环境温度下降时，蓄电池的容量也随之下降。如果蓄电池的充电率低，蓄电池电解液会冻结。要保持蓄电池充电率尽量接近100%，并使蓄电池与低温隔绝，以便可以容易地启动机器。

②蓄电池的防冻方法

a. 用保温材料包裹。

b. 将蓄电池从机器上卸下来放在温暖的地方，开始工作前再装到机器上。

c. 如果电解液的液位低，要在开始工作前添加蒸馏水。不要在日常工作后加水，以防止蓄电池内的液体夜晚冻结。

（2）日常作业完工后的注意事项

为防止下部车体上的泥土、水冻结造成机器不能移动，要遵守下列注意事项。

①彻底清除机身上的泥和水，这是为了防止由于泥、脏物与水滴一起进入密封内部而损坏密封。

②要把机器停放在坚硬、干燥的地面上。如果可能，把机器停放在木板上，这样可防止履带冻入土中，使机器可以方便启动。

③打开排放阀，排除燃油系统中聚积的水，防止冻结。

④在水中或泥中操作后，要按下面的方式排出下部车体中的泥水以延长其使用寿命。

a. 发动机以低速运转，回转90°把工作装置转到履带一侧。

b. 顶起机器，使履带稍微抬离地面并空转。左右两侧的履带重复这种操作，在进行上述操作时，履带空转是危险的，无关人员要距离履带远一些。

⑤操作结束后，要加满燃油，防止温度下降时空气中的湿气冷凝形成水。

（3）寒冷季节过后的注意事项

当天气变暖时，按下列步骤进行操作。

①用规定黏度的油更换所有的燃油和机油。

②如果由于某种原因不能使用永久型防冻液，而用乙二醇防冻液（冬季型），要完全把冷却系统排干净，然后彻底清洗冷却系统内部，并加入新鲜的软水。

4. 挖掘机维护中的安全事项

（1）充分掌握检修的具体方法

实施检修前，应熟知并理解检修的内容（图9-235）。

（2）选择水平地面实施检修（图9-236）

①选择水平坚固的地面作为工作场所。

②应使铲端着地。

③发动机停机，并拔掉钥匙。

④设法止动履带。

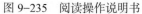
图 9-235 阅读操作说明书

图 9-236 机器水平停放

（3）应标明"检验中"

将印有"检验中"的纸签悬挂在操作杆上（图 9-237）。

（4）运转中的机器不能进行维修保养

①机器在作业中应尽可能避免进行维修工作（图 9-238）。

②不得已而同时进行维修时，应由两名以上技术人员密切配合进行工作。

③应特别注意风扇或回旋部分，防止作业服被卷入。

图 9-237 悬挂警告牌　　　　　　　图 9-238 禁止运转时保养设备

（5）发动机停机后是灼热的

发动机停机后各部件都处在高温状态，触摸会造成灼伤。待各部件温度下降后，再开始维修（图 9-239）。

（6）敞开罩、盖时的注意事项

①发动机罩、盖敞开时，应不忘维修后闭锁（图 9-240）。

②强风吹打时，避免敞开罩、盖。

图 9-239 防止灼伤

图 9-240 闭锁提示

（7）预防火灾发生（图9-241）

①部件的洗涤应使用不燃性油。

②消除可能诱发火灾的火源。

③配备灭火器等消防用具。

④检验、维修作业中严禁吸烟。

（8）使用保护器具

①从事维修作业时，应使用保护眼镜、安全帽、安全鞋、手套等。

②研磨机、锤子的使用会使金属片飞溅，必须戴保护器具（图9-242）。

图9-241　严禁烟火

图9-242　戴保护器具

（9）高处维修时的注意事项

①应清理维修现场，使之有条不紊。油脂的泄漏、工具的杂乱都需要加以整理。

②高处的上下必须借助踏台把手，且应注意防滑。绝对不能跳跃（图9-243）。

（10）维修时附件的保持状态

附件保持悬空状态进行接头、软管等的更换或维修作业，可能引起高度危险。请一定要将附件稳扎地面或台座后，再进行检查、维修和保养（图9-244）。

图9-243　附件维修、准备

图9-244　附件维修

（11）机器底下的维修

需要在机器底下进行检查、维修工作时，一定要用安全块固定住履带（图9-245）。

（12）准备应急措施

万一发生事故或火灾，应事先预备应急措施。灭火器、急救箱的保管场所和使用方法应清楚（图9-246）。

图 9-245 履带固定

图 9-246 应急准备

（13）维修前的油压排除

待各部件降温后，释放各部件的气压和油压（图 9-247）。

（14）拆卸蓄电池

维修电气系统前，应拔去蓄电池的负（-）极端子（图 9-248）。蓄电池会产生可燃性气体，处置不当可能引起火灾。因蓄电池电解液是稀硫酸，必须注意安全。

图 9-247 释放压力

图 9-248 拆卸蓄电池连接线

（15）注意换气

在室内空气污浊的环境下实施维修时，应先敞开门窗进行换气（图 9-249）。

图 9-249 室内工作注意换气

三、装载机

（一）用途与分类

1. 用途

装载机是一种在轮胎式或履带式基础车上装设一个装载斗的循环式机械。被广泛用于公路、铁路、矿山、建筑、水电、港口等工程的土方施工，主要用来铲、装、卸、运土与沙石等散状物料，也可对岩石、硬土进行轻度铲掘作业。如换上不同工作装置（图9-250），可以扩大其使用范围，如完成推土、起重、装卸其他物料的作业。在军事工程中主要用于：

（1）构筑和维修道路；

（2）填塞弹坑、壕沟和工事覆土；

（3）大型坑道的除渣，清理和平整场地；

（4）铲掘车辆掩体及筑城掩蔽部；

（5）牵引火炮及机械车辆；

（6）抢险救援工程作业。

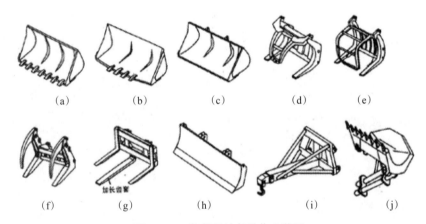

图 9-250　装载机的各种作业装置

（a）通用铲斗；（b）Ｖ形刃铲斗；（c）直边无齿铲斗；（d）通用抓具；（e）大容量原木抓具；
（f）抓具；（g）铲叉；（h）推土板；（i）吊臂；（j）可侧卸铲斗

2. 分类

装载机通常按下列几种方法进行分类。

（1）按发动机功率大小分为小型、中型、大型和特大型装载机

小型装载机的功率在74kW以下；中型装载机的功率在74～147kW之间；大型装载机的功率在147～515kW之间；特大型装载机的功率在515kW以上。

（2）按传动形式分为机械传动、液力机械传动、液压传动和电力传动式装载机

每种传动形式的特点与装载机的传动形式相类似。

（3）按行走方式分为履带式和轮胎式装载机

轮胎式装载机按机架形式不同又分为铰接式和整体式装载机。铰接式装载机具有转向半径小，纵向稳定性好，作业效率高，应用范围广等优点；但转向弯和高速行驶时，横向稳定性差。目前，绝大

多数装载机采用铰接机架式结构。整体式装载机的转向方式有后轮转向、前轮转向、全轮转向及差速转向（滑移转向）四种。这种装载机转向半径大，机动灵活性差，结构复杂，因而目前仅小型全液压驱动和挖掘装载机上，以及大型电动装载机上采用。

履带式装载机具有接地比压小，通过性好，重心低，稳定性好，附着性能好，牵引力大，比切入力大等优点；但行驶速度低，机动灵活性差，制造成本高，行走易损坏路面，转移场地需载运。因此，只适于工程量大、作业点集中、松软泥泞等条件下作业。

（4）按装载方式不同分为前卸式、后卸式、回转式、侧卸式装载机

前卸式装载机在其前端铲装卸载。结构简单，工作可靠、安全，便于操作，适应性强，应用较广。

后卸式装载机在其前端装料，后端卸料。机械运料距离短，作业效率高；但安全性差，应用较少。

回转式装载机的工作装置安装在可回转90°～360°的转台上。侧面卸载不需要调整机械位置，作业效率高；但结构复杂，质量大，成本高，侧向稳定性差。适于狭小的场地作业。

侧卸式装载机在其前端装载，侧面卸料。装载作业时，不需调整机械位置，可直接向停在其侧面的运输车辆上卸料，作业效率高；但卸料时横向稳定性较差。

（二）LW600 型装载机

LW600 型装载机是徐州工程机械集团生产的 ZL 系列装载机，为军选民用工程机械，具有生产历史长，技术成熟，性能稳定，质量可靠，配件充足，维修方便，机动性好，作业范围广，作业效率高等优点。因此，在军内外得到广泛应用。LW600 型装载机（图 9-251）也是武警部队工化救援中队装备的一种新型抢险救援工程机械。与厦门工程机械厂生产的 ZL 系列装载机相比，除部分操作杆位置有区别外，其他的基本结构、总成部件工作原理、驾驶方法、作业方法等与 ZL 系列装载机基本相同。

图 9-251　LW600 型装载机全貌图

1. 结构特点与配置

（1）LW600K 装载机结构特点

LW600K 装载机是徐州工程机械集团继 G 系列后，全力打造的新一代 K 系列主导机型之一。动力传动全方位弹性悬挂减振；双泵合流技术，流量放大转向，先导操纵；高强度车架适用于重载工况；徐工专有工作机构使得卸载冲击大大减轻；全液压湿式制动，作业、行驶安全可靠；可调式仪表台，便于找到自己最佳操作位置；智能电子监视系统，准确监控整机运行状况。

1）久经考验的部件

进口 Cummins QSC8.3 电喷、涡轮增压、空中冷发动机，电启动、电熄火，排放满足 TIRE-3 阶段要求，高性能、低油耗，环保节能，动力强劲，电液控制变速箱提供平滑的换挡，性能先进、可靠性强；KD 挡功能减少作业换挡频率，提高作业效率。

湿式限滑驱动桥，制动器安装在驱动桥内，水和尘埃无法进入，无须维护保养，即使在松软地带或水中行走，也不影响驱动及制动效果；后桥中心摆动，减少了附加扭矩及外载荷对传动系统的冲击。

2）卓越的性能

双泵合流系统，液压流量放大转向，单手柄先导操纵，轻便灵活。

转向限位为液控、机械双重限位，液控限位优于机械限位，减少冲击。

采用电磁定位技术，具有铲斗自动放平功能，减少驾驶员的工作强度，提高工作效率；具有动臂

举高限位功能，防止机械冲击，减少驾驶员疲劳感。

长轴距、铰接中心对中布置，整机稳定性好。前后车架中心铰接轴承设计久经考验，车架骨骼强韧，即使在崎岖不平的路面，也能承受反复扭曲。

3）安全、可靠的制动

全液压湿式制动，紧急制动与停车制动二合一，保证作业行车安全。

4）可靠的结构强度

注重整体结构强度，通过有限元分析等方法，减少应力集中部位，消除局部薄弱之处，确保满足各类险重工况。

5）舒适的操作环境

分体式新型驾驶室，视野开阔、密封减振，配备冷暖空调、收录机、四方位可调座椅。操作环境舒适、安全，是人机和谐的充分体现，操作员尽享舒适的同时，工作效率大为提升。

转向柱与仪表盘为一体可倾斜式，任何人只需一根操纵杆便能改变转向柱倾角，找到自己最佳位置，而一字形盘幅设计，更能清晰地观察到监控器上的信息，把握车辆状态变得一目了然。

新型监控系统使操作员通过控制面板上显示的信息，对机器进行实时监控。

6）方便的维护性

集中注油，使得维护保养人员在地面即可达到保养点，省去了爬高就低，效率更高。

护罩两侧板及后护罩开闭容易，发动机及其周围件的检查、日常保养变得非常方便。

（2）LW600K 装载机主要配置（表 9-25）

表 9-25　LW600K 装载机主要配置

序　号	部件名称	备　注
1	发动机	上柴 SC11CB240.1G2B1
2	变速箱	ZF 4WG200
3	驱动桥	徐工湿式桥
4	电子监控器	陕西航天 DJC-3A
5	齿轮泵	济南液压 JHP2080 /CBGj3080/1016
6	制动阀	力士乐 LT17MFEA-4X/080-150RFOEAG24C4/40M14
7	流量放大阀	海宏 ZLF25A1
8	先导阀	海宏 DXS-00

2. 技术参数（表 9-26）

表 9-26　LW600K 轮式装载机主要技术参数（图 9-252）

序　号	项　目	单　位	技术参数
1	额定斗容量	m³	3.5
2	额定载重量	kg	6000
3	整机工作质量	kg	20000
4	卸载高度	mm	3200

续表

序　号	项　目		单　位	技术参数
5	卸载距离		mm	1268
6	最小离地间隙		mm	467
7	最大牵引力		kN	171
8	最大掘起力		kN	201
9	动臂提升时间		s	5.7
10	三项和时间		s	10.9
11	长 × 宽 × 高		mm	8695 × 3020 × 3543
12	发动机	型号	C6121	上柴、六缸、四冲程、涡轮增压
		标定功率	kW	175
		标定转速	r/min	2200
13	行驶速度	前进/倒退 I 挡	km/h	6/6
		前进/倒退 II 挡	km/h	11/11
		前进/倒退 III 挡	km/h	22/22
		前进 IV 挡	km/h	36
14	轮胎型号			23.5–25

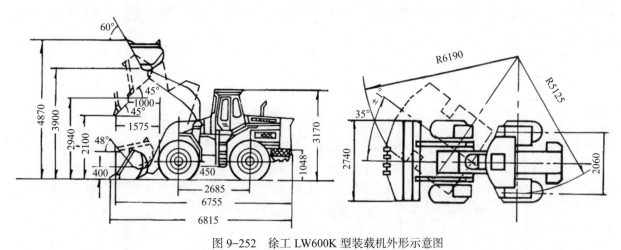

图 9-252　徐工 LW600K 型装载机外形示意图

3. 组成结构

装载机由动力装置、传动系、行驶系、转向系、制动系、工作装置及其液压操纵系统和电气设备等组成。

（1）动力装置

动力装置为上柴 SC11CB240.1G2B1、六缸、四冲程、涡轮增压、直喷式柴油机。

（2）传动系

传动系主要由液力变矩器、变速器、万向传动装置和驱动桥等组成（图 9-253）。

313

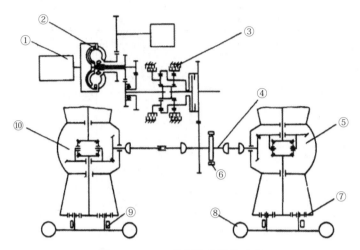

图 9-253 ZL 系列装载机传动系

①发动机；②液力变矩器；③变速器；④万向传动装置；⑤前驱动桥；
⑥手制动器；⑦轮边减速器；⑧车轮；⑨脚制动器；⑩后驱动桥

变矩器采用单级、双涡轮液力变矩器，为油冷压力循环式。该变矩器有两个涡轮。在装载机工作中，当低速重载工作时，一二级涡轮同时工作；当轻载高速工作时，只有二级涡轮工作；使低速重载工况与高速轻载工况过渡中相当于两挡速度自动调节，减少了变速器的排挡数，简化了变速器的结构。

变速器采用行星齿轮式、动力换挡变速器，有两个前进挡，一个倒退挡。在变速器的下部装有后桥通断滑套，可使后桥结合或分离动力。一般情况下，装载机轻载长途行驶时使单桥（前桥）驱动，作业或负荷运输、通过泥泞道路或桥梁时，使双桥同时驱动。变矩、变速油路系统见图 9-254。变速

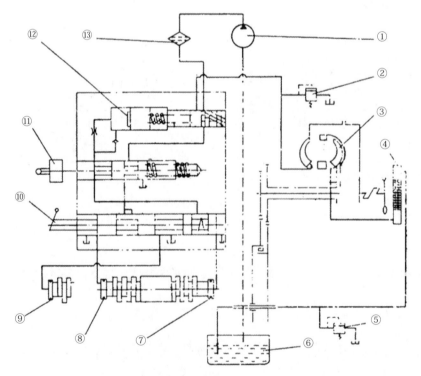

图 9-254 ZL 系列装载机变矩、变速油路系统

①油泵；②变矩器进油压力阀；③变矩器；④散热器；⑤润滑压力阀；⑥油底壳；⑦倒挡离合器；
⑧Ⅰ挡离合器；⑨Ⅱ挡离合器；⑩变速阀；⑪离合器切断阀；⑫减压阀；⑬滤清器

器油底壳的工作油由变速变矩油泵吸入，经滤清器（上有旁通阀，当滤清器堵塞时，油经旁通阀流出，旁通阀的开启压力为 0.08 ~ 0.1MPa）进入减压阀组。一路经变矩器进油压力阀进入变矩器，另一路经离合器切断阀进入变速阀。操纵变速阀可使压力油进入不同的换挡离合器，得到不同的工作速度。离合器切断阀由仪表盘上的切断阀开关控制。当装载机在平地上行驶或作业时，将切断阀开关置于"通"的位置；此时，当踏下制动踏板时，气压由双管路气制动阀通过切断阀开关进入离合器切断阀使油路切断，压力油流回变速器油底壳，换挡离合器摩擦片分离，变速器自动切断动力；于是在制动的同时切断了传动系的动力，不仅制动效果好，而且节省动力。当装载机在坡道上行驶或作业时，应将切断阀开关置于"断"的位置，切断气路；制动时，换挡离合器不分离，变速器仍结合动力；装载机在坡道上制动后仍能迅速起步，不会出现溜坡现象，保证安全。变矩器的回油进入冷却器后，经润滑压力阀（开启压力为 0.1 ~ 1.2 MPa）进入变速器进行润滑和冷却。

装载机有前后两套万向传动装置，连接变速器前输出轴与前驱动桥的为前万向传动装置；连接变速器后输出轴与后驱动桥的为后万向传动装置。前后万向传动装置均采用东风牌汽车上的万向传动装置，但个别零件做了改制。

前后驱动桥主要由桥壳、主传动装置、差速器、半轴和轮边减速器等组成。主传动装置为一级螺旋锥齿轮减速器；差速器是由两个锥形的直齿半轴齿轮、十字轴及四个锥形直齿行星齿轮、左右差速器壳组成的行星齿轮传动系。轮边减速器为直齿圆柱齿轮行星减速器。

（3）行驶系

行驶系包括机架和车轮。

机架由前机架、后机架和副机架三部分组成。前后机架以轴销铰接为一体，前后机架可相对左右摆动35°。前机架通过螺栓与前桥固定连接，后机架通过副机架与后桥铰接连接；后桥相对后机架可上下摆动11°，从而保证了机械的四轮充分着地，提高了机械的稳定性和牵引性能。

车轮由有内胎的宽基低压轮胎和整体式轮辋等组成，轮胎型号为 23.5–25。

（4）转向系

该机采用铰接机架液压助力式转向，主要由转向机、转向阀、转向泵、恒流阀、转向油缸、随动杆、油箱等组成（图9–255）。恒流阀的作用，一是使油泵通过转向阀的液压油流量稳定在一定数值上，不使供给转向的油流量随发动机转速高低而发生很大变化，以达到转向性能稳定；二是其内的先导型安全阀使整个系统的压力控制在一定范围内，以达到转向时既有足够克服阻力的能力，又能保证转向时系统的安全。

（5）制动系

制动系包括脚制动装置和手制动装置两部分。

脚制动装置采用双管路气压液压式制动传动机构和钳盘式制动器。主要由空气压缩机、油水分离器、压力调节器、双管路气制动阀、储气筒、气压表、气液制动总泵（加力器）、钳盘式制动器、切断阀开关等组成（图9–256）。

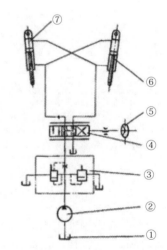

图 9–255 ZL 系列装载机转向系统
①油箱；②转向油泵；③恒流阀；
④转向阀；⑤转向机；⑥右转向油缸；
⑦左转向油缸

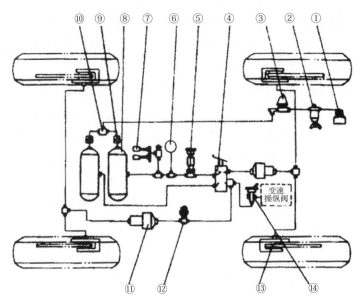

图 9-256 ZL 系列装载机脚制动装置

①空气压缩机；②油水分离器；③压力调节器；④双管路气制动阀；⑤气刮水总成；⑥气压表；⑦气喇叭；
⑧储气筒；⑨单向阀；⑩三通接头；⑪气液制动总泵；⑫制动灯开关；⑬钳盘式制动器；⑭切断阀开关

手制动装置的制动器为凸轮张开蹄式，制动鼓安装在变速器的前输出轴上，制动底板及制动蹄片与变速器箱体固定在一起；制动传动机构为机械式，由软轴和操纵杆等组成。

（6）工作装置及其液压操纵系统

1）工作装置

工作装置主要由铲斗、动臂、连杆和摇臂等组成（图 9-257）。

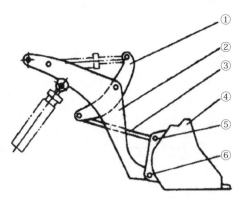

图 9-257 工作装置

①摇臂；②动臂；③连杆；④铲斗；⑤上轴销；⑥下轴销

铲斗由斗体、侧板、刀板和斗齿等组成。斗体为弧形，两侧焊有侧板和侧刀板，铲斗底边焊有主刀板。为了减小作业中的切土阻力，在主刀板上装有斗齿；斗齿用螺栓固定，以便磨损后进行更换。铲斗背面两侧焊有支承板，各有两个销孔分别与连杆和动臂相连。

动臂是以两块钢板焊成的弯曲形动臂，动臂一端通过轴销与机架连接，可绕轴销转动。摇臂以轴销与动臂连接，可以绕轴销转动，上端以轴销与铲斗油缸活塞杆连接，下端以轴销与连杆相连。

由动臂、铲斗、连杆、摇臂、铲斗油缸及机架相互铰接所构成的连杆机构，在装载机工作时能保证：不操纵铲斗油缸，动臂在动臂油缸作用下上升或下降时，铲斗保持平动或接近平动，防止装满物料的铲斗倾斜而使物料撒落；当动臂处于任何卸料位置不动时，在铲斗油缸的作用下，使铲斗翻转卸料。厦门 ZL 系列装载机采用的是反转连杆机构（铲斗与动臂的转动方向相反），这种装载机适应用于铲装地面以上的物料，而不利于铲装地面以下的物料。

2）液压操纵系统

工作装置的液压操纵系统主要用于控制动臂的上升、下降、浮动及铲斗的转动。主要由液压泵、操纵阀、油箱、动臂油缸、铲斗油缸、滤油器等组成（图9-258）。液压泵为 CBG125 齿轮泵，系统工作压力为 12.5MPa。

柳州 ZL 系列装载机工作装置液压操纵系统，主要由双联泵、操纵阀、流量控制阀、前后双作用安全阀、动臂液压缸、铲斗液压缸及油箱等组成（图9-259）。

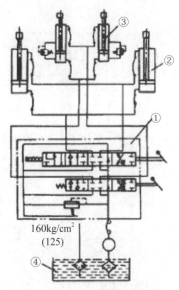

160kg/cm²
(125)

图9-258 ZL 系列装载机液压系统
①操纵阀；②动臂油缸；③铲斗油缸；④油箱

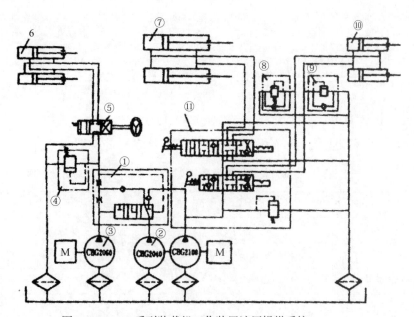

图9-259 ZL 系列装载机工作装置液压操纵系统
①流量控制阀；②双联泵；③转向液压泵；④溢流阀；⑤转向器；⑥转向液压缸；⑦动臂液压缸；
⑧后双作用安全阀；⑨前双作用安全阀；⑩铲斗液压缸；⑪操纵阀

（7）电气设备

电气设备包括硅整流发电机及调节器、启动机、蓄电池和灯系等（图9-260）。额定电压 24V，负极搭铁，线路采用单线制，采用两个 6-Q-195 型蓄电池串联使用。

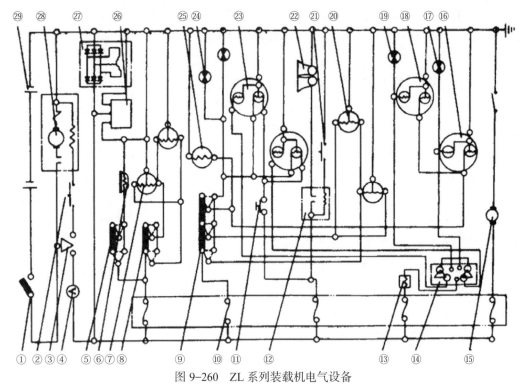

图 9-260　ZL 系列装载机电气设备

①电源总开关；②启动按钮；③启动钥匙；④电流表；⑤顶灯开关；⑥顶灯；⑦制动灯；
⑧制动灯开关；⑨前大小灯、后小灯、防雾灯、仪表灯开关；⑩保险丝盒；⑪液压制动开关；⑫喇叭继电器；
⑬闪烁器；⑭转向灯开关；⑮刮雨器电机；⑯前左小灯；⑰、⑲指示灯；⑱前右小灯；⑳前大灯；
㉑喇叭按钮；㉒双音电喇叭；㉓后左小灯；㉔仪表灯；㉕防雾灯；㉖调节器；
㉗硅整流发电机；㉘启动机；㉙蓄电池

4. 操纵杆、仪表的识别与使用

各种操纵杆、仪表和开关的布置、功用与使用方法见表 9-27 和图 9-261。

表 9-27　ZL 系列装载机操纵杆、仪表和开关的名称、功用及使用方法

图　号	名　称	功　用	使用方法
①	熄火拉钮	控制发动机熄火	拉出：发动机熄火；推入：油门工作位置
②	铲斗操纵杆	控制铲斗翻转动作	后拉：上转；前推：下转；中间：固定
③	动臂操纵杆	控制动臂升降动作	后拉—上升；前推：下降；继续前推：浮动；中间：固定
④	转向指示灯开关	控制左右转向灯电路	后拉：右转向灯亮；前推：左转向灯亮
⑤	油门踏板	控制发动机转速	下踏：转速升高；松开：转速降低
⑥	电源指示灯		
⑦	气压表	指示制动气压系统的压力	正常气压 0.44 ~ 0.64MPa
⑧	启动钥匙	控制启动电路接通或断开	右转：接通；左转：切断
⑨	变速油压力表	指示变速油压力值	正常压力 1.1 ~ 1.5MPa
⑩	计时器	记录作业摩托小时数，适时保养和修理	

续表

图 号	名 称	功 用	使用方法
⑪	变矩器油温表	指示变矩器液力油温度	正常温度 80 ~ 120℃
⑫	转向指示灯	指示转向方向	左转向：左指示灯亮；右转向：右指示灯亮
⑬	保险丝盒		
⑭	发动机水温表	指示发动机水温高低	正常值为 75 ~ 90℃
⑮	发动机油温表	指示发动机润滑油温度	正常值为 45 ~ 90℃
⑯	电流表	指示蓄电池充放电流大小	指向"+"：充电；指向"-"：放电
⑰	发动机油压表	指示发动机润滑油压力	怠速时 ≥ 0.05MPa，额定转速时 0.25 ~ 0.3MPa
⑱	顶灯开关	控制顶灯电路	拉出：顶灯亮；推回：顶灯灭
⑲	后大灯开关	控制后大灯电路	拉出：后大灯亮；推回：后大灯灭
⑳	仪表灯、前大灯、雾灯开关	控制仪表灯、前大灯、雾灯电路	外拉：Ⅰ挡：仪表灯、小灯亮；Ⅱ挡：仪表灯、小灯、大灯亮；Ⅲ挡：仪表灯、小灯、大灯、雾灯亮
㉑	制动踏板	用于装载机减速或停车	踏下：制动；松开：解除制动
㉒	变速操纵杆	改变装载机的行驶速度和方向	前推：前进Ⅰ挡、Ⅱ挡；后拉：倒挡；中间：空挡
㉓	手制动操纵杆	用于装载机的停车和紧急制动	拉起：制动；放下：解除制动
㉔	电源总开关	控制整机电路通断	
㉕	后桥驱动操纵杆	控制装载机的后桥驱动	后拉：后桥接通，前推：后桥脱开
㉖	切断阀开关	控制制动阀通往离合器切断阀气路的"通"、"断"	拨向上：制动时气路被切断；拨向下：制动时气路接通
㉗	多种装置操纵杆	变型产品用	

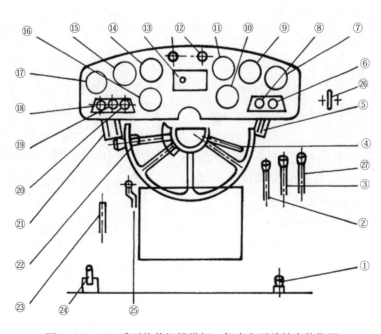

图 9-261 ZL 系列装载机操纵杆、仪表和开关的安装位置

5. 启动与熄火

（1）启动前的检查

①发动机燃油、润滑油（含高压油泵）和冷却水（不得低于上水室）是否充足。

②油管、水管、气管、导线和各连接件是否连接固定牢靠。

③发动机风扇皮带和发电机皮带紧度是否正常（在皮带中段以拇指用 30 ~ 50N 压下，皮带下沉 10 ~ 20mm 为正常，否则应利用发电机架进行调整）。

④蓄电池电解液液面高度是否符合规定（液面应高出极板 10 ~ 15mm，过少加蒸馏水），桩柱是否牢固，加液口盖上的通气孔是否畅通。

⑤工作及转向液压油、制动油、变速变矩油、前后驱动桥和轮边减速器的齿轮油是否有渗漏，各管路和附件是否连接良好、密封可靠。

⑥轮胎气压是否正常，车轮是否固定可靠。

⑦各部固定连接是否可靠。重点是气缸盖、排气管、前后桥、万向传动装置和工作装置等固定件，不能有松动现象。

⑧各操纵杆是否连接良好，扳动灵活，并置于空挡或规定位置。

（2）启动

①必要时用手油泵排除燃料系低压油路内的空气。

②将油门踏板踏到中速位置。

③接通电源总开关，顺时针转启动钥匙 45°，鸣喇叭，按下启动按钮。发动机启动后，立即松开。每次按下不得超过 15s；一次不能启动，应停歇 30s 后再做第二次启动；如连续三次不能启动时，应停止启动，仔细检查，找出原因，排除故障后再进行启动。

④发动机启动后，应在 500 ~ 700r/min 范围内运转预温，并注意观察各仪表指数，待水温 ≥ 55℃、机油温度 ≥ 45℃、制动气压 ≥ 0.44MPa、机油压力 ≥ 0.2MPa，一切正常后才能进行负荷运转。转速的增加应缓慢均匀，除特殊情况外，不应突然增加转速。

（3）工作中的检查

①各仪表指数是否在规定范围内。

②发动机在各种转速下是否运转平稳，排烟正常，声响无异，无焦味和漏油、漏水、漏气现象。

③检查传动系的工作情况，是否有过热、发响、松动和渗漏等现象。

④检查轮胎气压和车轮固定情况。

⑤检查转向系统的工作情况，转向操纵应轻便、灵敏；液压泵、操纵阀、液压缸及油管连接应牢靠。

⑥检查制动系统的工作情况，在平坦的沥青路面上，制动气压在正常范围 0.44 ~ 0.64MPa，车速以不小于 20km/h 的速度进行制动，制动距离一般不应大于 5m；手制动应保证在不小于 5°的坡道上停机不下滑，或拉起手制动操纵杆不能起步。

⑦检查工作装置及其液压操纵系统的连接固定和工作情况是否连接可靠，操纵灵敏，无拖滞和抖动，有无渗漏和噪音。

⑧检查照明、信号设备的工作情况。各照明灯、仪表灯、信号灯和喇叭等应接线牢固、工作良好。

（4）熄火

①松开油门踏板，使发动机稳定在低速下空转 3 ~ 5min，然后拉动熄火拉钮（或关闭电钥匙）；当发动机停止转动后，再将熄火拉钮送回原位。除非紧急情况，发动机不得在高速运转时突然熄火。

②逆时针扭转启动钥匙并取出，切断电源总开关。

（三）装载机驾驶

1. 基础驾驶

（1）起步

①升动臂、上转铲斗，使动臂下铰点离地 400 ~ 500mm；

②右手握方向盘，左手将变速杆置于所需挡位；

③观察周围情况，鸣喇叭；

④放松手制动操纵杆；

⑤逐渐下踏油门踏板，使装载机平稳起步。

起步时，要倾听发动机声音，如果转速下降，要继续下踏油门踏板，以提高发动机转速，以利起步。

（2）直线行驶

在行驶中，由于路面凹凸和倾斜等原因，使装载机偏离原来的行驶方向，为此必须随时注意修正装载机的行驶方向，才能使其直线行驶。如果车头向左（右）偏转时，应立即将方向盘向右（左）转动，等车头将要对正所需要方向时，应逐渐回转方向盘至原来位置。操作要领是少打少回，及时打及时回；切忌猛打猛回，造成装载机"画龙"行驶。

（3）换挡

①加挡

a. 逐渐加大油门，使车速提高到一定程度；

b. 在迅速放松油门踏板的同时，将变速杆置于高挡位置。

②减挡

a. 放松油门踏板，使行驶速度降低；

b. 将变速杆置于低挡位置，同时踏下油门踏板。

注意：装载机前进挡和倒退挡互换应停车进行。加挡前一定要冲速，放松油门踏板后，换挡动作要迅速。减挡前除将发动机减速外，还可用脚制动器配合减速。加减挡时两眼应注视前方，保持正确的驾驶姿势，不得低头看变速杆；同时要掌握好方向盘，不能因换挡而使装载机跑偏，以防发生事故。

（4）转向

①一手握方向盘，另一手打开左（右）转向灯开关；

②两手握方向盘，根据行车需要，按照方向盘的操纵方法修正行驶方向；

③关闭转向灯开关。

注意：转向前，视道路情况降低行驶速度，必要时换低速挡；转向时，要根据道路弯度，大把转动方向盘，使前轮按弯道行驶；当前轮接近新方向时，即开始回轮，回轮的速度要适合弯道需要；转向灯开关使用要正确，防止只开不关。

（5）制动

制动方法可分为预见性制动和紧急制动。在行驶中操作手应正确选用，保证行驶安全。

①预见性制动。装载机在行驶中，操作手对已发现的地形、行人和车辆等交通情况的变化，或预计到可能出现的复杂局面，有目的地采取减速或停车措施，称为预见性制动。预见性制动不但能保证行驶安全，而且还可以避免机件、轮胎的损伤。因此，这是一种最好的和应经常采用的制动方法。预

见性制动操作方法有减速制动和停车制动两种。

减速制动是在变速杆处于工作位置时，主要用降低发动机转速限制装载机的行驶速度，一般用在停车前、换入低挡前、下坡和通过凹凸不平地段时使用。其方法是：发现情况后，先放松油门踏板，利用发动机低速牵制行驶速度，使装载机减速，并视情持续或间断地轻踏制动踏板使装载机进一步降低速度。

停车制动用于停车时的制动。其方法是：放松油门踏板，当装载机行驶速度降到一定程度时，即轻踏制动踏板，使装载机平稳地停车。

②紧急制动。装载机在行驶中遇到紧急情况时，操作手应迅速使用制动器，在最短的距离内将装载机停住，达到避免发生事故的目的，称为紧急制动。紧急制动对装载机的机件和轮胎都会造成较大的损伤，并且往往由于左右车轮制动力矩不一致，或左右车轮与路面的附着力有差异，会造成装载机"跑偏""侧滑"，失去方向控制。因此，紧急制动只有在不得已的情况下才可使用。其操作方法是：握稳方向盘，迅速放松油门踏板，用力踏下制动踏板，同时使用手制动，充分发挥制动器的最大制动能力，使装载机立即停驶。

装载机使用强烈的紧急制动时，车轮若"抱死"，则会出现后轮侧滑，引起装载机剧烈回转振动，严重时可使装载机调头，特别是在附着力较差的路面上（如冰雪、泥泞路面等），更为常见和明显。为了预防和减轻后轮侧滑可采用间隔制动。

间隔制动可使车轮尽可能不"抱死"或少"抱死"。具体操作方法是：右脚用力踏下制动踏板，力求在短时间内制动"抱死"车轮。开始"抱死"的瞬间，再立即减弱作用在制动踏板上的力（不完全放松），以防止车轮"抱死"和车轮侧滑；然后用力踏制动踏板，力求短时间内"抱死"车轮，再减弱作用在制动踏板上的力。如此反复操作，可使装载机获得较好的制动效果，能有效减少侧滑。当出现侧滑时，应立即停止制动。把方向盘朝后轮侧滑方向转动使装载机位置调正后，再平稳地实施制动。

（6）停车

①放松油门踏板，使装载机减速；

②根据停车距离踏动制动踏板，使装载机停在指定地点；

③将变速杆置于空挡；

④将手制动操纵杆拉到制动位置；

⑤降动臂，使铲斗置于地面。

（7）倒车

倒车需在装载机完全停驶后进行，其起步、转向和制动的操作方法与前进时相同。

倒车时要及时观察车后周围地形、车辆、行人的情况（必要时下车察看），发出倒车信号（鸣喇叭）以警告行人；然后挂入倒挡，按照倒车姿势，用前进起步的方法进行后倒。倒车时，车速不要过快，要稳住油门踏板，不可忽快忽慢，防止熄火或倒车过猛造成事故。倒车姿势有以下三种：

①从后窗注视倒车。左手握方向盘上缘控制方向，上身向后侧转，下身微斜，右臂依托在靠背上端，头转向后窗，两眼视后方目标。后窗注视倒车可选择车库门、场地和停车位置附近的建筑物或树木为目标，看车尾中央或两角，进行后倒。

②从侧方注视倒车。右手握方向盘上缘，左手打开车门后扶在门框上，上体向左倾斜伸出驾驶室转头向后，两眼注视后方目标。侧方注视倒车时可选择车尾一角或后轮，对准场地或机库的边缘，进行倒车。

③注视后视镜倒车。这是一种间接看目标的方法，即从后视镜内观察车尾与目标的距离来确定方向盘转动多少。此种方法一般在后视、侧视观察不便时采用。

倒车转向时，欲使车尾向左转向，方向盘亦向左转动；反之，向右转动。弯急多转快转，弯缓少转慢转。要掌握"慢行驶、快转向"的操纵要领。由于倒车转弯时外侧前轮的轮迹弯曲度大于内后轮，因此，在照顾方向的前提下，还要特别注意前外车轮以及工作装置是否碰剐到其他障碍物。

（8）牵引行驶

①把拖平车牢靠地连接在装载机尾部牵引销处。

②接通气路、电路，检查充气、制动和电路是否正常。

③将工作装置置于运输位置。

④运行在良好路面时，可用两轮驱动；运行在复杂路面时，则用四轮驱动。

⑤机械起步和停止时，动作要缓慢；下坡前要注意检查制动系统是否良好；在坡道较长或坡度较大时，拖平车必须有制动设备，并与主机相匹配。

（9）驾驶安全规则

①装载机行驶前，须将工作装置置于行驶状态。

②装载机在行驶中，铲斗内不准站人。

③在行驶过程中操作手不准吸烟、饮食和闲聊，严禁酒后驾驶。

④在城市行驶时，要按指定路线通过，并注意交通信号和交通标志，严格遵守交通规则。

⑤下坡行驶时，严禁将发动机熄火或空挡滑行，应将变速杆置于低挡位置。

⑥长时间在上坡道停车时，应将铲斗置于地面，并拉紧手制动操纵杆，用三角木或石块塞住车轮。

⑦一般行驶时应前桥驱动；作业和通过泥泞、冰雪和较大坡度等复杂地面时，前后桥同时驱动。

⑧装载机通过软土地段时，要用低速挡直线通过，尽量避免转向。如必要时，可由人先去试走一下，确认可行后，再使装载机前轮驶上软土，机体重心略向前移动后停车，检查前轮下陷情况，前轮下陷至轮毂处则不能通过。如果已经陷车，可将铲斗放平，下降动臂使前轮支起，将装载机后退，同时慢慢升起动臂；如此反复直至驶出。

⑨通过十字路口、铁路、桥梁、涵洞和凹凸不平的道路时，必须减速。雾天、大风天应采用低速行驶，必要时应检查桥梁承载能力，视情加固通过。

2. 式样驾驶

装载机式样驾驶是把起步、换挡、转向、制动、停车、倒车等单项操作，在规定的场地内，按规定的标准和要求进行综合练习，以培养锻炼操作手目测判断能力，全面提高操作技术水平。

（1）定点停车

①场地设置

定点停车的场地设置，如图9-262所示。

②操作要领

在装载机铲斗距车库前20m线约10m时，应向右适当转动方向盘，使装载机正直靠右行驶。当装载机进入20m线内时，应立即抬起油门踏板，并用制动踏板适当减速，同时观察判断右轮与右边线的距离，使右轮在距右边线约0.2m的间隔处前进。当铲斗进入车库后，可采用"先轻后重"或"间歇制动"的方法使装载机一次平稳停于规定地点。

③操作要求

a. 装载机以 20km/h 以上的速度接近场地，20m 以外不得采取制动措施。

b. 一次平稳停于车库内，铲斗不出线，车轮不压右线，车身不出左线，前端距前线不得大于 0.5m。

c. 进车库后速度要平稳，停车时不得采取紧急制动。

d. 出车库时，起步后到出车库前的全部过程不得熄火。

（2）"8"字形驾驶

①场地设置

"8"字形场地设置，如图 9-263 所示。外径 $R=2\times$ 车长，内径 $r=2\times$ 车长 –（车宽 +1.3m）。

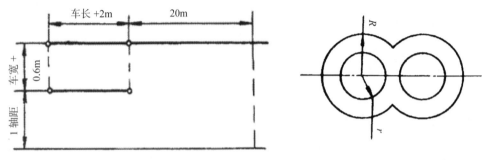

图 9-262 定点停车场地　　　　　　图 9-263 "8"字形场地

②操作要领

a. 行驶速度要慢，先低速挡，后中速挡；运用油门踏板控制行驶速度。踏动油门踏板要平稳，使装载机行驶不"窜动"。

b. 方向盘按大转弯要领操作，即要使前外轮尽量靠近外圈，随外圈变换方向。防止前外轮和内后轮压线或越线。

c. 装载机行至交点的中心线时，应迅速反向转动方向盘。

d. 方向盘使用要柔和、适当，修正方向要及时、少量，使车轮保持弧形前进。

③操作要求

a. 不得从两环交会处进入，前后轮不准越出线外。

b. 行驶至交会处做一次加挡（或减挡）动作。

c. 操纵方向盘时，应用两手交替，大把打回，不准反握方向盘轮缘操作。

（3）折线形驾驶

①场地设置

折线形场地设置，如图 9-264 所示。①、②、③、④为主桩，在一条线上，桩杆间隔均为两个机长，在主桩左或右平行设置⑤、⑦和⑥、⑧4 根副桩，每对主副桩构成 1 道桩门，4 道桩门宽度均为机宽 +0.8m。

②操纵要领

通过折线形场地前，要调正车身，保持适当的速度靠外侧桩杆行驶；当前轮对正桩①时，迅速向右转动方向盘；当铲斗对正桩⑥时，及时向左转动方向盘，使铲斗向桩⑦方向行驶。如此反复操作，可顺利通过折线形路段。

③操作要求和注意事项

a. 装载机用 Ⅱ 挡行驶，并保持 10km/h 以上的速度通过。

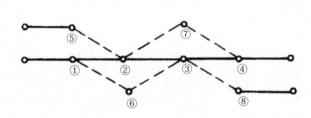

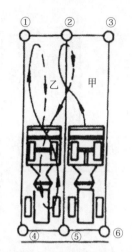

图 9-264 折线形场地 图 9-265 侧向移位场地

b. 方向盘转动要及时准确，做到不碰杆、不压线、不停车。

c. 初学者车速要慢一些，待掌握要领后再适当提高车速。行驶中要靠路的外侧，并根据路宽和车的位置，确定转向时机和速度。

（4）侧向移位

①场地设置

侧向移位场地设置，如图 9-265 所示。设 6 根桩，桩②为主桩，其余为副桩。库长为两个车长；甲、乙库宽均为车宽 +0.6m。起（终）点线距车库底线为 1m。

②操作要领

a. 进入甲库

挂 I 挡起步后，双眼注视桩⑤、⑥、②、③，保持居中前进驶入甲库。当驾驶室越过桩⑤、⑥后，从后窗观察车尾，当车尾距桩⑤、⑥ 0.20 ~ 0.30m 时，立即停车。

b. 侧方移位

第一次前进：装载机刚起步即迅速将方向盘向左转到底，使装载机向乙库前进；当看到铲斗上部右端移过桩②时，迅速向右转动方向盘，使铲斗驶向桩②，距桩② 1m 左右时，再迅速回转方向盘；接近桩②时，立即脱挡停车。此时，铲斗中心应对正桩②。

第一次倒车：挂倒挡刚起步即迅速向左转动方向盘，并从后窗观察车尾摆动的方向；当车尾越过桩⑤ 2/3 时，立即向右转足方向并继续后退，待车尾距桩⑤ 1m 左右时，迅速回转方向盘，并随即脱挡停车。此时，车尾中部应对正或略超过桩⑤。

第二次前进：装载机刚起步即向左转足方向盘，当看到铲斗左下角靠近左侧边线时，即向右转方向盘，并沿此线继续前进；待前端距前边线 1m 左右时，即迅速向左回转方向盘，接近前边线时，随即脱挡停车。

第二次倒车：应从后窗观察停放位置，以判定如何转动方向盘。装载机起步后，在向左转动方向盘的同时，随即注视车尾摆动情况，当车尾左侧 1/3 处对正桩④时，迅速向右回轮，使车尾摆回右侧，对正桩④和桩⑤中间位置继续倒退；待车尾距乙库后端线 1m 左右时，应回头前看，使装载机居于乙库中间位置，随即脱挡停车，侧向移位完成。

③操作要求

a. 装载机由甲库用二进二退移到乙库，并停放正直。

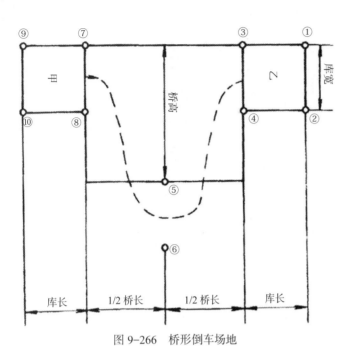

图 9-266　桥形倒车场地

b. 在移库过程中，装载机各部不准越出四边画线，不得碰剐桩杆。

c. 在进退过程中，不得熄火和任意停车。

d. 操纵方向盘要正确，不准原地打"死轮"。

（5）桥形倒车

① 场地设置

桥形倒车场地设置，如图 9-266 所示。甲、乙两库宽均为车宽 +0.6≈4m，库长为车长 +0.6≈8m，桥高为 2 车长 ≈15m，桥长为 4 车长≈30m，桩⑤、⑥间距为库宽。

② 操作要领

装载机从桩⑨、⑩之间正直驶入甲库停稳。用 Ⅰ 挡起步从桩⑦、⑧之间通过；当驾驶室后侧过了桩⑧之后，迅速右转方向盘，使装载机靠近桩⑦、⑧之间画线的延长线行驶；当铲斗靠近右侧边线时，向左转动方向盘，并沿线靠近桩⑤继续前进；待驾驶室后侧越过桩⑥后，迅速向左转向，使装载机靠近桥高线前进；当工作装置前端距桥底③、⑦线 1m 左右时，向右转动方向盘，待前端过了桩③，即向左回转，使前端对正桩③、④之间，并进入乙库，以桩①、②中央为目标继续前进；当前端距前画线 0.2m 时，脱挡停车。由乙库倒入甲库时，按原路倒回，其操作按相反顺序进行。

③ 操作要求

a. 在行驶中，要时刻注视铲斗的位置，不要碰剐桩杆和越过画线。

b. 在通过桩⑥时，不可使车身靠桩过近，以防碰倒。

c. 在移库的全过程中，装载机不得熄火，中途不准停车。

（6）倒进车库

① 场地设置

倒进车库的场地设置，如图 9-267 所示。库宽为车宽 +0.6m，库长为车长 +0.5m，路宽为 1.5 倍车长。

② 操作要领

a. 前进选位停车

装载机挂低挡起步后稳速前进，使车身紧

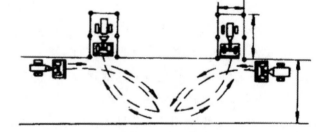

图 9-267　倒进车库

靠右（左）车库一侧边线行驶，待方向盘对正库门桩杆时，迅速向左（右）将方向盘转到底，使车头向车库前方行驶；当工作装置前端距车库对面边线 1m 左右时，迅速回转方向盘，并随即脱挡停车。

b. 后倒入库

起步前，先调整姿势，由后窗选好目标，挂挡起步后，向右（左）转动方向盘，使车尾靠近内桩杆慢慢行进；当车尾进入车库时，方向盘应及时向左（右）回转，并前后兼顾；当驾驶室门移到库门时，车尾中央应对正两后桩杆中间，此时，若发现稍有不正，应及时修正方向，使车身正直倒入车库内，前轮摆正后要立即脱挡停车。

③操作要求

a. 要一进一退倒入车库内，并使车正轮正，不准歪斜。

b. 在进退过程中，不准熄火，不得任意停车。

c. 操作过程中，目标要看准，速度要适当，车身不准越出边线和碰剐桩杆。

d. 完全停车后，不准用原地打"死轮"来修正前轮方向。

（7）蝶形倒车

①场地设置

蝶形倒车的场地设置，如图9-268所示，由甲库、乙库和回车场组成。图中各条横、竖桩位线的夹角为直角。库长为车长+2m，库宽为车宽+0.6m，回车场长为2×（车长+1.5+车宽+0.6）m，回车场宽为1.5倍车长，起（终）点线距桩⑦1m。

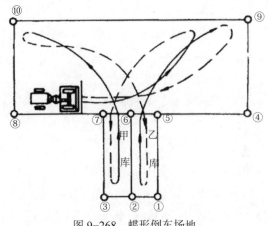

图9-268　蝶形倒车场地

②操作要领

a. 倒入甲库

前进停车：装载机由起点线以低速挡起步，沿⑧~④边线直行；当看到第⑦桩杆与右前轮对正时，迅速向左转足方向盘；当铲斗前端距⑨~⑩边线约1m时，迅速向右回转方向，并脱挡停车。

倒入甲库：后倒前，先从后窗看清甲库的⑦、⑥两桩杆位置，然后挂倒挡起步，并从后窗观察，以车尾后角和桩杆⑥为目标，把方向盘向右转到底，使车尾右后角靠近桩杆⑥相距约0.3m；待后轮轴越过桩杆⑥时，开始向左回转方向盘，然后以桩杆②、③为目标继续后倒；当车尾中心线与②、③桩杆距离相等时，将车身摆正继续后倒，待工作装置进入桩杆⑥~⑦边线内，脱挡停车。

b. 倒入乙库

前进左转向选位停车：挂低挡起步后直线前进，当装载机后轮轴刚越过桩杆⑦时，迅速向左转足方向盘，使装载机铲斗向桩杆⑧~⑩边线靠近；待相距边线约1m时，迅速向右回转方向盘，并脱挡停车。

倒入乙库：倒车前，先从后窗看清乙库的桩杆⑥、⑤位置，挂挡起步后，迅速向右回转方向盘，转足后再立即向左转足。后倒时，以车尾左后角与桩杆⑥为目标，并使车尾左后角与桩杆⑥保持0.3m的距离，当右后角越过桩杆⑥后，开始向右回转方向，然后以桩杆①、②为目标继续后倒；当车尾中心线移到桩杆①、②中间位置时使车身摆正，待工作装置进入桩杆⑤~⑥边线内后，脱挡停车。

c. 倒回原起点位置

前进右转向选位停车：装载机在乙库内挂低速挡起步前进，当后轮轴越过桩杆⑥时，向右转足方向，使装载机右转向前进；当铲斗对正桩杆⑨相距约1m时，向左回转方向盘，脱挡停车。

倒回原起点位置：倒车前，先从后窗观察桩杆⑦，并以桩⑦为目标倒车；挂倒挡起步后，向左回转方向盘；当车尾右后角接近桩杆⑦，要适度回转方向盘，并注视桩杆⑧；当车尾右侧1/4处移过桩杆⑧时，立即向右回正方向盘，使挡泥板与桩杆⑦保持0.3m的距离，使车尾右后角与桩杆⑧也相距0.3m；待车尾靠近桩杆⑧~⑩边线时，脱挡停车。

③操作要求

a.装载机由起点线起步前进左转向并选位停车，先倒入甲库；再从甲库驶出，左转向前进并选位停车，然后倒入乙库；最后，从乙库驶出右转向前进选位停车，再倒回原位。

b.起步平稳，装载机入场后不得熄火。

c.装载机停稳后，不得转动方向盘。

d.在进倒全过程中，不准停车；装载机任何部位不得碰到桩杆或越线。

e.从铲斗进入起点线到车尾退出起点线，应在4min之内完成。

（8）公路调头

①场地设置

公路调头场地设置，如图9-269所示。路宽为装载机轴距的2倍。

②操作要领

a.开进场地。装载机开进场地后，靠右侧停机，使轮胎以不压线为度。

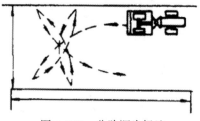

图9-269　公路调头场地

b.第一次前进。打开左转向灯，挂Ⅰ挡起步，刚起步后迅速将方向盘向左转到底，使装载机驶向左侧；当左前轮距边线约1m左右时，迅速向右转方向盘，待左前轮接近边线时，脱挡停车。

c.第一次倒车。打开右转向灯，通过车门或后窗观察停车位置，然后挂倒挡起步。起步后立即向右将方向盘打到底，使车尾右拐，同时左手扶门框侧身后视后轮走向；当左后轮距后画线1m左右时回转方向盘，并脱挡停车。

d.第二次前进。打开左转向灯，挂Ⅰ挡起步时迅速向左转足方向盘，再使车头向左转；当右前轮距边线约1m时，迅速回转方向盘，接近边线时脱挡停车。

e.第二次倒车。打开右转向灯，挂挡起步后，迅速向右转足方向盘，使车尾向右转，从车门后视左后轮接近后边线约0.5m时，迅速回转方向盘，接近边线时脱挡停车。

f.第三次前进。打开左转向灯，挂Ⅰ挡起步时，仍需向左转方向盘，以保证右前轮不压右边线为好，待车身摆正后，关闭左转向灯。

③操作要求

a.装载机三进、二倒完成调头。

b.装载机进入场地后不得熄火；操作过程中不得任意停车，前后轮均不准压线。

c.装载机停稳后，不准转动方向盘。

d.在前进、后倒停车的一瞬间，要及时迅速地转动方向盘，使每次进退完成的转向角度尽量大些，给下一次进退做好准备。

（9）通过跳板桥、右单边桥

①场地设置

桥的单边宽度等于前轮胎面宽度+0.2m，桥高为0.2m，桥长大于两个轴距+6m，左右两个桥板平行放置，其中心线宽度等于两前轮中心线宽度。距桥前15m处，设路宽3.75m的120°～150°弧形弯道，如图9-270所示。右单边桥的设置，除不设左跳板和弯道外，其余相同。

②操作要领

通过跳板桥前，应降低行驶速度，换入低速挡，靠弯道外侧慢慢行驶，操作手调整好坐姿，目视

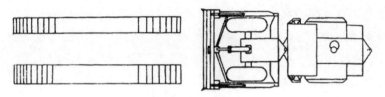

图 9-270 通过跳板桥

前方，选择标定点，上桥前要使左前轮对正左跳板中心线，照直行驶。装载机前进时，视线也随之前移，当装载机驶上跳板后，操作手随即把目光随跳板中心线向地面延伸，选择标定点，直到通过跳板桥为止。

通过跳板桥的关键是，上桥前必须使装载的纵轴线对正两跳板的中央，握稳方向盘。若发现车偏向，应及时修正，但要少打少回。在装载机铲斗未到跳板前端"盲区"（看不到的地方）前，就要选好正直行驶标定点，以保证照直驶过桥面。

通过右单边桥时，由于车身向左倾斜，方向容易跑偏，操作手除必须保持端正的驾驶姿势、握紧方向盘外，还应向前平视选好行驶标定点，稳住速度，正直通过。

③操作要求

通过跳板桥速度要慢，途中不准变速、停车，不准将头伸出车门外探视。

3. 道路驾驶

道路驾驶是操作手基本技能的综合运用，是装载机驾驶技术学习的深入。通过道路行车实践，操作手除了掌握一般道路的驾驶操作方法外，还要学会对路遇车辆、行人等情况的观察、判断和处理，为在各种环境和道路条件下驾驶装载机打下技术基础。

（1）行驶路线的选择和速度控制

①行驶路线的选择

行驶路线对行驶安全和轮胎、传动机构的使用寿命、燃料消耗以及操作手的疲劳都有很大的影响。因此，在行驶中应正确选择路线，尽量避免颠簸，并尽可能保持直线匀速行驶。

在没有分道线的道路上，无会车和超车的情况下，应在道路中间行驶。特别是在路面不宽、拱形较大的碎石路面上，使装载机左右都有回旋的余地。在有分道线的道路上，应在右侧行车道的中间行驶。

行驶中应注意选择干燥、坚实、平坦的路面，尽量避开尖石、棱角物及凹凸地等。但要防止为了选择路面，而左右猛转向，以免失去稳定性发生交通事故。

行驶中遇有会车或让车等情况，应注意减速，并靠道路右侧行驶，过后再平稳回到道路中间。在有快、慢路线区分的道路上，应在慢车道上行驶。

②行驶速度控制

行驶速度与行驶安全、燃料消耗及机件使用寿命有直接关系，必须合理掌握。行驶速度根据道路、气候、视野、交通情况和操作人员的技术水平、精神状态等因素来确定。在良好的路面上可用高速行驶；但新操作手不能使用最高行驶速度，以保证行驶安全。

③行车间距的控制

对于同方向行驶的机械、车辆，前后应保持一定的距离。间距过小会造成因前车突然制动，而发生追尾相撞事故。行车间距的大小，取决于行驶速度、操作手的技术水平、精神状态以及道路、气候等条件。一般情况下，在公路上要保持 30m 以上；在市区要保持 20m 以上；在冰雪道路上要保持

50m以上；若气候恶劣或道路特殊时，还应适当加长。在干燥路面上行驶时，距前车的距离米数，可近似于行驶时速的千米数。

（2）会车、超车和让车

①会车

与迎面车辆相遇，相互交会称为会车。会车前，应先看清来车、道路和交通情况，选择安全地段会车。会车应遵守交通规则，自觉做到"礼让三先"，即先让、先慢、先停。要选择合适地点，靠道路右侧通过。

a.在一般双车道公路会车。双车道公路有充裕的会车余地时，可先减速，然后靠道路右侧行驶，控制车速，稳住方向盘，并顾及道路两侧的情况，保证两车交会时有足够的横向间距；当判明交会无障碍时，便可逐渐加速，交会后慢慢驶向道路中间。

b.在路面狭窄或两边有障碍物的情况下会车。根据对方来车的速度和道路条件，选定会车地段，正确控制自己驾驶的装载机，若离交会地段比对方车远，应加速行驶，距离近则应减速等候来车，以保证两车在已选好的地段交会。

c.在其他情况下会车。当对面出现来车，而自己驾驶的装载机前方右侧有同向行进的非机动车辆或有障碍物时，须根据具体情况决定加速或减速，避免在障碍物处会车。如行驶中遇有狭窄地段或窄桥时，应估计双方距交会点的远近和车速采取措施。车速慢、距离远的车主动让车速快、距离近的车先通过，不可抢行。在恶劣气候条件下，如阴天、雨天、浓雾或黄昏等视线不良情况下，应提高警惕降低行驶速度，并加大两车横向间距，必要时等车避让。会车时切忌不愿提前减速，强行在道路中间高速行驶，待对方车辆临近时才突然转向避让，会车后又急促地驶向路中。这是一种不良习惯，必须禁止。

②超车

超越前方同向行驶的车辆，统称超车。超车应选择路宽且直两侧无障碍物、视线良好的路段，并在交通规则允许的情况下进行。因此，超车是有条件的，不具备条件的超车最易发生交通事故。

欲超前车时，先向前车左侧接近，打开左转向灯，并鸣笛通知前车（夜间应断续开闭大灯示意），力求使前车发现；在确认前车让超后，与前车保持一定的横向安全距离，从左侧超越。

在要求超越前车的过程中，要防止前车虽靠右边行驶，却不让路时，而自行选择路线强行超越。在沙土路上，灰尘大看不清前车，而前车偏向右边行驶时，前车可能是会车，而不是让超车，此时，不可盲目超车，以免发生撞车事故。超越前车后，应沿左侧超车路线行驶至少超越前车20m，估计已不会影响被超车辆行驶时，再开右转向灯缓慢转动方向盘驶入道路中间或右侧，关闭转向灯。若前车因故未能及时避让时，不应强行超车，更不能有急躁情绪，开斗气车，以免发生事故。

在超越停放的车辆时，应减速鸣笛，警惕该车突然起步驶入车道或突然打开车门，也要注意被超越车遮蔽处突然出现横穿公路的行人，尤其超越停站客车时，更应特别注意。

在超越拖拉机时，由于其在行驶中噪音大，操作手不易听清其他车辆声音，加之拖拉机的挂车左右摆动较大，制动性能比较差，因此，要多鸣喇叭，尽量与其保持足够的横向间距。

为了确保超车安全，必须严格遵守交通规则中"禁止超车"的有关规定。

③让车

在行驶中，应注意后面有无车辆尾随，如发现有车要求超车时，应根据道路、交通情况，估计是否适宜让后车超越；在认为可以超越的条件下，选择适当路段，靠右行驶，必要时以手势示意后车超越。不得无故不让或让路不减速。

让车过程中，若发现右前方有障碍物时，不能突然左转方向企图越过障碍物，这样会使正在超越车辆的驾驶员措手不及而发生事故；只能紧急制动或停车，待后车完全超过后再绕行。

让车后，应扫视后视镜，确认无其他车辆超越时，再驶入正常行驶路线。

（3）坡道起步、停车和换挡

①坡道起步

a. 上坡起步：因受上坡阻力的影响，在操作上除按平路起步要领外，还要注意手制动器和油门踏板的紧密配合。

挂上低速挡，手握住方向盘，两眼注视前方，鸣喇叭。

视坡道大小，踏下油门踏板，将发动机转速提高到适当程度，逐渐放松手制动器，使装载机平稳起步，随后徐徐踏下油门踏板，加速行驶。

上坡起步的关键是掌握好放松手制动器的时机，解除制动过早，因车轮未获得足够牵引力而产生后溜；若解除制动过迟，会因制动力过大而不能起步。

起步时，若感到动力不足无法前进时，应立即踏下制动器踏板，然后拉紧手制动器，再放松制动器踏板，重新起步。绝对不可在装载机后溜时猛然向前起步，以免损坏传动机件。

b. 下坡起步：在一般缓坡起步时，仍可按平地起步操作要领操作，但加速时间可大大缩短，甚至不加速。有明显的下坡或坡度较陡时，可用Ⅰ挡或Ⅱ挡起步，待手制动器解除制动后装载机有溜动时，再挂挡行驶。

②坡道停车

a. 上坡停车：操作要领与平地停车基本相同，但应注意停车时抬起油门踏板的同时踏下制动踏板，使装载机完全停止；然后，将手制动器置于制动位置，以防装载机后溜。

b. 下坡停车：停车前应先松开油门踏板，运用点刹的方法减慢行驶速度；当装载机行至停车地点时，踏下制动踏板，停稳后将手制动器置于制动位置。

在坡道停车时，如发动机不熄火，操作手不得离开驾驶室，以防因意外原因造成溜滑事故。

在坡道上一般不宜停放车辆，特殊必要时，应选择路面较宽、前后视距较远的地点停车、熄火。为防止停车后溜滑，一定要将手制动器置于制动位置和用三角木或石块塞住车轮。

③坡道换挡

a. 上坡换挡。上坡加挡：起步后，若觉得Ⅰ挡动力有余，可视情况换入Ⅱ挡行驶。其操作要领除按一般加挡要领操作外，还要注意冲速时间要长，换挡动作要迅速。由于上坡阻力大，行驶惯性消失快，冲速时间要比平地稍长，以使加挡后能保持足够的动力行驶。

上坡减挡：除按一般的减挡要领操作外，最重要的是掌握时机。减挡过早，发动机动力不能充分利用；过晚，会造成动力不足甚至停车熄火。掌握减挡时机，主要靠"听""看"来确定。"听"，是听发动机声音变化；"看"，是看坡度大小和行驶的速度。在行驶中当行速减慢，发动机声音变低，说明动力已不足，应迅速换入低一级挡位。装载机在上坡行驶时，由于自身重，行速降低很快，要提前减挡，稍感动力不足，就应减挡。

上坡转弯换挡：场地设置：转弯夹角不大于100°，坡度不小于8°，路宽4.7m。

操作要领：装载机驶进弯道时，应尽量靠外侧边线行驶。当铲斗与内端角度接近对齐时，两手交替向左（右）转动方向盘，在右手操纵方向盘的同时，左手迅速将变速杆准确换入所需挡位；当装载机内侧后轮达到夹角中心处时，回正方向盘继续前进。

操作要求：装载机铲斗进入弯道换挡区后，才能边转向边换挡，铲斗未出转弯换挡区前完成全部动作；装载机进入转弯换挡区内，不准压线、停车和熄火。

b.下坡换挡。下坡加挡：由低速挡换入高速挡时，因坡道助力，冲速时间可以缩短，变速动作要快。

下坡减挡：在下坡途中，如需要由高挡换入低挡时，应采取制动减速的方法换挡。操作方法是，踏下制动踏板，使行速逐渐降到所在挡位的最低速度时，迅速将变速杆移入低挡。

（4）通过桥梁

桥梁因建筑材料、建筑形式及长度等不同而具有不同的特点。当装载机通过时，应根据桥梁特点采取相应的驾驶操纵方法，以确保安全。

①通过水泥、石桥

通过水泥、石桥时，如桥面宽阔平整，可按一般驾驶要领通过；如桥面窄而不平时，应事先减速换入低速挡，以缓慢的速度通过，并注意不要为了避绕凹坑过于靠边行驶。

②通过拱形桥

通过拱形桥时，因看不清对方车辆和道路情况，应减速、鸣笛，靠右边行驶，随时注意对面来车；行至桥顶更应减速，并有制动准备。切忌冒险高速冲过拱桥，以免发生事故。

③通过木桥

通过木桥时，应降低行驶速度，缓慢行驶。遇有年久失修的木桥时，过桥前应检查桥梁的坚固程度，必要时进行加固，确保有足够的承载力后，再用低速挡过桥，并随时注意桥梁受压后的情况，若已驶入桥上听到响声，应继续加速行驶，不宜中途停车。发现桥板松动，要预防露出的铁钉刺破轮胎。

④通过便桥、吊桥、浮桥

这三种桥的结构特殊，一般桥面窄，通行中桥身稳定性差，特别是浮桥，所以过桥时，操纵手须下车察看，确认安全时，方可缓慢通过。通过这类桥梁时，要提前换入低速挡，把好方向盘，稳住油门踏板，平稳过桥。必要时应有专人指挥通过。切不可在桥上加速、换挡、停车。通过钢轨便桥，一定要准确估计轮胎位置，把稳方向盘，徐徐通过。

桥面上如有泥、冰雪，过桥时可能有发生侧滑的危险，必须谨慎驾驶，从桥面中间慢慢通过。必要时，还应挂上后桥驱动。若桥面过滑，应清除泥、冰雪或铺垫一层沙土、草袋等，切勿冒险行驶。

（5）通过铁路、隧道和交叉路口

①通过铁路

a.通过铁路与公路交叉路口时，要提前降低行驶速度，密切注意两边有无火车驶来，严格服从道口管理人员的指挥。

b.在通过无人看管的道口时，要切实做到"一慢、二看、三通过"，严禁与火车抢行，以确保安全。若在道口等待通过时，应尾随前车依次纵列停放，不可超越抢前而造成交通堵塞。

c.穿越铁路时，应一气通过，不得在火车行驶区域内停车、熄火或滑行。一旦在火车行驶区域内发生故障时，必须采取应急措施将装载机拖出，不得在道区内停留。在通过铁路时，还应注意防止轨道等凹凸物损伤轮胎。

②通过隧道、涵洞

a.通过隧道、涵洞之前，应降低行驶速度，注意观察交通标志和有关规定。

b.通过单车道隧道、涵洞时，应先观察对方有无来车，如确有把握通过时，要适当鸣笛，开启灯光，稳速前进。

c.通过双车道隧道、涵洞时，应靠右边行驶，不宜鸣笛，特别在距离较长、车辆密度较大的隧道内，鸣笛会使隧道内噪音更大。

d.通过隧道、涵洞时，如有人指挥，要自觉服从，不准抢行。进出隧道，要待视力适应后，再正常行驶。必要时，可停车使眼睛适应。

e.隧道内不可停车，以免阻塞交通和施放大量废气。

③通过交叉路口和居民区

交叉路口是车辆与车辆、车辆与行人相互交会比较集中、容易发生交通事故的地方。因此，在通过交叉路口时，必须严格遵守交通规则，提高警惕，时刻注意观察各方来车和行人的动态，并将行驶速度降到最安全的程度，随时做好停车准备。

a.通过有交通指挥的交叉路口时，一方面注意交通指挥信号的变换，一方面把行驶速度降低，见到放行的信号后方可加速通过。

b.通过没有交通指挥的交叉路口时更要提高警惕，严格遵守车辆通行的有关规定。除了注意对面非机动车和行人、牲畜动态之外，还要注意其他方向有无机动车驶来。

c.通过居民区时，必须停车察看村镇街道宽度和弯道半径，确认可通过时，派出调整哨，并做好随时停车准备。在居民区内一般不要停车检修，集中精力，注意过往行人、牲畜和路旁、路上空的建筑物、电线，避免发生事故。

4.复杂条件下的驾驶

（1）凹凸路驾驶

装载机在凹凸路上行驶，由于路面不平，车身剧烈振动，容易损坏机件。有时因振动剧烈，操作手失去控制方向和油门踏板的能力，使装载机忽上忽下，忽左忽右，行驶速度忽快忽慢，容易发生事故。行驶中遇到这种道路时，应灵活运用以下驾驶操纵方法。

①保持正确的驾驶姿势

在凹凸路面上行驶，操作手要保持清醒的头脑和耐心，同时保持正确的驾驶姿势：上体紧贴靠背，两手握牢方向盘，尽量不使身体摆动或跳动，否则会影响均匀加速，失去对行驶方向的控制能力。在行驶中，要随时注意各部件的声响，通过后，应进行必要检查和修理。

②匀速通过

通过连续面积小的凹凸路面或"搓板路"时，应保持适当的速度匀速前进，以减少装载机振动。通过一般不高的横向凹凸路段，可使装载机成斜角驶过，使左右轮分别先后接触障碍物，避免两轮同时振跳及胎面与沟沿的垂直切削，以减小对装载机的冲击力。在可能引起跳动的不平道路上，应用低速挡以平稳的速度通过。

③减速通过

通过一般凹凸障碍物时，应及时降低速度，同时注意观察其形状和位置，以确定通过方法。如果障碍物位于路的中间，其两侧可通过车辆时，应选择较安全的一侧通过，如图9-271所示。如果障碍物在路中间，高度小于装载机最小离地间隙，其宽度小于轮距时，可使装载机左右轮位于障碍物两侧缓慢通过，当障碍物高于最小离地间隙，且宽于轮距，又坚硬时，应换低速挡，使一侧轮胎压在障碍物较低一面，另一侧轮胎压在平路上，缓慢通过。

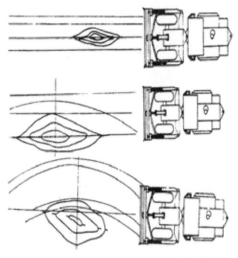

图 9-271　通过凹凸障碍物

通过凸形障碍物时（图 9-272），应先制动减速，在接近障碍物时，换用低速挡缓慢行驶，要使两前轮正面同时接近障碍物，以免机架受到过大的扭转；当前轮抵触障碍物时应加大油门，使前轮驶上障碍物；当前轮刚越过障碍物顶端时，放松油门踏板，让前轮自然滑下，然后，用同样方法，使后轮通过障碍物，再继续前进。

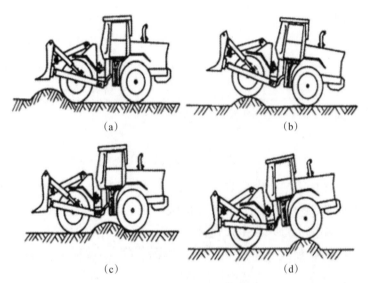

图 9-272　通过凸形障碍物

（a）前轮接触障碍物时加油；（b）待前轮上障碍物后松开油门踏板使前轮自行下滑；
（c）加油使后轮上障碍物；（d）松开油门踏板使后轮自行下滑

通过凹形障碍物时（图 9-273），应预先放松油门踏板，运用间歇制动的方法使行速减慢，利用装载机惯性慢慢前进，待前轮进入沟底时再加速；如感到动力不足，应迅速换入低速挡，使前轮通过，待前轮越过后即放松油门踏板，使后轮慢慢下沟，然后，再加速通过。

行驶中如突然遇到较大的凹形障碍物，应立即放松油门踏板，迅速制动使行速很快降低，紧握方向盘，待临近障碍物时，放松制动踏板，利用装载机惯性低速通过。切忌使用紧急制动，以免加大前桥负荷。

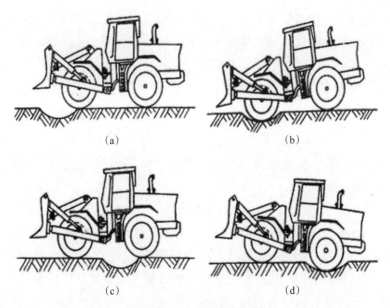

图 9-273　通过凹形障碍

(a) 松开油门踏板利用惯性使前轮驶入凹坑；(b) 加油使前轮驶出凹坑；
(c) 松开油门踏板使后轮驶入凹坑；(d) 加油使后轮驶出凹坑

装载机通过大坑时，应从一侧绕行，如因地形限制不能绕行时，可视坑的形状大小，自行推填坡路通过。通过坡路应选择坡度缓、土方量小的地段进行。

遇有较小的坑时，如坑的四周容易取土，可装载填坑，构筑简易通路；如果填土困难，可在坑内开辟道路。遇到坑大且深时，尽量在坑的一侧，采用半挖半填的方法开挖道路。如必须从坑的中部通过时，应采用斜进斜出的方法开辟坡道。进坑坡道可稍陡些，但出坑坡道要缓，其坡度不应大于20°。采用半挖半填的方法开挖道路时，填方一侧的土要高一些，以防止轮胎下陷。

通过挖填路段时，要挂上后桥驱动，用Ⅰ挡靠压实方一侧行驶；在行驶中要提高警惕，时刻注意轮胎是否下陷或机身是否歪斜，如发现轮胎下陷或机身歪斜时，要立即后退离开下陷区，待继续填土和压实后再前进。

（2）泥泞路和沼泽地驾驶

装载机在泥泞路和沼泽地上行驶，车轮容易陷入泥泞之中，阻力增大，附着力减小，各轮容易发生空转和横滑，给正常驾驶带来一定困难。其行驶的正确操作方法如下：

①尽量选择使车轮左右同高、泥泞浅、坡度小、路面较干燥、平坦、坚硬、有前车车辙的地方保持正直行驶（沼泽地应避开前车车辙）。如果从泥泞较深的地方通过时，应保持充足的动力，并注意不使装载机底盘部分碰及地面突出物。

②要挂后桥驱动，用低速挡行驶，保持足够的动力一气通过，中途尽量避免换挡和停车。

③行驶中发生横滑时，应立即降低速度，同时将方向盘向后轮滑动的同一方向转动，以调整装载机行驶方向，避免继续横滑；待车轮与车身的方向一致后，再将装载机驶入正道。横滑时不可紧急制动、乱打方向，以免发生更大的横滑。

④车轮陷入泥泞打滑时，应视道路情况将装载机向后倒一点再用中速挡前冲通过；如果仍不能开出，不可继续使用此种方法，以免车轮原地滑动下陷更深。有条件时应先铺设制式器材或就便器材，如车辙板、碎石、沙子、束柴、木板等，然后通过。

⑤在泥泞地段上坡时，一般用低速平稳行驶，尽可能少换挡和不停车。下坡时，为防止装载机向下滑动，应先换入低速挡，再降低发动机转速来控制下坡速度，特别是在转弯时，应防止装载机向一侧横滑。

⑥严禁紧急制动，因为在泥泞路上行驶附着力小、制动效率低，不但不能达到制动目的，还会造成侧溜下沟或翻车、撞车等事故。

（3）冰雪地面驾驶

装载机在冰雪地面行驶时，因轮胎附着力小，容易打滑，而积雪又增大了行驶阻力。因此，要正确掌握操作要领，避免发生事故。

1）通过雪地

①因雪覆盖地面，道路的真实情况不易辨别，要根据路旁标志、树木、电线杆等进行判断，同时，行驶速度要适当控制，沿道路中心或积雪较浅的地方缓慢行进。如积雪深度高于前后桥，装载机难以通过时，应放下铲斗边推除厚的积雪边行驶。在转弯、坡道、河谷等地段行驶时，应特别注意行驶路线，路况稍有可疑应立即停车，待察看清楚后再继续行驶。积雪有车辙的地段，应循车辙行进，方向盘不得猛打猛回，以防偏离车辙打滑或下陷。

②尽量不要超车，以免发生危险。会车时，应选择比较安全的地段。如需停车时，应提早换入低速挡，缓慢地使用制动器，以防侧滑。

③停车时间过长，轮胎可能冻结于地面，致使起步困难，因此，停车时必须选择适当地点或在轮胎下垫以树枝、草秸等物；如已冻结，应设法挖除轮胎周围的冰雪和泥土，切勿强制起步，以防损坏轮胎和传动机构。

2）通过冰地

①装载机在冰地上起步，轮胎容易打滑，在未装防滑链起步时，要轻踏油门踏板，以减小驱动扭矩，适应较小的附着力，防止轮胎滑转。如果起步困难，可在驱动轮下铺垫沙土、干草等物，以提高附着力。

②要选适当挡位行驶，如在光滑的冰地上，应用低速挡缓慢通过；如在不甚光滑的冰地上，需要提高行驶速度时，应逐渐加速，以防轮胎滑转，影响行驶速度。

③在冰地遇到情况或通过桥梁、窄路时，必须提早放松油门踏板，利用发动机低速的牵阻作用，减速慢行，尽量避免使用制动器，特别不准紧急制动，以防装载机横滑。

④转弯时，速度一定要慢，转弯半径要适当增大，切不可急转向，以免发生侧滑。一旦发生侧滑时，其处置方法与泥泞路相同。

3）通过冰冻河川

装载机能否在冰面上行驶，主要取决于冰层的厚度和冰层与岸边的连接状况。选择冰上渡口时，在三昼夜内平均气温下，所需冰层厚度：-10℃以下时为43cm；-5 ~ 0℃时为49cm；0℃以上（短时间内冰融化天气）时为54cm。通过冰层时应注意以下几点：

①行驶速度不宜太高（采用Ⅱ挡即可），速度要平稳，避免急加速。

②车队通过时，两车车距不应小于30m，前车发生故障时一般不应超越；必须超越时，其横向间隔不得少于30m。

③在冰上不得停车和制动。必须停车时，起步比平时要更稳更慢，否则会造成起步困难或不能起步。

④为避免冰上打滑，轮胎应装上防滑链或缠绕防滑绳。通过冰面地段后，要及时取下防滑装置，切忌带防滑链在道路上长距离行驶。

5. 夜间驾驶

夜间驾驶的行车条件和环境，有其自身的特点和规律，也有客观复杂因素为夜间安全行车带来一定困难。因此，出车前必须做好检查保养工作，尤其是电气设备一定要完好；带齐必要的配件和工具；细心观察，谨慎驾驶。

（1）开灯驾驶

1）对道路、地形的判断

夜间行驶可以从行速、发动机声音和灯光进行情况判断。

①当行驶速度自动减慢和发动机声音变得沉闷时，说明行驶阻力已经增大，正在上坡或驶进松软地段；当行驶速度自动增快和发动机声音变得轻松时，说明行驶阻力减小或正在下坡。

②当灯光投射距离由远变近时，说明装载机已接近或驶入上坡道、接近急转弯或将要到达起伏坡道或低谷地段。

③当灯光照射距离由近变远时，装载机已从弯道转入直线，或者已从陡坡道驶入缓坡道。

④当灯光离开路面时，前方可能出现急弯或接近大坑，或者由上坡驶入坡顶。

⑤当灯光由路中移向路侧时，表明前方是一般弯道；如果连续移向路的两侧时，说明是连续弯道。

⑥当前方出现黑影而驶近消失，说明是小坑洼；如果黑影不消失，表明路面有深坑大洼。

2）驾驶要领

①灯光的使用

灯光有照明和信号两方面的作用，须根据情况灵活运用。遇到大雾或阴暗天气，白昼也要使用灯光。在城市，灯光使用时机应与路灯开闭时间相一致。具体使用方法是：起步前，先开亮灯光看清道路；装载机停稳后，关闭灯光；临时停放，应开亮小灯和尾灯，以引起其他车辆注意，防止发生意外。

在有路灯的道路上，行驶速度在30km/h以下时，可使用近灯光或小灯；在无灯光的道路上，行驶速度在30km/h以上时，可使用远灯光。夜间通过繁华街道时，由于各种灯光交错反射、光线较强，应降低行驶速度，改用近光灯或小灯；通过交叉路口时，距路口30～35m处，要关闭大灯改用小灯，根据需要使用转向灯；雨雾中行驶，应使用大灯近光，不宜使用大灯远光，以免出现眩目光幕，妨碍视线。

②行速和车距的控制

行驶中如道路平坦、宽直、视线良好可使用远光灯，适当加快行速；如道路不平或遇交叉路口、转弯、桥梁等复杂情况，应减速慢行，同时使用近光灯，并做好随时停车准备。

在车队中行驶或遇有前方车辆时，根据行驶速度适当加大行车距离。在多尘路面上跟车行驶，也应保持较大间隔，以免前车扬起的尘土妨碍视线。

③夜间会车

夜间会车，首先降低行速，选择交会地段，并做好主动让车的准备。在距离前方来车150m左右时，大灯改用近光，控制行速，靠右侧保持直线行驶；当与前车相距100m以内时，双方均使用大灯近光，此时，应观察清楚前方地形、路线，也应顾及对方的行车路线，掌握适当的行驶位置，切不可在看不清道路的情况下，盲目转动方向，遇到与车队会车时，一般应停车让路。

④夜间超车

夜间行驶尽量避免超车，如必须超车则跟近前车后，连续变换远近灯光，必要时以喇叭配合（一般不使用），在确定前车已让路允许超车时，方可超车。

3）注意事项

①如遇道路施工信号灯，应减速慢行，在险要路段和路况不明的情况下，应停车察看，弄清情况后再行驶。

②需要倒车或调头时，必须看清进倒地形、上下及四周的安全界限，并在进倒中多留余地。

③如遇大灯突然不亮，要沉着果断稳住方向盘，尽快停车，同时立即开亮小灯；然后，慢慢靠近右边停稳，待修复大灯后再继续行驶。

④如感到十分疲劳和瞌睡时，应就地休息，不可勉强驾驶，以防发生意外。

⑤车辆交会时，如果来车未及时变换灯光，应在减速的同时，反复明暗灯光示意，切不可以强烈的灯光对射，以免发生撞车事故。

⑥注意仪表工作情况和灯光工作情况，当发现仪表工作不正常，或灯光晃动、间歇性明暗时，应随时停车排除。

（2）闭灯驾驶

当遇到防空或不允许开灯照明时，应闭灯驾驶。

1）对道路、地形的判断

夜间驾驶对路面的判断，主要以颜色来区分。

①无月光夜，路面为深灰色，路外为黑色。

②月光夜，路面为灰白色，有水处为白色。

③雨后，路面为灰黑色，坑洼或泥泞为黑色，积水处为白色。

④雪后，车辙呈灰白色，通过较多的车辆后呈灰黑色。

2）操作要领和注意事项

①闭灯前要适当降低行驶速度，同时看清前方道路情况；闭灯后要掌握好方向盘，不要随意乱打，如眼睛一时不能适应，可稍停车片刻后继续行驶。

②根据路面黑是泥、白是水、灰白是路的规律，行驶中应走灰不走白，遇黑停下来，待判明情况后再通过。

③若道路两旁有护道树或电线杆，可作为目标，使装载机保持在道路中间行驶，需要停车时，不要过分靠边，如果看不清目标，可打开挡风玻璃或车门进行观察，必要时应下车观察或设专人引导前进。

④如果成纵队行驶，要拉大距离，一般应保持100m左右，以便联络，确保行驶安全。

（四）装载机运用

1. 基本作业

（1）基本作业过程

装载机的基本作业过程，主要包括接近物料、铲装、运料、卸载和回程（图9-274）。

在一个作业循环中，首先是提高发动机转速，快速驶近料堆；在距离料堆1～1.5m处换为低速挡，并放平铲斗，使铲斗插入料堆；待插入一定深度后逐渐上转铲斗，并升动臂至运料位置，而后使装载机后退离开料堆，驶往卸载点。根据料场或运输车箱的高度，适当地提升动臂进行卸载；卸载完毕，

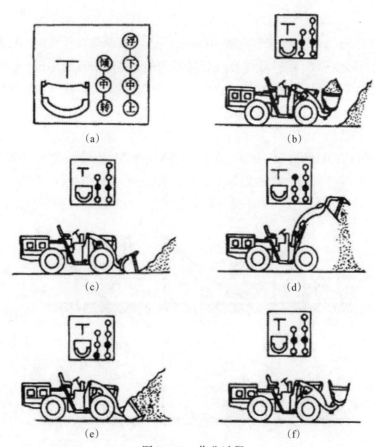

图 9-274　作业过程

(a) 操纵杆位置；(b) 接近物料；(c) 铲装；(d) 运料；(e) 卸载；(f) 回程

返回装料点进行下一个作业循环。

在作业过程中，熟练的操作手通常是在驶向料堆的过程中放平铲斗和变速，铲斗插入一定深度时边上转铲斗、边升动臂使铲斗装满，后退调头。在驶往卸载点的过程中提升动臂至卸载高度，并把物料卸入运输车辆或料场。

装载机在作业过程中的接近物料、铲装、运料、卸载和回程等各基本动作所消耗的动力是不同的（表 9-28）。由表 9-28 可以看出，铲装物料时所需动力最大。了解这一情况，便于更合理地控制发动机的转速和行驶速度，以最大限度地节约动力和提高作业效率。

表 9-28　装载机一个工作循环各过程动力消耗

作业位置	发动机转速	行走动力	装载动力	转向动力
接近物料	加速	大	小	小
铲装	低于额定转速	大	大	小
转向、卸载	减速	小	中	大
回程	中到高	小	中	小

（2）基本作业方法

1）铲装作业

装载机工作效率的高低，在很大程度上取决于铲斗能否装满。这就要求根据不同的物料采用不同的铲装方法。

①一次铲装法

一次铲装法（图9-275（a））适于铲装松散物料，如松土、煤炭等。作业时，装载机垂直对正料堆以Ⅰ挡前进，待铲斗接近物料时（距料堆约1m）下降动臂使铲斗底与地面平行、贴地面插入料堆；装载机一边前进，一边扳动铲斗操纵杆上转铲斗。如装满铲斗有困难，可提升一点动臂直至装满，而后退出料堆，提升动臂至适当高度，驶离作业面。

②铲斗与动臂配合铲装法

铲斗与动臂配合铲装法（图9-275（b）），适于铲装流动性较大的散碎物料，如沙、碎石等。作业时，先用Ⅱ挡前进，当铲斗插入料堆的深度为斗底长度的1/3～1/2时，换用Ⅰ挡，一边前进，一边间断地上转铲斗，并配合动臂提升，使斗齿的提升轨迹大约与料堆坡度的坡面平行，装满铲斗。

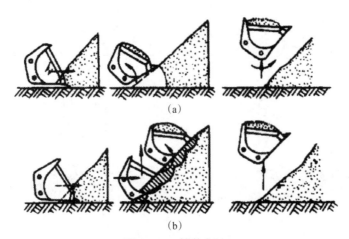

图9-275 铲装方法

（a）一次铲装法；（b）铲斗与动臂配合铲装法

2）卸载作业

卸载作业主要是将铲斗内的物料卸于运输车辆或指定的卸料点。卸载时，将动臂提升至一定高度（使铲斗前倾不碰到车箱或料堆），对准卸料点，向前推铲斗操纵杆，使物料卸至指定位置。作业时，操纵要平稳，以减轻物料对运输车辆的冲击。如果物料粘附在铲斗上，可前后反复扳动操纵杆，振动铲斗，使物料脱落（图9-276）。卸料完毕，倒车离开卸料点，放平铲斗，下降动臂进行下一个作业循环。

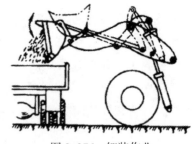

图9-276 卸装作业

（3）作业安全规则

①装载机适宜装载松散物质（散土、碎石），不得以装载机代替或装岩机去推铲硬土或装大块岩石。

②装载机做短途（运距在500m之内）输送时，应将铲斗尽量放低，斗底离地高度不能超过400mm，以防倾翻。

③铲装作业时，装载机要对正物料，前后车架左右偏斜不应大于20°；铲装中阻力过大或遇有障碍车轮打滑时，不应强行操作，并避免猛力冲击铲装物料和铲斗偏载。

④装卸作业时，动臂提升的高度要超过运输车箱200mm，避免碰坏车箱或挡板。运载物料时，应保持动臂下铰点适宜的高度，不允许将铲斗升至最高位置运送物料，以保证稳定行驶。卸料时，要慢推铲斗操纵杆，使散装物料呈"流沙式"卸入车箱，不要间断和过猛。根据运输车辆的载重量，尽量

做到不少装、不超载。铲斗升起后，禁止人员从下方通过。操作手离开装载机时，不论时间长短，都应将铲斗置于地面。

⑤作业场地狭窄、凹凸不平或有障碍时，应先清除或进行平整。离沟、坑和松软的基础边缘应有足够的安全距离，以防塌陷、倾翻。

⑥填塞深的弹坑、壕沟时，装载机卸料的停车位置要坚实（必要时利用铲斗压实），并在车轮前面留有土肩，在土肩前 500mm 处卸料，然后用铲斗将土壤推至坡下，但铲斗不能伸出坡缘。

⑦在河中挖掘沙石等作业时，应对发动机采取防护措施；变速器、前后桥油塞要拧紧，作业区水深限度不能超过轮胎直径的一半。作业后要认真进行保养。

⑧装载机在工作过程中，操作手一手握方向盘，一手握操纵杆，精力要集中，根据需要及时扳动操纵杆。在铲斗升离地面前不得使装载机转向；装卸间断时，铲斗不应重载长时间的悬空等待。

⑨装载机连续工作时间不得超过 4h。如因天气炎热或长时间作业引起发动机和液压油过热造成工作无力时，应停车降温后再进行作业。

⑩夜间作业应有良好的照明设备，必要时应有专人指挥，在危险地段设置明显标志。

⑪装载机应避免在雨雪天或泥泞地段作业，必要时，应采取防滑措施（如装防滑链或铺垫防滑物等）。

2. 应用作业

（1）装载作业

装载作业方式是根据场地大小、物料的堆积情况和装载机的卸料形式而确定的。装载作业方式运用得正确与否，对作业效率影响很大。因此，选择正确的作业方式，可提高装载机作业的经济效益。

ZL 系列装载机装载作业方式，通常采用"V"式、"I"式、"L"式和"T"式四种，如图 9–28 所示。

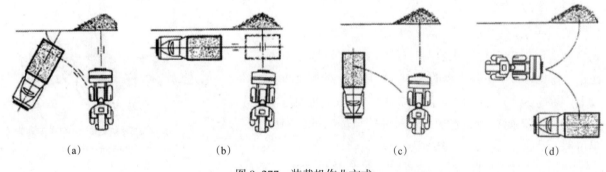

（a）   （b）   （c）   （d）

图 9–277 装载机作业方式

(a)"V"式；(b)"I"式；(c)"L"式；(d)"T"式

"V"式装载作业方式（图 9–277（a）），是运输车辆停放在与作业面成 60° 角的位置上。装载机装满后，在倒车驶离作业面的过程中调头约 30° ，垂直于运输车辆，然后前进卸载。回程时同样回转 30° ，垂直于作业面进行下一次铲装。这种方法装载机移动距离为 10 ~ 15m，工作效率高，适于作业场地较宽的地段上作业。

"I"式装载作业方式（图 9–277（b）），是运输车辆与装载机在作业面前交替地前进和倒车进行装载。这种方式运距较短，但运输车辆和装载机互相等待，影响作业效率。通常只适于场地狭窄、车辆不便转向或调头的地方应用。

"L"式和"T"式装载作业方式（图 9–277（c）、（d）），是装载机作业时要做 90° 转向。每一循环所需时间长、效率低，对机械磨损也较大。这种方式是在车辆出入受作业场地限制的条件下，不能采用其他方式时应用。

（2）铲运作业

铲运作业是指将装载机铲斗装满并运到较远的地方卸载。通常在运距不超过500m，用其他运输车辆不经济或路面较软不适于汽车运输时，采用装载机进行铲运作业。运料时，动臂下铰点应距地面40～50cm，并将铲斗上转至极限位置（图9-278）。行驶速度根据运距和路面条件决定，如路面较软或凹凸不平，应采用低速行驶，以防止行驶速度过快引起过大的颠簸冲击而损坏机件。如装载机作业需要多次往返的行驶路线时，在回程中，可对行驶路线做必要的平整。运距较长而地面又较平整时，可用中速行驶，以提高作业效率。

铲斗满载越过土坡时，要低速缓行。上坡时，适当踏下油门踏板，当装载机到达坡顶重心开始转移时，适当放松油门踏板，使装载机缓慢地通过，以减小颠簸振动。

图9-278 铲运作业图

装载机在运料过程中，遇有草地或软路面确认无陷车危险后才能通过。但应尽量直线行驶，切忌急转向。如遇有轮胎打滑时可略后退，避开打滑处再前进。

（3）挖掘作业

挖掘一般路面或有沙、卵石夹杂物的场地时，应先将动臂略升起，使铲斗前倾。前倾的角度根据土质而定，挖掘Ⅰ级、Ⅱ级土壤时为5°～10°，挖掘Ⅲ级以上土壤时为10°～15°（图9-279）。然后一边前进一边下降动臂使斗齿尖着地。这时前轮可能支起，但仍可继续前进，并及时上转铲斗使物料装满。

图9-279 铲斗前倾角度

挖掘沥清等硬质地面时，通过操作装载机前进、后退，铲斗前倾、上转，互相配合，反复多次逐渐挖掘，每次挖掘深度为30～50cm（图9-280）。

图9-280 挖掘硬实路面

（a）切入30～50cm；（b）上转铲斗装料

在土坡进行挖掘或堆积碎石时，应先放平铲斗，对准物料，快速接近，再以低速前进铲装。发动机以中速运转，先将铲斗上转约 10°，然后升动臂，按这样的顺序逐渐铲装（图 9-281）。铲装时不准快速向物料冲击，以防损坏机件。

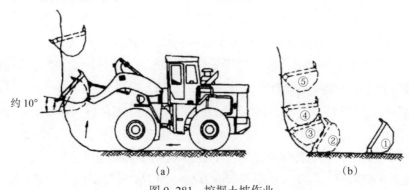

图 9-281　挖掘土坡作业

（a）挖掘开始；（b）挖掘过程中铲斗位置

（4）其他作业

1）推运物料

推运物料是将铲斗前面的土壤或物料直接推运至前方的卸土点。推运时下降动臂使铲斗平贴地面，发动机中速运转，向前推进（图 9-282）。在前进中，阻力过大时，可稍升动臂，此时，动臂操纵杆应在上升与下降之间随时调整，不能扳至上升或下降的任一位置不动。同时，不准扳动铲斗操纵杆，以保证装载作业顺利进行。

2）刮平作业

刮平作业是在装载机后退时利用铲斗将地面刮平。作业时，将铲斗前倾到底，使刀板或斗齿触及地面。对硬质地面，应将动臂操纵杆放在浮动位置；对软质地面应放在中间位置，用铲斗将地面刮平（图 9-283）。为了进一步平整，还可将铲斗内装上松散土壤，使铲斗稍前倾，放置于地面，倒车时缓慢蛇行，边行走边铺边压实，以便对刮平后的地面再进行补土压实（图 9-284）。

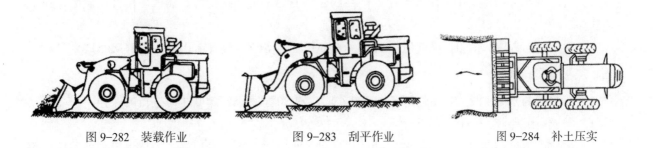

图 9-282　装载作业　　　　图 9-283　刮平作业　　　　图 9-284　补土压实

3）牵引作业

装载机可以配置载重量适当的拖平车进行牵引运输。运输时，装载机工作装置置于运输状态，被牵引的拖平车要有良好的制动性能。在良好的路面上牵引时，用两轮驱动；路面打滑时，应用四轮驱动。

（五）维护保养

1. 每班保养

（1）检查各部连接固定情况。紧固松动的螺母、螺栓、轴销、锁销和油、气管接头。

（2）检查各部有无异常现象。各部有无漏油、漏气、异响、异味和温度过高现象。

（3）检查轮胎状况。轮胎气压充足，接地处无明显变形，胎面、胎体无破裂、扎钉。

（4）检查工作装置工作情况。工作装置应操纵轻便，铲斗、动臂运动灵活、平稳；铲斗、动臂、连杆、液压缸等部件的各连接轴销不得松旷或卡滞。

（5）检查传动系统工作情况。工作时液力变矩器的油温应保持在 60～110℃；变速操纵压力 ZL50，ZL 系列为 1.1～1.5MPa，ZL30 型为 0.8～1.2MPa；各挡位变换应轻便确实，后桥接通、断开可靠。

（6）检查转向系工作情况。转向操纵应轻便、灵敏，随动杆、转向液压缸各铰接处不得松旷或卡滞。

（7）检查制动系工作情况。制动气压应保持在 0.65～0.7MPa 范围内，制动应灵敏、确实，无跑偏和拖滞现象，手制动器应工作可靠。

（8）检查照明、信号装置。照明灯、信号灯、仪表灯、喇叭、刮雨器等接线牢固，工作良好。

（9）按润滑图表规定加注润滑油脂。

（10）擦试机械、清理工具。作业（行驶）结束后，放净储气筒内的余气和油水分离器内的油污，清除各部泥土、油污，清点、整理工具、附件。

2. 一级保养

一级保养指的是每工作 100 小时进行的保养。

（1）完成每班保养。

（2）检查油液数量。变速器、液压油箱、前后桥、轮边减速器、转向器、气液制动总泵内的油液数量不足时按规定加注液压油、齿轮油和制动油。

（3）清洁液压油散热器。用压缩空气吹除散热器表面的灰尘，用木片剔除散热器表面的粘附物。芯管有渗漏应焊补。

（4）清洗变矩器液压油滤油器。用清洗液洗净腔壁、滤网，疏通孔道，滤网有破损应织补或更换。装复时注满新油。

（5）清洗油水分离器。用清洗液洗净分离器内腔和滤芯，出气阀积污、锈蚀应清洗或研磨，晾干后装复。

（6）测量轮胎气压。轮胎标准气压为 0.28～0.3MPa（柳州 ZL40 前轮 0.34～0.36MPa）。

3. 二级保养

二级保养指的是 ZL50、ZL 系列每工作 400 小时，ZL30 型每工作 300 小时进行的保养。

（1）完成一级保养。

（2）排放液压油和润滑油的沉淀物。装载机停驶 6 小时后，放出变速器、液压油箱、前后桥、轮边减速器内的沉淀物，按规定加注液压油和齿轮油。

（3）检查调整操纵压力。工作装置操纵系统及转向系统的压力应符合表 9-29 中规定值。

（4）检查调整变矩器进、出口压力。变矩器进口压力及出口压力应符合表 9-29 中规定值。

（5）检查调整手制动器间隙。手制动器处于松放状态时，制动蹄与制动鼓的间隙应符合表 9-29 中规定值。

表 9-29　操纵、变矩器进出口压力及制动器间隙值

机　型	厦门 ZL50	厦门 ZL40	柳州 ZL50	柳州 ZL40
工作系统压力 /MPa	16	12.5	15	14
转向系统压力 /MPa	14	10	12	12
变矩器进口压力 /MPa	0.3 ~ 0.45	0.3 ~ 0.45	0.5	0.56
变矩器出口压力 /MPa	0.1 ~ 0.2	0.1 ~ 0.2	0.28 ~ 0.45	0.28 ~ 0.45
手制动器间隙 /mm	0.3 ~ 0.5	0.3 ~ 0.5	0.15 ~ 0.3	0.15 ~ 0.3

（6）检查压力调节器工作性能和油水分离器安全阀开启压力。压力调节器控制的气压值为 0.65 ~ 0.7MPa，油水分离器安全阀开启压力为 0.9MPa。

4. 三级保养

三级保养指的是 ZL50、ZL 系列每工作 1200 小时，ZL30 型每工作 800 小时进行的保养。

（1）完成二级保养。

（2）过滤液压油。趁热放净液压油箱、变速器内的液压油，清洗油箱、滤油器、滤网和变速器集油槽，晾干装复后按规定加注过滤沉淀后的液压油。

（3）过滤齿轮油。趁热放出前后桥、轮边减速器、转向器内的齿轮油，清洗后，按规定加注过滤沉淀后的齿轮油。

（4）拆检气液制动总泵，更换制动油。分解后洗净各零件，疏通内部各孔道；活塞磨损、各回位弹簧折断或弹性减弱，橡胶皮碗、密封圈破裂或老化应更换。装复后，按规定加注制动油，并排除油路系统中空气。

（5）拆检车轮制动器。分解清洗各零件，更换橡胶密封件；活塞、活塞缸有拉痕、刮伤、腐蚀严重应更换活塞或夹钳；销轴磨损至不能为摩擦片导向应换新品；装复后排除制动油路系统中空气。

（6）拆检手制动器。分解清洗各零件，摩擦片磨损至距铆钉头 0.5mm 或严重烧伤，应换铆新摩擦片；蹄片回位弹簧折断或弹力减弱应更换。

（7）进行轮胎换位。按照"前后、左右"互换的原则进行轮胎的换位，以保证各轮胎磨损一致。

（8）检查调整轮毂轴承紧度。轮毂应转动自如，不得有摆动和滞止现象。需调整时，应一边转动轮毂，一边拧紧调整螺母，然后退回 1/6 圈。

（9）检查动臂沉降量。铲斗装至额定载荷，在液压油正常温度下将动臂升到最高位置，操纵阀置于固定位置，发动机熄火，其沉降量应小于 10mm/15min。

（10）整机修整。检查更换扁曲的钢管和损坏的高压软管，补换缺损的螺母、螺钉、螺栓、锁销、轴销；斗齿磨损严重应更换。

5. 润滑

厦门 ZL 系列装载机的润滑见表 9-30 及图 9-285。

表 9-30　ZL 系列装载机润滑表

周期 / 小时	图 号	润滑部位	点 数	方 法	润滑剂
8	①	风扇水泵轴承	1	油枪注入	2 号或 3 号钙基润滑脂
	⑥	铲斗液压缸后铰点	2		
	⑦	铲斗液压缸后铰点轴	2		
	⑨	动臂液压缸上铰点	2		
	⑪	铲斗液压缸前铰点轴	2		
	⑫	摇臂支点轴	2		
	⑬	摇臂与拉杆铰点轴	2		
	⑭	铲斗与拉杆铰点	2		
	⑮	动臂与铲斗铰点	2		
	㉓	动臂液压缸下铰点	2		
	㉛	柴油机曲轴箱	1	检、加	CC-30 号柴油机机油
50	㉗	悬架前支点	1	油枪注入	2 号或 3 号钙基润滑脂
	㉙	悬架后支点	1		
100	③	空气滤清器	1	更 换	CC-30 号柴油机机油
	㉚	高压油泵调速器	1	检、加	
	④	内燃机输出轴万向节	2	油枪注入	2 号或 3 号钙基润滑脂
	⑰	转向液压缸前铰点	2		
	⑱	前桥传动轴万向节	1		
	⑲	转向液压缸后铰点	2		
	⑳	随动杆轴	1		
	㉑	前桥传动轴万向节	1		
	㉒	车架下铰点	1		
	㉓	车架上铰点	1		
	㉔	后桥传动轴万向节	2		
	㉖	后桥传动轴	1		
	⑧	转向机	1	检、加	夏季：18 号双曲线齿轮油 冬季：18 号合成双曲线齿轮油
	⑩	前桥壳	1		
	⑯	轮边减速器	4		
	㉘	后桥壳	1		
		变速器	1		20 号汽轮机油
		液压油箱	1		N32 机械油
		加力器储油箱	2		201 合成制动液

续表

周期/小时	图　号	润滑部位	点　数	方　法	润滑剂
400	㉛	柴油机曲轴箱	1	更　换	CC-30 号柴油机机油
	②	发电机轴承	1	油枪注入	2 号或 3 号钙基润滑脂
	⑤	手制动操纵杆	1		
	㉜	启动机轴承	1	更　换	
	㉚	高压油泵调速器	1		CC-30 号柴油机机油
1200	⑧	转向机	1	过滤沉淀，必要时更换	夏季：18 号双曲线齿轮油 冬季：18 号合成双曲线齿轮油
	⑩	前桥壳	1		
	⑯	轮边减速器	4		
	㉘	㉘后桥壳	1		
		变速器	1		20 号汽轮机油
		液压油箱	1		N32 机械油
		加力器储油箱	2	更　换	201 合成制动液

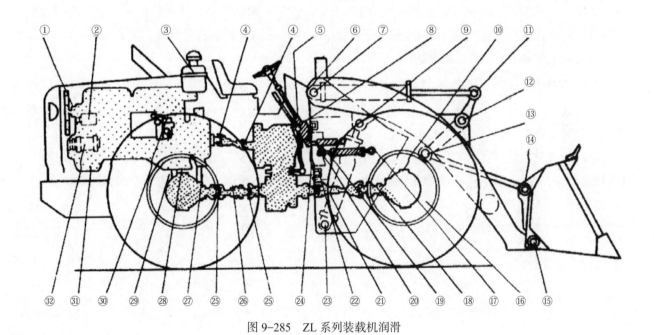

图 9-285　ZL 系列装载机润滑

附录一 上下车和驾驶姿势

一、集合

当机械成横队停放，指挥员（教员）集合驾驶人员，下达课目，讲授动作要领时，指挥员（教员）应先站于机械横队中央前约 5m 处，背向机械成立正姿势，发出"车前集合"的信号。全体人员接到集合信号后，立即跑步到指挥员（教员）前面适当位置按要求队形集合。

二、就车

操作手接到指挥员（教员）发出就车信号后，由班（组）长带队跑步至本机械左前方 1m 远的地方，向左转成立正姿势；车长（助教）跑步至队列前适当位置，面向全班（组）成员成立正姿势，根据教员的布置，组织操作手检查机械、讲解操作要领、做示范动作或组织驾驶练习。

三、上车

操作手至装载机（以装载机为例）左侧面向驾驶室对准梯子，两手各握扶手，右脚先上梯子第一级，左脚紧跟上第二级，右脚移至梯子第三级时（左脚用力），右手握门把并打开驾驶室门，右脚用力，左脚随之蹬上踏板平台，弯腰进驾驶室，随手把门关上，面对方向盘自然坐下。

四、下车

下车时，操作手左脚往门口方向前伸，身体离座，左手握内侧门把，并把门打开，弯腰出驾驶室至踏板平台，转身面对驾驶室，双脚蹬梯手握扶手，右手将车门关好，随后两脚交替下梯落地。

从装载机右侧上下车时，其方法与左侧基本相同。

五、驾驶姿势

正确的驾驶姿势便于操作手灵活、准确地控制各种操纵装置，观察所有仪表和周围情况，减轻操作人员的劳动强度，以利于持久安全地实施驾驶和作业。

正确的驾驶姿势是：上车后，身体对正方向盘坐稳，背靠座椅后背；两手分别握于方向盘轮缘左右两侧，两肘自然下垂，右脚放在油门踏板上，左脚置于制动踏板前，目视前方，全身自然放松。

附录二 指挥信号的识别与运用

工程机械训练或联合作业时，点多面广噪声大，远距离行军车距拉得较长，为了便于联络指挥，通常采用统一的指挥信号，主要有旗语、手语和灯语等。

旗语和手语运用于能见度较好情况下的指挥与联络。指挥员正确的指挥姿势是：面向指挥对象成立正姿势，左手持白旗，右手持红旗，不发信号时自然下垂。手语主要用于近距离的指挥，灯语用于夜间和能见度较差情况下的指挥。指挥信号规定见附表。

附表　工程机械指挥简易信号

序　号	信号内容	旗　语	信号灯	手　势
1	注意	红旗高举不动	红 －	右手握拳高举不动
2	明白	红、白旗向右上方伸出，白旗衔接于红旗之下	红 － · · ·	右手向右上方伸出，左手扶于右肘部
3	不明白	红、白旗向左上方伸出，红旗衔接于白旗之下	红 － － － －	左手向左上方伸出，右手扶于左肘部
4	全体集合	红旗高举，在头顶上画圆圈	红 － －	右手高举，在头顶上画圆圈
5	换班	红、白旗高举，在头顶交叉摆动3次	红 － － －	左右手高举，在头顶交叉摆动3次
6	上机	红、白旗先向右、左平伸再同时高举3次	红 · ·	两手先左右平伸，再同时高举3次
7	下机	红、白旗同时右、左平伸突然放下，连做3次	红 · · ·	两手同时右左平伸，突然放下，连做3次
8	启动发动机	红旗在胸前画大圈	红 － · · ·	右手在胸前画大圈
9	熄火	红、白旗在前下方交叉摆动	红 · － － －	左右手在前下方交叉摆动
10	纵队前进	白旗高举，转向前进方向，红旗向前摆3次	白 · －	左手先高举，转向前进方向，右手向前摆动3次
11	停止前进	红、白旗高举头顶，交叉不动	红 － ·	两手高举，交叉不动
12	倒机	白旗高举，红旗指向倒机方向摆动，机械到位后将红白旗高举交叉不动	白 － － －	左手高举，右手指向倒机方向，到位后两手交叉不动
13	调头	白旗指向调头机械，红旗收拢旗尖向下，在身前画圆圈	白 － － －	左手指向调头机械，右手在腹前水平画圆圈
14	加速前进	白旗伸出驾驶室左侧门外旗尖向上前后摆动	白 · － ·	左手伸出驾驶室，掌心向前，手臂向上，前后摆动
15	减速前进	红旗伸出驾驶室左侧门外旗尖前后摆动	白 － · ·	左手伸出驾驶室，掌心向下，手臂上下摆动
16	加大距离	红旗伸出驾驶室左侧门外不动	白 · － － －	左手伸出驾驶室不动
17	缩小距离	白旗伸出驾驶室左侧门外上下摆动	白 · － －	左手伸出驾驶室，掌心向上手臂向上摆动
18	准许"超车"	前面的机械将白旗伸出驾驶室左侧门外前后摆动	白 · · · －	左手伸出驾驶室左侧门外前后摆动
19	机械故障	红旗高举，白旗在胸前画大圈	红 · · · ·	右手高举，左手在胸前画大圈

续表

序 号	信号内容	旗 语	信号灯	手 势
20	检查机械	红、白旗同时向左右平伸，上下摆动	白·－－	两手同时向左右平伸，上下摆动
21	出场	白旗平伸，红旗指向机械行驶方向，红旗先指向机械再平摆指向前进方向	白·－	左手指向机械行驶方向，右手先指机械，再平摆指向前进方向
22	休息（停机检查）	左手持红、白旗高举不动	红·－－	两手握拳，高举不动
23	开始驾驶（作业）	白旗高举，在头上画圆圈随后突然放下	白··	左手高举，在头上画圆圈，随后突然放下
24	作业完毕回场（进行班保养）	红、白旗同时由两侧向头顶交叉摆动3次	白·－－	两手同时由两侧向头顶交叉摆动3次
25	疏散隐蔽	红、白旗分别向左右平伸向下摆动	红－·－	两手左右平伸，向下摆动
26	防空（炮）袭	红、白旗分别向左右平伸向下摆动	白灯左右摆动	左手向左平伸不动，右手在胸前左右摆动
27	防原子化学武器袭击	白旗向左平伸，红旗高举左右摆动	白灯画圆圈	左手向左平伸不动，右手高举左右摆动
28	通过沾染（染毒）地段	白旗向左平伸不动，红旗向右平伸上下摆动3次	白－－－－	左手向左平伸不动，右手向右平伸上下摆动
29	解除敌情	红、白旗在胸前从里向外画大圈	红、白灯同时－－－－	两手在胸前由里向外画大圈

注：①灯光图解含义："·"为短，"－"为长，"·····"为短连续，"-----"为长连续；
　　②在发信号前，应先用小喇叭哨音提醒人员注意；
　　③长纵队行军或广阔作业场训练施工，接到指示信号后，应向远处传递信号。

第十章　绳索救援技术

绳索救援是一套利用绳索及相关配套器材将被困人员从危险区域转移至安全区域的一项技术，也是救援队员需掌握的基础技能。绳索救援技术主要包括上升、下降、上下转换、伤员下放、吊升及横向穿越等技术。使用时需要进行风险评估、制定方案，以及较高的操作技术，才能更安全、有效地完成救援任务。

在地震救援、城市救援中一般采用双绳救援系统，此系统由主绳系统、保护绳系统组成，在救援中极大地提高了安全性。主绳主要用于救援受力绳。当主绳系统发生意外情况时，后备保护系统可立即发挥作用，不至因主绳发生意外造成伤员或救援队员坠落。

一、常用绳索救援装备

（一）绳索

现代化的绳索救援中使用的绳索其构造由绳皮和绳芯组成，也叫"夹芯绳"。绳皮主要作为保护层有较为耐磨的特性。绳芯才是主要承重的部分。绳索的常用制造材料由聚酰胺（Polyamide）或聚酯纤维（polyester）制造而成。

绳索根据其延展性的大小分为两种，一种是静力绳，一种是动力绳。用于救援的绳索使用的是静力绳。

绳索的构造

1.静力绳

静力绳也称低延展率绳索。在绳索救援技术系统中，常用的绳索都是符合欧洲标准 EN1891 或符合美国 NFPA 标准的低延伸性绳索，其特点为延展率较低。常用的救援绳索直径为 10.5 ~ 13mm。

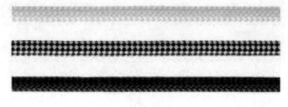

静力绳

2.动力绳

这类绳索的特点是具有较高的延展率，适用于有可能出现动态冲坠的环境。在国际上通常符合

UIAA 或欧洲标准 EN892。动力绳通常作为户外运动用绳，如攀岩等户外运动。在个人 PPE 中用作连接全身安全带的"牛尾"绳。

（二）锁扣

锁扣是整个绳索技术系统中的一个重要连接装备。在绳索系统中作为连接并承重时使用。根据制造材料可分为钢制、合金制两种。根据上锁方式可分为丝扣锁、自动锁、半自动锁和快挂。锁扣的形状一般有 O 形、D 形、梨形，特殊连接使用的形状还有三角形、半圆形等。

| 动力绳 | 钢制"O"形丝扣锁 | 铝制"D"形自动锁 |

使用锁扣时应满足以下条件：

（1）强度至少达到 15kN（EN362）；

（2）受力不可超过锁扣的极限工作负荷（WLL）；

（3）带自动或手动锁闭装置；

（4）能够提供绳索系统各组件之间以及系统与锚点之间的连接；

（5）在开闭频次不高的情况下，宜使用自动锁闭装置的锁扣；

（6）始终保证锁扣长轴方向受力；

（7）在使用丝扣锁或半自动锁扣时受力前应锁闭锁门；

（8）在使用双锁扣同时受力时应保证两个锁扣的锁门一正一反；

（9）应考虑锁扣锁闭部位在绳索系统中的位置，防止锁扣与其他组件摩擦导致锁门意外打开；

（10）在使用丝扣锁时应考虑锁门的丝扣因摩擦或振动意外解锁；

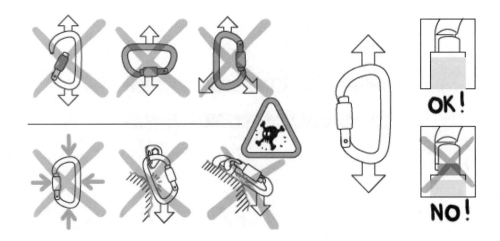

（11）选择锁扣应考虑在复杂情况下开启与关闭的便捷性，保证开启尺寸符合救援现场实际需要；

（12）选择锁扣的形状时应考虑与器材的连接相容性，如大小、形状；

（13）避免撞击或在尖锐边缘和不平坦表面受力形成剪切力。

（三）安全带

安全带是用作将各种器材连接到身体的媒介。一条合身的安全带能够有效地把重量分散，而不会使身体某个部位承受过大压力，合适的安全带能够让使用者穿戴舒适且不会影响各种器材的操作。

安全带分为全身式和半身式两种，高角度救援用安全带通常使用第Ⅲ类全身式安全带（符合欧洲标准 EN361）并带有防坠落挂点和主承重挂点。此类安全带属于防止致命伤害的吊带。

全身式安全带　　　　　　半身式安全带

选择安全带时应满足以下条件：

（1）使用第Ⅱ类或Ⅲ类安全带；

（2）按正确方法穿着（腰带拉紧，胸带拉紧，背带拉紧）。

（四）下降器

下降器是绳索救援系统中的核心器材之一，其功能是连接在安全带或锚点上用于人员沿绳索下降或将被困人员或重物下放至指定区域。一些具有特殊功能的下降器在连接滑轮组时，也可进行拖拽、收紧操作（如 PETZL ID、ISC D4）。下降器的种类繁多，每家厂商生产的下降器形状和功能也略有不同。但大部分下降器的工作原理都是依靠摩擦力来控制下降速度的。

8 字环　　　　　　排型缓降器　　　　　　自动制停下降器

下降器装配在救援主绳上时用于将人员控制下放。装配在保护绳上时用于保护人员在人员下放或下降过程中实施保护。有些下降器可直接搭配滑轮组及抓绳器做吊升或拖拽使用。在进行吊升或拖拽等应用时使用带有此功能的下降器可提高救援效率。

使用下降器时应注意以下几点：

（1）在进行下降或下放时宜使用带自动制停功能的下降器。使用8字环或排型缓降器等无自动制停功能的下降器时，应配合普鲁士抓结同时进行下降或下放操作予以制动。

（2）下降器的负重不能超过其极限工作负荷（WLL）。

（3）应使用与下降器相匹配的绳索。

（五）绳索上升器／抓绳器

绳索上升器／抓绳器主要用于人员沿绳索上升及建立吊升／拖拽系统，可沿一个方向（向上或向前）顺畅的移动，当负重时（并非冲击力）能够向相反方向锁死。其原理是利用倒齿或凸轮抓住绳索外皮锁紧绳索。

上升器的种类有倒齿式和凸轮夹绳式。倒齿式上升器可用作沿绳索上升和建立拖拽系统。按照身体使用部位分为手持式、胸式和脚式。手持式上升器一般以牛尾绳连接到安全带上，并配上脚踏带。根据使用者习惯不同可分为左手用和右手用。胸式上升器是直接连接到安全带上并直立于胸前使用。凸轮夹绳式上升器也叫作机械抓结或止锁，主要用作建立拖拽系统，也可用于绳索上升，其原理是在承重时利用凸轮夹紧绳索。

手持式上升器　　　　　　　胸式上升器　　　　　　凸轮夹绳式上升器

使用上升器时应注意以下几点

（1）上升器的拉力方向必须与绳索走向平行，如拉力方向与绳索成一定角度，上升器则有几率松脱或意外滑动，并可能损坏绳索。

（2）胸式上升器只有下端挂孔可以承重，上端挂孔绝不可做承重用途，其作用只是用于保持直立。

（3）需注意绳索直径与上升器的兼容性。

（4）倒齿式上升器会于约承受4kN时损坏绳索（需符合标准的绳索前提），故此类上升器绝不可承受任何坠落冲击，也绝不可用作后备保护器使用。

（六）防坠落保护器

防坠落保护器也称备用保护器，用来安装在备用保护绳上。它能够随使用者的上下移动而移动，当突然发生坠落或下滑速度过快时可以自动锁定绳索，停止下坠。其工作原理类似汽车的安全带。

备用保护器需与势能吸收器配合使用。势能吸收器是用于降低坠落时所产生的冲击力。

PETZL ASAP　　　　　BEAL MONITOR　　　　撕裂式势能吸收器

（七）滑轮

滑轮在救援系统中起到至关重要的作用，利用滑轮及和抓绳器组装成滑轮组，可以在救援中进行转运、拖曳重物或伤员。

单滑轮　　　　　　双滑轮

二、锚点系统

锚点系统是整套绳索救援系统受力根基，选择良好且坚固的锚点在绳索救援中非常重要。锚点的承载力直接关系到整套绳索系统的安全。

锚点选择必须满足救援所能承受的最大负荷。可以选用自然地貌结构、坚固的建构筑物、车辆，也可以自行制作坚固的锚点。

锚点需满足双重保护原则，最好是同时受力、分别保护，并适合所处的救援环境。

锚点装备需做好保护措施，避免因摩擦、高温、腐蚀等情况发生造成装备损坏。

（一）单锚点

所选择的受力结构必须足够坚固，能满足救援所需的最大负荷。

1. 利用扁带制作锚点

2. 利用绳索制作锚点

（二）多锚点

多锚点方法适用于单体受力结构不能满足拉力需求，所以需要进行多锚点受力，保证分散连接，集中受力。锚点之间的受力力求平均，且角度越小越好。

（三）自制锚点

1. 地桩锚点

使用绳索在第一根钢钎的顶端打固定结后，连接到第二根钢钎的底部，缠绕两圈后连接第一根钢钎顶部和第二根钢钎底部反复缠绕三圈以上后打固定节，在缠绕绳索中间用木棍或钢管扭动绳索直至连接的绳索铰紧。后面的钢钎以此同样方法进行连接并铰紧。

使用钢钎插入坚固土壤内的长度应是钢钎长度的 2/3。插入松软或沙土内长度应是钢钎总长度的 3/4 以上。

2. 使用岩钉

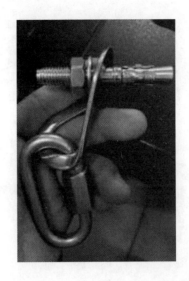

三、保护系统

保护系统制作应尽量与主绳受力锚点分开，保护系统的锚点受力最好大于主绳系统锚点受力。

（一）使用防坠落保护器做保护系统

该方法的好处是制作简单方便，不需设专人控制保护绳。一旦主绳系统出现问题保护器会立即锁紧保护绳。但弊端是一旦失速或发生冲坠造成保护器锁紧，势能吸收器被撕开还需进行保护绳解锁并重新设置救援方案。

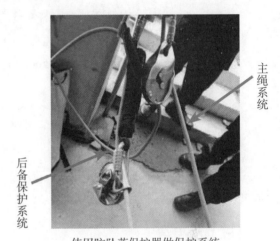

主绳系统

后备保护系统

使用防坠落保护器做保护系统

（二）使用下降器或抓结控制保护绳

该方法相比于使用防坠落保护器做保护系统是需要设置专人进行保护绳的释放，但主绳发生问题时保护绳还可以继续进行下放或提升伤员。

（三）常用绳索保护装备

绳索保护装备应用在具有潜在摩擦的环境下保护绳索或扁带等编织类装备不被磨坏。所以在有潜在摩擦的环境下必须使用绳索防磨保护装备，如粗糙的墙面、岩壁、边角等环境。厚地毯或帆布垫能够提供很好的保护并被广泛使用。

边缘保护器

帆布绳索保护套

四、绳结

(一) 8 字结

8 字结是用在绳头进行打结，并通过锁扣与连接点连接使用的。

注意事项

- 8 字结结节部分应保证受力均匀、整洁，绳与绳之间不交叉不叠压；
- 如无特殊用途 8 字结的绳圈不宜过大（一拳大小足矣），避免浪费绳子；
- 8 字结绳尾长度控制在 10 ~ 15cm，可不打防脱结。太长浪费绳子，太短容易从结节部分脱出；
- 8 字结打好后，应拉紧绳结；
- 8 字结只可单方向受力。

(二) 蝴蝶结

蝴蝶可以在绳索中段任意点打结，打结后绳结两侧的绳索可以继续受力使用。

(三) 反手结

反手结也叫双股单结，作用和 8 字结一样，都是在绳头处打结并单方向受力使用，但拉力超过一定数值后不容易解开。通常作为牛尾连接安全带腹部的"D"形环使用的绳结。

(四) 普鲁士抓结

普鲁士抓结也叫"鸡爪结"，通常使用 7 ~ 9mm 辅绳制作，缠绕主绳后抓绳使用。

(五) 双渔夫结

双渔夫结通常作为连接绳索时使用。

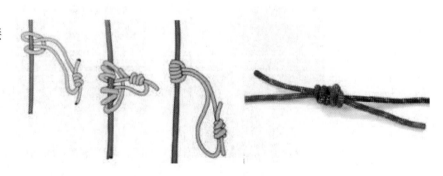

（六）绳结对绳索强度的影响

当绳索是笔直的时候，它的强度是最强的，任何对绳索造成的弯曲都会使它的强度变弱，造成的弯曲越紧，绳索的强度也越弱。因此，当绳索被打结的时候，绳结会影响绳索的强度。而不同的绳结对绳索强度的影响也是不一样的。

打结的整洁度不同，对绳索拉力的削弱也不同。整理绳结时要确保绳结中的绳索都平行且均匀受力，这个步骤称为修整。

绳结剩余强度表

绳结名称	剩余强度
无绳结	100%
8 字结	66% ~ 77%
蝴蝶结	61% ~ 72%
双渔夫结	65% ~ 80%
反手结	58% ~ 68%
双 8 字结	61% ~ 77%
布林结（腰结）	55% ~ 74%

五、滑轮组系统

（一）3∶1 滑轮组

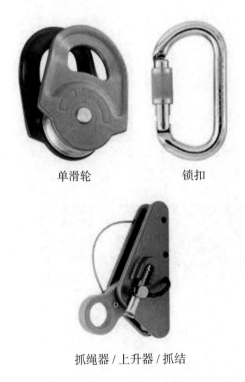

单滑轮　　　　锁扣

抓绳器 / 上升器 / 抓结

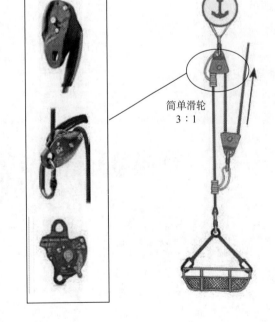

简单滑轮
3∶1

（二）4：1滑轮组

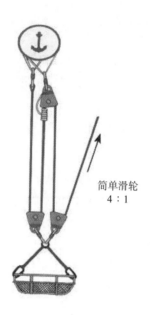

简单滑轮
4：1

六、单人绳索技术

（一）单人爬升

爬升是一种利用上升器沿绳索上升的一项技术，也是高空作业和救援的基础技能，其中包括沿绳垂直和倾斜无障碍攀爬。另外，一些特殊区域也需要越过绳结或偏离点。单人爬升方式一般有两种：一种是长距离上升通常使用胸式上升器与手式上升器进行；另一种是短距离上升通常使用手式上升器与 ID 下降器进行。两种方法根据实际情况选择。

1. 使用装备

- 全身安全带。
- 脚踏带。
- 牛尾绳。
- 胸式上升器。
- 手持上升器。
- 保护器。
- 锁扣。

2. 步骤

- 检查所有装备器材的使用安全（可添加）。
- 队员穿着全身安全带，注意调整腰、腿、肩三个部分的束带。
- 使用牛尾绳连接安全带和锁扣。
- 连接手持上升器和牛尾绳。
- 连接保护器到安全带。
- 连接上升器到安全带。

3. 考核技术点

- 牛尾绳的制作。
- 保护器的使用。
- 爬升过程的操作。
- 通过障碍。

（二）单人下降

单人下降技术是利用下降器垂直或倾斜进行由高空向低处转移的一项技术，同样也是高空作业与救援的基础技能。其中包括过绳结、过偏离点、过边角、带伤员下降等技术。

1. 装备

- 全身安全带。
- 下降器。
- 保护器。
- 锁扣。

2. 步骤

- 检查所有装备器材的使用安全。
- 队员穿着全身安全带，注意调整腰、腿、肩三个部分的束带。
- 连接保护器到安全带。
- 连接下降器到安全带。

3. 考核技术点

- 下降器使用。
- 保护器使用。
- 下降过程操作。
- 通过障碍。

七、团队绳索技术

（一）横向系统

横向系统利用绳索穿越无法到达的区域并连接两端，利用多个独立的系统，组合成一套可以水平/垂直运行的的绳索系统，并长时间的稳定转移人员和物资。

1. 锚点固定

- 绳索环绕锚点。
- 扁带环绕锚点端。

2. 收紧系统

- ID 下降器收紧端。
- STOP 下降器收紧端。

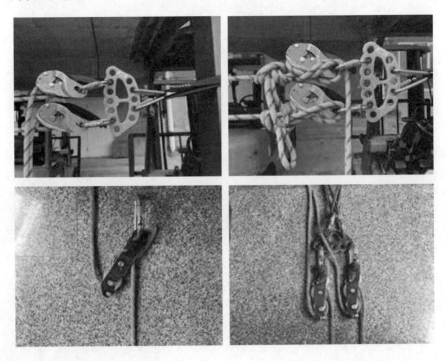

3. 牵引系统

- MPD
- ID
- STOP
- 排型缓降器

4. 保护系统

- ASAP 防坠落保护器。
- 普鲁士抓结。

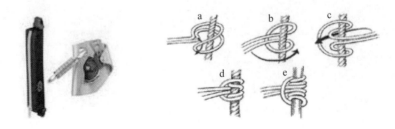

(二)"T"形系统

"T"形系统拥有灵活的运行轨迹,有效的针对穿越区域中某个位置进行垂直救援,救援队员可以选择在一侧或两侧同时进行提升/下放,也可以配合滑轮组系统来使用。针对救援环境复杂的现场,

可以安全、高效地完成救援行动。

1. 装备

（1）固定端

● 静力绳。

● 扁带。

● 锁扣保护垫。

（2）收紧端

● 扁带。

● 锁扣。

● 分力板。

● MPD/ID/STOP。

● 手持上升器。

● 高效率滑轮。

● 保护垫。

（3）高支点

● 静力绳。

● 锁扣。

● 双滑轮。

● 保护垫。

（4）担架系统

● 救援担架（伤员固定带）。

● 担架连接带。

● 高效率滑轮。

（5）保护牵引系统

● 扁带。

● 锁扣。

● 防坠落保护器。

- 牵引下降器。
- 保护垫。

2. 步骤

- 小组人员分工。
- 选择固定端位置及装备器材。
- 选择收紧端位置及装备器材。
- 根据需要搭设高支点。
- 确认固定端、高支点搭设完毕，收紧绳桥。
- 搭设保护牵引系统。
- 制作担架系统并连接保护牵引系统。
- 担架系统连接绳桥。

3. 考核技术点

- 装备选择。
- 系统搭建。
- 救援策略。
- 安全检查。

(三)"V"形系统

"V"形系统拥有搭建时间短、操作简单的特点，整套系统使用较少的装备器材。通过主绳桥和牵引系统的相互配合，可以快速地在穿越区域中某个点进行救援工作。适合救援现场比较开阔条件下行动。

1. 装备

（1）固定端

- 静力绳。
- 扁带。
- 锁扣保护垫。

（2）收紧端

- 扁带。
- 锁扣。
- 分力板。
- MPD/ID/STOP。
- 手持上升器。
- 高效率滑轮。
- 保护垫。

（3）高支点

- 静力绳。
- 锁扣。
- 双滑轮。
- 保护垫。

（4）担架系统

- 救援担架（伤员固定带）。
- 担架连接带。
- 高效率滑轮。

（5）保护牵引系统

- 扁带。
- 锁扣。
- 防坠落保护器。
- 牵引下降器。
- 保护垫。

2. 步骤

- 小组人员分工。
- 选择固定端位置及装备器材。
- 选择收紧端位置及装备器材。
- 根据需要搭设高支点。
- 确认固定端、高支点搭设完毕，收紧绳桥。
- 搭设保护牵引系统。
- 制作担架系统并连接保护牵引系统。
- 担架系统连接绳桥。

3. 考核技术点

- 装备选择。
- 系统搭建。
- 救援策略。
- 安全检查。

（四）斜向救援系统

斜向救援系统是众多绳索系统中相对操作简单的技术，需要较少的人员和装备器材来操作。斜向救援系统可以快速将位于高空位置上的受困者迅速转移至地面。适合多种环境下的救援行动。

1. 装备

（1）固定端

- 静力绳。
- 扁带。
- 锁扣保护垫。

（2）收紧端

- 扁带。
- 锁扣。
- 分力板。
- MPD/ID/STOP。
- 手持上升器。
- 高效率滑轮。
- 保护垫。

（3）高支点

- 静力绳。
- 锁扣。
- 双滑轮。
- 保护垫。

（4）担架系统

- 救援担架（伤员固定带）。
- 担架连接带。
- 高效率滑轮。

（5）保护牵引系统

- 扁带。
- 锁扣。
- 防坠落保护器。
- 牵引下降器。
- 保护垫。

2. 步骤

- 小组人员分工。
- 选择固定端位置及装备器材。
- 选择收紧端位置及装备器材。
- 根据需要搭设高支点。
- 确认固定端、高支点搭设完毕，收紧绳桥。
- 搭设保护牵引系统。
- 制作担架系统并连接保护牵引系统。
- 担架系统连接绳桥。

3. 考核技术点

● 装备选择。

● 系统搭建。

● 救援策略。

● 安全检查。